大学生のための基礎シリーズ 5

# 物理学入門

## II. 電磁気学

## 第2版

狩野 覚・秋野喜彦・小川真人 著

東京化学同人

# はじめに

本書は“大学生のための基礎シリーズ，物理学入門”の力学に続く第Ⅱ巻である．物理学を基礎知識とする理工学だけでなく，生命科学や情報科学なども含めた広い分野の人たちを読者に想定した，大学基礎レベルの物理学を学ぶための教科書・参考書としての“物理学入門”である．本書の目的は，第Ⅰ巻と同じく，物理学の基礎知識，基礎概念を伝え，自然科学的な考え方や論理の展開法を身に付けてもらうことにあり，“おはなし物理学”ではなく，あえて数学をおそれず使う道を選んだ．これは，初版の共著者であった故 市村宗武先生の教育方針であり，学習する側にも教える側にも平坦な道とはいえないが，達成できれば非常に大きな効果が期待できるし，丁寧に説明すれば十分に達成できる目標と考えたからである．

幸いなことに第Ⅰ巻“力学”はこの目標を達成し多くの方々の支持を得ている．一方，電磁気学の対象は空間の性質であり，それを表現するのに 3 次元のベクトル場の微積分を使うため，力学に比べると目標達成への道は険しさが増す．大学 1~2 年で線形代数と多変数の微積分を学習すると思うが，それらに習熟する前に電磁気学を学び始める場合も多い．そのため，本書だけで電磁気学に必要な基本をできる限りカバーするように，巻末に“数学ノート”と題して説明を付した．本文の説明と合わせてこれを利用し，数式が表す状況を思い浮かべ，自分でもスケッチするなどして“ものに則して数学を理解する”トレーニングの場としても役立てていただきたい．本書を一瞥して数式が多いと感じるかもしれないが，それは式の展開を省略せずに提示し，数式の意味を理解しながら論理を展開していくためである．

前版を使用した授業の経験から，現象の説明や数式の扱いについて全面的に書き直すことにした．授業に参加した学生のみなさんからたくさんの質問をいただき，その方々と個別に話す中で，予習・復習にはどのような説明があればもっと理解しやすいと感じるかを学ばせてもらったからである．たとえば，前版では積分形式で簡潔に書いた内容を，新版では微分形式を使って説明した箇所が多々あるが，これは積分形を用いた議論に心理的な抵抗があるという相談が多かったことによる．もちろん，積分形式の議論を皆無にすることはできないが，新版に書き加えた説明を読み，経験を積めば徐々に慣れていくだろう．

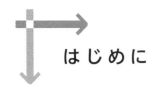

本書は次のように構成されている（[　] 内数字は章番号）.

Ⅰ. 電磁気現象の基本法則
　　静電場 [1～5, 7]，静磁場 [9～11]，電磁誘導 [13]
Ⅱ. 物質中の電磁気現象
　　導体と誘電体 [6]，オームの法則 [8]，磁化と磁場の強さ [12]
Ⅲ. マクスウェル方程式から導かれる電磁気現象
　　マクスウェル方程式 [14]，交流回路 [15]，電磁波 [16]

本書を参考書として利用する場合は，興味のある部分だけを読んでもよいが，高校物理で学習したあとはじめて電磁気学を学ぶのであれば，章の順番どおり読み進めるほうがわかりやすいと思う.

教科書として利用するとき，2 期制の場合は前期にⅠを，後期にⅢを配置し，必要に応じてⅡを補う方法もあるだろう（電束密度 $\boldsymbol{D}$ と 磁場の強さ $\boldsymbol{H}$ の導入は 6 章と 12 章）．またⅢの“交流回路”は周波数応答や線形微分方程式の具体例を提供し，“電磁波”は波動の数学的な取扱いの基本を提供しているので，専門の勉強との関連を考慮して重点をどこにおくかを指導する先生に決めていただきたい．あるいは，物質系に重点をおくときは，後期にⅡとⅢの“電磁波”を選択することもできる.

電磁気の歴史や，現代生活との関わり，本文の議論の補強，より高度な理論への糸口などを囲み記事（Box 1～Box 29）として用意した．読者がこれらに興味をもち，視野を広げ，将来さらに進んだ学習をするときに思い出していただけるなら幸いである.

新版の準備が市村宗武先生のご逝去のあととなり，共に執筆することがかなわなかったことは残念である．教育の場における市村先生のお姿を思い出しながら本書を執筆した．草案は狩野が全体をとおして準備し，秋野と小川が加わり内容と表現の両方について討論し推敲を重ねた．最後に，東京化学同人編集部の植村信江さんには，読者の立場から原稿の精読をお願いし，貴重な提言をたくさんいただいた．読みやすい教科書をつくるうえで，その貢献は不可欠だった．植村さんに心から感謝する.

2024 年 1 月

狩 野 　 覚
秋 野 喜 彦
小 川 真 人

# 目　　次

## Box 目　次

# 1 電荷と電流

電気や磁気の巧みな利用は現代の生活に不可欠である．これが可能となったのは，電磁気現象を近代的な科学として研究し理解したからにほかならない．本章では，電磁気現象の科学において最も基本的な概念となる電荷と電流についての基本事項と，これらを定量的に扱う方法を学ぶ．

## 1.1 電気の科学の夜明け

タレス*（Thalēs, 624/623 BC ころ～548/545 BC ころ）は“琥珀（こはく）を摩擦すると不思議な力が宿り，ものを引き付ける”ことを発見したと伝えられる．16 世紀に，英国女王エリザベス 1 世の侍医であったギルバート（William Gilbert, 1544～1603）は，さまざまな物質をこすり合わせることで引力や反発力が生じることを示し，これが磁石による効果とは異なることを確かめて，エレクトリクスと名付けた．電気を意味する英語のエレクトリシティは，琥珀のギリシャ語エレクトロンに由来する（現在の英語のエレクトロンは電子のこと）．また，このように摩擦により生じる電気を，今日では**摩擦電気**（triboelectricity, tribo- は摩擦を表す接頭語）という．

18 世紀には，フランクリン（Benjamin Franklin, 1706～1790）が“電気には正と負の 2 種類があり，一方の電気が流れ出るとバランスがくずれ中性が保てなくなる”という説を提唱した（1750 ころ）．彼は凧（たこ）を使って雷が放電現象であることを調べたことでも有名である（1752）．ミュッセンブルーク（Petrus van Musschenbroek, 1692～1761）とクライスト（Georg von Kleist, 1700 ころ～1748）は，電気を正と負に分けて蓄える装置を独立に発明し（1745～1746），これが今日のコンデンサー（キャパシターともいう）の原型となった．

ここで，電気に正と負があるという意味を考えよう．まず，図 1.1 のように，電気には二つの種類があると考え，同種の電気が反発し異種が引き合うとすれば，電気的な力に反発力と引力があることが説明できる．さらに同種の電気が集まると大きな力が生じ，異種の電気が集まると力が小さくなるという事実がある．そこで，一方の電気に正，他方に負の数量を与えれば電気現象を数量化して扱えると考えたのである．たとえば，正と負の電気が同じ量だけ集まると合計が 0（完全に中性）になり，電気的な力を外部に及ぼさないことは，この扱いによって表すことができる．

---

＊ 自然現象の根源を神々ではなく自然自体に求める説明を始め，自然哲学の祖と称されるが，著書は残っていない．

中性の物体から，たとえば負の電気が流れ出すと，残された部分は（負が不足して）正の電気を帯び，負の電気が流入した物体は負の電気を帯びる．このフランクリンの説は現在にも受け継がれている．物体が電気を帯びることは“帯電する”という．

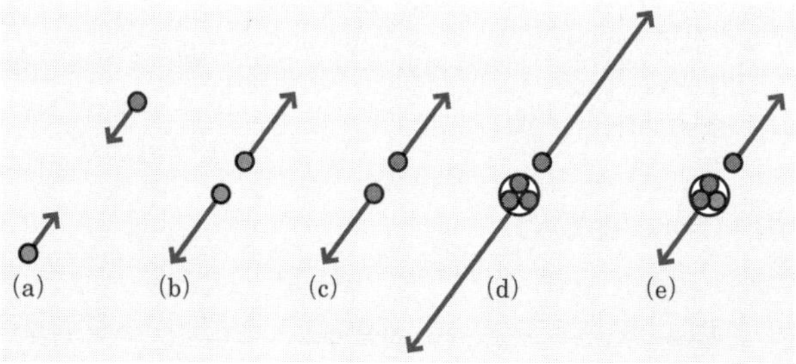


図 1.1　電荷の符号とその加算．(a) 異種の電荷は引力を及ぼす．(b)，(c) 同種の電荷は反発する．電気的な力は，(d) 同種の電荷を集めると増え，(e) 異種の電荷を集めると減る．

電気現象の原因となるものを**電荷**（electric charge），電荷の量を**電気量**（quantity of electricity）というが，電気量のことも電荷ということが多い．たとえば“ある粒子はその電荷に応じて電気的な力を受ける”，“粒子 A と B の電荷は，大きさが同じで符号が異なる”などの使いかたが常用される．

フランクリンが“電気の流れ”を考えたのは，グレイ（Stephen Gray，1666 こ

## Box 1　現代の生活と摩擦電気

乾燥した季節に人体が帯電して衣類が身体にまとわりつき，指先とドアノブの間に放電が起きて痛みを感じることは日常的に経験し，これが摩擦電気によることはよく知られている．電子部品を扱うとき，帯電したまま半導体の部品に触れると放電で破壊されることがあるので，電気を逃がしてから取扱うのが常識となっている．

放電で生じた火花から燃料に着火して，大きな事故が起きることもある．たとえば，航空機は飛行中の機体が，空気や水滴，塵などとの摩擦で帯電するが，そのまま着陸すると地面との間に一気に放電が起きて危険である．そのような事態を避けるために，翼の先端などに細い針金を取付けて空中で少しずつ放電させる工夫をしている．

バンデグラフ起電機という装置は，摩擦で生じた電気をベルトで運んで集めるという方法により高電圧を発生させる（放電が起きにくいように工夫している）．発明されてから 100 年ほど経過した現在でも，イオンの加速などに利用されている．また，比較的簡単に入手できるので教室のデモ実験などで目にすることがある．

ろ～1736）の実験があったからである．まずグレイはガラス管をこすって帯電させた．帯電したガラス管は羽毛を引き寄せた．さらに麻紐(あさひも)を天井から絹糸で吊るし部屋の中から庭まで延ばした．帯電したガラス管を紐の一端に近づけ，他端に羽毛を近づけると引き寄せられた．彼は，“ものを引き寄せる原因となった電気が伝導する”ことと“電気の伝導には電気を伝えやすい麻紐が大地と接触しないようにする”ことが重要であると見いだした（1729）．

電気を通し易いものを**導体**（conductor），通し難いものを**絶縁体**（insulator）という．金属は非常に良い導体であり，プラスチックやガラス，陶磁器などは絶縁体の代表である．どんな絶縁体もまったく電気を通さないわけではなく，程度の差がある．導体と絶縁体の中間的な性質をもつ物質を**半導体**（semiconductor）という．このような物質の電気的性質を科学的に扱うようになるのは，さらに後の時代になってからである．

## 1.2 電気を担う粒子

私たちが見たり触れたりする物質，たとえば金属，プラスチック，木材，水，空気などは連続していて切れ目がないように感じるが，実際は**原子**（atom）という“ひとまとまりの構造”をもつものから構成されている．原子は**分子**（molecule）を形成し，私たちの身体も膨大な数の分子からなる．原子の大きさは 0.1 nm 程度である〔1 nm（ナノメートル）$=10^{-9}$ m〕．物質が原子や分子という粒子すなわち個数を数えられるもので構成されるという考え方（原子論）は，20 世紀の科学によって確立した重要な成果である．

原子にはさらに内部構造がある．最も簡単な水素原子の中心には**陽子**（proton）という粒子があり，その周りを**電子**（electron）が回っている．実は“電子が回る”というのは不正確であり，量子力学によると，最も安定な状態にある電子が回転する勢

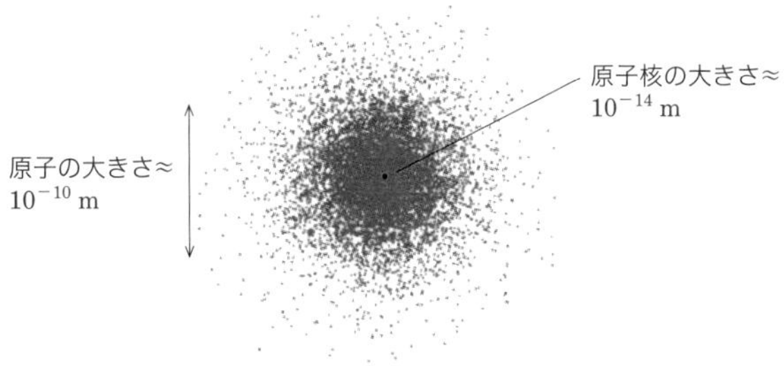


図 1.2 水素原子．水素原子の原子核は 1 個の陽子からなる．

い（軌道角運動量）は 0 である．しかも，電子を検出する位置は確率的にしか表せない．図 1.2 は 1 万回の測定で得られる電子の位置を点描で示したものである．こ

の確率の分布が原子核を取囲む球状の雲のように広がり，原子の大きさが決まる．だが本書では，古典力学のイメージで表現する．古典的には，電子の運動範囲が原子の大きさとなる．水素以外の原子も同様の内部構造をもち，中心には陽子と**中性子**（neutron，電荷が 0 で質量が陽子とほぼ同じ）が密集する**原子核**（nucleus，安定な核は陽子と同数かほぼ同数の中性子を含む）がある．

電子と陽子の電荷は大きさが同じで符号が異なり，互いに電気的な引力を及ぼし合う．陽子と中性子は電子より約 2000 倍も質量が大きいので，不動の原子核の周りを電子が回っているというモデルが成り立つ．1 個の原子に含まれる電子の個数と，その原子核に含まれる陽子の個数は同じであり，原子は全体として電気的に中性である．

物体に含まれる陽子と電子の個数に差が生じると電気を帯びた状態になる．物体の電気量は，1 個の電子または 1 個の陽子の電荷の整数倍で表せる．この基本となる電荷の大きさを**電気素量**（elementary electric charge）または**素電荷**（elementary charge）という．

原子や分子は，種類によって電子を失い易いものとそうでないものがある．そのため，異種の物質が接触すると，一方から他方に電子が移動する．これが摩擦電気の原因である．

2 種類の電気のどちらを正とするかは，人為的に決められたものである．フランクリンは，ゴムと毛皮をこすり合わせたとき，ゴムから毛皮に移動する電気を正と決めた．一方，物理現象としては，毛皮からゴムに電子が移動するので，後世に発見された電子は，その電荷を負とすることになった．

ここまで説明したように，電子や陽子など物質を構成する基本的な粒子に戻って考えることは，電気をもつ粒子を実体として認識できるので有意義であるだけでなく，物質の性質を科学的に調べるときに不可欠である．一方，電磁気現象だけに注目するときは，粒子の個性は無視して“電荷を帯びた粒子”すなわち**荷電粒子**（charged particle）とその運動がつくり出す現象を考えれば十分である．

## 1.3 電　流

電気の流れを**電流**（electric current）という．電流を利用する道具は多岐にわたり，動力や照明，加熱や冷却，通信や情報処理，あるいは掃除，洗濯や炊事まで，さまざまな場面で利用されている．本節では電流を定量的に扱うための準備をする．

まず，電流には向きがあることに注意しよう．正の荷電粒子が点 A から点 B に移動し，A の電荷が減り B の電荷が増えるとき，“電流が A から B に流れる”と決める．すなわち正電荷の移動方向と電流の方向は同じである．粒子の電荷が負なら，粒子の移動方向と電流の方向は逆である．

つぎに“電流は電気の流れである”ことを数式により表現し，電流の大きさを定義する．電流が流れる導線（導体でつくられた細い線，電線）の断面に注目しよう．時刻 $t$ から $t+\Delta t$ の間にこの断面を通して流れた電荷 $\Delta q$ を，経過時間 $\Delta t$ で割った量

$$\bar{I} = \frac{\Delta q}{\Delta t} = \frac{q(t+\Delta t) - q(t)}{\Delta t} \tag{1.1}$$

が，このときの電流である（$q(t)$ は時刻 $t=0$ から $t$ までに断面を通過した電荷）．より正確には，力学で学んだ“平均の速度”（“物理学入門 I. 力学”，§2.2.2）と同様に，$\bar{I}$ は時刻 $t$ から $t+\Delta t$ の間の平均の電流である．

一定の電流が流れるとき，$\Delta t$ と $\Delta q$ の比が時間的に一定となる．だが，電流が一定でなくても，その変化が滑らかならば，$\Delta t$ を十分に小さくすれば $\Delta t$ と $\Delta q$ の比が一定とみなせるようになる（これが微分法の戦略である）．そうなるまで $\Delta t$ を小さくしたとき，$\Delta q$ を $\mathrm{d}q$，$\Delta t$ を $\mathrm{d}t$ と書いて

$$I = \lim_{\Delta t \to 0} \frac{\Delta q}{\Delta t} = \frac{\mathrm{d}q}{\mathrm{d}t} \tag{1.2}$$

を電流の瞬時値という．普通はこの値 $I$ を電流という．

電流の流れる向きと大きさが時間的に一定のとき，これを**定常電流**（stationary electric current）という．たとえば，電池から定常電流を取出すことは日常的に行われている．一方，電力会社が供給する電流は交流といい，向きが周期的に変わり，定常電流ではない．

金属では，原子を構成する電子のうち，外側のものがもとの原子から離れて金属中を自由に動き回り，電流を担う．この電子を**伝導電子**（conduction electron）という*.

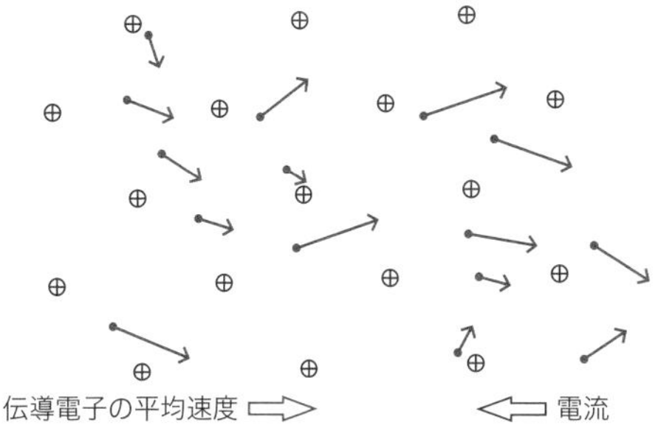


図 1.3　金属を流れる電流．金属のイオン（⊕），伝導電子の速度（→）．伝導電子の平均速度（⇨）と電流（⇦）は逆向き．個々の伝導電子の速度は，熱運動のために平均速度からのばらつきがある．

*　伝導電子を自由電子ということがあるが，“自由電子”は真空中で力を受けない電子を指すのが本来の使いかたである．伝導電子が，金属のイオンがつくる結晶中にあっても，近似的には自由に動き回れる（自由電子モデル）のは，結晶の周期構造のために生じる量子力学的な効果である．電気抵抗は周期性の乱れにより生じるのである．

伝導電子を供給した原子は正電荷をもつ**イオン**（ion）となる．これらのイオンは固体の金属では移動しないので，電荷をもっていても電流には寄与しない．電子の電荷は負だから，金属中の電流の方向と電子の移動方向とは逆になる．図 1.3 のように，古典力学のイメージでは，個々の伝導電子の速度はランダムな熱運動を行っているた

## Box 2　電　池

18 世紀の末，解剖学者ガルバーニ（Luigi Galvani，1737～1798）は，カエルの脊柱と脚を用いて神経に電気刺激を与えたときの現象を研究しているとき，脊柱に刺した真鍮の串と実験台上の鉄板が接触すると，静電気による刺激と同様に筋肉が収縮することを発見した．この実験を追試したボルタ（Alessandro Volta，1745～1827）は，この現象の本質が異種の金属の組合わせにあることを見抜いた．彼は，塩水を含んだ紙を亜鉛板と銀板（後に銅板に改良された）で挟み，これを何層にも重ねると，電流が連続的に取出せることを示した（1799）．これをボルタの電堆（でんたい）といい，現在の電池の原型である．電気回路で用いる電池（直流電源）の記号 ⊣⊢ は電堆の電極を横から見た形を示している．摩擦電気しか使えない時代は電気を流し続けることが困難だったが，電池の発明により，電流そのものと，電流がひき起こす磁気的な力の研究が飛躍的に進んだ．

電池には 2 個の電極がある．電池の動作原理は，摩擦電気の場合と同様に，両電極の物質の電子の失い易さが異なることに基づく．一方の電極を構成する原子が陽イオン（すなわちボルタの電堆なら亜鉛イオン $Zn^{2+}$）となって溶液中に溶け出し，その電極には電子が残り負に帯電する．他方の電極は溶液から陽イオン（ボルタの電堆なら $H^+$）を取込み正に帯電する．長い歴史をもつ鉛蓄電池は，負極が鉛，正極が二酸化鉛，溶液が希硫酸である．溶液をペースト状にするなど取扱いを容易にしたものを乾電池という．電極が帯電すると両極とも化学変化が起き難くなるが，正極と負極を外部の回路でつなぎ放電させれば反応が継続する．正負の電荷を分離して電極に存在させておく原因を起電力といい，§8.5.1 で解説する．

化学反応に基づく電池は，電極と電解質（正極と負極の間で電荷を運ぶ物質）の材料開発が進み，燃料電池も急速に進歩している．まったく異なる原理の電池としては，半導体を利用した太陽電池や，熱起電力を利用した電池もあり，高性能の電池の開発が続いている．

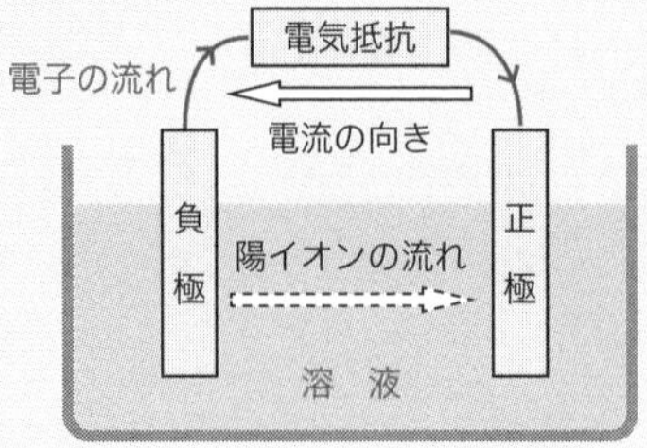


**化学反応に基づく電池の概念図.**

めにそろわないが，全体を平均すると一方向に移動し，電子の平均速度（⇨）と逆向きの電流（⇦）が生じる．

液体や気体ではイオンも移動して電流を担う．また，半導体では，電子が電流を担うことは同じだが，“電子の抜けた部分が正の荷電粒子のように振舞い電気伝導に寄与する”と考えると取扱いが容易になる場合があり，“電子が抜けた部分”を**正孔**（electron hole，略して hole）という．

電荷の一定方向の動きが電流となることを述べたが，電流が流れている位置で電荷を観測するとき，必ずしも電流を担う荷電粒子の電荷がそのまま見えるのではないことに注意しよう．たとえば，真空中に電子ビームを放出するような場合は，電子の電荷がそのまま見える．このときは，電子が互いに反発するのでビームを細く絞り込み電流を集中するのが難しくなる．一方，金属の導線を流れる電流は，正電荷のイオンを背景にして負電荷の電子が動くので，正と負の電荷が完全に相殺していれば電気的に中性のところに電流が流れる．そのため導線に大きな電流を流しても，電流の作用だけが現れるので取扱いが容易になる．

## 1.4 電荷と電流の単位

### 1.4.1 電子の電荷，電荷の単位

電子 1 個（または陽子 1 個）の電荷の大きさは普遍定数である．言い換えると，真空中の光速と同様に，電子の電荷はどのような状況で測定しても常に一定の値をもつ．この普遍定数を電気素量あるいは素電荷ということは§1.2 で述べた．

2018 年の国際度量衡総会で電気素量 $e$ を

$$e = 1.602\,176\,634 \times 10^{-19}\ \mathrm{C} \tag{1.3}$$

と定義した（2019 年に発効）．すなわち電荷の単位を決めたのである．C（**クーロン**，coulomb）は電荷の SI 単位である（p.8，Box 3）．電気素量の数値の逆数（$1\ \mathrm{C}/e$ の値）すなわち $6.241\,509\,074 \times 10^{18}$ 個の電子を集めると，その電荷が $-1\ \mathrm{C}$ になる．

### 1.4.2 電流の単位

電流の単位は，式 1.2 から，1 s に 1 C の電荷が流れるときの電流であり，これを 1 A（**アンペア**，ampere）という．すなわち

$$1\ \mathrm{A} = \frac{1\ \mathrm{C}}{1\ \mathrm{s}} = 1\ \mathrm{C\,s^{-1}} \tag{1.4}$$

である．なお，1 s は，セシウム 133 という原子に固有の振動数を 9 192 631 770 Hz

(Hz=$\mathrm{s}^{-1}$，**ヘルツ**，hertz）と定めることで定義されるので，1 A も厳密に決まる．

## 1.5 連続的な電荷分布

### 1.5.1 電荷分布

力学を学んだとき，“質量をもつが大きさを無視できる物体”すなわち質点を導入し，運動の科学の基本を理解してから，質点系や剛体などのモデルによって実際の物体の運動を理解した（“I. 力学”，§2.1.1）．これと同様に，電気現象の基本を理解するとき，幾何学的な大きさのない**点電荷**（point charge）を導入する．点電荷を用いると，電荷が周囲に及ぼす効果や電荷が受ける影響について簡潔な議論の展開が可能になるからである．しかし，私たちが肉眼で見たり手で触れたりする巨視的サイズの物体を対象にするとき，そこに含まれる荷電粒子（それを点電荷と考える）の個数は膨大であり，それらの粒子の位置と電荷を個別に扱うのは非現実的なので，別の工夫が必要になる．1 個の荷電粒子の電荷が非常に小さくその個数が非常に多いならば，電荷が連続的に分布するという近似は悪くないだろう．もちろん，電荷は電気素量よりも小さく分割することはできないのだが，滑らかに広がった電荷分布というモデルは，微積分法を適用できるという数学的なメリットがあり，たいへんに貴重である．

**Box 3 国際単位系（SI）**

自然界で起きる現象を定量的に扱うとき，その現象に関係する物理量の測定（その量が基準の何倍かを求める操作）が基礎となる．基準の大きさを，その物理量の**単位**（unit）という．距離，時間，速度，加速度，力，エネルギーなど，力学現象に関する量は，長さ，時間，質量の組合わせで表せたが，電気現象では電荷に関する基準が必要になる．

表題の SI は International system of units のフランス語表記，Système international d'unités を略したものである（“I. 力学”，§2.1.3）．SI は，7 個の基本物理量の単位，すなわち長さ（メートル，m），質量（キログラム，kg），時間（秒，s），電流（アンペア，A），温度（ケルビン，K），物質の量（モル，mol），光度（カンデラ，cd）の積や商で組立てられている．力の単位ニュートン（N），エネルギーの単位ジュール（J）は固有の名称をもつ SI 組立単位（7 個の基本単位から導かれる単位）の例である．

精密測定の技術の進化と共に，単位の決め方も変わってきた．本文で紹介した電荷の単位としての電気素量の値と電流の単位は，第 26 回国際度量衡総会で決まり，2019 年 5 月に施行された．それ以前は，電流間に働く力の大きさから 1 A を定義し，1 C=1 A s により電荷の単位が決められていた（1948）．さらに昔は，硝酸銀水溶液の電気分解で析出する銀の単位時間あたりの析出量から 1 A を定義していた．

### 1.5.2 電 荷 密 度

連続的な電荷分布を扱うときに不可欠な**電荷密度**（charge density）という概念を導入しよう．最も簡単な場合として，電荷分布が一様な（どこもまったく同じ）場合を考える．このとき，体積 $\Delta V$ に含まれる電荷 $\Delta q$ の大きさは $\Delta V$ に比例する．したがって，比 $\Delta q/\Delta V$ は，$\Delta V$ の取り方によらず一定であり，電荷分布の粗密を示す量となる．比 $\Delta q/\Delta V$ が電荷密度（単位体積あたりの電荷）であり，単位は $\mathrm{C\,m^{-3}}$ である．

**例題 1.1** 金属の銅では，1 個の原子が 1 個の伝導電子を供給して銅イオンとなり，正負の電荷密度は相殺している．伝導電子だけによる負の電荷密度を求めよ（答えは有効数字 1 桁）．ただし，銅の密度を $8.9\,\mathrm{g\,cm^{-3}}$（$=8.9\times10^3\,\mathrm{kg\,m^{-3}}$）とし，64 g（=0.064 kg）の銅には約 $6.0\times10^{23}$ 個の原子が含まれるとする．

**解** 銅の原子の数密度（すうみつど）（単位体積あたりの個数）$n$ は

$$n \approx (8.9\times10^3)\left(\frac{6.0\times10^{23}}{0.064}\right) \approx 8.3\times10^{28}\,\mathrm{m^{-3}}$$

となり，これが伝導電子の数密度に等しい．1 個の電子の電荷が $q\approx-1.6\times10^{-19}\,\mathrm{C}$ だから，伝導電子の電荷密度は

$$\rho = qn = (-1.6\times10^{-19})(8.3\times10^{28}) \approx -1.3\times10^{10} \approx -1\times10^{10}\,\mathrm{C\,m^{-3}}$$

となる*1．■

電荷が 2 次元的に広がって分布する場合は，電荷の**面密度**（surface density）を用いる．また，1 次元的な分布は**線密度**（line density）を用いる．単位はそれぞれ $\mathrm{C\,m^{-2}}$ と $\mathrm{C\,m^{-1}}$ である．本書では，特に断らない限り，電荷密度の記号を $\rho$（ロー），電荷の面密度を $\sigma$（シグマ），線密度を $\lambda$（ラムダ）により表す*2．

---

*1 本書では，物理量の数値を使った計算の途中式において，SI を用いている限り，代入する量に単位を付けない場合がある〔SI 接頭語（倍量単位・分量単位）を変更する場合はこれを明記した〕．単位をもつ量を単位を書かずに扱うのは好ましくないのだが，途中式の意味は“計算を見直すときのメモ”でしかなく，式を短く表せるというメリットを優先させた．少なくとも最初のうちは，単位を付けて計算することが推奨されるのだが，その理由は，単位の比較により立式の誤りに気付くという重要な効果のためである．本書では，いくつかの例題で，“数値を代入する前の文字式の段階で物理次元に注目することが，単位の比較と同じあるいはそれ以上の効果がある”ことを示している（物理次元の説明は例題 3.3 とその脚注を参照）．

*2 本書で出てくるギリシャ文字の名称（読み方）をまとめておこう．$\alpha$ アルファ，$\gamma$ ガンマ，$\Delta$ $\delta$ デルタ，$\varepsilon$ イプシロン，$\theta$ シータ，$\kappa$ カッパ，$\lambda$ ラムダ，$\mu$ ミュー，$\nu$ ニュー，$\pi$ パイ，$\rho$ ロー，$\Sigma$ $\sigma$ シグマ，$\tau$ タウ，$\Phi$ $\phi$ $\varphi$ ファイ，$\chi$ カイ，$\psi$ プサイ，$\Omega$ $\omega$ オメガ．

**例題 1.2**　半径 $R=1\,\mathrm{m}$ の球面上に電荷 $q=1\,\mathrm{C}$ が一様に分布するときの電荷面密度 $\sigma$ を求めよ（有効数字 1 桁）.

解　半径 $R$ の球の表面積は $S=4\pi R^2$ だから

$$\sigma = \frac{q}{S} = \frac{q}{4\pi R^2} \approx \frac{1\,\mathrm{C}}{4\times 3.14\times 1\,\mathrm{m}^2} \approx 8\times 10^{-2}\,\mathrm{C\,m^{-2}}$$

である. ■

電荷分布が一様でないときは，注目する領域ごとにその平均の電荷密度を用いる. 図 1.4 に示すように，位置ベクトル $\boldsymbol{r}$ の点を含む体積 $\Delta V$ の領域を考えよう. この領域内の電荷が $\Delta q$ のとき，平均電荷密度は

$$\bar{\rho} = \frac{\Delta q}{\Delta V} \tag{1.5}$$

である. 電荷分布が滑らかに変化するとき，式 1.5 で体積を $\Delta V\to 0$ にした極限を用いて，点 $\boldsymbol{r}$ における電荷密度 $\rho(\boldsymbol{r})$ を与える. すなわち

$$\rho(\boldsymbol{r}) = \lim_{\Delta V\to 0}\bar{\rho} = \frac{\mathrm{d}q}{\mathrm{d}V} \tag{1.6}$$

である.

$xyz$ 直交座標系を設定してベクトルを成分で表すこともある（§ M1）. $\boldsymbol{r}=(x,y,z)$ のとき $\rho(\boldsymbol{r})$ を $\rho(x,y,z)$ とも書く. 電荷密度が時間的に変動するときは，$\rho(\boldsymbol{r},t)$ あるいは $\rho(x,y,z,t)$ と書く.

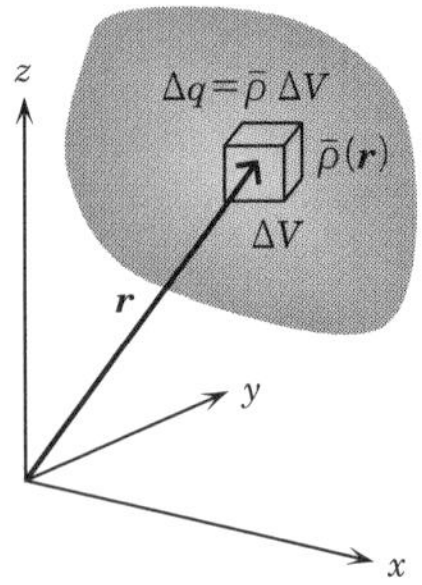


図 1.4　平均の電荷密度.

### 1.5.3　点電荷と電荷密度

本書では，電荷密度を位置と時間の関数として微分や積分を行い，さまざまな量を議論する. しかし，点電荷に対して式 1.6 のような電荷密度の表し方をすると，$\Delta V$ を 0 にする極限では，点電荷を含んでいれば発散し，含んでいなければ 0 となり，

普通の関数にはならない．ディラック（Paul Adrien Maurice Dirac，1902～1984）は，空間の 1 点に存在する粒子の状態を表すためにデルタ関数 $\delta(\boldsymbol{r})$ というものを考え出した．デルタ関数を用いると，点電荷の電荷分布を電荷密度と同じように扱える．デルタ関数は物理以外にも用いられるので，その基本的な使いかたを § M5 で簡単に紹介する．本書ではデルタ関数を積極的に利用することはないが，連続電荷分布と点電荷の間の橋渡しには，以下の知識が助けになる．

原点に点電荷 $q$ があるときの電荷密度を $q\,\delta(\boldsymbol{r})$ と表す．点電荷は，その 1 点以外では電荷をもたないが，その点を含む領域の電荷は $q$ だから

$$\delta(\boldsymbol{r}) = \begin{cases}\infty \cdots \boldsymbol{r}=\boldsymbol{0}\\ 0 \ \cdots \boldsymbol{r}\neq\boldsymbol{0}\end{cases} \quad \text{および} \quad \int_{\mathrm{V}} \delta(\boldsymbol{r})\,\mathrm{d}V = \begin{cases}1 \cdots \mathrm{V}\text{ は原点を含む}\\ 0 \cdots \text{それ以外}\end{cases} \tag{1.7}$$

を要請する．この性質からわかるように，$\delta(\boldsymbol{r})$ は通常の関数ではない．

ここで，$\int_{\mathrm{V}} f(\boldsymbol{r})\,\mathrm{d}V$ は“$\boldsymbol{r}$ における関数値 $f(\boldsymbol{r})$ に体積要素 $\mathrm{d}V$ を乗じて領域 V の全域にわたり寄せ集める”操作を表す 3 次元の定積分であり“領域 V における $f(\boldsymbol{r})$ の**体積分**（volume integral）”という（§ M4.1）．

$\boldsymbol{r}_i$ に点電荷 $q_i$ があるときの電荷密度 $\rho(\boldsymbol{r})$ は，この点電荷が原点にあるときの電荷密度 $q_i\,\delta(\boldsymbol{r})$ を平行移動して

$$\rho(\boldsymbol{r}) = q_i\,\delta(\boldsymbol{r}-\boldsymbol{r}_i) \tag{1.8}$$

と表され，$\boldsymbol{r}=\boldsymbol{r}_i$ のとき $\delta(\boldsymbol{r}-\boldsymbol{r}_i)=\infty$ となる．また，$N$ 個の点電荷があるときの電荷密度は

$$\rho(\boldsymbol{r}) = \sum_{i=1}^{N} q_i\,\delta(\boldsymbol{r}-\boldsymbol{r}_i) \tag{1.9}$$

となる．

連続的な電荷分布でも，点電荷でも，領域 V の内部の全電荷を求めるには，まず領域を $N$ 個の小領域に分割する．各小領域内の電荷が $\Delta q_i$ のとき，全電荷は

$$q = \Delta q_1 + \Delta q_2 + \cdots + \Delta q_N = \sum_{i=1}^{N} \Delta q_i = \sum_{i=1}^{N} \rho(\boldsymbol{r}_i)\,\Delta V \tag{1.10}$$

と表せる*．この式で，$N\to\infty$，$\Delta V\to 0$ の極限をとると総和が定積分に変わり

---

* 連続分布のとき，位置 $\boldsymbol{r}_i$ は小領域内のどこかにあることが，平均値の定理（積分形）から保証される．$\boldsymbol{r}_i$ の具体的な位置は分布の様子を表す関数を与えないと決まらない．1 次元の場合，この定理は

$$\int_a^b g(x)\,\mathrm{d}x = (b-a)\,g(c)$$

となる $c$ が積分区間内に存在することを述べる．$g(x)=\mathrm{d}f/\mathrm{d}x$ とおけば，上式は，よく知られた微分形の平均値の定理（§ M2.2.7）と同等であることがわかる．

$$q = \int_V \rho(\boldsymbol{r})\, dV = \iiint_V \rho(x, y, z)\, dx\, dy\, dz \tag{1.11}$$

となることは，1 変数関数の定積分の場合とまったく同じである（§ M4.1）．

式 1.10 において各小領域内に点電荷 $q_i$ があるとき，全電荷はそれらを寄せ集めた $q=\sum_i q_i$ である．この式に対して $q_i \to \rho(\boldsymbol{r})\, dV$，$\sum_i \to \int_V$ という置き換えを行うと連続的な電荷分布を寄せ集める式 1.11 となる．逆に，式 1.11 に式 1.9 を適用すると，点電荷に対する式 $q=\sum_i q_i$ を得ることに注意しよう．

## 1.6 電流密度

### 1.6.1 荷電粒子の流れと電流密度

電荷が空間的に広がって分布するとき，その電荷の移動により生じる電流も空間的に広がる．このような電流が次章以降の議論で頻出するので，取扱いに必要な道具の準備をしよう．ここで新たに導入する概念は，**電流密度**（current density）といい，空間の各位置での電流の向きと電流の集中の程度を表すベクトルである．

最も単純な場合として，一様な（向きと大きさがどの位置でも同じ）電流 $I$ が流れる場合を考える．この電流が断面積 $S$ の面を垂直に通過するとき，電流密度の大きさは

$$j = \frac{I}{S} \tag{1.12}$$

と定義される．電流密度の単位は $\mathrm{A\,m^{-2}}$ である．電流密度の方向は電流の向き（正電荷の平均速度の向き）とする．

図 1.5　電荷密度と電流密度．

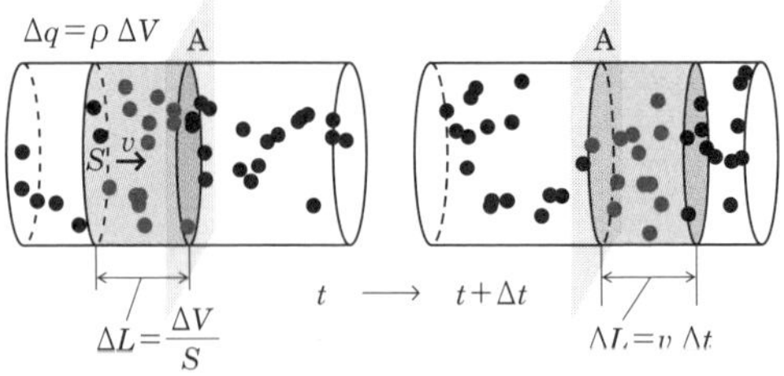


次に，電荷密度 $\rho$ で分布する荷電粒子があり，どの荷電粒子も速さ $v$ で一定の方向に運動しているとき，電流密度の大きさが $\rho v$ となることを示そう．図 1.5 のように，断面積 $S$，長さ $\Delta L$ の部分（体積 $\Delta V = S\,\Delta L$）に含まれる電荷 $\Delta q = \rho\,\Delta V$ が，時間 $\Delta t$ の間に断面 A を垂直に通過するとしよう．荷電粒子が移動する速さが $v$ だから，

$\Delta L = v\,\Delta t$, したがって $\Delta V = Sv\,\Delta t$ である．式 1.1 を式 1.12 に代入して，電流密度は

$$j = \frac{1}{S}I = \frac{1}{S}\frac{\Delta q}{\Delta t} = \frac{1}{S}\frac{\rho\,\Delta V}{\Delta t} = \frac{1}{S}\frac{\rho S v\,\Delta t}{\Delta t} = \rho v \tag{1.13}$$

となる．現実には，たとえば金属の伝導電子が電流を運ぶとき，図 1.3 のように，個々の電子はランダムな熱運動もしているが，電子の速度の集団平均は電流と逆の方向を向く．この平均速度の大きさが式 1.13 の $v$ であると考えればよい．

電流の空間的な広がり方が一様でないときも，$\rho$ と $v$ が滑らかに変化するならば，十分に小さな領域ではこれらの量が一様に見えるから，式 1.13 により電流密度を定義することができる．こうして，ある位置における電流密度ベクトル $\boldsymbol{j}$ は，その位置の電荷密度 $\rho$ と電荷の平均速度ベクトル $\boldsymbol{v}$ の積

$$\boldsymbol{j} = \rho\boldsymbol{v} \tag{1.14}$$

として定義される．

**例題 1.3** 断面積が $S = 1\ \mathrm{mm}^2$ の銅の導線に電流 $I = 1\ \mathrm{A}$ が流れている．電流密度が一様のとき，伝導電子の平均の速度 $v$ を求めよ（速度が電流の向きと同じとき $v$ を正とし，逆のとき負とせよ）．導線の電荷密度は例題 1.1 で求めた値を使うこと．

**解** 銅の伝導電子の電荷密度を $\rho = -1.3 \times 10^{10}\ \mathrm{C\,m^{-3}}$ とする．$1\ \mathrm{A} = 1\ \mathrm{C\,s^{-1}}$ を用い，式 1.13 から

$$v = \frac{j}{\rho} = \frac{I}{\rho S} = \frac{1\ \mathrm{A}}{(-1.3 \times 10^{10}\ \mathrm{C\,m^{-3}})(1 \times 10^{-6}\ \mathrm{m^2})}$$
$$\approx -7.7 \times 10^{-5}\ \mathrm{m\,s^{-1}} \approx -0.08\ \mathrm{mm\,s^{-1}}$$

を得る．

**参考** この導線の太さと電流は，屋内配線の許容値の 1/10 程度であり現実的な数値である．伝導電子が移動する速さは，1 s に 0.1 mm 以下となることに注意せよ．手元のスイッチをオンにしてから天井の照明が灯るまでの時間が，もし仮にこの速さで決まるなら，点灯が 1 時間以上も遅れることになる．すなわち電気的な信号が伝わる速さは，伝導電子の移動速度ではなく，電場あるいは電界の変動が空間を伝わる速さであり，導線は電場を導くためのものである（電場については 4 章以降で学ぶ）．■

### 1.6.2 面を表すベクトルと電流密度ベクトル

電流密度から断面を通過する電流を求めるには，式 1.12 を用いて $I = jS$ を計算するのだが，この定義は電流密度ベクトル $\boldsymbol{j}$ が断面 $S$ と垂直な場合に限られ，斜めに

通過する場合は修正が必要となる．図 1.6b のように，断面の法線方向（面に垂直な方向）と $\boldsymbol{j}$ のなす角が $\theta$ のとき，$I=jS$ が

$$I = jS\cos\theta \tag{1.15}$$

に変わることを，2 通りの方法で説明する．だが，その前に次の極端な場合について状況を確認しておこう．$\theta=0$（$\boldsymbol{j}$ が断面と垂直）のとき式 1.15 は $I=jS$ に戻る．$\theta=\pi/2$（$\boldsymbol{j}$ が断面と平行）のとき，通過する電流は $I=0$ となる．

図 1.6a は，電流が流れる円筒を斜めに切った断面の大きさ $S$ と，垂直に切った断面の大きさ $S_0$ を示す．断面に垂直な流れでは $I=jS_0$ となり，$S_0=S\cos\theta$ だから式 1.15 が成り立つ．

図 1.6　電荷密度と電流密度．

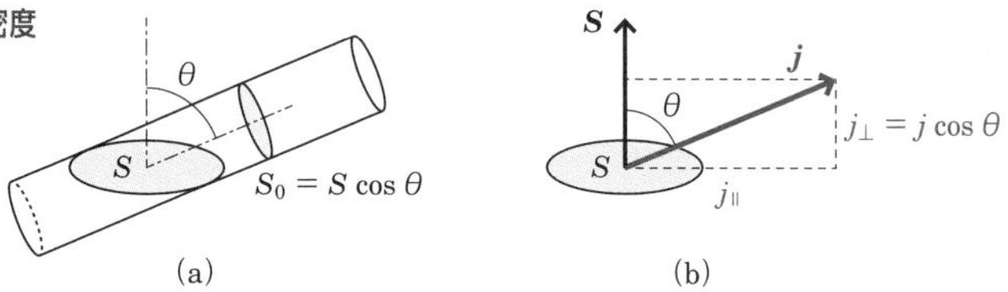


別の理解の方法として，図 1.6b は，電流密度ベクトル $\boldsymbol{j}$ を断面と垂直な成分 $\boldsymbol{j}_\perp$ と平行な成分 $\boldsymbol{j}_\parallel$ に分解したときの様子を示す．すなわち

$$\boldsymbol{j} = \boldsymbol{j}_\perp + \boldsymbol{j}_\parallel \tag{1.16}$$

とすると，$\boldsymbol{j}_\parallel$ は断面 $S$ を通過しない成分である．各成分の大きさは $j_\perp=j\cos\theta$，$j_\parallel=j\sin\theta$ となり

$$I = j_\perp S = (j\cos\theta)S = jS\cos\theta \tag{1.17}$$

すなわち，式 1.15 が成り立つ．

ここで，断面を表すベクトル $\boldsymbol{S}$ を導入しよう．このベクトルの向きは断面の法線方向，大きさはその面積 $S$ である．そうすると，二つのベクトル $\boldsymbol{j}$ と $\boldsymbol{S}$ のなす角が $\theta$ だから，両者のスカラー積により式 1.15 を

$$I = \boldsymbol{j}\cdot\boldsymbol{S} \tag{1.18}$$

と書き直すことができる（§ M1.4）．

電流密度ベクトルの大きさと向きが変化するときにも，断面 $S$ を微小な**面積素片**（surface element，あるいは**面積要素**）に分割すれば（§ M4.1.3，§ M4.3），1 個の

面積素片の中では $\boldsymbol{j}$ を一定とみなせるので，式 1.18 を適用できる．面積素片を表すベクトルを $\mathrm{d}\boldsymbol{S}$ とすると，そこを通過する微小な電流は

$$\mathrm{d}I = \boldsymbol{j}\cdot\mathrm{d}\boldsymbol{S} \tag{1.19}$$

である．これを寄せ集める操作を定積分により表したものが，S の上で行う $\boldsymbol{j}$ の**面積分**（surface integral）

$$I = \int_{\mathrm{S}}\mathrm{d}I = \int_{\mathrm{S}}\boldsymbol{j}\cdot\mathrm{d}\boldsymbol{S} \tag{1.20}$$

であり（§ M4.3），断面を通過する電流を表す．電流が通過する面が曲面の場合にも，各面積素片は平面とみなせるので，式 1.20 がそのまま成立する．

面には表と裏があり，面積素片ベクトル $\mathrm{d}\boldsymbol{S}$ の方向を表→裏か裏→表のどちらに選択するかは自由であるが，閉曲面（球のような一続きの領域の表面）では内部と外部が区別できるので，$\mathrm{d}\boldsymbol{S}$ は内から外に向かうと約束する（面の裏表については § M1.5.1 を参照）．

**例題 1.4**　面を表すベクトルが $\boldsymbol{S}=S_x\boldsymbol{e}_x+S_y\boldsymbol{e}_y+S_z\boldsymbol{e}_z$，$S_x=S_y=S_z=1\ \mathrm{m}^2$ であり，電流密度が $\boldsymbol{j}=j_x\boldsymbol{e}_x+j_y\boldsymbol{e}_y+j_z\boldsymbol{e}_z$，$j_x=2\ \mathrm{A\ m^{-2}}$，$j_y=j_z=0$ である（§ M1.1）．

（a）$\boldsymbol{S}$ はどのような面か．

（b）$\boldsymbol{j}$ はどのような電流密度か．

（c）この面を通過する電流 $I$ を求めよ．

解　（a）面の大きさは $|\boldsymbol{S}|=(S_x^2+S_y^2+S_z^2)^{1/2}=\sqrt{3}\ \mathrm{m}^2$，面の方向は $\boldsymbol{e}_x+\boldsymbol{e}_y+\boldsymbol{e}_z$ すなわち原点から点 (1, 1, 1) に向かう方向である．この面を $x$ 軸方向から見たときの大きさ（$x$ 軸に垂直な座標平面に射影した面積）は $\boldsymbol{S}\cdot\boldsymbol{e}_x=S_x=1\ \mathrm{m}^2$，$y$ および $z$ 軸方向から見ても同じ大きさである．長さの単位を m として，たとえば各座標軸上の 3 点 $(\sqrt{2}, 0, 0)$，$(0, \sqrt{2}, 0)$，$(0, 0, \sqrt{2})$ を頂点とする正三角形がこの面の一つの例である（$S$ から面の形や位置を決めることはできない）．

（b）電流密度は，$x$ 軸正方向を向き，大きさが $2\ \mathrm{A\ m^{-2}}$ である．

（c）面 $\boldsymbol{S}$ を通過する電流は $I=\boldsymbol{j}\cdot\boldsymbol{S}=2\times1+0\times1+0\times1=2\ \mathrm{A}$ である．$\boldsymbol{j}=j_x\boldsymbol{e}_x$ だから $\boldsymbol{j}\cdot\boldsymbol{S}=j_x\boldsymbol{S}\cdot\boldsymbol{e}_x=(2\ \mathrm{A\ m^{-2}})(1\ \mathrm{m}^2)$ と計算してもよい．■

**例題 1.5**　3 次元空間の原点から等方的に（どの方向にも同じように）流出する電流がある．

（a）$\boldsymbol{r}/|\boldsymbol{r}|$ が単位ベクトルであることを示せ．

（b）位置 $\boldsymbol{r}$ における電流密度が

$$\boldsymbol{j}(\boldsymbol{r}) = \frac{I_0}{4\pi|\boldsymbol{r}|^2}\frac{\boldsymbol{r}}{|\boldsymbol{r}|}$$

となることを既知として，原点を中心とする半径 $a$ の球面 $\mathrm{S}_a$ を通過する全電流 $I$ を求めよ．ただし，$I_0$ は電流の単位をもつ定数である．

解　(a) $\boldsymbol{r}/|\boldsymbol{r}|$ は $\boldsymbol{r}$ と同じ向きをもつ．その大きさが 1（無次元）であることは

$$\frac{\boldsymbol{r}}{|\boldsymbol{r}|}\cdot\frac{\boldsymbol{r}}{|\boldsymbol{r}|} = \frac{\boldsymbol{r}\cdot\boldsymbol{r}}{|\boldsymbol{r}|^2} = \frac{|\boldsymbol{r}|^2}{|\boldsymbol{r}|^2} = 1$$

から明らかである（§ M1.1）．

(b) 題意の球面上の点の位置を $\boldsymbol{r}_a$ とすると，$|\boldsymbol{r}_a|=a$ である．この位置における面積素片ベクトルは，その大きさを $\mathrm{d}S$ とすると

$$\mathrm{d}\boldsymbol{S} = \mathrm{d}S\,\frac{\boldsymbol{r}_a}{|\boldsymbol{r}_a|}$$

と表される（図 1.7）．面積素片の大きさをすべて寄せ集めると半径 $a$ の球の表面積となる．

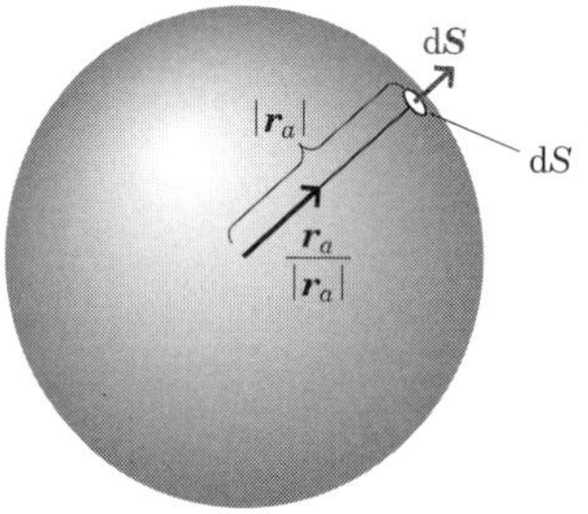


図 1.7　球面上のベクトル $\mathrm{d}\boldsymbol{S}$.

このことを定積分により表すと

$$\int_{\mathrm{S}_a}\mathrm{d}S = 4\pi a^2$$

である．位置 $\boldsymbol{r}_a$ における面積素片 $\mathrm{d}\boldsymbol{S}$ と電流密度 $\boldsymbol{j}(\boldsymbol{r}_a)$ を用いると，この面積素片を通過する微小な電流は

$$\begin{aligned}\mathrm{d}I &= \boldsymbol{j}(\boldsymbol{r}_a)\cdot\mathrm{d}\boldsymbol{S} = \left(\frac{I_0}{4\pi|\boldsymbol{r}_a|^2}\frac{\boldsymbol{r}_a}{|\boldsymbol{r}_a|}\right)\cdot\left(\mathrm{d}S\,\frac{\boldsymbol{r}_a}{|\boldsymbol{r}_a|}\right) = \frac{I_0\,\mathrm{d}S}{4\pi|\boldsymbol{r}_a|^2}\left(\frac{\boldsymbol{r}_a}{|\boldsymbol{r}_a|}\cdot\frac{\boldsymbol{r}_a}{|\boldsymbol{r}_a|}\right)\\ &= \frac{I_0\,\mathrm{d}S}{4\pi a^2}\end{aligned}$$

であり，これを球面 $\mathrm{S}_a$ 上で寄せ集めると，全電流が

$$I = \int_{S_a} dI = \frac{I_0}{4\pi a^2}\int_{S_a} dS = I_0$$

となる. ■

## 章末問題

1.1 電池（バッテリー）の性能表記の一つに，mA h というものがある．たとえば，ある電池の容量が 1 mA h と表示されていれば，1 mA の電流を 1 時間流し続けることができるという意味である．この電池が外部の装置に供給できる電荷の総量を C を単位として表せ．また，この電荷は何個の電子に相当するか．それぞれ有効数字 1 桁で答えよ．

1.2 電流が流れているのに電荷密度が 0 となる例をあげよ．

1.3 体積 $V$ の中に電荷 $q$ をもつ荷電粒子が $N$ 個ある．粒子の数密度 $n$ が十分に大きく，連続的な分布で表せるとする．分布が一様であるとして，次の問いに答えよ．

(a) 電荷密度 $\rho$ を，$q$，$N$，$V$ を用いて表せ．

(b) 粒子の平均速度が $\boldsymbol{v}$ のとき電流密度 $\boldsymbol{j}$ を $q$，$n$，$\boldsymbol{v}$ を用いて表せ．

1.4 右図のように，3 辺が座標軸（正方向）と重なる立方体があり，辺の長さが 1 m である．

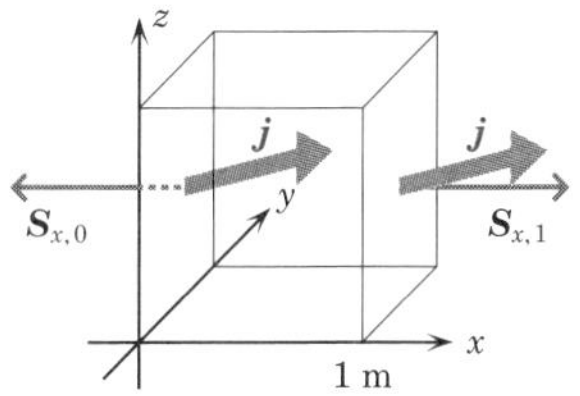


(a) $x$ 軸と垂直な二つの表面を表すベクトル $\boldsymbol{S}_{x,0}$（原点を頂点とする面）と $\boldsymbol{S}_{x,1}$ を成分で表せ．

(b) 電流密度を $\boldsymbol{j}=(j_0/\sqrt{2})(\boldsymbol{e}_x+\boldsymbol{e}_y)$ とする．この大きさを求めよ．

(c) $j_0=1\ \mathrm{A\ m^{-2}}$ として $\boldsymbol{S}_{x,0}$ と $\boldsymbol{S}_{x,1}$ を通過する電流を求めよ．

1.5 無限に長い半径 $R$ の円筒があり，その表面の電流密度 $\boldsymbol{j}$ は表面に垂直，大きさは表面上で等しく $j_0$ である．円筒の軸方向の長さ $L$ の表面 $S$ から流出する電流 $I_0$ を求めよ．

1.6 $x$ 軸上（$x\geq 0$）に電荷が線密度 $\lambda(x)=\lambda_0 \exp(-kx)$ で分布する．

(a) $\exp(-kx)$ の物理次元を確認せよ．

(b) $\lambda_0=1\ \mu\mathrm{C}$，$k=10\ \mathrm{m^{-1}}$，$a=1\ \mathrm{m}$ として，区間 $[0,a]$ の総電荷 $Q$ を有効数字 1 桁で求めよ．

# 2 電荷の保存

外部から孤立した領域では，内部の電荷の総量が変わらない．これに反する現象は観測されたことがなく，**電荷保存則**（charge conservation，電気量保存の法則ともいう）とよび，自然界の基本法則とされている．荷電粒子が移動すると電荷分布は変わるだろうが，領域への流入出（境界を通過する電流）がなければ，その領域内では電荷の総量が変化しない．電荷をもつ粒子が消滅・生成することはあるが，その変化は全体の電荷の総量が変わらないように起こる．何らかの電磁気現象を発見したとき，もし電荷保存則と矛盾するようならば，その発見は不完全か誤りである．それほどこの法則は基本的なものと考えられている．

電荷保存則があるので電流密度と電荷密度は独立ではない．実際，領域内部の電荷の総量が変化したとき，出入りした電流が運んだ電荷がまさにその変化分と等しい．本章では，電荷保存則から電流密度 $\boldsymbol{j}$ と電荷密度 $\rho$ の関係を導く．ここで得られる保存則の式は，電磁気学に限らず，物質の流れにも適用される（p.25，Box 4）．

## 2.1 1次元の電荷保存則

本節では，1次元の電流に電荷保存則を適用し，その電流と電荷密度の関係を調べる．1次元の電流の例としては，太さを無視できる導線を流れる電流や，電流が通過する断面内で電流が一様に分布している場合を考えればよい．

ここでは電流と電荷密度が導線に沿って変化し，時間的にも変動する場合を考察する．日常生活で使う100ボルトの交流はその例である．

導線に沿って $x$ 軸を設定し，$x$ における断面を時刻 $t$ に通過する電流を $I(x,t)$ とする．座標軸を導入したので，電流の向きを符号で表すことができる．$x$ 軸の正方向に正電荷が流れるとき，電流を $I>0$ とする．

図 2.1　区間内の電荷の増減．電流 $I$ が区間内に流入する方向のとき電荷が増える．この図では左端の電流により増加し，右端の電流により減少する．

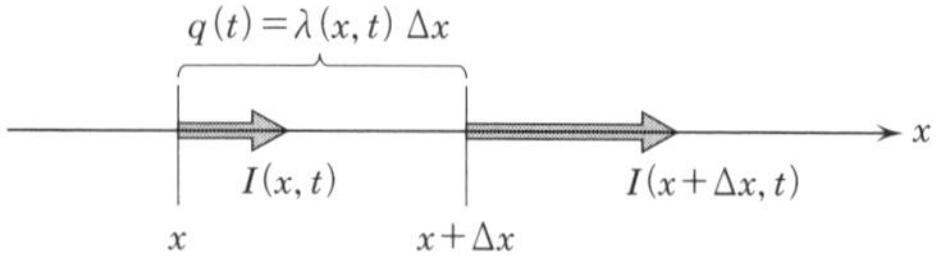


図 2.1 のように，導線の区間 $[x, x+\Delta x]$ に注目し，この区間の電荷が時間 $\Delta t$ の間に $q(t)$ から $q(t+\Delta t)=q(t)+\Delta q$ に変化したとする．電荷保存則により，$\Delta q$ は区間

の左右の端をこの時間内に通過した電荷の総量に等しい．電流が一定とみなせるほど $\Delta t$ が小さいとき，各端を通過する電荷は，$I(x,t)\,\Delta t$ および $I(x+\Delta x,t)\,\Delta t$ となる（式 1.1 を参照）．こうして

$$\begin{aligned}\Delta q &\equiv q(t+\Delta t) - q(t)\\ &= I(x,t)\,\Delta t - I(x+\Delta x,t)\,\Delta t \;=\; -[I(x+\Delta x,t) - I(x,t)]\,\Delta t\end{aligned} \qquad (2.1)$$

を得る（最初の $\equiv$ は $\Delta q$ の定義を意味する）．

たとえば図 2.1 のように，区間の両端で電流が正の場合，左端からは $I(x,t)\,\Delta t>0$ の正電荷が流入して $\Delta q$ が増加し，右端からは $I(x+\Delta x,t)\,\Delta t>0$ の正電荷が流出して $\Delta q$ が減少する．したがって，この区間内にある電荷の増加は，電荷保存則により $I(x,t)\,\Delta t$ から $I(x+\Delta x,t)\,\Delta t$ を引いた量となる．電流の向きが図 2.1 と異なるときも，式 2.1 が成立している（各自で確認せよ）．

次に，区間内の電荷を，1 次元の電荷密度（線密度）$\lambda$ を用いて表そう．電流が空間的・時間的に変化しているときは，電荷密度も $x$ と $t$ の関数すなわち $\lambda(x,t)$ としておく必要がある．区間の幅 $\Delta x$ が非常に小さいときは，$\lambda(x,t)$ を一定とみなせるので，区間内の電荷は

$$q(t) \;=\; \lambda(x,t)\,\Delta x \qquad (2.2)$$

となる．

式 2.1 と式 2.2 を合わせて

$$\Delta q \;=\; \lambda(x,t+\Delta t)\,\Delta x - \lambda(x,t)\,\Delta x \;=\; -[I(x+\Delta x,t) - I(x,t)]\,\Delta t \qquad (2.3)$$

を得る．2 番目の等号の両辺を $\Delta t\,\Delta x$ で割り，移項すると

$$\frac{\lambda(x,t+\Delta t) - \lambda(x,t)}{\Delta t} + \frac{I(x+\Delta x,t) - I(x,t)}{\Delta x} \;=\; 0 \qquad (2.4)$$

となる．ここで $\Delta t\to 0$ および $\Delta x\to 0$ の極限をとると，各項は偏微分により表され

$$\frac{\partial\lambda}{\partial t} + \frac{\partial I}{\partial x} \;=\; 0 \qquad (2.5)$$

を得る（§ M2.2.1）．これが 1 次元の電荷保存則を表す式である．電荷に限らず，生成・消滅しないものが流れるとき，密度と流量の間には式 2.5 の関係がある．3 次元への拡張は次節で調べる．

**例題 2.1**　式 2.5 を用い，(a) 電荷密度 $\lambda$ が時間的に一定ならば電流 $I$ は空間的に一様であり，その逆も成り立つことを示せ．

(b) 電流がどの位置でも時間的に変化しないとき，電荷密度の時間的な変化を表す式を求めよ．

**解**　(a) $\lambda$ が $t$ に依存しなければ $\partial\lambda/\partial t=0$，$I$ が座標 $x$ に依存しなければ $\partial I/\partial x=0$ である．一方，いかなる場合も式 2.5 より $\partial\lambda/\partial t=-\partial I/\partial x$ であるから，

$$\frac{\partial\lambda}{\partial t} = 0\ (\text{電荷密度が時間的に一定}) \quad\Leftrightarrow\quad \frac{\partial I}{\partial x} = 0\ (\text{電流は空間的に一様})$$

となる．

(b) $I$ が変数 $t$ を含まないとき $\partial I/\partial x=\mathrm{d}I/\mathrm{d}x=f(x)$ と表すと $\partial\lambda/\partial t=-\mathrm{d}I/\mathrm{d}x=-f(x)$ であり，

$$\lambda(x,t) = \int_0^t \frac{\partial\lambda}{\partial t}\,\mathrm{d}t = -f(x)\,t+\lambda(x,0)$$

となる．すなわち，電荷密度は時間に比例して変化し，その比例係数は位置 $x$ により異なるが，電流の空間的変化の割合 $f(x)$ の符号を変えたものと等しい．■

## 2.2　3 次元の電荷保存則

3 次元空間についても，電荷保存則により，時間 $\Delta t$ 内に生じた領域 $\Delta V$ の内部の電荷の変化 $\Delta q$ と，この領域の表面 S を通過する電流 $I$ と時間 $\Delta t$ の積が等しい．

図 2.2a の直方体（各辺が座標軸と平行）を考えよう．$x$ 軸に垂直な 2 面の位置が $x$ と $x+\Delta x$ であり，図 2.2b のようにそれぞれベクトル $\Delta\boldsymbol{S}_x$ および $\Delta\boldsymbol{S}_{x+\Delta x}$ とすると，その面積は $\Delta S_x=\Delta S_{x+\Delta x}=\Delta y\,\Delta z\ (>0)$ である．この 2 面を通過する電流 $I_x(x,t)$

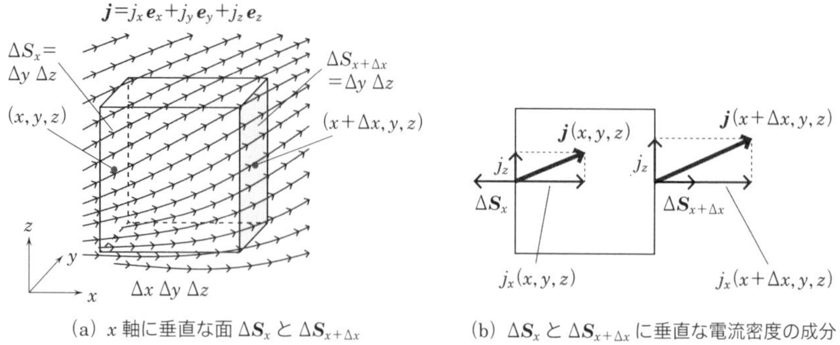


(a) $x$ 軸に垂直な面 $\Delta\boldsymbol{S}_x$ と $\Delta\boldsymbol{S}_{x+\Delta x}$　　(b) $\Delta\boldsymbol{S}_x$ と $\Delta\boldsymbol{S}_{x+\Delta x}$ に垂直な電流密度の成分

**図 2.2　表面を通過する電流．**

と $I_x(x+\Delta x, t)$ は，電流密度ベクトル $\boldsymbol{j}$ の $x$ 成分，すなわち $j_x$ を用い

$$
\begin{aligned}
I_x(x, t) &= j_x(x, y, z, t)\,\Delta S_x \\
I_x(x+\Delta x, t) &= j_x(x+\Delta x, y, z, t)\,\Delta S_{x+\Delta x}
\end{aligned}
\tag{2.6}
$$

と表される（図 2.2b から，$j_z$ が寄与しないことは明らかであり，$j_y$ についても同様である）．電荷保存則により，$I_x(x, t)$ と $I_x(x+\Delta x, t)$ による直方体内の電荷の変化 $\Delta q_x$ は，式 2.1 と同様に

$$
\begin{aligned}
\Delta q_x &= -[I_x(x+\Delta x, t) - I_x(x, t)]\,\Delta t \\
&= -[j_x(x+\Delta x, y, z, t) - j_x(x, y, z, t)]\,\Delta y\,\Delta z \cdot \Delta t \\
&= -\frac{j_x(x+\Delta x, y, z, t) - j_x(x, y, z, t)}{\Delta x}\,\Delta x\,\Delta y\,\Delta z \cdot \Delta t \\
&\approx -\frac{\partial j_x}{\partial x}\,\Delta x\,\Delta y\,\Delta z \cdot \Delta t
\end{aligned}
\tag{2.7}
$$

となる（最後の ≈ は $\Delta x \to 0$ の極限で等号になる）．

同様に $y$ 軸に垂直な面を通過する電流を $I_y$，それによる電荷の変化を $\Delta q_y$ とし，$z$ 軸方向についても $I_z$ および $\Delta q_z$ とする．直方体の全表面を通過する電流により内部で変化する電荷は，3 方向について合計して

$$
\Delta q = \Delta q_x + \Delta q_y + \Delta q_z = -\left(\frac{\partial j_x}{\partial x} + \frac{\partial j_y}{\partial y} + \frac{\partial j_z}{\partial z}\right)\Delta x\,\Delta y\,\Delta z \cdot \Delta t \tag{2.8}
$$

である．各辺を $\Delta x\,\Delta y\,\Delta z \cdot \Delta t$ で割って，電荷密度 $\Delta\rho = \Delta q/\Delta V$ ($\Delta V = \Delta x\,\Delta y\,\Delta z$) を用い，さらに $\Delta t \to 0$ の極限をとり $\Delta\rho/\Delta t \to \partial\rho/\partial t$ となる．式 2.5 と比較するために移項して整理すると

$$
\frac{\partial \rho}{\partial t} + \left(\frac{\partial j_x}{\partial x} + \frac{\partial j_y}{\partial y} + \frac{\partial j_z}{\partial z}\right) = 0 \tag{2.9}
$$

を得る．これが 3 次元空間の電荷保存則を表す式である．

**例題 2.2**　位置 $\boldsymbol{r} \neq \boldsymbol{0}$ における電流密度が

$$
\boldsymbol{j}(\boldsymbol{r}) = \frac{I_0}{4\pi r^2}\frac{\boldsymbol{r}}{r}
$$

であるという（例題 1.5 と同じ電流密度であり，$|\boldsymbol{r}| = r$ と書いたが，以下の章でもベクトルを表す文字の細字斜体でその大きさを表す）．原点以外では電荷密度が時間的に変化し

ないことを，式 2.9 を用いて確かめよ．

**解**　電流密度の $x$ 成分 $j_x$ を $x$ で微分すると

$$\frac{\partial j_x}{\partial x} = \frac{I_0}{4\pi}\frac{\partial}{\partial x}\left(\frac{x}{r^3}\right) = \frac{I_0}{4\pi}\left(\frac{1}{r^3}\frac{\partial}{\partial x}x + x\frac{\partial}{\partial x}\frac{1}{r^3}\right)$$
$$= \frac{I_0}{4\pi}\left(\frac{1}{r^3} + x\frac{x}{r}\frac{\mathrm{d}}{\mathrm{d}r}\frac{1}{r^3}\right) = \frac{I_0}{4\pi}\left(\frac{1}{r^3} - 3\frac{x^2}{r^5}\right)$$

となる（2 番目の等号は関数 $x$ と $1/r^3$ の積の微分を用い，3 番目の等号は $\partial x/\partial x=1$，さらに式 M2.20 より $\partial r^{-3}/\partial x=(x/r)(\mathrm{d}r^{-3}/\mathrm{d}r)$ となることを用いた）．$\partial j_y/\partial y$ と $\partial j_z/\partial z$ も同様に計算し，$r^2=x^2+y^2+z^2$ を用いると

$$\left(\frac{\partial j_x}{\partial x} + \frac{\partial j_y}{\partial y} + \frac{\partial j_z}{\partial z}\right) = \frac{I_0}{4\pi}\left[\left(\frac{1}{r^3} - 3\frac{x^2}{r^5}\right) + \left(\frac{1}{r^3} - 3\frac{y^2}{r^5}\right) + \left(\frac{1}{r^3} - 3\frac{z^2}{r^5}\right)\right]$$
$$= \frac{I_0}{4\pi}\left(\frac{3}{r^3} - 3\frac{x^2+y^2+z^2}{r^5}\right) = 0$$

となる．式 2.9 に代入して，原点を除く位置で $\partial\rho/\partial t=0$ となることが確かめられた．

**参考**　原点を中心とする球面上で題意の電流密度を積分して得られる電流（球面を通過する電流）は，例題 1.5 で調べたように，球の半径によらず一定値 $I_0$ となる．原点では大きさのない 1 点をこの $I_0$ が通過するので，電流密度が無限大になる．こうして，題意の電流密度の式は原点には適用されず，解答も原点を除外した議論で完結する．なお，外界から原点に流入する電流が $I_0$ に等しければ，原点の電荷は時間的に変化しない．■

## 2.3 発散定理

### 2.3.1 ∇，ナブラ

式 2.9 の左辺第 2 項を

$$\frac{\partial j_x}{\partial x} + \frac{\partial j_y}{\partial y} + \frac{\partial j_z}{\partial z} = \nabla\cdot\boldsymbol{j} \tag{2.10}$$

と記すことが多い．$\nabla\cdot\boldsymbol{j}$ は“ナブラ ドット ジェイ”と読む．“・”はベクトルのスカラー積を表す記号だが，ここでは，∇ をあたかもベクトルのように，各方向の偏微分記号を並べて

$$\nabla = \left(\frac{\partial}{\partial x}, \frac{\partial}{\partial y}, \frac{\partial}{\partial z}\right) = \boldsymbol{e}_x\frac{\partial}{\partial x} + \boldsymbol{e}_y\frac{\partial}{\partial y} + \boldsymbol{e}_z\frac{\partial}{\partial z} \tag{2.11}$$

と表し，スカラー積をとる手順に従って後に続くベクトルに作用させる．その結果，式 2.10 の左辺となる．電荷保存則を表す式 2.9 は，∇ を用いると

$$\frac{\partial \rho}{\partial t} + \nabla \cdot \boldsymbol{j} = 0 \tag{2.12}$$

と表される．

### 2.3.2 発散，ダイバージェンス

電流密度のように空間の各点でベクトルが与えられるとき，これを**ベクトル場**（vector field）と言う．$\nabla \cdot \boldsymbol{j}$ は，ベクトル場 $\boldsymbol{j}$ の特徴を表す重要な量となり，$\boldsymbol{j}$ の**発散**（divergence，**ダイバージェンス**）ともよばれ $\mathbf{div}\,\boldsymbol{j}$ と書くこともある．

### 2.3.3 発 散 定 理

式 2.7 の 2 行目の辺と最終行の辺に注目し，$\Delta t$ で割ると

$$j_x(x+\Delta x, y, z, t)\,\Delta y\,\Delta z - j_x(x, y, z, t)\,\Delta y\,\Delta z \approx \frac{\partial j_x}{\partial x}\,\Delta x\,\Delta y\,\Delta z \tag{2.13}$$

となる．この式変形は電荷保存則と関係なく，"$\Delta x$ を乗じて$\Delta x$ で割り"，"平均値の定理（§ M2.2.7）を用いる" だけであることに注意しよう．式 2.13 の左辺の各項，$j_x(x+\Delta x, y, z, t)\,\Delta y\,\Delta z$ と $-j_x(x, y, z, t)\,\Delta y\,\Delta z$ はそれぞれ面 $\Delta \boldsymbol{S}_{x+\Delta x}$ と面 $\Delta \boldsymbol{S}_x$ から流出する電流だから，この式は $x$ 軸に垂直な表面から流出する電流を表している（図 2.2b を参照）．$y$ および $z$ 方向についても同じ関係式を書き，辺々を加えると，右辺は $(\nabla \cdot \boldsymbol{j})\,\Delta x\,\Delta y\,\Delta z$ となるので

$$\text{領域の全表面から流出する電流} = (\nabla \cdot \boldsymbol{j})\,\Delta x\,\Delta y\,\Delta z$$

という関係が得られる．

有限の大きさの領域 V を微小領域に分割し，上の関係式を適用しよう．隣接する微小領域では，一方から流出する電流は他方に流入する．左辺を寄せ集めると，領域 V の内部では電流の流入出が相殺されるが，V の表面 S を通過する電流は相殺されずに残り $\int_{\mathrm{S}} \boldsymbol{j} \cdot \mathrm{d}\boldsymbol{S}$ となる．右辺を寄せ集めると，$\nabla \cdot \boldsymbol{j}$ の体積分となる．すなわち

$$\int_{\mathrm{S}} \boldsymbol{j} \cdot \mathrm{d}\boldsymbol{S} = \int_{\mathrm{V}} \left( \frac{\partial j_x}{\partial x} + \frac{\partial j_y}{\partial y} + \frac{\partial j_z}{\partial z} \right) \mathrm{d}V = \int_{\mathrm{V}} \nabla \cdot \boldsymbol{j}\,\mathrm{d}V \tag{2.14}$$

となる．この式は，表面を通過して流出あるいは流入する電流と，領域内の $\nabla \cdot \boldsymbol{j}$ の総和が等しいことを表している．

電流密度 $\boldsymbol{j}$ の具体的な関数形から各点の $\nabla \cdot \boldsymbol{j}$ が求まり，ある位置の $\nabla \cdot \boldsymbol{j}$ の符号とその周囲の $\boldsymbol{j}$ の様子に注目すると図 2.3 のような分類ができ，$\nabla \cdot \boldsymbol{j}$ の意味を直観

的に把握できる．$\nabla \cdot \boldsymbol{j} < 0$ の位置では電流が吸い込まれ，$\nabla \cdot \boldsymbol{j} > 0$ の位置からは電流が湧き出し，$\nabla \cdot \boldsymbol{j} = 0$ の位置では電流がただ通過するだけとなる．領域内の“湧き出し”と“吸い込み”の合計が，領域からの流出・流入になることを式 2.14 が示している．

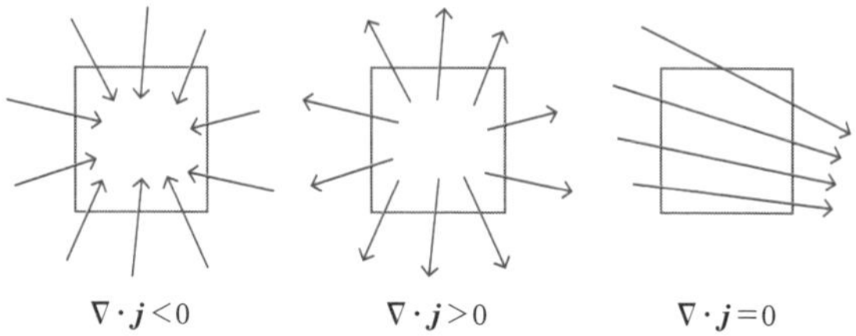


**図 2.3 電流密度の湧き出しと吸い込み．**

式 2.14 は，**発散定理**（divergence theorem）または**ガウスの定理**（Gauss's theorem）とよばれ，滑らかに変化するベクトル場については一般的に成り立つ重要な定理であり，電荷保存則から導かれた関係ではない（次項 § 2.3.4 を参照）．

**例題 2.3** 図 2.2 の領域 $\Delta V = \Delta x\ \Delta y\ \Delta z$ について，面 $\Delta \boldsymbol{S}_{x+\Delta x}$ と面 $\Delta \boldsymbol{S}_x$ から流出する電流を，式 2.14 の左辺の面積分により求めよ．

**解** 面積素片ベクトルは領域 $\Delta x\ \Delta y\ \Delta z$ の外側を向くので，$\Delta \boldsymbol{S}_x = -\Delta y\ \Delta z\ \boldsymbol{e}_x$ および $\Delta \boldsymbol{S}_{x+\Delta x} = +\Delta y\ \Delta z\ \boldsymbol{e}_x$ となる．$\boldsymbol{j} = j_x\,\boldsymbol{e}_x + j_y\,\boldsymbol{e}_y + j_z\,\boldsymbol{e}_z$ として

$$\int_{\Delta \boldsymbol{S}_x} \boldsymbol{j} \cdot \mathrm{d}\boldsymbol{S} = \boldsymbol{j} \cdot \Delta \boldsymbol{S}_x = -j_x(x, y, z, t)\ \Delta y\ \Delta z$$

$$\int_{\Delta \boldsymbol{S}_{x+\Delta x}} \boldsymbol{j} \cdot \mathrm{d}\boldsymbol{S} = \boldsymbol{j} \cdot \Delta \boldsymbol{S}_{x+\Delta x} = j_x(x+\Delta x, y, z, t)\ \Delta y\ \Delta z$$

したがって，この 2 面を通して領域から流出する電流は

$$\int_{\Delta \boldsymbol{S}_x \text{ と } \Delta \boldsymbol{S}_{x+\Delta x}} \boldsymbol{j} \cdot \mathrm{d}\boldsymbol{S} = [\,j_x(x+\Delta x, y, z, t) - j_x(x, y, z, t)\,]\ \Delta y\ \Delta z$$

となる．これに $\Delta t$ を乗じて符号を反転したものが式 2.7 の 2 行目の右辺に等しい．■

## 2.3.4 電荷保存則と発散定理

電荷保存則の内容を積分形で表し，これに発散定理を用いると微分形の式 2.12 が得られることを示そう．電荷保存則は“ある領域内部の総電荷が減少（増加）するとき，変化した分は領域の表面から電流として流出（流入）している”ことを述べている．これを式で表そう．領域 V の表面を S とし，内部の全電荷を $Q$，表面における電流密度を $\boldsymbol{j}$ とすると，電荷保存則は

## Box 4 連続の式

電荷保存則の式 2.12 は，電荷密度および電流密度を粒子の密度 $n$ と速度 $\boldsymbol{v}$ を用いて

$$\rho = qn \quad および \quad \boldsymbol{j} = \rho\boldsymbol{v} = qn\boldsymbol{v} \quad (式 1.14 を参照)$$

と置き換えることで

$$\frac{\partial n}{\partial t} + \nabla\cdot(n\boldsymbol{v}) = 0$$

となる．これは，粒子数（したがって質量）が保存される流れについて成り立つ関係式であり，流体を扱う分野では**連続の式**（continuity equation）という．もし粒子の密度が時間的にも空間的にも一定（非圧縮流体）ならば，

$$\frac{\partial n}{\partial t} = 0, \quad \nabla\cdot(n\boldsymbol{v}) = n\nabla\cdot\boldsymbol{v}$$

となるから，流れの速度は空間の全域で

$$\nabla\cdot\boldsymbol{v} = -\frac{1}{n}\frac{\partial n}{\partial t} = 0$$

となる．

$$\frac{\mathrm{d}Q}{\mathrm{d}t} = -\int_{\mathrm{S}}\boldsymbol{j}\cdot\mathrm{d}\boldsymbol{S} \tag{2.15}$$

となる．式 1.11 のように，$Q$ を電荷密度の体積分を用いて $Q=\int_{\mathrm{V}}\rho(t,\boldsymbol{r})\,\mathrm{d}V$ と表し，さらに発散定理により面積分 $\int_{\mathrm{S}}\boldsymbol{j}\cdot\mathrm{d}\boldsymbol{S}$ を体積分 $\int_{\mathrm{V}}\nabla\cdot\boldsymbol{j}\,\mathrm{d}V$ に変更すると

$$\frac{\mathrm{d}}{\mathrm{d}t}\int_{\mathrm{V}}\rho(t,\boldsymbol{r})\,\mathrm{d}V = \int_{\mathrm{V}}\frac{\partial}{\partial t}\rho(t,\boldsymbol{r})\,\mathrm{d}V = -\int_{\mathrm{V}}\nabla\cdot\boldsymbol{j}\,\mathrm{d}V \tag{2.16}$$

を得る*．2 番目の等号について移項し整理すると

---

* 式 2.16 の最初の等号は，

$$\frac{\rho(t+\Delta t,\boldsymbol{r})-\rho(t,\boldsymbol{r})}{\Delta t} = \frac{\partial}{\partial t}\rho(t',\boldsymbol{r})$$

となる $t\leq t'\leq t+\Delta t$ が存在すること（§M2.2.7），および

$$\frac{\mathrm{d}}{\mathrm{d}t}\int_{\mathrm{V}}\rho(t,\boldsymbol{r})\,\mathrm{d}V = \lim_{\Delta t\to 0}\frac{1}{\Delta t}\left[\int_{\mathrm{V}}\rho(t+\Delta t,\boldsymbol{r})\,\mathrm{d}V - \int_{\mathrm{V}}\rho(t,\boldsymbol{r})\,\mathrm{d}V\right]$$
$$= \lim_{\Delta t\to 0}\int_{\mathrm{V}}\frac{\rho(t+\Delta t,\boldsymbol{r})-\rho(t,\boldsymbol{r})}{\Delta t}\,\mathrm{d}V$$

であることから導かれる．

$$\int_{\mathrm{V}}\left(\frac{\partial}{\partial t}\rho(t,\boldsymbol{r})+\nabla\cdot\boldsymbol{j}\right)\mathrm{d}V = 0 \tag{2.17}$$

となるが，領域 V は形も大きさも任意に選べるので，この等式が成立するためには式 2.17 の被積分関数が 0 となる必要がある．すなわち式 2.12 が成立する．

## 章末問題

**2.1** $xy$ 平面上に 2 次元の電流（平面上に広がった電流）があり，その電流密度 $\boldsymbol{j}(\boldsymbol{r})=\tilde{\jmath}_0\boldsymbol{r}/r^2$ は時間的に変化しない（$\tilde{\jmath}_0$ は定数，$r=|\boldsymbol{r}|=\sqrt{x^2+y^2}$）．$xy$ 平面上の電荷面密度の時間的な変化を調べよ．

**2.2** 2 次元の電流密度が

$$\boldsymbol{j} = \tilde{\jmath}_0\left(\frac{\exp(x)-\exp(-x)}{2}\sin y\right)\boldsymbol{e}_x+\tilde{\jmath}_0\left(\frac{\exp(x)+\exp(-x)}{2}\cos y\right)\boldsymbol{e}_y$$

であるという．電荷面密度の時間的な変化を求めよ．

**2.3** $x$ 軸と平行に張った絶縁体の糸があり，時刻 $t=0$ における糸の電荷の線密度が $\lambda_0 x/a$ である（$\lambda_0$ は電荷の線密度，$a$ は長さの次元をもつ定数）．この糸を $x$ 軸正方向に一定の速さ $v$ で動かすとき，時刻 $t$，位置 $x$ における電荷密度 $\lambda(x,t)$ と電流 $I(x,t)$ を求め，電荷保存則が満たされることを示せ．

**2.4** 章末問題 2.3 で得られた電荷密度 $\lambda(x,t)$ を用い，

(a) $x$ の区間 $[0,L]$ で積分して得られる $Q(t)$ を時間 $t$ で微分せよ．

(b) $\lambda(x,t)$ を時間で偏微分してから $[0,L]$ で積分し (a) の結果と比較せよ．

**2.5** 電流密度のベクトル場 ① $\boldsymbol{j}=j_0\,\boldsymbol{e}_x$，② $\boldsymbol{j}=(j_0/a)x\,\boldsymbol{e}_x$，③ $\boldsymbol{j}=(j_0/a)(x\,\boldsymbol{e}_x+y\,\boldsymbol{e}_y+z\,\boldsymbol{e}_z)$ について以下の問いに答えよ．ただし，$j_0$ は電流密度，$a$ は長さの次元をもつ正の定数である．

(a) $xy$ 平面上の電流密度 $\boldsymbol{j}$ の様子を図示し，原点におけるベクトル場の様子が図 2.3 のいずれに対応しているか調べよ．

(b) 発散 $\nabla\cdot\boldsymbol{j}$ を求め，(a) で得た結果を確認せよ．

(c) ③ の電流密度について電荷密度の時間的な変化 $\partial\rho/\partial t$ を求めよ．

**2.6** 1 次元の電荷密度を $\lambda(x,t)=\lambda_0\cos(kx)\sin(\omega t)$，電流を $I(x,t)=I_0\sin(kx)\cos(\omega t)$ とする．

(a) 定数 $\lambda_0$，$I_0$，$k$，$\omega$ にどのような関係があれば電荷保存則が満たされるか（$\lambda_0$，$k$ および $\omega$ を正とする）．

(b) $T=2\pi/\omega$ としたときに，$x=0$，$t=T/8$ では電荷は増加中か減少中か．このとき原点の両側の電流の方向を調べよ．

# 3 クーロン力

電磁気現象の科学は，電荷の間に作用する力の性質を定量的に調べることから始まる．この力はクーロン力（静電気力）といい，本章で説明するように逆 2 乗則を満たし，重ね合わせの原理に従う．この特徴は力学で学んだ万有引力（重力）と同じである．ここでは，与えられた電荷分布から点電荷が受けるクーロン力を求める方法を調べ，またクーロン力の位置エネルギーに注目する．これらは，4 章と 5 章で静電場と電位を導入するために欠かせない準備となる．

## 3.1 クーロンの法則

ニュートン（Isaac Newton, 1642～1727）による**万有引力**（universal gravitation）の発見（1665）は，電気や磁気を研究する人たちに大きな影響を与え，万有引力の法則を念頭に電気的な力の性質を調べる実験が行われた．万有引力の法則によると，質量 $m_1$ と $m_2$ の質点が距離 $r$ だけ離れたとき，それらの間に大きさ

$$F = G\frac{m_1 m_2}{r^2} \tag{3.1}$$

の引力が作用する（“物理学入門 I. 力学”，§6.4）．このように，対象とする物理量が距離の 2 乗に反比例する形の法則を**逆 2 乗則**（inverse-square law）といい，電荷の間に作用する力にも成り立つと期待されたのである．電荷間の力についての逆 2 乗則は，定式化して発表したのがクーロン（Charles Augustin de Coulomb, 1736～1806）であり（1785），**クーロンの法則**（Coulomb's law）という（p.33，Box 5）．クーロンの法則を利用することで電気の量の定量的な比較すなわち電荷の測定が可能となり，電磁気現象の科学が進展した．

クーロンの法則によると，距離 $r$ だけ離れた電荷 $q_1$ と $q_2$ の点電荷に加わる力は

$$F = k\frac{q_1 q_2}{r^2} \tag{3.2}$$

- 力の向きは $q_1$ と $q_2$ を結ぶ直線の方向
- $k$ は正の比例定数．同種（同符号）の電荷（$q_1q_2>0$）では反発力（斥力），異種（異符号）の電荷（$q_1q_2<0$）では引力

である．両方の電荷に働く力は，大きさが同じで一直線上にあり，互いに逆向きなの

で，クーロン力は作用・反作用の法則を満たす（“I. 力学”，§4.4.1）.

クーロンの法則は，ベクトルを用いると，力の向きも含めて簡潔に表せる．原点に点電荷 $Q$ があり，位置 $\boldsymbol{r}$ に点電荷 $q$ があるとき，$q$ が受ける力は

$$\boldsymbol{F} = k\,\frac{qQ}{r^2}\left(\frac{\boldsymbol{r}}{r}\right) = k\,\frac{qQ}{r^3}\,\boldsymbol{r} \tag{3.3}$$

である．この式の $(kqQ/r^2)$ が力の大きさを決め，$qQ$ の符号と単位ベクトル $(\boldsymbol{r}/r)$ が力の向きを決める（§M1.3）．図 3.1 は 2 個の電荷が同種の場合であり，$qQ>0$ だから $q$ に加わる力は $\boldsymbol{r}$ と同じ向き（反発力）である．異種の電荷のときは $qQ<0$ だから力は $\boldsymbol{r}$ と逆向き（引力）である.

図 3.1　同種の電荷間のクーロン力.

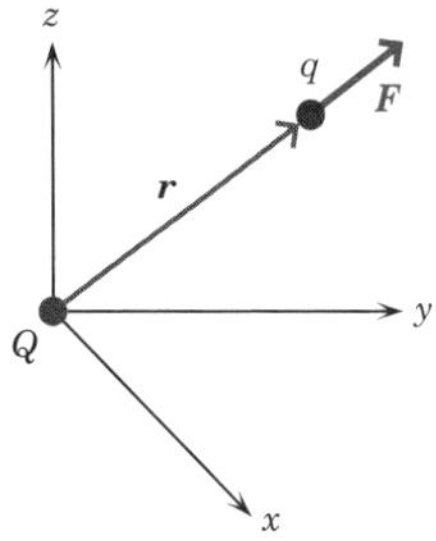


## 3.2　クーロン力の大きさ

クーロン力の大きさを測定すると，式 3.3 の比例定数 $k$ の値が決まる．この値は，空気中と真空ではほとんど同じだが水中では空気中の約 1/80 となるなど，環境により異なる．真空中の電気現象を扱うとき，本書では比例定数を $k_0$ と書く.

国際単位系（p.8，Box 3）を用いると，真空中では

$$k_0 \approx 8.987\,55 \times 10^9\ \mathrm{N\,m^2\,C^{-2}} \approx 9.0 \times 10^9\ \mathrm{m^3\,kg\,s^{-4}\,A^{-2}} \tag{3.4}$$

である．また

$$k_0 = \frac{1}{4\pi\varepsilon_0} \tag{3.5}$$

とも表す．分母の $4\pi$ は，半径 1 の球の表面積として式中に現れる（§4.2.1）．$\varepsilon_0$ は**真空の誘電率**（permittivity of vacuum）あるいは**電気定数**（electric constant）といい

$$\varepsilon_0 \approx 8.854\,19 \times 10^{-12}\,\mathrm{N^{-1}\,m^{-2}\,C^2} \approx 8.9 \times 10^{-12}\,\mathrm{m^{-3}\,kg^{-1}\,s^4\,A^2} \quad (3.6)$$

である．$\varepsilon_0$ の単位は，後に学ぶ電気容量の単位，**ファラド**（farad，記号は F）を用いて $\mathrm{F\,m^{-1}}$ とすることが多い．

なお本書では，誘電体（6 章）や磁性体（12 章）に注目して議論する場合を除き，特に断らない限り，真空中の電荷と電流による電気現象を扱う．

**例題 3.1** 距離 $r=2$ m だけ離れた 2 個の点電荷（$q_1=q_2=1$ C）に加わるクーロン力は，地上で何 kg の質量の物体に作用する重力の大きさと同程度か．地上の重力加速度を $g\approx 9.8\,\mathrm{m\,s^{-2}}=9.8\,\mathrm{N\,kg^{-1}}$ として，有効数字 1 桁で計算せよ．

解 力の大きさは，$k_0\approx 9.0\times 10^9\,\mathrm{N\,m^2\,C^{-2}}$ として

$$F = k_0\frac{q_1q_2}{r^2} \approx (9.0\times 10^9)\frac{1.0^2}{2.0^2} \approx 2.3\times 10^9 \approx 2\times 10^9\,\mathrm{N}$$

となる．質量 $m$ の物体には地上で $F=mg$ の重力が加わるから，求める質量は

$$m = \frac{F}{g} \approx \frac{2.3\times 10^9}{9.8} \approx 2.3\times 10^8 \approx 2\times 10^8\,\mathrm{kg}$$

すなわち約 20 万トンとなる．■

**例題 3.2** 図 3.2 のように，2 個の負に帯電した球形の風船（同じ形で質量と電荷も同じ）が，天井の点 A から糸で吊るされ，クーロン力による反発のため静止状態にある（天井は帯電していない）．電荷は，球の中心 B と C に点電荷 $q$ があるとしてよい．三角形 ABC は A を直角とする二等辺三角形で，底辺 BC（$=0.5$ m）は水平である．各風船には，大きさ $F$ のクーロン力以外に重力と浮力および糸の張力が加わり，重力と浮力の合力は鉛直下向きに $W=0.04$ N である．電荷 $q$ の値を求めよ．各風船には何個の電子が余分にあるか．有効数字 1 桁で答えよ．

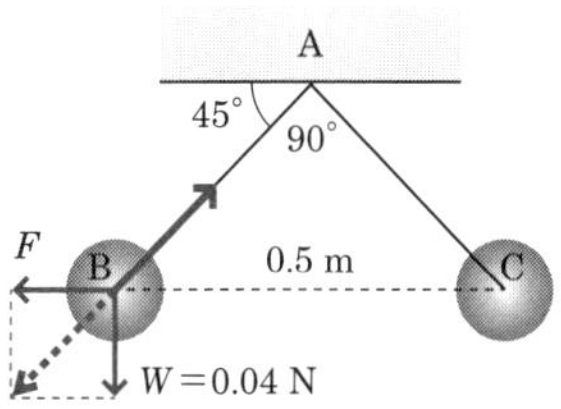


図 3.2

解 B に加わる力は，鉛直下向き $W$ と水平左向きのクーロン力 $F$ および糸の張力であり，これらのベクトル和が 0 となる．よって張力の水平成分および鉛直成分はそれぞれ $F$ およ

び $W$ と釣り合う．張力は水平と $45^\circ$ の方向だから，その水平成分と鉛直成分の大きさは等しく，$F=W=0.04\,\mathrm{N}$ となる．$r=0.5\,\mathrm{m}$，$k_0\approx 9.0\times 10^9\,\mathrm{N\,m^2\,C^{-2}}$ として，$F=k_0 q^2/r^2$ より

$$q = -\sqrt{\frac{Fr^2}{k_0}} = -\sqrt{\frac{F}{k_0}}\,r = -\sqrt{\frac{0.04}{9.0\times 10^9}}\,0.5 \approx -1.1\times 10^{-6}\,\mathrm{C} \approx -1\,\mathrm{\mu C}$$

となる．余剰の電子の個数は，総電荷の大きさを電気素量 $e\approx 1.6\times 10^{-19}\,\mathrm{C}$ で割り

$$\frac{|q|}{e} = \frac{1.1\times 10^{-6}}{1.6\times 10^{-19}} \approx 7\times 10^{12}\,\text{個}$$

となる．■

**例題 3.3**　水素原子は負電荷をもつ電子 1 個と正電荷をもつ陽子 1 個からなり，両者はクーロン力により結合している（§1.2）．両者の距離が $a_0=0.053\,\mathrm{nm}=0.053\times 10^{-9}\,\mathrm{m}$ のときのクーロン力の大きさを求めよ．また，電子の質量を $m_\mathrm{e}=9.1\times 10^{-31}\,\mathrm{kg}$ とし，不動の陽子の周りを電子が一定の速さでクーロン力による円運動をしているとして，その角速度 $\omega$ を有効数字 1 桁で求めよ．

**解**　陽子から電子に加わるクーロン引力の大きさは，$k_0\approx 9.0\times 10^9\,\mathrm{N\,m^2\,C^{-2}}$，その他の題意の数値を代入して

$$F = k_0\frac{e^2}{a_0^2} \approx 9.0\times 10^9\,\frac{(1.6\times 10^{-19})^2}{(0.053\times 10^{-9})^2} \approx 8\times 10^{-8}\,\mathrm{N} \qquad ①$$

である．

このクーロン力が向心力となって円運動が生じる．半径 $a_0$，角速度 $\omega$ の円運動の加速度は $a_0\omega^2$ である（“I. 力学”，例題 2.8 および例題 6.3 の解を参照）．したがって

$$F = k_0\frac{e^2}{a_0^2} = m_\mathrm{e}a_0\omega^2 \quad\Rightarrow\quad \omega = e\sqrt{\frac{k_0}{m_\mathrm{e}a_0^3}} \qquad ②$$

となり

$$\omega \approx 1.6\times 10^{-19}\sqrt{\frac{9.0\times 10^9}{(9.1\times 10^{-31})(0.053\times 10^{-9})^3}} \approx 4\times 10^{16}\,\mathrm{rad\,s^{-1}}$$

を得る．$\mathrm{rad\,s^{-1}}$ はラジアン毎秒と読む．

**参考**　古典力学によると，電子がクーロン力を受けながら原子核からの距離を一定に保つには，回転を続ける必要がある．だから，原子が安定している（エネルギーが最低）なら，電子は回転している．一方，電磁気学によると，回転する電子は電磁波を放出してエネルギーを失うから，安定な原子は存在しえないことになる．だが，量子力学（§1.2）によれば，運動の範囲が狭まるほど粒子の運動エネルギーが増えるので，この矛盾は解決する．

$\omega$ の単位に関連して，式 ② に現れる $\omega$ の物理次元*1 を確認しよう（“I. 力学”，§4.5 補講）．力学的な量の次元 M，L，T に加えて，電流の次元を基本として用い，これを I と表す．たとえば，電荷 $q$ の次元は電流と時間の積だから $[q]=\mathsf{IT}$ である．$[q]$ は “$q$ の次元” と読む．式 ① から

$$F = k_0\frac{e^2}{a_0^2} \quad\Rightarrow\quad [k_0] = [F]\frac{[a_0]^2}{[e]^2} = \frac{\mathsf{ML}}{\mathsf{T}^2}\cdot\frac{\mathsf{L}^2}{[e]^2} = \frac{\mathsf{ML}^3}{\mathsf{T}^2[e]^2}$$

となる（電気素量の次元は $[e]=\mathsf{IT}$ であるが，次式に代入するときには $[e]$ のままのほうが見通しがよいだろう）．式 ② を用いて

$$[\omega] = \left[e\sqrt{k_0\frac{1}{m_\mathrm{e}a_0^3}}\right] = [e]\left(\frac{\mathsf{ML}^3}{\mathsf{T}^2[e]^2}\frac{1}{\mathsf{ML}^3}\right)^{1/2} = \mathsf{T}^{-1}$$

したがって単位は $\mathrm{s}^{-1}$ である．もちろん，角速度は無次元量の角を時間で割った量だから，その物理次元が $\mathsf{T}^{-1}$ となることは当然である．

ここで，回転の速さには，回転数と角速度の二つの表し方があることに注意する．前者は単位時間に回転した回数であり，後者は単位時間に回転した平面角をラジアンで表したものである．物理量としての単位は共に $\mathrm{s}^{-1}$ だが，同一の回転運動に対して値が $2\pi$（$\approx 6$）倍も異なるので，混乱を避けるために角速度には rad を付けて $\mathrm{rad\,s}^{-1}$ と表す．だが rad は単位ではない．ラジアンで測った角は，“円の中心を見込む角” の大きさを “円弧の長さ”÷“円の半径” で表しており，$\mathsf{LL}^{-1}$ となって無次元量である．

上の段落の説明は，“回転” を “振動” に置き換えても成り立つ．回転数に相当する量（単位時間に往復する回数）を振動数とよび，角速度に相当する量は “角振動数” で，“単位時間に進んだ位相*2” をラジアンで表す．なお，(角)振動数を（角）周波数ともいう．振動数には，固有の名称と記号をもつ SI 単位のヘルツ〔Hz〕を用いる．■

## 3.3 重ね合わせの原理

ここまでは 2 個の点電荷の間に働く力を考えたが，たくさんの電荷から受けるクーロン力はどのようになるだろうか．**重ね合わせの原理**（principle of superposition）がそれに答えてくれる．クーロン力が重ね合わせの原理に従うとは，図 3.3 に示すように

---

＊1　力学では “長さ”，“質量”，“時間” が基本の量となる．たとえば面積は “長さ” の 2 乗，速度は “長さ” を “時間” で割った量というように，基本量の乗除でさまざまな量を構成する．基本量の組合わせ方を示すのが物理次元である．物理次元が異なる量は比較できない．ある物理量を他の物理量で表す式において，両辺の次元が異なればその式は誤りである（次元が同じでも異なる単位系が混在すると数値の比較はできない）．“I. 力学” では長さ（length），質量（mass），時間（time）の次元を [L]，[M]，[T] と略記したが，本書ではこれらの基本量の次元を L，M，T と記す．面積 $S$ の次元は $[S]=\mathsf{L}^2$，速さ $v$ の次元は $[v]=\mathsf{LT}^{-1}$ のように記す．

＊2　単振動は等速円運動を真横から見た運動だから，もとの回転運動において，基準の位置から測った回転角が位相（phase）になる．単振動の式のサイン関数（コサイン関数）の引数（独立変数）が位相である．

- 電荷 $q$ と電荷 $q_1$ だけの（他に電荷がない）とき電荷 $q$ に力 $\boldsymbol{F}_1$ が加わり，電荷 $q$ と電荷 $q_2$ だけのとき $\boldsymbol{F}_2$ が加わるなら，$q_1$ と $q_2$ の両方がそろったときは $\boldsymbol{F}_1$ と $\boldsymbol{F}_2$ のベクトル和，$\boldsymbol{F}=\boldsymbol{F}_1+\boldsymbol{F}_2$ が加わる.

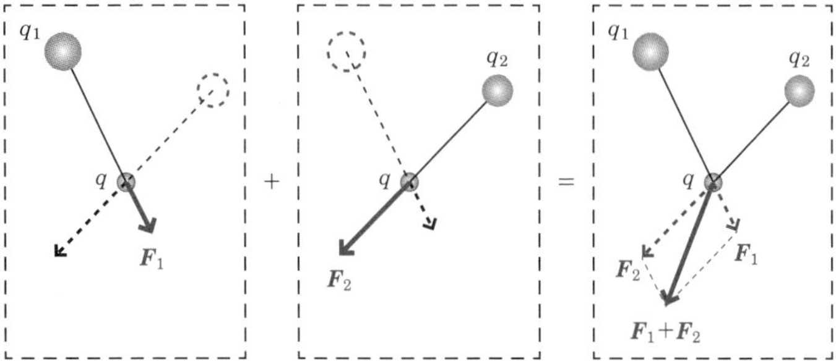


図 3.3　重ね合わせの原理.

ことである．これを一般化して，電荷 $q$ と $N$ 個の電荷 $q_1, q_2, \cdots, q_N$ があるとき

- $k$ 番目の電荷 $q_k$ だけから電荷 $q$ に加わる力が $\boldsymbol{F}_k$ なら，$N$ 個の電荷がすべてそろったときに電荷 $q$ に加わる力は $\boldsymbol{F}=\sum_{k=1}^{N}\boldsymbol{F}_k$

である.

クーロン力が，重ね合わせの原理に従ってベクトルとして加算できることは，実験的な事実であり他の原理から導かれるものではない．この性質のために，どのような電荷分布であっても，それを構成する各電荷からのクーロン力のベクトルを知れば，それらのベクトル和として電荷分布の全体から加わる力を求めることができる．もし重ね合わせの原理が成り立たなかったら，簡単な電荷分布であっても合力の計算は著しく困難になる.

## 3.4　電荷分布によるクーロン力

本節では，$\boldsymbol{r}$ にある点電荷 $q$ に注目し，この点電荷に任意の電荷分布から加わるクーロン力を導く．重ね合わせの原理を適用して，電荷分布が

1. 任意の位置にある 1 個の点電荷
2. 2 個の点電荷
3. $N$ 個の点電荷
4. 連続した電荷密度

の場合について考察し，一般化していく.

### Box 5 クーロンの法則

電荷の間に働く力については，クーロンが発表する以前にもさまざまな研究がされていた．フランクリンの勧めでプリーストリー（Joseph Priestley，1733～1804）は“導体が帯電しても内部の空洞表面には電荷がない”ことを確かめた（1767）．この現象は，自由に動ける電荷が無数にあるとき，電荷間の力が逆 2 乗則を満たすことにより起きる．その精密測定を行ったキャベンディッシュ（Henry Cavendish，1731～1810）は逆 2 乗則を確立した（1770）が，公表しなかった（p.77，Box 11）．

電荷の間に作用する力を直接に測定するのは容易ではない．クーロンは精密な測定装置を開発した．それは細い針金がねじれるともとに戻ろうとする復元力を利用した秤（はかり）（ねじれ秤）であった．図のように，両端に球を取付けた棒を細い針金で水平に吊るし，一方の金属球 A を帯電し，これに別の帯電した球 B を近づけ，電気的な力を針金の復元力との釣り合いによって測定する．この装置を用いて 2 個の帯電した金属球に作用する力を測定し，電気的な力に関する逆 2 乗則を発表した．しかし，後世の追実験によれば，この実験から $r^{-n}$ の $n$ が正確に 2 となることを決定するのは困難で，クーロンは多数の測定値から意図的に逆 2 乗則に合うデータだけを報告した可能性がある〔参考文献：霜田光一著，“パリティブックス 歴史をかえた物理実験”，丸善出版(2017)〕．

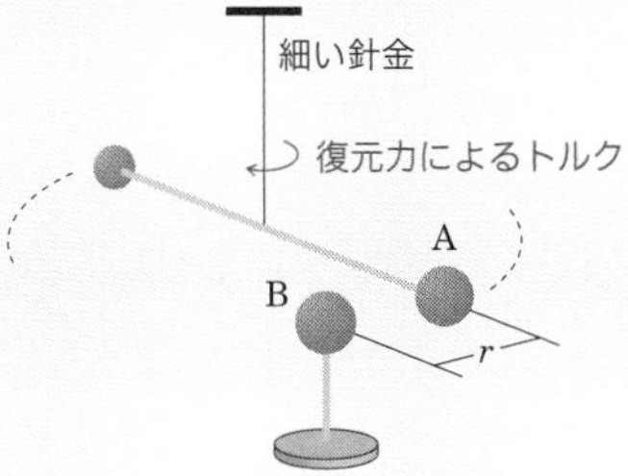


**クーロンの実験装置（模式図）．**

### 3.4.1 任意の位置にある 1 個の点電荷によるクーロン力

まず図 3.4 のように，位置 $\boldsymbol{r}_1$ にある点電荷 $q_1$ から，位置 $\boldsymbol{r}$ の点電荷 $q$ に加わる

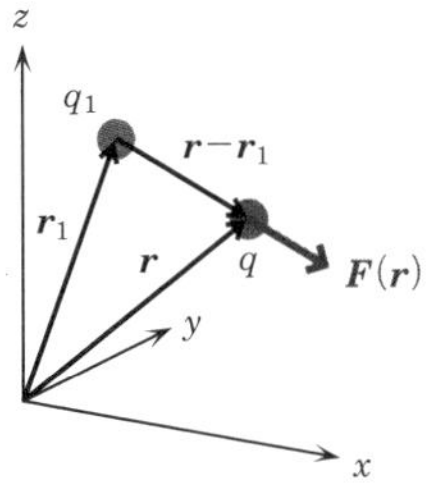


図 3.4 $\boldsymbol{r}_1$ の点電荷 $q_1$ によるクーロン力．

クーロン力 $\boldsymbol{F}(\boldsymbol{r})$ を表す式を求めよう．原点の点電荷 $Q$ から加わるクーロン力を式 3.3 で求めたが，ここで扱う状況も，クーロン力が“2 個の電荷の距離の 2 乗に反比例し，両方の点電荷を結ぶ直線の方向”であることに変わりはない．したがって，式 3.3 において $q_1$ の位置が原点 O に来るように $q$ も平行移動すれば，$\boldsymbol{F}(\boldsymbol{r})$ が求まる．実際，式 3.3 において $Q \to q_1$ および $\boldsymbol{r} \to \boldsymbol{r} - \boldsymbol{r}_1$ という置き換えにより得られる

$$\boldsymbol{F}(\boldsymbol{r}) = k_0 \frac{qq_1}{|\boldsymbol{r}-\boldsymbol{r}_1|^2} \left( \frac{\boldsymbol{r}-\boldsymbol{r}_1}{|\boldsymbol{r}-\boldsymbol{r}_1|} \right) \tag{3.7}$$

が求める式である．

### 3.4.2 2 個の点電荷によるクーロン力

2 個の点電荷 $q_1$ と $q_2$ がそれぞれ $\boldsymbol{r}_1$ と $\boldsymbol{r}_2$ にあるとき，$\boldsymbol{r}$ の点電荷 $q$ に加わるクーロン力 $\boldsymbol{F}(\boldsymbol{r})$ は，重ね合わせの原理により

$$\boldsymbol{F}(\boldsymbol{r}) = \boldsymbol{F}_1 + \boldsymbol{F}_2 = k_0 \frac{qq_1}{|\boldsymbol{r}-\boldsymbol{r}_1|^2} \left( \frac{\boldsymbol{r}-\boldsymbol{r}_1}{|\boldsymbol{r}-\boldsymbol{r}_1|} \right) + k_0 \frac{qq_2}{|\boldsymbol{r}-\boldsymbol{r}_2|^2} \left( \frac{\boldsymbol{r}-\boldsymbol{r}_2}{|\boldsymbol{r}-\boldsymbol{r}_2|} \right) \tag{3.8}$$

である．

### 3.4.3 $N$ 個の点電荷によるクーロン力

$N$ 個の電荷 $q_1, q_2, \cdots, q_N$ がそれぞれ $\boldsymbol{r}_1, \boldsymbol{r}_2, \cdots, \boldsymbol{r}_N$ にあるときも，$\boldsymbol{r}$ の点電荷 $q$ に加わる力は重ね合わせの原理により

$$\boldsymbol{F}(\boldsymbol{r}) = \boldsymbol{F}_1 + \boldsymbol{F}_2 + \cdots + \boldsymbol{F}_N = k_0 q \sum_{i=1}^{N} \frac{q_i}{|\boldsymbol{r}-\boldsymbol{r}_i|^2} \left( \frac{\boldsymbol{r}-\boldsymbol{r}_i}{|\boldsymbol{r}-\boldsymbol{r}_i|} \right) \tag{3.9}$$

となる．

この式を用いれば，どのように分布した点電荷の系についてもクーロン力を求めることができる．しかし，点電荷の数が膨大なとき，式 3.9 の和を実行することは現実的ではない．そのような場合は，電荷が連続的に分布するとして電荷密度（§ 1.5）を用い，上式の総和を積分に変えると取扱いが容易になる．

### 3.4.4 連続した電荷密度によるクーロン力

連続的に広がる電荷分布から $\boldsymbol{r}$ の点電荷 $q$ に加わるクーロン力を求めよう．まず，離散的な電荷分布についての式 3.9 では，添え字 $i$ が変わると点電荷の位置 $\boldsymbol{r}_i$ が離散的に変化する．ここでは，クーロン力が加わる電荷の位置を $\boldsymbol{r}$ としたので，電荷密度の分布は $\boldsymbol{r}'$ を変数として表そう．点電荷の分布を電荷密度で書き表すとき，電荷の総和は式 1.10 から式 1.11 に変更された．これを参考にし，式 3.9 に対して

- $\boldsymbol{r}_i \longrightarrow \boldsymbol{r}',\qquad q_i \longrightarrow \rho(\boldsymbol{r}')\,\Delta V'$
- $\Delta V' \longrightarrow \mathrm{d}V',\qquad \sum_{k=1}^{N} \longrightarrow \int_{\mathrm{V}}$

という置き換えを行うと

$$\boldsymbol{F}(\boldsymbol{r}) = k_0 q \int_{\mathrm{V}} \frac{\rho(\boldsymbol{r}')}{|\boldsymbol{r}-\boldsymbol{r}'|^2}\left(\frac{\boldsymbol{r}-\boldsymbol{r}'}{|\boldsymbol{r}-\boldsymbol{r}'|}\right)\mathrm{d}V' = k_0 q \int_{\mathrm{V}} \rho(\boldsymbol{r}')\,\frac{\boldsymbol{r}-\boldsymbol{r}'}{|\boldsymbol{r}-\boldsymbol{r}'|^3}\,\mathrm{d}V' \quad (3.10)$$

を得る*.

式 3.10 を $xyz$ 座標系を用いて計算するとき，たとえば力の $y$ 成分 $F_y(x,y,z)$ に注目すると，被積分関数の分子にベクトル $(\boldsymbol{r}-\boldsymbol{r}')$ の $y$ 成分 $(y-y')$ が現れる．分母は $|\boldsymbol{r}-\boldsymbol{r}'|^3=(|\boldsymbol{r}-\boldsymbol{r}'|^2)^{3/2}=[(x-x')^2+(y-y')^2+(z-z')^2]^{3/2}$ だから

$$F_y(x,y,z) = k_0 q \iiint_{\mathrm{V}} \rho(x',y',z')\,\frac{(y-y')}{[(x-x')^2+(y-y')^2+(z-z')^2]^{3/2}}\,\mathrm{d}x'\,\mathrm{d}y'\,\mathrm{d}z' \quad (3.11)$$

という体積分により求めることができる（§ M4.1）．$x, z$ 成分についてもまったく同様である．次の例題では，積分の実例として，直線上に分布する電荷によるクーロン力を求める．

**例題 3.4**　図 3.5 のように，$x$ 軸上に一様な線密度 $\lambda_0$ で分布する電荷分布がある．$y$ 軸上の点 P（原点 O から距離 $r$）の点電荷 $q$ に加わる力を求めよ．

**解**　図のように，$x$ 軸上で O から等距離にある 2 点に注目する．この 2 点の電荷が点 P の電荷 $q$ に及ぼす力（↖ と ↗）は，大きさが等しく $x$ 成分が反対向きだから，それらの合力は $y$ 軸の方向を向く．$x$ 軸の全電荷をこのようなペアにして考えると，直線上の全電荷によるクーロン力も $y$ 軸方向となる．その大きさは各電荷による力の $y$ 成分の総和 $F_y$ に等しい．

---

*　式 1.9 のデルタ関数

$$\rho(\boldsymbol{r}') = \sum_{i=1}^{N} q_i\,\delta(\boldsymbol{r}'-\boldsymbol{r}_i)$$

を式 3.10 の積分に代入し，式 M5.8 を用いると

$$\begin{aligned}\int_{\mathrm{V}} \frac{\rho(\boldsymbol{r}')}{|\boldsymbol{r}-\boldsymbol{r}'|^2}\left(\frac{\boldsymbol{r}-\boldsymbol{r}'}{|\boldsymbol{r}-\boldsymbol{r}'|}\right)\mathrm{d}V' &= \int_{\mathrm{V}} \sum_{i=1}^{N} \frac{q_i\,\delta(\boldsymbol{r}'-\boldsymbol{r}_i)}{|\boldsymbol{r}-\boldsymbol{r}'|^2}\left(\frac{\boldsymbol{r}-\boldsymbol{r}'}{|\boldsymbol{r}-\boldsymbol{r}'|}\right)\mathrm{d}V' \\ &= \sum_{i=1}^{N} q_i \int_{\mathrm{V}} \frac{\delta(\boldsymbol{r}'-\boldsymbol{r}_i)}{|\boldsymbol{r}-\boldsymbol{r}'|^2}\left(\frac{\boldsymbol{r}-\boldsymbol{r}'}{|\boldsymbol{r}-\boldsymbol{r}'|}\right)\mathrm{d}V' \\ &= \sum_{i=1}^{N} \frac{q_i}{|\boldsymbol{r}-\boldsymbol{r}_i|^2}\left(\frac{\boldsymbol{r}-\boldsymbol{r}_i}{|\boldsymbol{r}-\boldsymbol{r}_i|}\right)\end{aligned}$$

となり，結果として式 3.9 を得るので，式 3.10 を求めたときの置き換えの規則を確認できる．

式 3.11 では，微小な領域 $\mathrm{d}V' = \mathrm{d}x'\,\mathrm{d}y'\,\mathrm{d}z'$ に電荷 $\mathrm{d}q = \rho(x', y', z')\,\mathrm{d}x'\,\mathrm{d}y'\,\mathrm{d}z'$ が含まれるとして 3 変数の積分で表した．本問では積分する領域が太さを無視できる直線であり，体

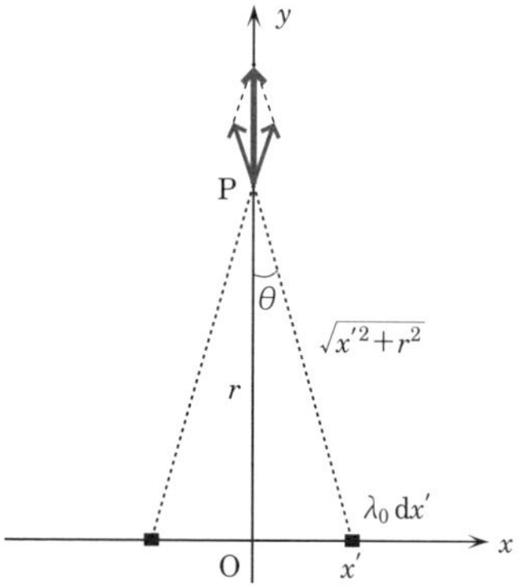


図 3.5 直線上の電荷分布.

積分が $x$ 軸方向の 1 変数の積分に変わる．これは，$y$ 方向と $z$ 方向の積分を行った後の状況にほかならない*．そこで

$$\left[\iint \rho(x', y', z')\,\mathrm{d}y'\,\mathrm{d}z'\right]\mathrm{d}x' = \lambda(x')\,\mathrm{d}x' = \lambda_0\,\mathrm{d}x'$$

となること，また $x$ 軸上で $y'=0$，$z'=0$ であることから，式 3.11 を

$$F_y = k_0 q \int_{-\infty}^{\infty} \frac{\lambda_0 \cdot (y-0)}{[(x-x')^2 + (y-0)^2 + (z-0)^2]^{3/2}}\,\mathrm{d}x' \qquad ①$$

と変更する．P の座標は $x=0$，$y=r$，$z=0$ であるから，式 ① は

$$\begin{aligned} F_y &= k_0 q \int_{-\infty}^{\infty} \lambda_0 \frac{(r-0)}{[(0-x')^2 + (r-0)^2 + (0-0)^2]^{3/2}}\,\mathrm{d}x' \\ &= k_0 q \lambda_0 r \int_{-\infty}^{\infty} \frac{\mathrm{d}x'}{(x'^2 + r^2)^{3/2}} \end{aligned} \qquad ②$$

となる．式 ② の定積分は，$x' = r\tan\theta$ とおいて置換積分を行う．$\mathrm{d}x'/\mathrm{d}\theta = r/\cos^2\theta$ および $\cos\theta = r/\sqrt{x'^2+r^2}$ を用いると

$$\frac{1}{(x'^2+r^2)^{3/2}}\frac{\mathrm{d}x'}{\mathrm{d}\theta} = \left(\frac{\cos\theta}{r}\right)^3\left(\frac{r}{\cos^2\theta}\right) = \frac{\cos\theta}{r^2}$$

---

* 線密度 $\lambda(x')$ を用いた 3 次元の密度は $\rho(x', y', z') = \lambda(x')\,\delta(y')\,\delta(z')$．これを式 3.11 の積分に代入すると

$$\iiint_{\mathrm{V}} \frac{\lambda(x')\,\delta(y')\,\delta(z')\,(y-y')}{[(x-x')^2+(y-y')^2+(z-z')^2]^{3/2}}\,\mathrm{d}x'\,\mathrm{d}y'\,\mathrm{d}z' = \int_{x\,\text{軸上}} \frac{\lambda(x')\,(y-0)}{[(x-x')^2+(y-0)^2+(z-0)^2]^{3/2}}\,\mathrm{d}x'$$

また積分区間は $-\pi/2<\theta<\pi/2$ となり

$$F_y = \frac{k_0 q \lambda_0 r}{r^2}\int_{-\pi/2}^{\pi/2}\cos\theta\,\mathrm{d}\theta = 2\,\frac{k_0 q\lambda_0}{r}\int_0^{\pi/2}\cos\theta\,\mathrm{d}\theta = 2\,\frac{k_0 q\lambda_0}{r}\,[\sin\theta]_0^{\pi/2}$$
$$= 2\,\frac{k_0 q\lambda_0}{r}$$

を得る．

力の大きさ $F_y$ は直線からの距離 $r$ に反比例する．力の向きは直線と直交し $\lambda_0 q>0$ のとき，直線から離れる方向となる．■

## 3.5　クーロン力の位置エネルギー

### 3.5.1　位置エネルギーと保存力

物体が屋上から落下するとき，速さが増して**運動エネルギー**（kinetic energy）が大きくなる．これは，重力がする仕事のためだが，落下前の物体に蓄えられていたエネルギーが運動エネルギーに形を変えたという見方もできる．屋上まで重力に抗して物体を運び上げるとき，重力を相殺する力を加える必要があり，その外力がした仕事（重力がする仕事の符号を反転したもの）が，**位置エネルギー**（potential energy, ポテンシャルエネルギー）として保存されると考えるのである（"I. 力学", §8.3～§8.4）．

力学的エネルギーが保存される（物体の運動エネルギーと位置エネルギーの和が一定である）運動をひき起こす力を**保存力**（conservative force）といい，重力やクーロン力はその代表例である．一方，保存力でない力もあり，摩擦力はその代表例である．

力 $\boldsymbol{F}(\boldsymbol{r})$ により運動する質量 $m$ の質点があり，時刻 $t$ から $t+\mathrm{d}t$ の間に，その位置と速度が $\boldsymbol{r}$ と $\boldsymbol{v}$ から $\boldsymbol{r}+\mathrm{d}\boldsymbol{r}$ と $\boldsymbol{v}+\mathrm{d}\boldsymbol{v}$ に変化したとする．この間の速度の微小な変化 $\mathrm{d}\boldsymbol{v}$ による運動エネルギーの変化 $\mathrm{d}E_{\mathrm{K}}$ は，微小な変位 $\mathrm{d}\boldsymbol{r}$ を用いて

$$\mathrm{d}E_{\mathrm{K}} = \frac{m}{2}(\boldsymbol{v}+\mathrm{d}\boldsymbol{v})^2 - \frac{m}{2}\boldsymbol{v}^2 = m\,\mathrm{d}\boldsymbol{v}\cdot\boldsymbol{v} + \frac{m}{2}(\mathrm{d}\boldsymbol{v})^2$$
$$\approx m\,\mathrm{d}\boldsymbol{v}\cdot\boldsymbol{v} = m\,\mathrm{d}\boldsymbol{v}\cdot\frac{\mathrm{d}\boldsymbol{r}}{\mathrm{d}t} = \left(m\,\frac{\mathrm{d}\boldsymbol{v}}{\mathrm{d}t}\right)\cdot\mathrm{d}\boldsymbol{r} = \boldsymbol{F}\cdot\mathrm{d}\boldsymbol{r} \qquad (3.12)$$

と表せる（$\boldsymbol{v}\cdot\boldsymbol{v}=\boldsymbol{v}^2$, $\mathrm{d}\boldsymbol{v}\cdot\mathrm{d}\boldsymbol{v}=(\mathrm{d}\boldsymbol{v})^2$）．ここでは 2 次の微小量 $(\mathrm{d}\boldsymbol{v})^2$ を切り捨てる近似を用いた．最後の等号はニュートンの運動方程式 $\boldsymbol{F}=m\,\mathrm{d}\boldsymbol{v}/\mathrm{d}t$ による変形である．式 3.12 は力が保存力でなくても成り立つ．

次に，$\boldsymbol{r}=(x,y,z)$ から $\boldsymbol{r}+\mathrm{d}\boldsymbol{r}=(x+\mathrm{d}x, y+\mathrm{d}y, z+\mathrm{d}z)$ までの微小変位

$$\mathrm{d}\boldsymbol{r} = \mathrm{d}x\,\boldsymbol{e}_x + \mathrm{d}y\,\boldsymbol{e}_y + \mathrm{d}z\,\boldsymbol{e}_z \qquad (3.13)$$

による位置エネルギー $U(x, y, z)$ の微小な変化 $\mathrm{d}U$ は

$$\begin{aligned}
\mathrm{d}U &= U(x+\mathrm{d}x, y+\mathrm{d}y, z+\mathrm{d}z) - U(x, y, z) \\
&= \frac{\partial U}{\partial x}\mathrm{d}x + \frac{\partial U}{\partial y}\mathrm{d}y + \frac{\partial U}{\partial z}\mathrm{d}z \\
&= \left(\frac{\partial U}{\partial x}\boldsymbol{e}_x + \frac{\partial U}{\partial y}\boldsymbol{e}_y + \frac{\partial U}{\partial z}\boldsymbol{e}_z\right)\cdot(\mathrm{d}x\,\boldsymbol{e}_x + \mathrm{d}y\,\boldsymbol{e}_y + \mathrm{d}z\,\boldsymbol{e}_z) = \nabla U \cdot \mathrm{d}\boldsymbol{r} \quad (3.14)
\end{aligned}$$

と表される（式 M2.13～M2.15 を参照）．ここで，式 2.11 で導入した微分記号 $\nabla$ を用いて

$$\nabla U = \left(\boldsymbol{e}_x\frac{\partial}{\partial x} + \boldsymbol{e}_y\frac{\partial}{\partial y} + \boldsymbol{e}_z\frac{\partial}{\partial z}\right)U = \frac{\partial U}{\partial x}\boldsymbol{e}_x + \frac{\partial U}{\partial y}\boldsymbol{e}_y + \frac{\partial U}{\partial z}\boldsymbol{e}_z \quad (3.15)$$

とした．$\nabla U$ は“ナブラ $U$”と読み，スカラー関数 $U$ の各軸方向の傾斜（変化する速さ）を表すベクトルである．$\nabla U$ を“$U$ の**勾配**（gradient）”といい **grad** $U$ と書くこともある．

保存力による運動では力学的エネルギーが一定（すなわち変化が 0）だから，式 3.12 と式 3.14 の和が 0 となる．こうして保存力 $\boldsymbol{F}(x, y, z)$ と位置エネルギー $U(x, y, z)$ の関係は

$$\begin{aligned}
\mathrm{d}E_\mathrm{K} + \mathrm{d}U &= \boldsymbol{F}\cdot\mathrm{d}\boldsymbol{r} + \mathrm{d}U = (\boldsymbol{F}(x, y, z) + \nabla U)\cdot\mathrm{d}\boldsymbol{r} = 0 \\
&\Rightarrow \quad \boldsymbol{F}(x, y, z) + \nabla U = \boldsymbol{0} \\
&\Rightarrow \quad \boldsymbol{F} = -\nabla U = -\left(\frac{\partial U}{\partial x}\boldsymbol{e}_x + \frac{\partial U}{\partial y}\boldsymbol{e}_y + \frac{\partial U}{\partial z}\boldsymbol{e}_z\right) \quad (3.16)
\end{aligned}$$

となる（“I. 力学”, § 8.5）．ここで，2 行目の ⇒ は，1 行目の最後の式において $\mathrm{d}\boldsymbol{r}$ の方向を任意に選べることによる．すなわち，どの方向のベクトルとスカラー積をつくっても 0 となるベクトルは **0** ベクトルに限られるからである．

### 3.5.2 位置エネルギーの等高線・等高面

式 3.16 を幾何学的に把握しよう．図 3.6a は位置エネルギー $z=U(x, y)$ の 3 次元表示，図 b はこれを等高線群により表している．等高線*は同じ位置エネルギーの点をつなげた曲線であり，等高線群は一定のエネルギー間隔で描かれている．図 b の ↖ は，各位置における力のベクトル $\boldsymbol{F}(x, y) = -[(\partial U/\partial x)\,\boldsymbol{e}_x + (\partial U/\partial y)\,\boldsymbol{e}_y]$ を示す．

* “等高線”は地図の用語であり，ここでは“等ポテンシャル線（面）”というべきだが〔“等位置エネルギー線（面）”とはいわない〕，耳慣れた“等高線”を使い，地形の起伏を思い浮かべるように位置エネルギーの変化を思い浮かべてもらうようにした．

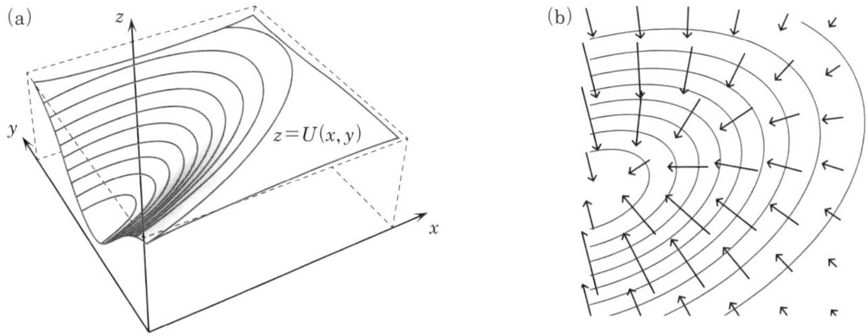


図 3.6　$\boldsymbol{F}=-\nabla U$．(a) 位置エネルギー $z=U(x,y)$ のグラフ．(b) $U(x,y)$ の等高線群と力 $\boldsymbol{F}$．$\boldsymbol{F}=-\nabla U$ は，$U$ の斜面が最も急に降りる方向を向く．エネルギーの差が一定の等高線群では，間隔が狭いほど $U$ の傾斜が大きい．図は左側中央付近に $U$ の谷底があり，$\boldsymbol{F}=-\nabla U$ はこの谷底に向かい，傾斜に比例する大きさをもつ力のベクトルである．

次に，等高線の性質を調べよう．1 本の等高線上の微小変位 $\mathrm{d}\boldsymbol{r}$（等高線の接線方向）では，$U$ の値が変化しないから，$\mathrm{d}U=0$ であり

$$\mathrm{d}U = \nabla U\cdot\mathrm{d}\boldsymbol{r} = -\boldsymbol{F}\cdot\mathrm{d}\boldsymbol{r} = 0 \tag{3.17}$$

となる．すなわち，保存力 $\boldsymbol{F}$ と位置エネルギーの等高線（$\mathrm{d}\boldsymbol{r}$ の方向）が直交する．

また，力の向きに $\mathrm{d}\boldsymbol{r}$ を設定すると

$$\mathrm{d}U = -\boldsymbol{F}\cdot\mathrm{d}\boldsymbol{r} = -|\boldsymbol{F}|\,\mathrm{d}\boldsymbol{r} \tag{3.18}$$

となる．2 本の等高線（エネルギー差が $\Delta U$）が力の向きに $\Delta r$ だけ離れているとき，式 3.18 から $\Delta U\approx-|\boldsymbol{F}|\,\Delta r$ であり，等高線の間隔 $\Delta r$ は力の大きさ $|\boldsymbol{F}|$ に反比例する．すなわち，一定のエネルギー差で描いた等高線群は，間隔が狭いところほど力が大きい．

もし仮に異なるエネルギーの等高線が交わるとすると，その交点では $\Delta r=0$ なのに $\Delta U\neq0$ だから，力が無限大になってしまう．現実的な状況ではそのようなことは起きず，空間の各点に対して位置エネルギーの値が一つに決まる（次項で述べる“基準点の選び方による不定性”は残る）．

有限の大きさの領域の内部で力が 0 となるとき，その領域の内部の位置エネルギーは一定である．特に，領域の境界は等高線となる．

位置エネルギーの等高線の性質をまとめると，次のようになる．

1. 等高線と力は常に直交する
2. 一定のエネルギー差で描いた等高線群の間隔は，力の大きさに反比例する
3. 異なるエネルギーの等高線は互いに交わらない

4. 位置が決まると位置エネルギーが一意に決まる（基準点を決めておく）
5. 力が 0 の空間領域の内部では位置エネルギーが一定である〔領域の表面（外縁）が等高線となる〕

3 次元空間では等高線を等高面（等ポテンシャル面）と読み替える．式 3.17 と式 3.18 およびその解釈は 2 次元でも 3 次元でも変わらない．

質点の運動について考えるとき，質点がニュートンの法則に従って力 $\boldsymbol{F}(\boldsymbol{r})$ により運動するという見方には慣れているが

- $U(\boldsymbol{r})$ というスカラー場*1 が与えられ，力学的エネルギーを保存するようにその空間内を運動する

という見方も成り立つ．このように空間の性質に注目する視点は電位（5 章）という概念につながる．

### 3.5.3 位置エネルギーの基準点

力は，質点の運動を観測すれば完全に決まる量だが，位置エネルギーはその傾斜（勾配）が力から決まる（式 3.16 を参照）．物理的に意味があるのは，2 点間の位置エネルギーの差であり，基準点の選び方（どの位置の位置エネルギーを 0 とするか）により位置エネルギーの値が変わる．基準点の選び方は任意だが，どのように選んだかを明示しないと混乱する．頻繁に行われるのは，基準点を“その保存力の大きさが 0 となる位置”に設定するものである．たとえば万有引力やクーロン力では無限遠を基準とし，フックの法則に従うばねの復元力では釣り合いの位置を基準とすることが多い．位置エネルギーの式から基準の選び方が明らかなときは，特に断らないこともあるので注意しよう．

### 3.5.4 重ね合わせの原理

力が重ね合わせの原理に従うとき，その位置エネルギーも重ね合わせの原理（スカラー量として普通の和）に従う．これは微分演算の線形性*2 から明らかである．すなわち

$$\boldsymbol{F} = \boldsymbol{F}_1 + \boldsymbol{F}_2 + \cdots = -\nabla U_1 - \nabla U_2 - \cdots = -\nabla(U_1 + U_2 + \cdots) \qquad (3.19)$$

---

*1 §2.3.2 で“ベクトル場”という用語を簡単に紹介した．ここで用いた“スカラー場”は，各点でスカラーが与えられている空間をいう．物理学でいうスカラーとは，ベクトルとの対比において，一つだけの量で表されるものであり，どの方向から見てもその値が変わらないという特徴がある．空間の各点で電荷密度 $\rho(\boldsymbol{r})$ が与えられている空間もスカラー場の例である．

*2 微分演算の線形性とは，$h(x,y,z)=af(x,y,z)+bg(x,y,z)$ のとき $\partial h/\partial x=a\,\partial f/\partial x+b\,\partial g/\partial x$（他の方向の微分も同様）となることを指す．

が成り立つ．§3.5.7 では，この性質を用い，一般的な電荷分布から生じるクーロン力の位置エネルギーを求める．

### 3.5.5 保存力の見分け方

力が保存力であれば，式 3.16 が成り立ち，力の各成分は

$$F_x(x,y,z) = -\frac{\partial U}{\partial x}, \quad F_y(x,y,z) = -\frac{\partial U}{\partial y}, \quad F_z(x,y,z) = -\frac{\partial U}{\partial z} \tag{3.20}$$

となる．上の各式をもう一度偏微分し，滑らかな関数の 2 階偏微分は微分の順序を変えても同じであること（§M2.2.8）を用いると

$$\frac{\partial F_x}{\partial y} = \frac{\partial F_y}{\partial x}, \quad \frac{\partial F_y}{\partial z} = \frac{\partial F_z}{\partial y}, \quad \frac{\partial F_z}{\partial x} = \frac{\partial F_x}{\partial z} \tag{3.21}$$

が得られる．この関係が成り立たなければ $\boldsymbol{F}$ は $U$ から導くことができず，保存力ではない．逆に，式 3.21 が成り立てば $\boldsymbol{F}$ は保存力である*.

また，閉じた経路を 1 周するときに保存力がする仕事は 0 となり，仕事が 0 でなければ保存力ではない（§5.1 を参照）．保存力について“閉じた経路を 1 周したときの仕事が 0”という条件が，式 3.21 と同じ内容になることは，ストークスの定理（式 11.16）を（磁場を力に読み替えて）用いると証明される．

### 3.5.6 クーロン力の位置エネルギー：原点の点電荷

真空中，原点の点電荷 $Q$ が，$\boldsymbol{r}$ の点電荷 $q$ に及ぼすクーロン力は

$$\boldsymbol{F}(\boldsymbol{r}) = k_0 \frac{qQ}{r^2}\left(\frac{\boldsymbol{r}}{r}\right) \tag{3.22}$$

と表された（式 3.3 を参照）．この力を与える位置エネルギーは，無限遠を基準（無限遠で 0）として

$$U(\boldsymbol{r}) = U(r) = k_0 \frac{qQ}{r} \tag{3.23}$$

である．この $U(r)$ に $\boldsymbol{F} = -\nabla U$ を適用すれば式 3.22 が導かれる．実際，$U(r)$ の定

* 式 3.21 の成立に加え，力が時間的に変化しないこと，領域が単連結であること（領域内の任意のループを 1 点になるまで連続的に絞り込めること．3 次元のドーナツの内部は単連結ではない）が必要である．

数因子を除いた部分 $1/r$ に注目すると

$$\frac{\partial}{\partial x}\left(\frac{1}{r}\right) = \left(\frac{x}{r}\right)\frac{\mathrm{d}}{\mathrm{d}r}\left(\frac{1}{r}\right) = -\left(\frac{x}{r}\right)\frac{1}{r^2} \tag{3.24}$$

となる（式 M2.20 を参照）．他の成分も同様に計算して

$$\begin{aligned}\nabla\frac{1}{r} &= -\left(\frac{x}{r}\right)\frac{1}{r^2}\boldsymbol{e}_x - \left(\frac{y}{r}\right)\frac{1}{r^2}\boldsymbol{e}_y - \left(\frac{z}{r}\right)\frac{1}{r^2}\boldsymbol{e}_z = -\frac{1}{r^3}\left(x\,\boldsymbol{e}_x + y\,\boldsymbol{e}_y + z\,\boldsymbol{e}_z\right)\\ &= -\frac{\boldsymbol{r}}{r^3} = -\frac{1}{r^2}\left(\frac{\boldsymbol{r}}{r}\right)\end{aligned} \tag{3.25}$$

を得る（式 M2.21 を参照）．

式 3.23 の位置エネルギーに定数項が加わっても，微分するとその項が消えるので，同じ力の式 3.22 が得られる．一般に，位置 $\boldsymbol{r}_\mathrm{S}$ を基準とする位置エネルギーは，$U(\boldsymbol{r})-U(\boldsymbol{r}_\mathrm{S})$ により与えられる（“I. 力学”，§7.3，§8.3～§8.6）．

**例題 3.5** 例題 3.3 の水素原子をイオン化する（電子を無限遠まで引き離す）のに必要な最小のエネルギーを求めよ．原子核である陽子と，それを回る電子の電荷の大きさは，共に $e=1.6\times10^{-19}$ C，イオン化する前の電子と原子核の距離は $a_0=0.053$ nm$=5.3\times10^{-11}$ m，また $k_0=9.0\times10^9$ N m$^2$ C$^{-2}$ とする．

**解** 電子と陽子の電荷は異符号で大きさが共に $e$ である．

まず，イオン化する前の電子の位置エネルギーは，式 3.23 より $U(a_0)=-k_0e^2/a_0<0$ である．

次に，電子の運動エネルギーを求める．電子の角速度を $\omega$ とすると，その速さは $v=a_0\omega$ である．質量を $m$ とすると等速円運動の向心力の大きさは $F=ma_0\omega^2$ だから（“I. 力学”，例題 2.8，例題 6.3），運動エネルギーは，例題 3.3 の途中式を利用して

$$\frac{1}{2}mv^2 = \frac{1}{2}m(a_0\omega)^2 = \frac{1}{2}(ma_0\omega^2)a_0 = \frac{1}{2}Fa_0 = \frac{1}{2}\left(k_0\frac{e^2}{a_0^2}\right)a_0 = -\frac{1}{2}U(a_0)$$

となる（最後の等号は先に求めた $U(a_0)$ との比較による）．これにより，電子の力学的エネルギーは

$$\frac{1}{2}mv^2 + U(a_0) = -\frac{1}{2}U(a_0) + U(a_0) = \frac{1}{2}U(a_0) < 0$$

であることがわかる．

この状態の電子が，何らかの方法でエネルギー $|U(a_0)/2|$ を獲得すると力学的エネルギーが 0 になるので，陽子から離れ無限遠まで行って静止することが可能となる．こうし

て，最小のイオン化エネルギーは $|U(a_0)/2|$ であり，題意の数値を代入して

$$\left|\frac{1}{2}\,U(a_0)\right| = \frac{1}{2}\,k_0\,\frac{e^2}{a_0} = \frac{1}{2}\,(9.0\times 10^9)\,\frac{(1.6\times 10^{-19})^2}{5.3\times 10^{-11}} = 2.2\times 10^{-18}\,\mathrm{J}$$

を得る（1 J＝1 N m を用いた）．

**参考**　水素原子のイオン化エネルギーは自然科学の分野で基本的な量となり，電子ボルト（eV）というエネルギーの単位を用いて，13.6 eV という概略値で引用されることが多い（p.62，Box 8）．■

### 3.5.7 クーロン力の位置エネルギー：任意の電荷分布

まず，$\boldsymbol{r}_1$ の点電荷 $q_1$ が，$\boldsymbol{r}$ の点電荷 $q$ に及ぼすクーロン力の位置エネルギーは，式 3.23 の分母の電荷間の距離を $r\to|\boldsymbol{r}-\boldsymbol{r}_1|$ と置き換え

$$U(\boldsymbol{r}) = k_0\,\frac{qq_1}{|\boldsymbol{r}-\boldsymbol{r}_1|} \tag{3.26}$$

となる．

次に，$\boldsymbol{r}_i$ の点電荷 $q_i$（$i=1,\cdots,N$）のすべてから $\boldsymbol{r}$ の点電荷 $q$ に加わる力の位置エネルギーは，重ね合わせの原理により

$$U(\boldsymbol{r}) = \sum_{i=1}^{N} k_0\,\frac{qq_i}{|\boldsymbol{r}-\boldsymbol{r}_i|} = k_0 q \sum_{i=1}^{N} \frac{q_i}{|\boldsymbol{r}-\boldsymbol{r}_i|} \tag{3.27}$$

となる．

最後に，電荷が電荷密度 $\rho$ で連続に分布するときは，§3.4.4 と同じ手続きにより

$$U(\boldsymbol{r}) = k_0 q \int_{\mathrm{V}} \frac{\rho(\boldsymbol{r}')}{|\boldsymbol{r}-\boldsymbol{r}'|}\,\mathrm{d}V' \tag{3.28}$$

となる．

電荷分布からクーロン力を求めるとき，まず式 3.28 を用いて位置エネルギー $U(\boldsymbol{r})$ を求めた後に，式 3.16 すなわち $\boldsymbol{F}=-\nabla U$ を計算することもできる．特に，積分を解析的に（コンピューターによる数値計算ではなく）実行するときは，式 3.10 を用いて直接に力を計算するのに比べて，積分が 1 回で済むのは魅力的である（積分に比べて微分は容易である）．

**例題 3.6**　図 3.7 のように，$xy$ 平面上に原点を中心とする半径 $a$ の円板がある．この円板には一様な面密度 $\sigma_0$ で電荷分布がある．$z$ 軸上の点 $\mathrm{P}(0,0,z)$ にある点電荷 $q$ の位置

エネルギーを求め，クーロン力を計算せよ．

解　直交座標を用い，式 3.28 を

$$U(x,y,z) = k_0 q \iiint_V \frac{\rho(x',y',z')}{\sqrt{(x-x')^2+(y-y')^2+(z-z')^2}}\,\mathrm{d}x'\,\mathrm{d}y'\,\mathrm{d}z' \qquad ①$$

図 3.7 円板上の電荷密度による位置エネルギー．

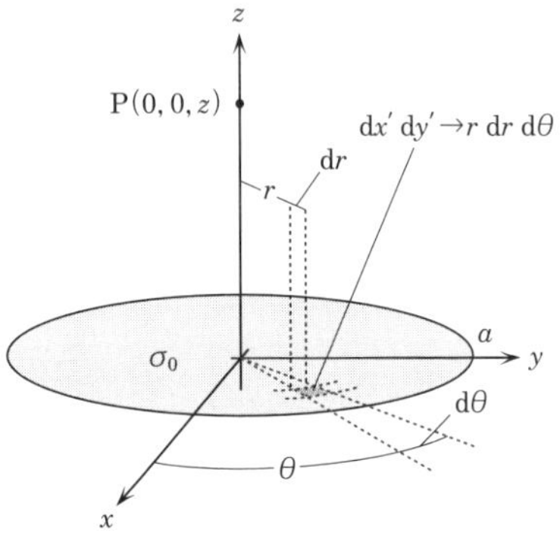


と表す．本問の 2 次元的な電荷分布は，例題 3.4 と同じ考え方により，円板の厚み方向の積分を実行した結果が面密度 $\sigma_0$ であると考える．すなわち

$$\left[\int \rho(x',y',z')\,\mathrm{d}z'\right]\mathrm{d}x'\,\mathrm{d}y' = \sigma(x',y')\,\mathrm{d}x'\,\mathrm{d}y' = \sigma_0\,\mathrm{d}x'\,\mathrm{d}y'$$

とする．電荷分布（円板）は $z'=0$ にあり，点電荷 $q$ の座標（P の位置）は $x=0$，$y=0$，$z=z$ だから，式 ① にこれらを代入し（例題 3.4 の脚注を参照）

$$\begin{aligned} U(0,0,z) = U(z) &= k_0 q \iint_{\text{円板}} \frac{\sigma_0\,\mathrm{d}x'\,\mathrm{d}y'}{\sqrt{(0-x')^2+(0-y')^2+(z-0)^2}} \\ &= k_0 q \sigma_0 \iint_{\text{円板}} \frac{\mathrm{d}x'\,\mathrm{d}y'}{\sqrt{x'^2+y'^2+z^2}} \end{aligned}$$

を計算する．$x'=r\cos\theta$，$y'=r\sin\theta$ とおき，変数を $r$ と $\theta$ に変更すると，面積素片が $\mathrm{d}x'\,\mathrm{d}y'$ から $r\,\mathrm{d}r\,\mathrm{d}\theta$ に変わり（§ M4.1.3），積分区間が $0\leq r\leq a$，$0\leq\theta\leq 2\pi$ となる．したがって

$$U(z) = k_0 q\sigma_0 \int_0^{2\pi}\int_0^a \frac{r}{\sqrt{r^2+z^2}}\,\mathrm{d}r\,\mathrm{d}\theta = 2\pi k_0 q\sigma_0 \int_0^a \frac{r\,\mathrm{d}r}{\sqrt{r^2+z^2}}$$

最右辺の定積分は $t=r^2+z^2$ と置くと $\mathrm{d}t=2r\,\mathrm{d}r$，積分区間が $z^2\leq t\leq a^2+z^2$ となり

$$\int_0^a \frac{r\,\mathrm{d}r}{\sqrt{r^2+z^2}} = \frac{1}{2}\int_{z^2}^{a^2+z^2} \frac{\mathrm{d}t}{\sqrt{t}} = [\sqrt{t}\,]_{z^2}^{a^2+z^2}$$

を得る．円板上の全電荷を $q_0=\pi a^2\sigma_0$ として

$$U(z) = 2\pi k_0 q\sigma_0 \left(\sqrt{a^2+z^2}-z\right) = 2k_0\frac{qq_0}{a^2}\left(\sqrt{a^2+z^2}-z\right)$$

である．

$z$ 軸の周りに円板を回転しても電荷分布は変わらず（軸対称性をもつ），その結果として $z$ 軸上の点 P におけるクーロン力の向きは $z$ 軸方向となる．力の大きさ $F$ は，位置エネルギーの $z$ 軸方向の傾斜に等しく

$$F = -\frac{\partial U}{\partial z} = -\frac{\mathrm{d}U}{\mathrm{d}z} = 2k_0\frac{qq_0}{a^2}\left(1-\frac{z}{\sqrt{a^2+z^2}}\right) \qquad ②$$

となる．

参考　無限に広い平面に一様な面密度で電荷が分布するときは，$\sigma_0$ を用いて式 ② を書き直し $a\to\infty$ の極限をとって，$F\to 2\pi k_0 q\sigma_0$ となる．このとき，平面からの距離によらず，力の大きさは一定である．

P が円板に非常に近い（$z/a\ll 1$），および非常に遠い（$z/a\gg 1$）という極端な場合について力の式を近似し，簡単な関係式を求めよう．それには $|x|\ll 1$ のときに成立する近似式，$(1+x)^s\approx 1+sx$ を用いる（式 M2.3 を参照）．

まず $z/a\ll 1$ の場合

$$\frac{z}{\sqrt{a^2+z^2}} = \frac{z}{a}\left[1+\left(\frac{z}{a}\right)^2\right]^{-1/2} \approx \frac{z}{a}\left[1-\frac{1}{2}\left(\frac{z}{a}\right)^2\right] = \frac{z}{a}-\frac{1}{2}\left(\frac{z}{a}\right)^3 \approx \frac{z}{a}$$

と近似できるので

$$F = 2k_0\frac{qq_0}{a^2}\left(1-\frac{z}{\sqrt{a^2+z^2}}\right) \approx 2k_0\frac{qq_0}{a^2}\left(1-\frac{z}{a}\right) \approx 2k_0\frac{qq_0}{a^2}$$

すなわち，最も粗い近似では $F\approx 2k_0 qq_0/a^2(=2\pi k_0 q\sigma_0)$ となり，力は円板からの距離によらずほぼ一定になる．電荷が無限に広い平面に一様に分布するときと同じである．

次に，$z/a\gg 1$ $(a/z\ll 1)$ の場合

$$\frac{z}{\sqrt{a^2+z^2}} = \frac{1}{\sqrt{1+(a/z)^2}} = \left[1+\left(\frac{a}{z}\right)^2\right]^{-1/2} \approx 1-\frac{1}{2}\left(\frac{a}{z}\right)^2$$

となり

$$F = 2k_0\frac{qq_0}{a^2}\left(1-\frac{z}{\sqrt{a^2+z^2}}\right) \approx 2k_0\frac{qq_0}{a^2}\frac{1}{2}\left(\frac{a}{z}\right)^2 = k_0\frac{qq_0}{z^2}$$

となる．最も粗い近似の $F \approx k_0 q q_0 / z^2$ という式は，円板の中心に点電荷 $q_0$ があるときと同じ形である．■

## 章末問題

3.1　右図のように直角三角形 ABC の各頂点に点電荷 8 μC，4 μC，−6 μC がある．頂点 A の点電荷が受ける力の大きさを有効数字 1 桁で求めよ（図の $xy$ 軸を用いて計算せよ）．

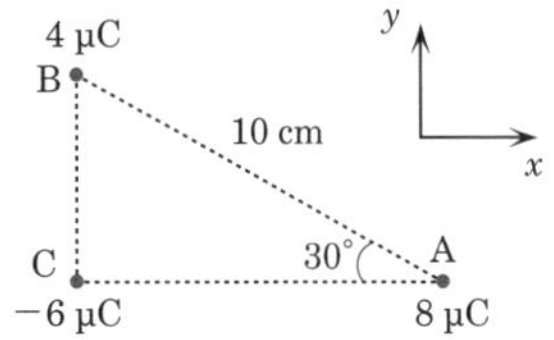


3.2　力 $\boldsymbol{F} = F_0 \boldsymbol{e}_x$ の位置エネルギー $U(x, y, z)$ を，基準点を（a）原点，（b）点 $(a, b, c)$ とする場合について求めよ．ただし $F_0$ は定数とする．

3.3　点電荷 $Q$ と $-2Q$ がそれぞれ点 $(a, 0, 0)$ と $(-a, 0, 0)$ にある（$a > 0$）．

（a）点 $(x, 0, 0)$ の点電荷 $q$ に加わるクーロン力 $\boldsymbol{F}$ が $\boldsymbol{0}$ となる $x$ を求めよ．

（b）この点電荷 $q$ の無限遠を基準とした位置エネルギーが 0 となる $x$ を求めよ．

3.4　力 $\boldsymbol{F} = (F_0/a)(-y\,\boldsymbol{e}_x + x\,\boldsymbol{e}_y)$ について以下の問いに答えよ．

（a）保存力ではないことを示せ．

（b）この力のベクトル場を描き，原点を囲む円周上を 1 周したとき，この力がする仕事が 0 でないことを確認せよ．

3.5　（a）例題 3.4 において，$x$ 軸上の領域 $[-a, a]$ に一定の電荷密度 $\lambda_0$ があるとき，P にある点電荷 $q$ が受けるクーロン力を求めよ．

（b）電荷が分布する領域が $[0, a]$ のときはどうか．

3.6　原点を中心とする半径 $a$ のリング（円環）が $xy$ 平面上にある．このリングに全電荷 $Q$ が一様な線密度 $\lambda_0$ で分布するとき，点 $\mathrm{P}(0, 0, z)$ にある電荷 $q$ の位置エネルギーを計算せよ．

3.7　位置 $\boldsymbol{a}$ と $-\boldsymbol{a}$ にそれぞれ点電荷 $q_0$ と $-q_0$ があるとき，電荷密度をデルタ関数を用いて表すと $\rho(\boldsymbol{r}') = q_0 \delta(\boldsymbol{r}' - \boldsymbol{a}) - q_0 \delta(\boldsymbol{r}' + \boldsymbol{a})$ となる（§1.5.3，§M5）．この電荷密度を式 3.10 に代入し，式 3.8 と比較せよ．

# 4 静　電　場

本章では電場（または電界）という概念を導入する．特に，静止した電荷分布がつくる電場すなわち静電場について学ぶ．静電場の性質は，クーロン力の性質（逆2乗則と重ね合わせの原理に従う）を反映したものとなる．静電場という空間の性質を表す数式を調べる過程で，電場の様子を可視化して描く電気力線も導入する．

## 4.1　クーロン力から静電場へ

位置 $\boldsymbol{r}$ の点電荷 $q$ が原点の点電荷 $Q$ から受けるクーロン力は，式 3.3 すなわち

$$\boldsymbol{F}(\boldsymbol{r}) = k_0 \frac{qQ}{r^2}\left(\frac{\boldsymbol{r}}{r}\right) = \frac{1}{4\pi\varepsilon_0}\frac{qQ}{r^2}\left(\frac{\boldsymbol{r}}{r}\right) \tag{4.1}$$

であるが，これは“電荷から電荷へ，空間を飛び越して力が作用する”という見方を背景とした表現である（$\varepsilon_0$ は真空の誘電率，式 3.5 を参照）．

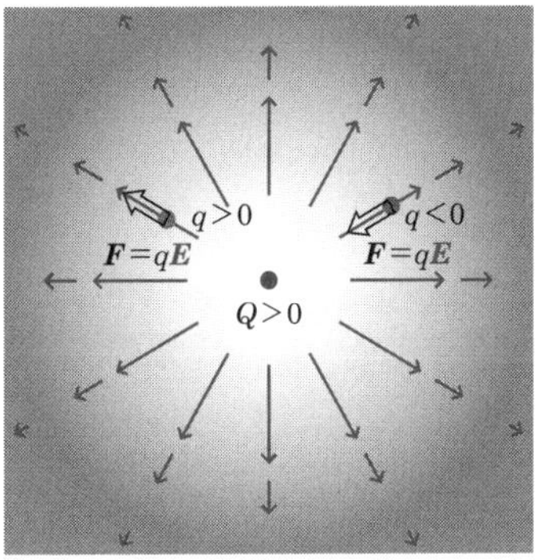


図 4.1　空間の電気的性質 $\boldsymbol{E}$（↗）．$Q$ が $\boldsymbol{E}$ をつくり，その $\boldsymbol{E}$ から $q$ に加わる力 $\boldsymbol{F}$（⇖, ⇙）は，$q$ の大きさと符号により変化する．$q>0$ のとき $\boldsymbol{F}$ と $\boldsymbol{E}$ は同じ向き，$q<0$ のとき逆向きになる．

一方，“電荷が周囲の空間の電気的な性質を変化させ，他の電荷 $q$ が受ける力はその位置 $\boldsymbol{r}$ の空間の電気的性質によって決まる”という見方も成り立つ．図 4.1 は原点の点電荷 $Q$ によりつくられる空間の電気的性質を示す．この視点に立ってクーロン力を

1. 空間の電気的性質を表す部分 $\boldsymbol{E}(\boldsymbol{r})$
2. その影響を受ける電荷 $q$

に分解する．すなわち

$$\boldsymbol{F}(\boldsymbol{r}) = q\boldsymbol{E}(\boldsymbol{r}) \tag{4.2}$$

と書き直し

$$\boldsymbol{E}(\boldsymbol{r}) = \frac{1}{4\pi\varepsilon_0}\frac{Q}{r^2}\left(\frac{\boldsymbol{r}}{r}\right) \tag{4.3}$$

を位置 $\boldsymbol{r}$ における**電場**（electric field，**電界**）という．電場は空間の電気的性質を表す物理量であり，力の受け手とは関係なく決まるベクトルである．電場が同じでも，電荷 $q$ の大きさと符号により，$q$ が受ける力の大きさと向きが異なる（図 4.1 参照）．

式 4.3 は原点の点電荷がつくる電場だが，電荷分布がどのようなものであっても，$\boldsymbol{r}$ にある電荷 $q$ が力 $\boldsymbol{F}(\boldsymbol{r})$ を受けるときの電場を

$$\boldsymbol{E}(\boldsymbol{r}) = \frac{1}{q}\boldsymbol{F}(\boldsymbol{r}) \tag{4.4}$$

とする．式 4.4 に従って位置 $\boldsymbol{r}$ の電場 $\boldsymbol{E}(\boldsymbol{r})$ が求まり，空間の全域にこのベクトル量が存在すると考えるのである*1．

電場の測定には，できる限り小さな電荷を用いて環境の電荷分布を変えないようにする必要がある．

電場の大きさ（あるいは強さ）の単位は式 4.4 から $\mathrm{N\,C^{-1}}$ となる．すなわち，1 C の電荷に 1 N の力を及ぼす電場の大きさを基準とするが，通常は $1\,\mathrm{N\,C^{-1}}$ の代わりに $1\,\mathrm{V\,m^{-1}}$ を用いる*2．単位の記号 V は**ボルト**（volt）といい，次章で学ぶ電位の単位である．

電場は式 4.4 によりクーロン力 $\boldsymbol{F}(\boldsymbol{r})$ から求まるので，一般的な電荷分布がつくる電場は，式 3.9 あるいは式 3.10 から直ちに

$$\boldsymbol{E}(\boldsymbol{r}) = \frac{1}{4\pi\varepsilon_0}\sum_{i=1}^{N}\frac{q_i}{|\boldsymbol{r}-\boldsymbol{r}_i|^2}\left(\frac{\boldsymbol{r}-\boldsymbol{r}_i}{|\boldsymbol{r}-\boldsymbol{r}_i|}\right) \tag{4.5}$$

あるいは

$$\boldsymbol{E}(\boldsymbol{r}) = \frac{1}{4\pi\varepsilon_0}\int_{\mathrm{V}}\rho(\boldsymbol{r}')\,\frac{\boldsymbol{r}-\boldsymbol{r}'}{|\boldsymbol{r}-\boldsymbol{r}'|^3}\,\mathrm{d}V' \tag{4.6}$$

---

*1 各点の $\boldsymbol{E}(\boldsymbol{r})$ が決まると空間はベクトル場となるが，そのベクトル場のことも“電場”という．

*2 $1\,\mathrm{N\,C^{-1}} = 1\,\mathrm{J\,m^{-1}\,C^{-1}} = 1\,\underbrace{\mathrm{J\,C^{-1}}}_{\mathrm{V}}\,\mathrm{m^{-1}}$ である．

**Box 6 遠隔作用と近接作用**

クーロンの法則は“電荷は，離れた位置にある他の電荷に，直接に力を及ぼす”という視点に立つ（中間の空間は物質で満たされている場合もあるし，何も存在しない真空の場合もある）．これが**遠隔作用**（action at a distance）の考え方である．ニュートンの万有引力も同様で，質量と質量の間に遠隔力が作用するという立場で法則が書かれている．これとは対照的に，接するものが力を及ぼすという考え方があり“電荷はそれに接している電場から力を受ける”とする．これが**近接作用**（action through medium）の立場である．この視点に立つと，電場は空間の性質であり真空中の電場が基本となるが，物質が存在するとその影響で変化する．電場は“近接作用の考え方が生み出した実体のない概念ではないのか，物理的に存在するのだろうか”と疑問に思うかもしれない．確かに，時間的に変化しない電磁気現象については電場を導入する必然性はない．だが，電磁波（空間を伝わる電場と磁場の波）がエネルギーや運動量を伝えるという事実を踏まえると（§16.3，§16.4），電磁気現象を理解するうえで電場と磁場は不可欠な基本概念である．

と表される．このように，電場も重ね合わせの原理に従う．

電場は，一般的には空間的にも時間的にも変化するベクトルだから $\boldsymbol{E}(\boldsymbol{r},t)$ と記すが，10 章までは静止した電荷分布がつくる**静電場**（electrostatic field）$\boldsymbol{E}(\boldsymbol{r})$ を扱う．静電場は時間的に変化しない．

電荷 $q$ の粒子が静電場 $\boldsymbol{E}$ から受ける力は，粒子の速度によらないことに注意しよう．これに対し，後に学ぶ磁場による力は粒子の速度により変わる（§9.2.1）．次の例題は，運動する荷電粒子が電場から受ける力に関係する設問である．

**例題 4.1** 図 4.2 のように，真空中を水平方向に等速度 $\boldsymbol{v}$ で進む電子（質量 $m_{\mathrm{e}}$，電荷 $-e$）が，距離 $L$ にわたり鉛直上向きの一定な静電場 $\boldsymbol{E}$ から力を受け，非常に小さい角 $\theta$ だけ速度の向きが変わった．

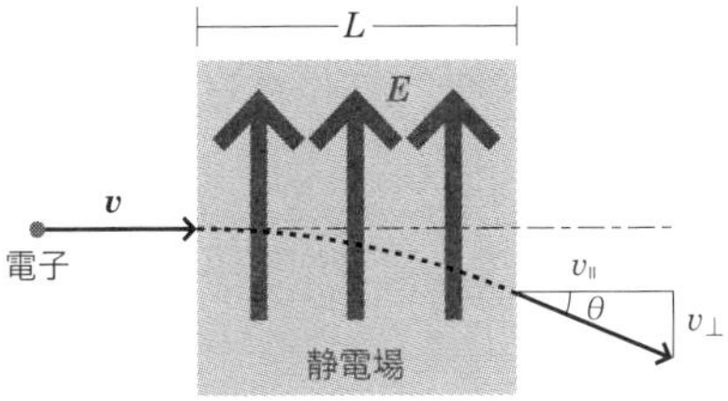


図 4.2 静電場中を運動する電子の偏向．

(a) 電場の大きさ $E=|\boldsymbol{E}|$ を $\theta$ を用いて表せ．

(b) $v=|\boldsymbol{v}|=1.0\times10^{7}\ \mathrm{m\,s^{-1}}$，$L=1.0\times10^{-2}\ \mathrm{m}$，$\theta=1.0\times10^{-3}\ \mathrm{rad}$（ラジアン），$m_{\mathrm{e}}=$

$9.1\times10^{-31}$ kg，$e=1.6\times10^{-19}$ C として，$E$ の値を求めよ．

解　(a) 電子の電荷が負なので，電場による力 $\boldsymbol{F}$ は常に鉛直下向きである．下向きを正とすると，$F=eE$ である．一方，水平方向には力が加わらないから，速度の水平成分 $v_\parallel$ は入射直前の $v$ が保たれる．静電場の領域を通過する時間は $t=L/v$ である．電場が一定だから $F$ は一定値となり，鉛直方向の加速度 $a$ の大きさも一定で $a=F/m_e=eE/m_e$ となる．最終的な速度の鉛直成分は $v_\perp=at=(eE/m_e)(L/v)=(eEL)/(m_e v)$ である．角 $\theta$ が非常に小さいので

$$\theta \approx \tan\theta = \frac{v_\perp}{v_\parallel} = \frac{eEL}{m_e v^2} \quad\Rightarrow\quad E \approx \frac{m_e v^2}{eL}\theta \qquad ①$$

と近似される ($\theta\approx\tan\theta$ という近似は，式 M2.1 において $f(x)=\tan x$，$f(0)=0$，$f'(x)=1/\cos^2 x$ だから $f'(0)=1$ として得られる)．

(b)　式 ① に数値を代入すると

$$E \approx \frac{(9.1\times10^{-31})(1.0\times10^{7})^2}{(1.6\times10^{-19})(1.0\times10^{-2})}(1.0\times10^{-3}) \approx 57\,\mathrm{N\,C^{-1}} = 57\,\mathrm{V\,m^{-1}}$$

と近似される．

参考　“一定な電場” は時間的に変動しない電場を指すことがある．これに対して，本例題のように，領域内のどの位置でも，向きと大きさが等しい電場を “一様な電場” という．■

## 4.2 ガウスの法則

クーロン力から電場が求まるのだから，現実の応用にはそれで十分と思うかもしれない．しかし，電場を空間の電気的性質とする立場からは “電荷分布の様子にかかわらず成り立つ空間の性質はどのようなものか” という問いが生じる．それに対する答えが，式 4.14 あるいは式 4.16 のガウスの法則である．本節では，閉曲面で囲まれた領域を想定し

1. 領域表面の電場の面積分
2. 領域内部の電荷

に注目して静電場の性質を調べる．

### 4.2.1 球の中心にある点電荷

まず，原点の点電荷 $Q(>0)$ がつくる電場について “その電荷を中心とする半径 $R$ の球面 $\mathrm{S}_0$ 上の面積分 $\int_{\mathrm{S}_0}\boldsymbol{E}\cdot\mathrm{d}\boldsymbol{S}$ が，$Q$ に比例する” ことを示そう．この積分は $\boldsymbol{E}\cdot\mathrm{d}\boldsymbol{S}$ を球面 $\mathrm{S}_0$ 上で寄せ集める計算である．$\boldsymbol{r}$ における電場は式 4.3 の

$$\boldsymbol{E}(\boldsymbol{r}) = \frac{1}{4\pi\varepsilon_0}\frac{Q}{r^2}\left(\frac{\boldsymbol{r}}{r}\right) \tag{4.7}$$

である．球面 $S_0$ 上の位置 $\boldsymbol{r}$ における面積素片ベクトルは

$$\mathrm{d}\boldsymbol{S} = \mathrm{d}S\left(\frac{\boldsymbol{r}}{r}\right) \tag{4.8}$$

となる（図 1.7 を参照）．さらに球面 $S_0$ 上では電場 $\boldsymbol{E}$ と面積素片ベクトル $\mathrm{d}\boldsymbol{S}$ が同じ方向なので，両者のスカラー積は

$$\boldsymbol{E}\cdot\mathrm{d}\boldsymbol{S} = E\,\mathrm{d}S = \frac{1}{4\pi\varepsilon_0}\frac{Q}{r^2}\mathrm{d}S \tag{4.9}$$

である．こうして，式 4.7 の電場の球面 $S_0$ 上の面積分は

$$\int_{S_0}\boldsymbol{E}\cdot\mathrm{d}\boldsymbol{S} = \int_{S_0}\frac{1}{4\pi\varepsilon_0}\frac{Q}{r^2}\mathrm{d}S = \frac{1}{4\pi\varepsilon_0}\frac{Q}{R^2}\int_{S_0}\mathrm{d}S = \frac{1}{4\pi\varepsilon_0}\frac{Q}{R^2}\times 4\pi R^2 = \frac{1}{\varepsilon_0}Q \tag{4.10}$$

となる*（例題 1･5 を参照）．式 4.10 の最右辺には球面 $S_0$ の半径 $R$ が現れないから，電荷を中心とする任意の半径の球面上でも電場の面積分は内部の電荷だけで決まることがわかる．

この結論を可視化して表すことを考えよう．式 4.7 の電場は，向きが点電荷を中心とする放射状，大きさが逆 2 乗則に従う．これと同様の性質をもつ例として，点光源から等方的に広がる光線の強度がある．光線は放射状に広がり光の強さが逆 2 乗則に従って減衰する．そこで図 4.3a のように，この光線を模して中心の点電荷から

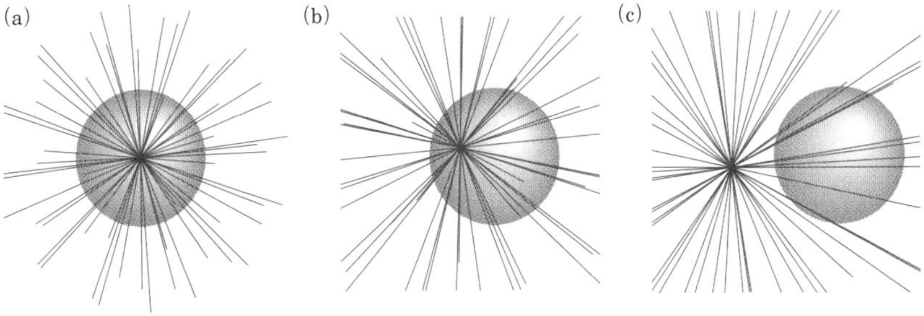


図 4.3 点電荷と閉曲面の関係および閉曲面を貫く電気力線の本数．(a) 閉曲面が電荷を中心とする球面の場合，(b) 任意の閉曲面の場合，(c) 点電荷が閉曲面の外にある場合．

* 真空の誘電率 $\varepsilon_0$ を用いて比例定数を表したので式 4.10 の最右辺は $4\pi$ を含まない式となる，

出発する直線群を仮想する．無数の直線が点電荷から等方的に（特定の方向に偏らずに）出発するとき，どの位置でも直線の方向と電場の向きが同じになり，直線の密度（直線に垂直な単位面積あたりの本数）が電場の大きさに比例する．この線を**電気力線**（electric line of force）という．式 4.7 の電場を，点電荷から等方的に出発する無数の直線の電気力線を想像して思い描いてみよう．

電気力線の性質として，次の各項を仮定すると，一般的な電荷分布による電場も電気力線により目に見える形で想像することができる．

1. 電気力線は，正電荷から出発して負電荷に到着する．途中で生成・消滅しない
   - 式 4.7 の場合は，逆符号の電荷 $-Q$ が無限遠に一様に分布すると考える
   - 電荷に入出する電気力線の本数は電荷に比例する
   - 電荷が 0 の位置は電気力線が通過するだけである
2. 電気力線の密度は，その位置の電場の大きさに比例する
   - 式 4.10 の電場の面積分の値は面 $\mathrm{S_0}$ を通過する電気力線の本数に比例する
3. 電気力線の接線方向は，電場の向きと一致する
   - 電気力線は交差も分岐もしない（交点では電場が無限大となり，分岐点では電場の向きが決まらない）

### 4.2.2 閉曲面で囲まれた領域内の点電荷，領域外の点電荷

点電荷から出発し無限遠に至る電気力線は途中で生成・消滅しないから，図 4.3 a や b のように，点電荷を囲む閉曲面 S の形によらず，S を貫く電気力線の本数は内部の電荷 $Q$ だけで決まる（曲面の形状が複雑で電気力線の入出があるときの考え方は次の段落で論じる）．このことを，電場 $\boldsymbol{E}$ を用いて表そう．電気力線の密度が電場の大きさに比例するので，S 上の面積素片 $\mathrm{d}S$ を貫く電気力線の本数はどのような場合でも $\boldsymbol{E}\cdot\mathrm{d}\boldsymbol{S}$ で与えられる（式 1.19 を参照）．したがって，S を貫く電気力線の本数は，S 上の $\boldsymbol{E}$ の面積分により与えられ，式 4.10 の面積分と同じ値 $Q/\varepsilon_0$ となる．すなわち

$$\int_{\mathrm{S}} \boldsymbol{E}\cdot\mathrm{d}\boldsymbol{S} = \frac{Q}{\varepsilon_0} \qquad (4.11)$$

である．こうして，任意の閉曲面上の電場の面積分が内部の電荷（の $1/\varepsilon_0$ 倍）と等しくなることがわかる．

次に，図 4.3 c のように，閉曲面で囲まれた領域の外に正電荷がある場合を考える．この電荷から出発する電気力線は，領域が有限の大きさだから，閉曲面に入れば必ず出ていく．電気力線が表面に入るときには負，出るときには正としてその本数を数え

## Box 7 電気力線

電荷が 1 個でないときは，電気力線は複雑に曲がるが，§4.2.1 の性質 1～3 を満たすと考えて，電場の様子を可視化して表すことができる．さらに

- 電気力線には張力があり（異符号の電荷をゴム糸で結び現在の距離まで引き離すと想像せよ），異符号の電荷は互いに近づこうとする
- 電気力線の周囲に“静水圧”のような圧力が生じ，力線の密度が空間的に一様になろうとする傾向があるため，同符号の電荷は互いに離れようとする

と考えると，電荷間のクーロン力も定性的に表現できる．電気力線は優れた可視化の道具だが，物理的な実体ではないことに注意しよう．下図 a は，正電荷（●）から同じ大きさの負電荷（●）に向かう電気力線（赤）と等電位線（黒）である．電場と等電位線（5 章で学ぶ）の関係は、力と位置エネルギーの等高線の関係（§3.5.2）と同じであり，互いに直交する．図 b は同じ大きさの 2 個の正電荷から無限遠にある負電荷に向かう電気力線と等電位線を示す．

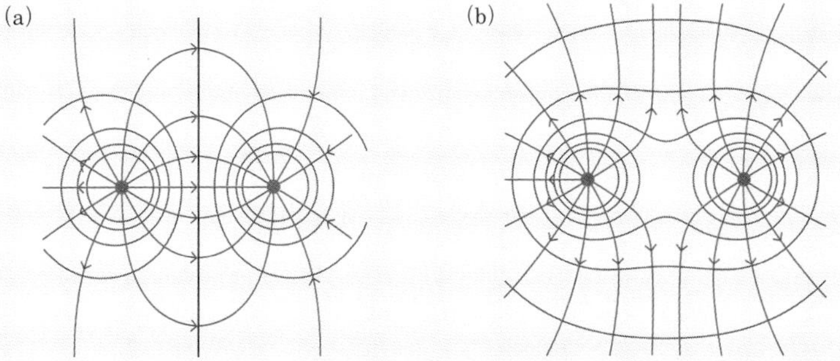


電気力線（⟶）と等電位線（—）．(a) 異符号で同じ大きさの電荷の場合，(b) 同符号で同じ大きさの電荷の場合．

ると，1 本の電気力線について，全表面を貫通する本数の合計が 0 となる．こうして，図 4.3c のように，領域外の電荷による電気力線は何本あっても，閉曲面を貫く総本数は 0 である．この内容を式で表すと，電荷が閉曲面の外にあるときは

$$\int_{\mathrm{S}} \boldsymbol{E} \cdot \mathrm{d}\boldsymbol{S} = 0 \tag{4.12}$$

となる．以上は，正電荷から出発する電気力線について説明したが，負電荷のときはその向きが反転するだけで，まったく同じ議論が成り立つ．

なお，面を貫く電気力線の本数を符号を付けて勘定することは，“面積素片ベクトル $\mathrm{d}\boldsymbol{S}$ の方向を正とする”ことと同等である（$\mathrm{d}\boldsymbol{S}$ は閉曲面から外に出る方向に設定，§1.6.2 末尾を参照）．電気力線と電場の向きは同じだから，たとえば電気力線が閉曲面から外に出ていく位置では，電場も外向きとなって $\boldsymbol{E}\cdot\mathrm{d}\boldsymbol{S}>0$ であり，電気力線の本数を正として数えるのである．

### 4.2.3 ガウスの法則

一般的な電荷分布がつくる電場は，各電荷がつくる電場の重ね合わせである．注目する領域外の電荷分布がつくる電場は，重ね合わせても式 4.12 から面積分が 0 となる．領域内の電荷密度 $\rho(\boldsymbol{r})$ がつくる電場は，重ね合わせて面積分を行うと領域の内部の全電荷に比例した量となる．閉曲面 S で囲まれた領域を V とすると，この全電荷（正電荷から負電荷を引いた値）$Q_{\mathrm{in}}$ は

$$Q_{\mathrm{in}} = \int_{\mathrm{V}} \rho(\boldsymbol{r})\,\mathrm{d}V \tag{4.13}$$

と表され

$$\int_{\mathrm{S}} \boldsymbol{E}\cdot\mathrm{d}\boldsymbol{S} = \frac{1}{\varepsilon_0}\int_{\mathrm{V}} \rho(\boldsymbol{r})\,\mathrm{d}V \tag{4.14}$$

となる．式 4.14 を**ガウスの法則**（Gauss' law）という．

ガウスの法則は，1 個の点電荷による静電場が逆 2 乗則を満たすこと，および電場に対する重ね合わせの原理から導かれたことに注目しよう．その意味では，ガウスの法則はクーロンの法則の内容を超えるものを含んでいないが，式 4.14 は電荷分布の具体的な形とは関係なく成り立ち，空間の性質としての電場が従う式として重要である．

## 4.3 ガウスの法則と電場の計算

電荷分布が対称性をもち電場の様子をある程度は予測できるとき，式 4.14 を用いて非常に簡単に電場を計算できる場合がある．たとえば，原点に 1 個の点電荷があるときの電場が式 4.7 となることは容易に示せる（例題 4.2 を参照）．電磁気現象の基本を理解するときには，球や無限に広い平面，あるいは無限に長い円筒や直線など，高い対称性をもつ電荷分布を用いることが多いが，式 4.14 はそのような電場を求める方法として利用されている．以下の例題でそれらを見ていこう．

**例題 4.2** 図 4.4 のように，半径 $a$ の球面 $\mathrm{S}_a$ の上に電荷 $Q(>0)$ が一様に分布する（球殻電荷分布）．球の内側と外側の電場を求めよ．

**解** この電荷分布は**球対称性**（spherical symmetry）をもつ（球の中心の周りにどのように回転をしても，回転する前と区別できない）．このとき，電場も球対称になり，向きは球の半径方向で大きさは中心からの距離だけで決まり $E(r)$ と表せる*.

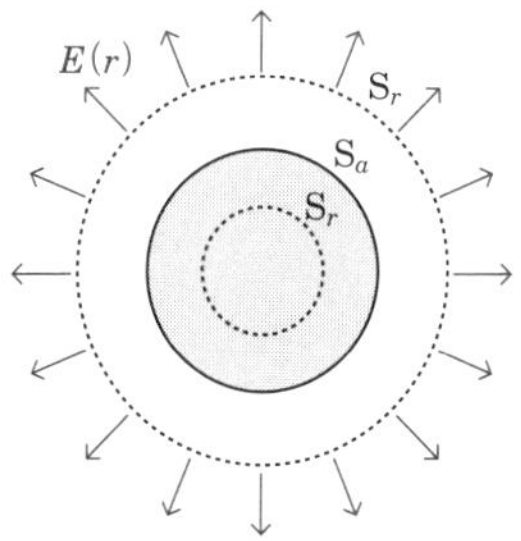


**図 4.4 球面上の一様な電荷分布による電場.**

半径 $r$ の同心球面 $\mathrm{S}_r$ の上では，電場 $\boldsymbol{E}$ と面積素片 $\mathrm{d}\boldsymbol{S}$ は同じ方向となり，$\boldsymbol{E}\cdot\mathrm{d}\boldsymbol{S}=E(r)\,\mathrm{d}S$，さらに $E(r)$ はこの球面上で一定である．一方，$\mathrm{S}_r$ の内部の電荷は，$r>a$ なら全電荷 $Q$，$r<a$ なら 0 である．こうして，ガウスの法則から

$$\int_{\mathrm{S}_r}\boldsymbol{E}\cdot\mathrm{d}\boldsymbol{S} = \int_{\mathrm{S}_r}E(r)\,\mathrm{d}S = E(r)\int_{\mathrm{S}_r}\mathrm{d}S = E(r)\times 4\pi r^2 = \begin{cases}\dfrac{Q}{\varepsilon_0} & \cdots r>a \\ 0 & \cdots r<a\end{cases}$$

となり

$$E(r) = \begin{cases}\dfrac{Q}{4\pi\varepsilon_0 r^2} & \cdots r>a \\ 0 & \cdots r<a\end{cases}$$

を得る．$\mathrm{S}_a$ の外側では中心に点電荷 $Q$ があるときと同じ電場となり，内部では電場が 0 となる．

**参考** 電荷分布が（球対称性を保ちながら）厚みをもつとき，電荷層内部の電場の大きさは，外表面から内表面まで連続的に変わり，その関数形は層内の電荷分布で決まる．■

**例題 4.3** 図 4.5 のように，無限に広い平面上の一様な電荷分布（面密度 $\sigma$）がつくる電場を求めよ．

**解** この電荷分布は**並進対称性**（translational symmetry）をもつ．すなわち，平面と平行にどの方向に移動して観察しても電荷分布が変化せず，電場も同じ対称性をもつ．そのような電場は，向きが平面と垂直，平面と平行に移動しても大きさが変わらない．また，平面を裏側から見ても電荷分布に違いがないので，平

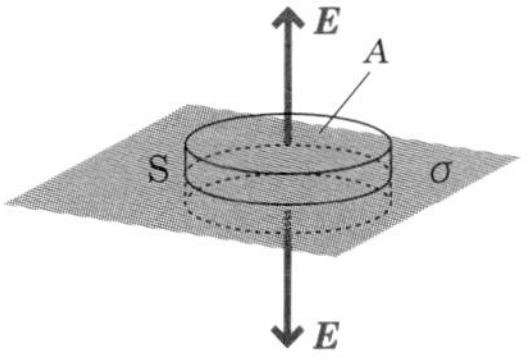


**図 4.5 平面上の一様な電荷分布による電場.**

* 観測点と $\mathrm{S}_a$ の中心を通る $z$ 軸を考え，$z$ 軸に垂直な平面で $\mathrm{S}_a$ を輪切りにしてリングをつくる．どのリングによる電場も $z$ 軸方向を向くから（例題 3.4 を参照），その重ね合わせである $\mathrm{S}_a$ による電場も $z$ 軸を向く．観測点が移動してもこの議論は同様に成り立つから，どの位置でも電場は半径方向を向く．$\mathrm{S}_a$ の中心から等距離にある観測点では，電荷分布がまったく同じように見えるので，電場の大きさも同じである．

面の両側の電場は鏡に映したように対称である（鏡映対称）．

ガウスの法則を適用する領域を，図のように両底面が平面と平行な円柱の表面 S としよう．両底面は平面から等距離にあるとする（鏡映対称性から距離が等しければ電場の大きさが同じ）．円柱の側面では d$\boldsymbol{S}$ が電場と直交し $\boldsymbol{E}\cdot\mathrm{d}\boldsymbol{S}=0$ となる．一方，どちらの底面でも，電場と d$\boldsymbol{S}$ が同じ向きだから，$\boldsymbol{E}\cdot\mathrm{d}\boldsymbol{S}=E\,\mathrm{d}S$ となる．底面積を $A$ とすると

$$\begin{aligned}\int_{\mathrm{S}}\boldsymbol{E}\cdot\mathrm{d}\boldsymbol{S} &= \int_{\text{上底}}\boldsymbol{E}\cdot\mathrm{d}\boldsymbol{S}+\int_{\text{下底}}\boldsymbol{E}\cdot\mathrm{d}\boldsymbol{S} = 2\int_{\text{底面}}E\,\mathrm{d}S = 2E\int_{\text{底面}}\mathrm{d}S = 2EA\\ &= \frac{1}{\varepsilon_0}\sigma A\end{aligned}$$

となるので，電場の大きさは平面からの距離によらず

$$E = \frac{\sigma}{2\varepsilon_0}$$

となる．電荷が正のとき電場は平面から出る方向，負のときは平面に入る方向，となる．

参考　2 枚の平行な平面上に異符号で同じ大きさの面密度 $\sigma$ の電荷があるとき，重ね合わせの原理から，2 平面の外側では $E=0$，2 平面の間では $E=\sigma/\varepsilon_0$ となる（章末問題 4.3 で調べる）．■

## 4.4　微分形のガウスの法則

発散定理（式 2.14）を用いると，式 4.14 は

$$\int_{\mathrm{S}}\boldsymbol{E}\cdot\mathrm{d}\boldsymbol{S} = \int_{\mathrm{V}}\nabla\cdot\boldsymbol{E}\,\mathrm{d}V = \frac{1}{\varepsilon_0}\int_{\mathrm{V}}\rho(\boldsymbol{r})\,\mathrm{d}V \tag{4.15}$$

となる．2 番目の等号の両辺について，積分領域 V の大きさと形は任意に選べるから，被積分関数が等しいことがわかる．こうして，ガウスの法則の微分形

$$\nabla\cdot\boldsymbol{E} = \frac{1}{\varepsilon_0}\rho(\boldsymbol{r}) \tag{4.16}$$

を得る．この式は，$\boldsymbol{r}$ における電荷密度が電場の“湧き出し・吸い込み”に比例することを示しており，§4.2.1 の電気力線の性質 1 “正電荷から出発して負電荷に到着する”，および，“電荷に入出する電気力線の本数は電荷に比例する”ことに対応する．電場や磁場が従う法則を微分形で表すのは，近接作用の立場と密接に関係し，表現の方法としてきわめて重要である．特に，電磁場が波として空間を伝わる現象を記述するには，微分形による表現が不可欠である（14 章以降を参照）．

## 章末問題

4.1　(a) 辺の長さが 10 cm の正三角形 ABC の頂点 A と B に点電荷 $q_A$ と $q_B$ がある．$q_A = q_B = 1.0\times10^{-6}$ C のとき，頂点 C における電場を求め，その大きさを有効数字 1 桁で答えよ．

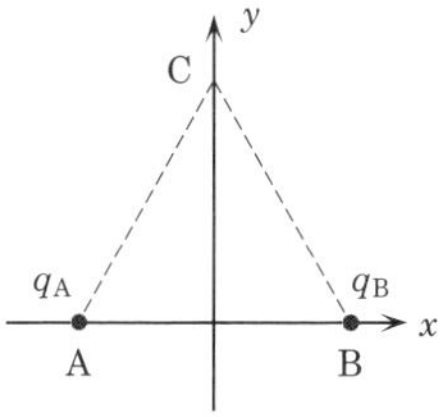


(b) $q_A = -q_B = 1.0\times10^{-6}$ C の場合はどうか．

4.2　半径 $a$ の無限に長い円筒表面 $S_a$ に面密度 $\sigma_0$ の一様な電荷分布がある．同軸円筒上では，電場の向きが円筒表面と垂直，大きさがその表面上のどの位置でも同じであることを既知として，円筒の内外の電場を求めよ．

4.3　無限に広い平行な 2 枚の平面に一様な電荷面密度があり，それぞれ $+\sigma$ と $-\sigma$ である．2 平面に挟まれた領域（内側）および外側の領域の電場を求めよ（例題 4.3 と重ね合わせの原理を用いる）．

4.4　半径 $a=1$ m の金属球が帯電し，その表面付近の電場の大きさが $1\times10^{9}$ V m$^{-1}$ となった．電荷が球の表面だけに一様に分布するとして，球に蓄えられた電荷を有効数字 1 桁で求めよ．

4.5　電場 $\boldsymbol{E}(x, y, z) = E_z(z)\,\boldsymbol{e}_z$ があり

$$E_z(z) = \begin{cases} -E_0 & \cdots z < -a \\ E_0\dfrac{z}{a} & \cdots -a \leq z \leq a \\ E_0 & \cdots a < z \end{cases}$$

である（$a$ と $E_0$ は正の定数）．電荷分布を求めよ．

4.6　電荷 $Q_0$ が半径 $a$ の球の内部に一様に分布するとき，球内外の電場を求めよ．

4.7　右図は，3 枚の平行な金属板（底面積 $A=1$ m$^2$）の断面図である．金属板の表面が帯電し，図のように面と垂直で一様な電場が生じたが，外側の空間の電場は 0 である．電場の大きさは下側が $E_1 = 2$ V m$^{-1}$, 上側が $E_2 = 10$ V m$^{-1}$，共に上向きである．中央の金属板に蓄えられた電荷 $Q$ を有効数字 1 桁で求めよ．

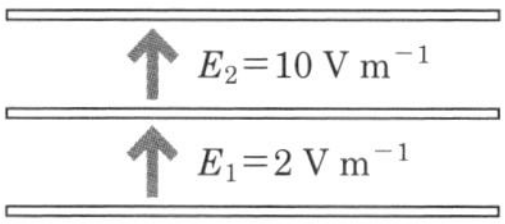

# 5 電　位

本章では電位を導入する．電位は，クーロン力の位置エネルギーに対応するスカラー量であり，ベクトル量の電場よりも計算が容易なため，解析的には電位から電場を求めることが多い．ここでは例として，電気双極子による電位と電場を説明する．電気双極子は分子の電気的性質を記述するために不可欠であり，これが時間の関数として振動するときは電磁波を放出するなど，応用上も重要なテーマとなる．さらに電気双極子の学習は，10 章以降で磁場と電流ループの関係を学ぶときの準備としても欠かせない．

## 5.1 電位の定義

クーロン力 $\boldsymbol{F}(\boldsymbol{r})$ とその位置エネルギー $U(\boldsymbol{r})$ の関係は

$$\boldsymbol{F}(\boldsymbol{r}) = -\nabla U = -\left(\frac{\partial U}{\partial x}\boldsymbol{e}_x + \frac{\partial U}{\partial y}\boldsymbol{e}_y + \frac{\partial U}{\partial z}\boldsymbol{e}_z\right) \tag{5.1}$$

と表される（式 3.16 を参照）．また電荷 $q$ にこの力 $\boldsymbol{F}(\boldsymbol{r})$ が加わるとき静電場 $\boldsymbol{E}(\boldsymbol{r})$ は

$$\boldsymbol{E}(\boldsymbol{r}) = \frac{1}{q}\boldsymbol{F}(\boldsymbol{r}) \tag{5.2}$$

により定義される（式 4.4 を参照）．電場は空間の電気的性質を表すベクトルであるのに対して，ここで導入する**電位**〔electric potential，**静電ポテンシャル**（electrostatic potential）ともいう〕

$$\phi(\boldsymbol{r}) = \frac{1}{q}U(\boldsymbol{r}) \tag{5.3}$$

は空間の電気的性質を表すスカラーである．静電場と電位の関係を示す式は，式 5.1 の両辺を電荷で割り

$$\boldsymbol{E}(\boldsymbol{r}) = -\nabla\phi = -\left(\frac{\partial \phi}{\partial x}\boldsymbol{e}_x + \frac{\partial \phi}{\partial y}\boldsymbol{e}_y + \frac{\partial \phi}{\partial z}\boldsymbol{e}_z\right) \tag{5.4}$$

である．静電場は電位の空間的な勾配として与えられる．式 5.4 の負号は，静電場の

方向が高電位側から低電位側に向かうことを表す.

式 5.3 から，電位はクーロン力の位置エネルギーがもつ性質を引き継いでいることがわかる．§5.4 で等電位面（等電位線）を導入してこのことを復習するが，本節ではまず"静電場から電位を求めるとき，基準点（電位が 0 となる位置）を決める必要がある"ことに注意する．無限遠で電場が 0 となるとき，無限遠を基準とすることが多い.

**例題 5.1** 一様な電場 $\boldsymbol{E}=E_0\,\boldsymbol{e}_x$ のもと，位置 $\boldsymbol{r}=(x,y,z)=x\,\boldsymbol{e}_x+y\,\boldsymbol{e}_y+z\,\boldsymbol{e}_z$ における電位を求めよ．ただし，原点の電位を基準とする.

解　式 5.4 は

$$\frac{\partial\phi}{\partial x} = -E_0, \qquad \frac{\partial\phi}{\partial y} = 0, \qquad \frac{\partial\phi}{\partial z} = 0 \qquad ①$$

となる．すなわち，電位は $y$ と $z$ には依存せず $\phi(\boldsymbol{r})=\phi(x,y,z)=\phi(x)$ となり，1 変数関数の微分となって $\mathrm{d}\phi/\mathrm{d}x=-E_0$ と書き直せる．求める電位は，基準点とした原点から $x$ までこの両辺を定積分して

$$\phi(x) = \int_0^x \frac{\mathrm{d}\phi(x')}{\mathrm{d}x'}\,\mathrm{d}x' = -E_0\int_0^x \mathrm{d}x' = -E_0 x \qquad ②$$

を得る．この結果をベクトル $\boldsymbol{E}$ と $\boldsymbol{r}$ により表すと

$$\phi(\boldsymbol{r}) = -E_0 x = -(E_0\,\boldsymbol{e}_x)\cdot(x\,\boldsymbol{e}_x + y\,\boldsymbol{e}_y + z\,\boldsymbol{e}_z) = -\boldsymbol{E}\cdot\boldsymbol{r} \qquad ③$$

である.

参考　単位ベクトル $\boldsymbol{n}=n_x\,\boldsymbol{e}_x+n_y\,\boldsymbol{e}_y+n_z\,\boldsymbol{e}_z$ の方向の一様な電場

$$\boldsymbol{E}_n = E_0\boldsymbol{n} = E_0 n_x\,\boldsymbol{e}_x + E_0 n_y\,\boldsymbol{e}_y + E_0 n_z\,\boldsymbol{e}_z \qquad ④$$

があるとき，位置 $\boldsymbol{R}=(X,Y,Z)$ における電位 $\phi_n(X,Y,Z)$ はどのように表されるだろうか．式 ① に対応する

$$\frac{\partial\phi_n}{\partial x} = -E_0 n_x, \qquad \frac{\partial\phi_n}{\partial y} = -E_0 n_y, \qquad \frac{\partial\phi_n}{\partial z} = -E_0 n_z$$

を満たす電位は，原点を基準とすると

$$\phi_n(X,Y,Z) = -E_0(n_x X + n_y Y + n_z Z)$$

となる．この電位は，式 ④ の $\boldsymbol{E}_n$ と $\boldsymbol{R}=X\,\boldsymbol{e}_x+Y\,\boldsymbol{e}_y+Z\,\boldsymbol{e}_z$ のスカラー積により

$$\phi_n = -E_0(n_x\,\boldsymbol{e}_x + n_y\,\boldsymbol{e}_y + n_z\,\boldsymbol{e}_z)\cdot(X\,\boldsymbol{e}_x + Y\,\boldsymbol{e}_y + Z\,\boldsymbol{e}_z) = -\boldsymbol{E}_n\cdot\boldsymbol{R} \qquad ⑤$$

となる.

式 ③ と式 ⑤ は，共に "電位は電場と位置ベクトルのスカラー積の符号を反転したもの" であることを述べている．両者は，ベクトルを成分で表すときの座標系が異なるだけであり，物理現象としてはまったく差がない．座標軸が回転しても，電場と位置ベクトルの関係（大きさ，および両者のなす角）は変わらないから，電場と位置ベクトルのスカラー積も回転の前後で同じ値を保ち

$$\boldsymbol{E}\cdot\boldsymbol{r} = \boldsymbol{E}_n\cdot\boldsymbol{R}$$

である．計算が簡単になる座標系を設定し，得られた結果をベクトルのスカラー積により表現できれば，それは座標系によらない関係式となる．ベクトルを用いた表現は状況を幾何学的に把握するのに有利である．■

次に，一様でない静電場内の 2 点間の電位差を求める方法を調べる．準備として，図 5.1 のように一様な電場 $\boldsymbol{E}$ のもとで，$\boldsymbol{r}_1$ と $\boldsymbol{r}_2$ の電位差（$\boldsymbol{r}_1$ から見た $\boldsymbol{r}_2$ の電位）は，例題 5.1 の式 ③ のベクトルによる表示を用いると

$$\phi(\boldsymbol{r}_2) - \phi(\boldsymbol{r}_1) = -\boldsymbol{E}\cdot(\boldsymbol{r}_2 - \boldsymbol{r}_1) \tag{5.5}$$

となる.

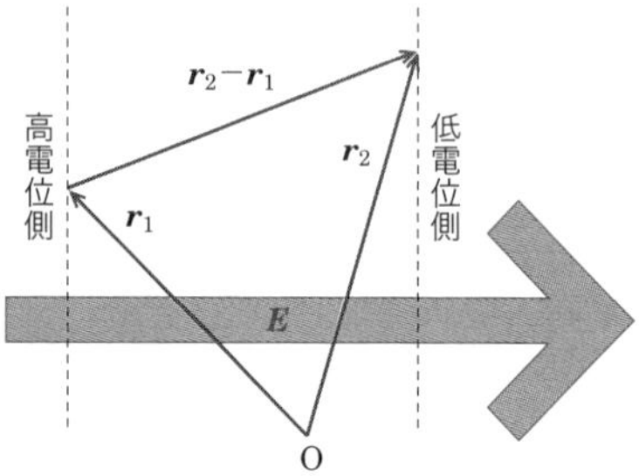


図 5.1 一様な電場と電位差.

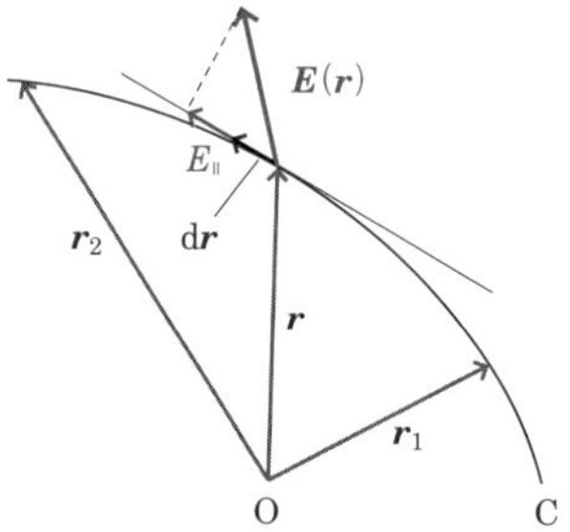


図 5.2 線積分による電位差の計算. $\boldsymbol{E}(\boldsymbol{r})\cdot\mathrm{d}\boldsymbol{r}=E_{\parallel}\,\mathrm{d}r$ となる.

電場が一様でなくても，2 点間の距離が微小ならば電場は一定とみなせるので，式 5.5 において $\boldsymbol{r}_2=\boldsymbol{r}+\mathrm{d}\boldsymbol{r}$，$\boldsymbol{r}_1=\boldsymbol{r}$ として

$$\mathrm{d}\phi = \phi(\boldsymbol{r}+\mathrm{d}\boldsymbol{r}) - \phi(\boldsymbol{r}) = -\boldsymbol{E}(\boldsymbol{r})\cdot\mathrm{d}\boldsymbol{r} \tag{5.6}$$

が成り立つ．有限な距離だけ離れた $\boldsymbol{r}_1$ と $\boldsymbol{r}_2$ の電位差を求めるには，図 5.2 のように曲線 C 上を $\boldsymbol{r}_1$ から $\boldsymbol{r}_2$ まで移動しながら式 5.6 の $\mathrm{d}\phi$ を寄せ集める．この操作は**線積**

**分**（line integral，**経路積分**）とよばれ（§M4.2 と“物理学入門 I. 力学”，§8.3.1），$\boldsymbol{r}_1$ を基準とする $\boldsymbol{r}_2$ の電位は

$$\phi(\boldsymbol{r}_2) - \phi(\boldsymbol{r}_1) = \int_{\mathrm{C}:\, \boldsymbol{r}_1 \to \boldsymbol{r}_2} \mathrm{d}\phi = -\int_{\mathrm{C}:\, \boldsymbol{r}_1 \to \boldsymbol{r}_2} \boldsymbol{E}(\boldsymbol{r}) \cdot \mathrm{d}\boldsymbol{r} \tag{5.7}$$

と表される．C を**積分路**（path of integration，あるいは**積分経路**）とよぶ．$\mathrm{d}\boldsymbol{r}$ は C 上の点 $\boldsymbol{r}$ から $\boldsymbol{r}+\mathrm{d}\boldsymbol{r}$ への微小変位である．

クーロン力の位置エネルギーと同様に，基準点を決めておけば電位は一意的に決まる．したがって，積分路が閉じて始点と終点が同じ位置になったとき，電位はもとの値に戻り，式 5.7 の線積分が 0 となる．閉じた積分路 C で静電場の**周回積分**（contour integral，閉じた積分路を 1 周する線積分，§M4.2.4）を行うと

$$\oint_{\mathrm{C}} \boldsymbol{E} \cdot \mathrm{d}\boldsymbol{r} = 0 \tag{5.8}$$

となる．逆に，どのような周回路についても式 5.8 が満たされる電場 $\boldsymbol{E}$ については，式 5.4 を満たす電位が存在する*．なお，13 章で学ぶように電位が存在しない電場（電磁誘導で発生する電場）もある．

## 5.2 電位と電場の単位

電位の単位は定義（式 5.3）から決まり，1 C の電荷のエネルギーが 2 点間で 1 J だけ異なるときの電位差を単位として 1 **ボルト**（volt）とよび記号は V である．SI の基本単位で表すと，$1\,\mathrm{V}=1\,\mathrm{J\,C^{-1}}=(1\,\mathrm{m^2\,kg\,s^{-2}})(1\,\mathrm{A\,s})^{-1}=1\,\mathrm{m^2\,kg\,s^{-3}\,A^{-1}}$ となる．

電場の単位は V を用いて $1\,\mathrm{V\,m^{-1}}$ と表す．$1\,\mathrm{V\,m^{-1}}=1\,\mathrm{N\,C^{-1}}=1\,\mathrm{m\,kg\,s^{-3}\,A^{-1}}$ である（§4.1）．

## 5.3 電荷分布と電位

与えられた電荷分布からクーロン力の位置エネルギーを求める式は §3.5.7 で学んだ．電荷分布と電位の関係も同様に求まるので，結論だけを記す．

$N$ 個の点電荷による電位：
$$\phi(\boldsymbol{r}) = \frac{1}{4\pi\varepsilon_0} \sum_{i=1}^{N} \frac{q_i}{|\boldsymbol{r}-\boldsymbol{r}_i|} \tag{5.9}$$

連続的な電荷分布による電位：
$$\phi(\boldsymbol{r}) = \frac{1}{4\pi\varepsilon_0} \int_{\mathrm{V}} \frac{\rho(\boldsymbol{r}')}{|\boldsymbol{r}-\boldsymbol{r}'|}\, \mathrm{d}V' \tag{5.10}$$

---

* 任意の周回積分路について式 5.8 が成り立つとき，ストークスの定理（式 11.16）により $\nabla\times\boldsymbol{E}=\boldsymbol{0}$ となる．一方，任意のスカラー関数 $\phi$ に対して恒等式 M3.12 すなわち $\nabla\times\nabla\phi=\boldsymbol{0}$ が成り立つので，$\boldsymbol{E}=-\nabla\phi$ となる $\phi$ が存在する．

## 5.4 等 電 位 面

電位の等しい点をつなげて得られる曲面が**等電位面**（**等ポテンシャル面**, equipotential surface）である．電位 $\phi$ が一定値の等電位面を表す式は

$$\phi(x, y, z) = \text{一定} \tag{5.11}$$

を満たす．

図 5.3a に，原点に点電荷があるときの等電位面群（電位差一定）を示した．図 5.3b の円は $\phi(x, y, 0) = \phi(x, y) =$ 一定により決まる等電位線群（等電位面と $xy$ 平面の交線）である．図 5.3c は，2 変数関数 $\phi(x, y)$ のグラフである．

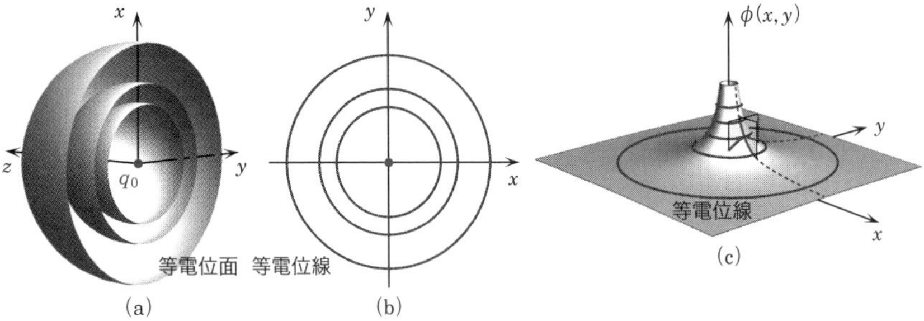


図 5.3　原点の点電荷による電位．(a) $\phi(x, y, z)$ の等電位面群，(b) $\phi(x, y) =$ 一定の等電位線群，(c) $\phi(x, y)$ のグラフの 3D プロット．二つの曲線（⅄）の凹凸から，$\partial^2\phi/\partial x^2$ と $\partial^2\phi/\partial y^2$ が異符号であることがわかる (§ 5.5)．

等電位面には次の性質があるが，すべてクーロン力の位置エネルギーの性質を反映している（§ 3.5.2）．

### Box 8　電子ボルト

エネルギーの単位として，電気素量（電子 1 個の電荷の大きさ）と電位 1 V の積に等しい**電子ボルト**（electron volt）が用いられる．その記号は eV であり，SI で表すと 1 eV≈$1.6 \times 10^{-19}$ J である．例題 3.5 で水素原子のイオン化エネルギーを約 $2.2 \times 10^{-18}$ J と算出したが，これは約 14 eV（3 桁の精度で 13.6 eV）となる．分子内の結合の組換えが起きる化学反応では，平均して結合 1 個あたり数 eV 程度のエネルギーの授受が起こる．日焼け止めクリームには，エネルギーが数 eV 程度の紫外線の光子を効率よく吸収して，効能を発揮する製品がある．一方，原子炉内で起きる核反応では，原子核 1 個あたり数 100 MeV のエネルギーが放出される (1 MeV$=10^6$ eV)．

1. 等電位面と電場は常に直交する
2. 一定の電位差で描いた等電位面群の間隔は，電場の大きさに反比例する
3. 異なる電位の等電位面は互いに交わらない
4. 位置が決まると電位が一意に決まる（基準点を決めておく）
5. 電場が 0 の空間領域の内部では電位が一定である〔領域の表面（外縁）が等電位面となる〕

**例題 5.2**　原点を中心とする半径 $a$ の球面 $S_a$ 上に一様な面密度で電荷が分布し，全電荷が $Q$ である．電場を求めてから，その線積分により基準点が無限遠にあるときの電位を求めよ．

**解**　例題 4.2 と同じ球殻電荷分布であり，電場の向きは球の半径方向となる．中心から距離 $r$ の位置における電場の大きさは

$$E(r) = \begin{cases} \dfrac{Q}{4\pi\varepsilon_0}\dfrac{1}{r^2} & \cdots\ r > a \\ 0 & \cdots\ r < a \end{cases} \quad ①$$

である．

電位の一般的な性質として直ちに得られるものを述べる．まず，電場の大きさが有限の値である限り，電位が不連続に変わることはない．なぜなら，電位が急激に変化するとその勾配である電場が非常に大きくなり，不連続になる位置では電場の大きさが $\infty$ となるからである．本問の電場，すなわち式 ① はどこでも有限の値だから，図 5.4a に示すように，$r=a$（$S_a$ の表面）において $S_a$ の内外の電位が連続になる．次に，$r<a$（球面 $S_a$ の内部）の領域では電場が 0 だから，球内部の全域が表面と同じ電位になることがわかる．

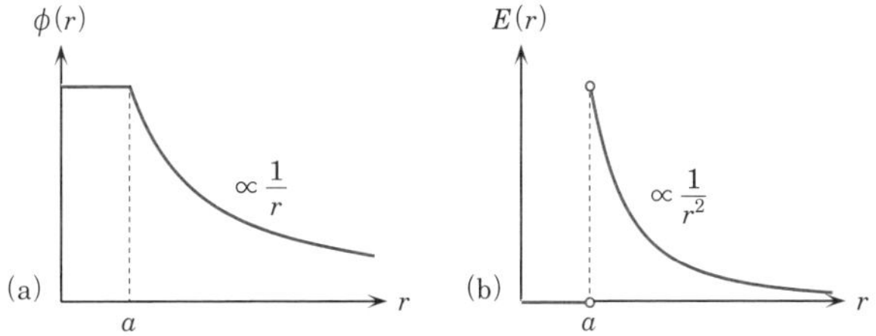


**図 5.4　球面上に一様に分布する正電荷による，(a) 電位と (b) 電場の大きさ．**

無限遠を基準として原点から距離 $r$ の点の電位 $\phi(r)$ を求めるとき，始点と終点が決まれば線積分の値は経路によらないから，積分路を “原点を通る直線” に選び $\boldsymbol{E}(\boldsymbol{r}')$ と $\mathrm{d}\boldsymbol{r}'$ を常に平行にして計算を容易にする．だが，$Q>0$ のとき電場と移動の向きが逆となり，さらに $r'$ が小さくなる向きに線積分を行うなど，符号の取扱いには注意を必要とする．そこで，正の量を想定した立式が容易になるように，$\boldsymbol{r}$ から出発し無限遠に至る電場の線積分を行う．すなわち，基準点を P（どこに選んでもよい）としたときの電位を $\phi_P$ として

$$\phi_P(\infty) - \phi_P(r) = -\int_{C:\, r\to\infty} \boldsymbol{E}(\boldsymbol{r}') \cdot \mathrm{d}\boldsymbol{r}'$$

を求めるのである．移項し，$\phi_P(\infty)=0$ とおけば基準点を無限遠に選んだことになるから

$$\phi_P(r) = \phi_P(\infty) + \int_{C:\, r\to\infty} \boldsymbol{E}(\boldsymbol{r}') \cdot \mathrm{d}\boldsymbol{r}' \quad \Rightarrow \quad \phi(r) = \int_{C:\, r\to\infty} \boldsymbol{E}(\boldsymbol{r}') \cdot \mathrm{d}\boldsymbol{r}'$$

となる．

$\boldsymbol{E}(\boldsymbol{r}')$ と $\mathrm{d}\boldsymbol{r}'$ が同じ向きとなったので，$\boldsymbol{E}(\boldsymbol{r}') \cdot \mathrm{d}\boldsymbol{r}' = E(r')\,\mathrm{d}r'$ として

$$\phi(r) = \int_{C:\, r\to\infty} \boldsymbol{E}(\boldsymbol{r}') \cdot \mathrm{d}\boldsymbol{r}' = \int_r^\infty E(r')\,\mathrm{d}r' = \frac{Q}{4\pi\varepsilon_0}\int_r^\infty \frac{1}{r'^2}\,\mathrm{d}r' = \frac{Q}{4\pi\varepsilon_0}\left[\frac{-1}{r'}\right]_r^\infty$$

$$= \begin{cases} \dfrac{Q}{4\pi\varepsilon_0}\dfrac{1}{r} & \cdots\ r \geq a \\ \dfrac{Q}{4\pi\varepsilon_0}\dfrac{1}{a} & \cdots\ r \leq a \end{cases}$$

を得る．$r<a$ の場合，積分区間を球の内側と外側に分割するが，前者の区間では電場が 0 だからその積分も 0 となり，この区間で電位の変化は生じない．したがって内側であればどの位置の電位も $r=a$ の電位と同じになる．

任意の同心球面が電場と直交し，これらの球面が等電位面となる．■

## 5.5 電位の空間的性質

電場の空間的な性質を表す式 4.16 すなわち

$$\nabla \cdot \boldsymbol{E} = \frac{1}{\varepsilon_0}\rho(\boldsymbol{r}) \tag{5.12}$$

に，式 5.4 を代入して符号を反転すると

$$\nabla \cdot (-\boldsymbol{E}) = \nabla \cdot (\nabla\phi) = \nabla^2\phi = \left(\frac{\partial^2\phi}{\partial x^2} + \frac{\partial^2\phi}{\partial y^2} + \frac{\partial^2\phi}{\partial z^2}\right)$$
$$= -\frac{1}{\varepsilon_0}\rho(\boldsymbol{r}) \tag{5.13}$$

となり，これが電位の空間的な性質を表す式となる．特に，電荷が 0 の位置では

$$\nabla^2\phi = \left(\frac{\partial^2\phi}{\partial x^2} + \frac{\partial^2\phi}{\partial y^2} + \frac{\partial^2\phi}{\partial z^2}\right) = 0 \tag{5.14}$$

が成り立つ．この式を**ラプラス方程式**（Laplace's equation）という．また，式 5.13 のように右辺が 0 でないとき，これを**ポアソン方程式**（Poisson's equation）という．

$\phi$ の 2 階微分はその方向の曲がりかたを表す（曲率*に比例する）．したがって，$\nabla^2\phi$ は "全方向について合算した曲がりかた" の指標となる．たとえば，図 5.3 c の $\phi(x,y)$ のグラフは $x$ 軸方向が下に凸，$y$ 軸方向が上に凸である（曲線 ⅄ に注目，鞍（くら）型）．二つの軸方向の 2 階偏微分が異符号なので，2 次元のラプラス方程式が成り立つことが推察される〔$\phi\propto(x^2+y^2+z^2)^{-1/2}$ が原点以外の任意の位置でラプラス方程式を満たすことを計算により確認せよ〕．

ラプラス方程式すなわち $\nabla^2\phi=0$ を満たす領域内では，$\phi$ は極値をとらないことが証明できる（§ M2.3.5）．このことを電位の性質として表すと

- 電荷が 0 の空間で電位が極値をとるのは領域の境界上に限る

となる．

## 5.6 電気双極子

電荷分布から電位と電場を求める実例として**電気双極子**（electric dipole）に注目しよう．電気双極子は，同じ大きさの正電荷と負電荷の組であり，全体としては電気的に中性だが，正負の電荷の位置がずれた状態のモデルとなる．

本節は，6 章で誘電体の性質を理解するための準備となる．また，本節では電気双極子が電場の中で受ける力についても調べるが，これは磁気を学ぶための基礎ともなる．実際，9 章では，この力の様子と磁場中で磁気モーメントが受ける力の様子とが同じであること，さらに 10 章では電気双極子が周囲につくる電場の様子とループ電流が周囲につくる磁場の様子が同じになることを用いて議論を展開する．

### 5.6.1 電気双極子がつくる電位

図 5.5 のように，2 個の電荷 $\pm q$（$q>0$）をそれぞれ位置 $\pm\boldsymbol{a}$ に配置して電気双極

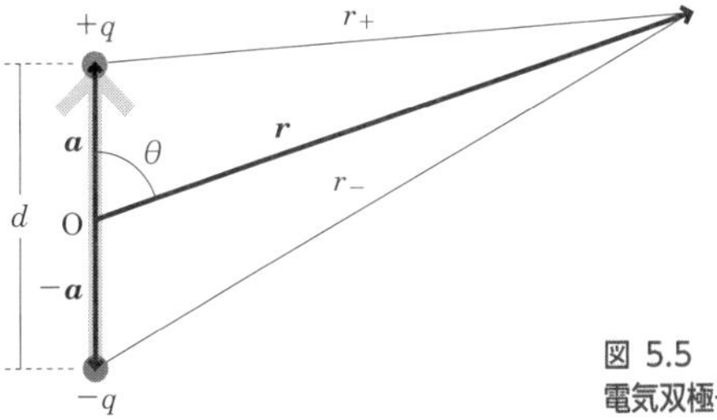


図 5.5 電気双極子と電気双極子モーメント．

---

* 曲線上の 3 点を通る円を考え，3 点が 1 点に集まる極限において，この円を曲率円といい，その半径を曲率半径，また曲率半径の逆数を曲率という．曲線が $f(x)$ のグラフのとき，点 $(x, f(x))$ における曲率 $\kappa$ は $f(x)$ の 2 階微分を用いて $\kappa=(\mathrm{d}^2f/\mathrm{d}x^2)\,[1+(\mathrm{d}f/\mathrm{d}x)^2]^{-3/2}$ で与えられる．

子をつくる．点 $\boldsymbol{r}$ における電位は，式 5.9 から

$$\phi(\boldsymbol{r}) = \frac{1}{4\pi\varepsilon_0}\left(\frac{q}{|\boldsymbol{r}-\boldsymbol{a}|} - \frac{q}{|\boldsymbol{r}+\boldsymbol{a}|}\right) = \frac{1}{4\pi\varepsilon_0} q \left(\frac{1}{|\boldsymbol{r}-\boldsymbol{a}|} - \frac{1}{|\boldsymbol{r}+\boldsymbol{a}|}\right) \quad (5.15)$$

である．$\boldsymbol{r}$ と $\boldsymbol{a}$ のなす角を $\theta$ とすると，$\pm\boldsymbol{a}$ から $\boldsymbol{r}$ までの距離 $r_\pm$ は，余弦定理から

$$\begin{aligned} r_\pm &= |\boldsymbol{r} \mp \boldsymbol{a}| = \sqrt{r^2 + a^2 \mp 2ar\cos\theta} \\ &= r\left[1 + \left(\frac{a}{r}\right)^2 \mp 2\left(\frac{a}{r}\right)\cos\theta\right]^{1/2} \end{aligned} \quad (5.16)$$

となる．十分に遠方の電位を求めるため，$a/r \ll 1$ とすると式 5.16 は近似的に

$$r_\pm \approx r \mp a\cos\theta \quad (5.17)$$

と表される*．これらを式 5.15 に代入すると

$$\begin{aligned} \phi(r) &= \frac{1}{4\pi\varepsilon_0} q \left(\frac{1}{r_+} - \frac{1}{r_-}\right) = \frac{1}{4\pi\varepsilon_0} q \left(\frac{r_- - r_+}{r_+ r_-}\right) \approx \frac{1}{4\pi\varepsilon_0} q \frac{2a\cos\theta}{r^2 - a^2\cos^2\theta} \\ &\approx \frac{1}{4\pi\varepsilon_0} q \frac{2a\cos\theta}{r^2} = \frac{1}{4\pi\varepsilon_0} qd \frac{\cos\theta}{r^2} \end{aligned} \quad (5.18)$$

を得る（2 行目の最初の $\approx$ は $r^2 \gg a^2 \geq a^2\cos^2\theta$ により，最終辺では電荷間の距離を $d=2a$ とした）．

原点の電気双極子が位置 $\boldsymbol{r}$ につくる電位は，距離 $r$ の 2 乗に反比例することがわかった．この結論は，$r_+$ と $r_-$ の差が小さいときに，式 5.18 の（$1/r_+ - 1/r_-$）すなわち $1/r$ の差分を，$1/r$ の微分（$-1/r^2$）で近似できることからも推察できる．

## 5.6.2 電気双極子モーメント

図 5.5 において，負電荷から正電荷に向かうベクトルを $\boldsymbol{d}=2\boldsymbol{a}$ として，**電気双極子モーメント**（electric dipole moment）

$$\boldsymbol{p} = q\boldsymbol{d} \quad (5.19)$$

* 式 5.16 を $(a/r)$ の多項式で表し 1 次項まで採用する近似．たとえば $a/r \approx 1/1000$ のとき，$|\theta| < 87^\circ$ の範囲で $(a/r)^2$ よりも $2(a/r)\cos\theta$ が 100 倍以上大きくなるから，十分に遠方ならば，ほとんどすべての $\theta$ に対して $(a/r)^2$ を無視でき，$1+(a/r)^2 \mp 2(a/r)\cos\theta \approx 1 \mp 2(a/r)\cos\theta$ と近似できる．したがって，$[1+(a/r)^2 \mp 2(a/r)\cos\theta]^{1/2} \approx [1 \mp 2(a/r)\cos\theta]^{1/2} \approx 1 \mp (a/r)\cos\theta$ となる．2 番目の近似は式 M2.5 に $x = \mp 2(a/r)\cos\theta$ を代入したものである．

を導入する（⇑）．$\boldsymbol{p}$ と $\boldsymbol{r}$ のなす角が $\theta$ だから，式 5.18 はスカラー積を用い

$$\phi(\boldsymbol{r}) = k_0 \frac{qd\, r\cos\theta}{r^3} = k_0 \frac{\boldsymbol{p}\cdot\boldsymbol{r}}{r^3} = \frac{k_0}{r^2}\boldsymbol{p}\cdot\left(\frac{\boldsymbol{r}}{r}\right) \tag{5.20}$$

と表せる．電気双極子モーメントの単位は C m である．

### 5.6.3 電気双極子による電場

式 5.20 から電気双極子モーメントがつくる電場を求めよう．計算を簡単にするため，$\boldsymbol{p}=p\,\boldsymbol{e}_z$ とする．$\boldsymbol{r}=x\,\boldsymbol{e}_x+y\,\boldsymbol{e}_y+z\,\boldsymbol{e}_z$ だから $\boldsymbol{p}\cdot\boldsymbol{r}=pz$ となり

$$\phi(x,y,z) = k_0 \frac{\boldsymbol{p}\cdot\boldsymbol{r}}{r^3} = k_0 \frac{pz}{r^3}, \qquad r = \sqrt{x^2+y^2+z^2} \tag{5.21}$$

である．式 5.4 に従い $\nabla\phi$ の計算を実行し，さらに，$pz\to\boldsymbol{p}\cdot\boldsymbol{r}$ とベクトル記号を用いた書きかたに戻すと

$$\begin{aligned}
\frac{\partial\phi}{\partial x} &= k_0 pz \frac{\partial}{\partial x}\left(\frac{1}{r^3}\right) = k_0 pz \left(\frac{x}{r}\right)\left(-\frac{3}{r^4}\right) = -\frac{3k_0(pz)x}{r^5} \\
&= -\frac{3k_0}{r^5}(\boldsymbol{p}\cdot\boldsymbol{r})x \\
\frac{\partial\phi}{\partial y} &= k_0 pz \frac{\partial}{\partial y}\left(\frac{1}{r^3}\right) = -\frac{3k_0}{r^5}(\boldsymbol{p}\cdot\boldsymbol{r})y \\
\frac{\partial\phi}{\partial z} &= k_0 p \frac{\partial}{\partial z}\left(\frac{z}{r^3}\right) = k_0 pz \frac{\partial}{\partial z}\left(\frac{1}{r^3}\right) + k_0 p \frac{1}{r^3} \\
&= -\frac{3k_0(\boldsymbol{p}\cdot\boldsymbol{r})z}{r^5} + k_0 \frac{p}{r^3}
\end{aligned} \tag{5.22}$$

となる．$x\to x\,\boldsymbol{e}_x$，$y\to y\,\boldsymbol{e}_y$，$z\to z\,\boldsymbol{e}_z$，また $z$ 成分に含まれる $p$ から $p\,\boldsymbol{e}_z$ がつくられるのでこれを $\boldsymbol{p}$ と書き直し

$$\begin{aligned}
\nabla\phi &= -\frac{3k_0}{r^5}(\boldsymbol{p}\cdot\boldsymbol{r})(x\,\boldsymbol{e}_x + y\,\boldsymbol{e}_y + z\,\boldsymbol{e}_z) + \frac{k_0}{r^3}p\,\boldsymbol{e}_z \\
&= -\frac{3k_0}{r^5}(\boldsymbol{p}\cdot\boldsymbol{r})\boldsymbol{r} + \frac{k_0}{r^3}\boldsymbol{p}
\end{aligned} \tag{5.23}$$

こうして，求める電場は

$$\boldsymbol{E} = -\nabla\phi = k_0 \frac{3(\boldsymbol{p}\cdot\boldsymbol{r})\boldsymbol{r} - r^2\boldsymbol{p}}{r^5} = \frac{k_0}{r^3}\left[3\left(\boldsymbol{p}\cdot\frac{\boldsymbol{r}}{r}\right)\frac{\boldsymbol{r}}{r} - \boldsymbol{p}\right] \tag{5.24}$$

となる.

**図 5.6** は, この電場を電気力線として表したものである.

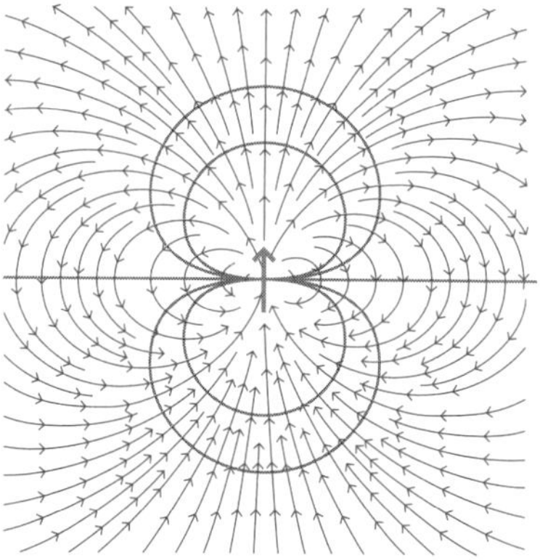

図 5.6 電気双極子モーメント (↑) による電気力線 (赤矢印) と等電位線 (灰色線). 電気力線が密集する位置ではその描画を省略した.

## Box 9 水分子の双極子モーメント

水分子の構造は, H−O−H の角度が約 105°, O−H の距離が約 $1.0 \times 10^{-10}$ m である. 酸素原子に電子が多く集まるため, 正負の電荷分布の中心がずれて電気双極子モーメントが発生する. このように, 分子が自然な状態でもつ電気双極子モーメントを**永久双極子モーメント** (permanent dipole moment) という. 一方, 自然な状態では電荷分布に偏りがなくても, 電場が加わると生じる電気双極子モーメントがあり, こちらを**誘起双極子モーメント** (induced dipole moment) という.

電気双極子モーメントの SI 単位は C m=A s m だが, 分子の場合には慣用的にデバイ (debye, 記号は D) という単位が用いられる. 1 D=$3.335\,64 \times 10^{-30}$ C m であり, 電子 (電気素量) が水素原子の半径 (ボーア半径) だけ離れたときの電気双極子モーメントの 0.4 倍に近い値である. 分子の電気双極子モーメントが, 電子の分布の偏りから生じることを考えると, 適切な大きさの単位である.

水分子の電気双極子モーメントの測定値は約 1.9 D である. 小さな分子にしては, これはかなり大きな値である. 生体ではタンパク質の周囲を水分子が取囲み, その電気双極子モーメントがつくる電場によりタンパク質の構造が影響を受ける. また水分子と水分子が強く引き合う (水素結合) ため, 小さな分子なのに融点・沸点が高い, 熱容量が大きい, 表面張力も大きく毛細管現象が起きやすいなど, さまざまな性質が現れる. 細胞をもつ生命にとって, このような特徴をもつ水の存在は重要である.

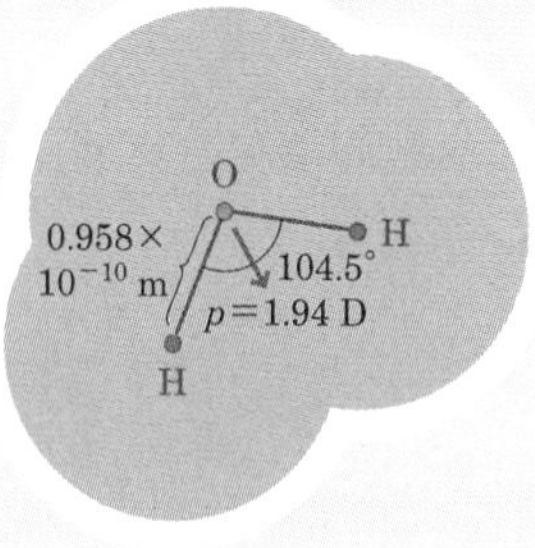


水分子の構造.

例題 5.3　原点の電気双極子モーメント $\boldsymbol{p}=p\,\boldsymbol{e}_z$ が，$\boldsymbol{R}_1=R\,\boldsymbol{e}_z$ につくる電場 $\boldsymbol{E}_1$，および $\boldsymbol{R}_2=R\,\boldsymbol{e}_x$ につくる電場 $\boldsymbol{E}_2$ を求めよ．

解　$\boldsymbol{p}\cdot\boldsymbol{R}_1=pR$ あるいは $\boldsymbol{p}\cdot\boldsymbol{R}_2=0$ を式 5.24 に代入して

$$\begin{aligned}
\boldsymbol{E}_1 &= k_0\frac{3(\boldsymbol{p}\cdot\boldsymbol{R}_1)\boldsymbol{R}_1-R^2\boldsymbol{p}}{R^5} = k_0\frac{3pRR\boldsymbol{e}_z-R^2\boldsymbol{p}}{R^5} = k_0\frac{3RRp\boldsymbol{e}_z-R^2\boldsymbol{p}}{R^5}\\
&= k_0\frac{3R^2\boldsymbol{p}-R^2\boldsymbol{p}}{R^5} = \frac{2k_0}{R^3}\boldsymbol{p}\\
\boldsymbol{E}_2 &= k_0\frac{3(\boldsymbol{p}\cdot\boldsymbol{R}_2)\boldsymbol{R}_2-R^2\boldsymbol{p}}{R^5} = k_0\frac{0-R^2\boldsymbol{p}}{R^5} = -\frac{k_0}{R^3}\boldsymbol{p}
\end{aligned}$$

を得る．

参考　これらの位置は双極子の真上 $\boldsymbol{R}_1$ と真横 $\boldsymbol{R}_2$ という特別な場合であり，共に電場の向きが双極子モーメントと平行になる（ただし真横では反対向き）．他の位置では，図 5.6 の電気力線が示すように，双極子を見込む角が異なると電場の向きが異なる．一方，電場の大きさが距離の 3 乗に反比例するのは，どの位置にも共通している．■

### 5.6.4 電気双極子の位置エネルギー

長さ $d$ の軽い棒の両端に $\pm q$ の点電荷が固定されているとしよう．負電荷の位置を $\boldsymbol{r}_-=\boldsymbol{r}$，正電荷の位置を $\boldsymbol{r}_+=\boldsymbol{r}+\boldsymbol{d}$ とする．棒の長さ $d=|\boldsymbol{d}|$ は一定であり，電気双極子モーメントが $\boldsymbol{p}=q\boldsymbol{d}$ である（図 5.7 参照）．一様な静電場 $\boldsymbol{E}$ の中で，この電気双極子の位置エネルギー $U$ を求めたい．

電気双極子を構成する正負の電荷は，静電場の中でそれぞれがクーロン力による位置エネルギーをもち，それらの和が電気双極子の位置エネルギーとなる（正負の電荷の間のクーロン力による位置エネルギーもあるが，双極子の形が一定に保たれ，このエネルギーは変化しないので除外する）．そうすると，求めるエネルギーは，各電荷の位置の電位 $\phi(\boldsymbol{r}_+)$ と $\phi(\boldsymbol{r}_-)$ を用いて

$$U = q\phi(\boldsymbol{r}_+)-q\phi(\boldsymbol{r}_-) = q[\phi(\boldsymbol{r}_+)-\phi(\boldsymbol{r}_-)] \tag{5.25}$$

と表される．一方，原点を基準とした電位は式 5.5 により

$$\phi(\boldsymbol{r}_+) = -\boldsymbol{E}\cdot(\boldsymbol{r}+\boldsymbol{d}), \qquad \phi(\boldsymbol{r}_-) = -\boldsymbol{E}\cdot\boldsymbol{r} \tag{5.26}$$

となるので

$$U_p = -q\boldsymbol{E}\cdot\boldsymbol{d} = -\boldsymbol{E}\cdot\boldsymbol{p} \tag{5.27}$$

を得る．$U_p$ の添え字 $p$ は，この量が $\boldsymbol{p}$ の方向に依存することを示す．

電場が一様であっても，$U_p$ は電気双極子と電場のなす角により変化するので，回転運動がひき起こされる可能性がある．剛体の回転の勢いを変えるのはトルクであり，作用点が異なる逆向きの力のペアすなわち偶力がトルクを発生する（“I. 力学”，14 章）．

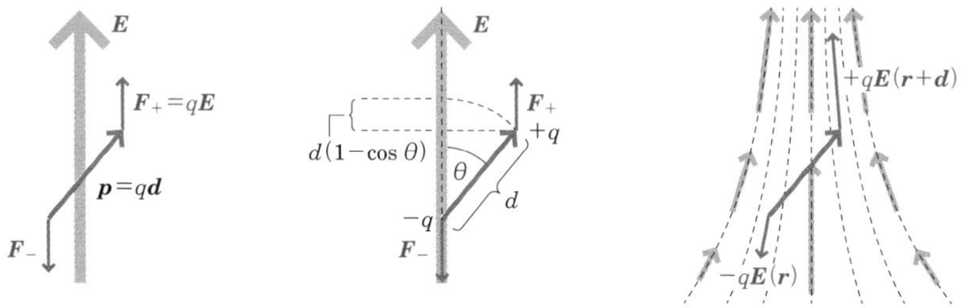


図 5.7　電場の中の電気双極子モーメント．(a) トルク の発生，(b) 位置エネルギーの計算，(c) 一様でない電場から受ける力．

ここでは図 5.7a のように，$\boldsymbol{r}$ にある負電荷に力 $\boldsymbol{F}_- = -q\boldsymbol{E}$ が加わり，$\boldsymbol{r}+\boldsymbol{d}$ にある正電荷に $\boldsymbol{F}_+ = q\boldsymbol{E}$ が加わる．このとき発生するトルクは

$$\boldsymbol{N} = (\boldsymbol{r}+\boldsymbol{d})\times\boldsymbol{F}_+ + \boldsymbol{r}\times\boldsymbol{F}_- = q\boldsymbol{d}\times\boldsymbol{E} = \boldsymbol{p}\times\boldsymbol{E} \tag{5.28}$$

となる（§ M1.5）．図 5.7b のように，電場と電気双極子のなす角を $\theta$ とすると $|\boldsymbol{N}| = pE\sin\theta$ となり，トルクの大きさは $\boldsymbol{p}$ と $\boldsymbol{E}$ が直交するとき最大，平行および反平行のとき 0 となる．また，式 5.27 から，$\boldsymbol{p}$ と $\boldsymbol{E}$ が同じ向きのとき位置エネルギーが最小（最も安定）となることがわかる．

電場が一様でないと，トルクの発生に加え，正負の電荷に加わる力が等しくならないので，全体に加わる力

$$\boldsymbol{F} = q\boldsymbol{E}(\boldsymbol{r}+\boldsymbol{d}) - q\boldsymbol{E}(\boldsymbol{r}) \tag{5.29}$$

が 0 にならず，電気双極子が並進運動を起こそうとする．図 5.7c のように電気双極子がある程度電場の方向にそろうと，$\boldsymbol{F}$ は電場の強い方に双極子を引き込む．

式 5.29 の力の $x$ 成分を求めよう．まず，$\boldsymbol{d} = d_x\boldsymbol{e}_x + d_y\boldsymbol{e}_y + d_z\boldsymbol{e}_z$ の各成分は十分に小さいので，たとえば電場の $x$ 成分について

$$E_x(\boldsymbol{r}+\boldsymbol{d}) - E_x(\boldsymbol{r}) \approx d_x\frac{\partial E_x}{\partial x} + d_y\frac{\partial E_x}{\partial y} + d_z\frac{\partial E_x}{\partial z} \tag{5.30}$$

と表せる（式 M2.12）．電場は電位 $\phi$ から導かれ，$E_x = -\partial\phi/\partial x$ となるので，上式の右辺を $\phi$ により表し，2 階偏微分の順序を交換すると

$$
\begin{aligned}
-&\left(d_x \frac{\partial}{\partial x}\frac{\partial\phi}{\partial x} + d_y \frac{\partial}{\partial y}\frac{\partial\phi}{\partial x} + d_z \frac{\partial}{\partial z}\frac{\partial\phi}{\partial x}\right) \\
&= -\left(d_x \frac{\partial}{\partial x}\frac{\partial\phi}{\partial x} + d_y \frac{\partial}{\partial x}\frac{\partial\phi}{\partial y} + d_z \frac{\partial}{\partial x}\frac{\partial\phi}{\partial z}\right) \\
&= -\frac{\partial}{\partial x}\left(d_x \frac{\partial\phi}{\partial x} + d_y \frac{\partial\phi}{\partial y} + d_z \frac{\partial\phi}{\partial z}\right) = \frac{\partial}{\partial x}(\boldsymbol{d}\cdot\boldsymbol{E}) \qquad (5.31)
\end{aligned}
$$

となる．他の成分も同様に計算して総合すると

$$
\begin{aligned}
\boldsymbol{E}(\boldsymbol{r}+\boldsymbol{d}) - \boldsymbol{E}(\boldsymbol{r}) &\approx \left(\boldsymbol{e}_x \frac{\partial}{\partial x}(\boldsymbol{d}\cdot\boldsymbol{E}) + \boldsymbol{e}_y \frac{\partial}{\partial y}(\boldsymbol{d}\cdot\boldsymbol{E}) + \boldsymbol{e}_z \frac{\partial}{\partial z}(\boldsymbol{d}\cdot\boldsymbol{E})\right) \\
&= \nabla(\boldsymbol{d}\cdot\boldsymbol{E}) \qquad (5.32)
\end{aligned}
$$

である．こうして，式 5.29 の力は

$$\boldsymbol{F} = q\,\nabla(\boldsymbol{d}\cdot\boldsymbol{E}) = \nabla(q\boldsymbol{d}\cdot\boldsymbol{E}) = \nabla(\boldsymbol{p}\cdot\boldsymbol{E}) \qquad (5.33)$$

となる．力は位置エネルギー $U$ から $F = -\nabla U$ として求まるので，電気双極子モーメントのエネルギーは式 5.27 と同じ

$$U = -\boldsymbol{p}\cdot\boldsymbol{E} \qquad (5.34)$$

となる．

## Box 10　多重極展開と電気双極子モーメント

球対称からずれて歪（ひず）んだ電荷分布による電位の求めかたに**多重極展開**（multipole expansion）という手法があり，電磁気学以外の諸分野でも広く用いられる．

複雑な電荷分布でも，有限の領域に局在すれば，非常に遠方からは 1 個の点電荷（すなわち球対称）に見える．その電荷を領域全体に一様に広げ背景として引き去り，少し接近して観察すると，今度は正負の電荷の中心が一致しない様子が浮かび上がる．これ

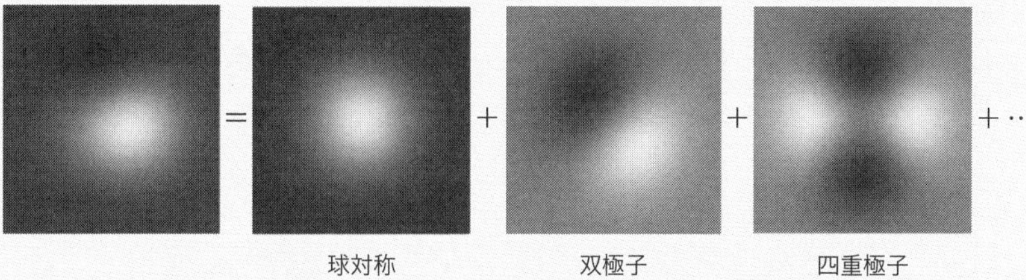


**多重極展開**．歪んだ分布を球対称からのずれに注目して表す．

を表すのが**双極子**である．この部分を引き去り，さらに接近して観察すると，互いに逆向きの双極子が 2 個並ぶ分布が顕著になる．これを表すのが**四重極子**である．

球対称からのずれに注目し，式 5.10 の被積分関数を $r'/r$ のべき級数に展開する．電荷の領域から十分に離れた位置では $|\boldsymbol{r}|\gg|\boldsymbol{r}'|$ となるから

$$\frac{\rho(\boldsymbol{r}')}{|\boldsymbol{r}-\boldsymbol{r}'|} = \frac{\rho(\boldsymbol{r}')}{r}\left[1+\left(\frac{r'}{r}\right)\cos\varphi'+\left(\frac{r'}{r}\right)^2\frac{3\cos^2\varphi'-1}{2}+\cdots\right]$$

となる（$\varphi'$ は $\boldsymbol{r}$ と $\boldsymbol{r}'$ のなす角）*．右辺の各項を $\boldsymbol{r}'$ について体積分して得られる電位，$\phi(\boldsymbol{r})=\phi^{(0)}(\boldsymbol{r})+\phi^{(1)}(\boldsymbol{r})+\cdots$ は

$$\phi^{(0)}(\boldsymbol{r}) = \frac{1}{4\pi\varepsilon_0}\frac{q}{r}：\text{点電荷}，\qquad \phi^{(1)}(\boldsymbol{r}) = \frac{1}{4\pi\varepsilon_0}\frac{\boldsymbol{r}\cdot\boldsymbol{p}}{r^3}：\text{双極子}，\ \cdots$$

と計算される．$\phi^{(1)}(\boldsymbol{r})$ の分子の $\boldsymbol{p}$ は

$$\boldsymbol{p} = \int_{\mathrm{V}}\boldsymbol{r}'\,\rho(\boldsymbol{r}')\,\mathrm{d}V' \qquad ①$$

であり，これが電気双極子モーメントの本来の定義となる．

§5.6.1 では，$\pm\boldsymbol{a}$ に点電荷 $\pm q$ があるときの $\boldsymbol{p}$ を調べたが，これを表す電荷分布

$$\rho(\boldsymbol{r}') = q\delta(\boldsymbol{r}'-\boldsymbol{a})-q\delta(\boldsymbol{r}'+\boldsymbol{a})$$

を用いて式 ① の積分を実行すると，式 5.19 と同じ

$$\boldsymbol{p} = q\boldsymbol{a}+(-q)(-\boldsymbol{a}) = 2q\boldsymbol{a}$$

を得る．右図のように，電荷分布を正と負の分布の重ね合わせ

$$\rho(\boldsymbol{r}') = \rho_+(\boldsymbol{r}')+\rho_-(\boldsymbol{r}')$$

で表すとき，正負の中心 $\boldsymbol{r}_\pm$ とその電荷 $q_\pm$ は

$$\boldsymbol{r}_\pm = \frac{1}{q_\pm}\int_{\mathrm{V}}\boldsymbol{r}'\,\rho_\pm(\boldsymbol{r}')\,\mathrm{d}V'$$

$$q_\pm = \int_{\mathrm{V}}\rho_\pm(\boldsymbol{r}')\,\mathrm{d}V'$$

となり，これらを用いると式 ① は

$$\boldsymbol{p} = q_+\boldsymbol{r}_+ + q_-\boldsymbol{r}_-$$

と書き換えられる．

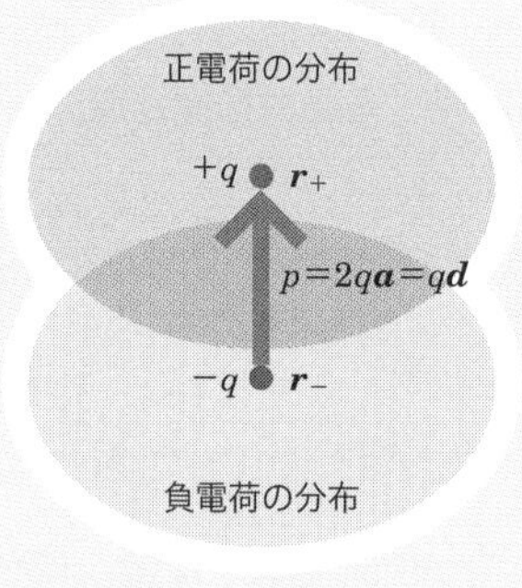


**電荷分布と電気双極子モーメント．**

* これは，左辺の分母を

$$|\boldsymbol{r}-\boldsymbol{r}'| = (r^2-2rr'\cos\varphi'+r'^2)^{1/2} = r\left[1-2\left(\frac{r'}{r}\right)\cos\varphi'+\left(\frac{r'}{r}\right)^2\right]^{1/2}$$

とし，この最終辺を $(r'/r)=0$ の周りでマクローリン展開（式 M2.2）したものである．

## 章末問題

**5.1**　電位が不連続に変化することはない．その理由を述べよ．

**5.2**　与えられた電荷分布 $\rho(\boldsymbol{r})$ から，無限遠を基準にした電位の式を用いて，原点を基準にした電位を求める式を記せ．

**5.3**　原点に $q_0 = -3.0\ \mu\mathrm{C}$，$x$ 軸上正の方向に原点から距離 $a = 1.0\ \mathrm{m}$ の点に $q_1 = +7.0\ \mu\mathrm{C}$ の点電荷をおいた．電位が無限遠と同じになる $x$ 軸上の位置を有効数字 2 桁で求めよ．

**5.4**　電荷 $Q_0$ が半径 $a$ の球の内部に一様に分布するときの電位を，無限遠を基準として求めよ（例題 4.2 と章末問題 4.6 を参照し，まず電場を調べよ）．

**5.5**　$xy$ 平面上に原点を中心とする半径 $a$ のリング（円環）がある．リングに一様な線密度 $\lambda_0$ で全電荷 $Q_0$ が分布するとき，

(a) $z$ 軸上の点 $\mathrm{P}(0, 0, z)$ における電位を原点を基準として求めよ．

(b) 点 P における電場を求めよ．

**5.6**　原点に電気双極子モーメント $\boldsymbol{p}_0$ があり，$\boldsymbol{r}$ に $\boldsymbol{p}$ がある．

(a) $\boldsymbol{p}_0$ がつくる電場のもとで $\boldsymbol{p}$ がもつエネルギーを求めよ．

(b) $\boldsymbol{r}$ と $\boldsymbol{p}$ が直交し，$\boldsymbol{p}$ と $\boldsymbol{p}_0$ が同じ大きさで両者のなす角が $\theta$ のとき，(a)のエネルギーはどのように表されるか．

# 6 静電誘導，導体と誘電体

本章では，静電場のもとで物質に現れる電気的な性質に注目する．外部から電場が加わると物質の電荷分布が変化する．導体では，内部の電場が 0 に保たれるように表面に電荷が誘起される．絶縁体（不導体）でも電荷が誘起されて内部の電場は弱まるが 0 にはならない．絶縁体とは電流が流れにくい物質という意味だが，電荷が誘起されるメカニズムに注目するとき誘電体という．誘電体の電気的性質を表す誘電率を導入し，次章で電気容量を学習する準備とする．また，誘電体が占める空間の電気的性質を記述する電束密度についても学ぶ．

## 6.1 導　体

### 6.1.1 金属中の伝導電子に加わる力

金属には，ほぼ自由に動ける伝導電子が無尽蔵といえるほどあるので，理想的な導体である（§ 1.3）．本節では金属を想定して導体の特性を説明する．金属では，電子を失った原子（イオン）による正の電荷分布を背景にして，伝導電子による負の電荷分布が金属全体に広がる．

外部の電場がなく，さらに金属が帯電していないとき，この正と負の電荷分布が相殺し，全域で電気的に中性（電荷が 0）となる．その結果，ガウスの法則から，金属内部の電場は 0 であると結論される．

金属に外部から電場が加わると，伝導電子が力を受け金属表面まで移動する．表面から外に飛び出そうとする電子は正電荷のイオンから引力を受ける．すなわち，表面には電子に対する位置エネルギーの障壁があり，電子は運動エネルギーを増さないと飛び出せない．エネルギー障壁の高さは**仕事関数**（work function）といい，金属（および半導体）の電気的性質を表す重要な量である．

電子の位置エネルギーの障壁は外部の電場によっても影響を受ける．外部の電場が非常に強いと，障壁が薄く低くなり電子は外に飛び出す．これを**電界電子放出**（field emission）という．一方，外部の電場が 0 であっても，金属の温度が高く，電子が激しく運動しているときは，障壁を越える運動エネルギーをもった電子が外部に飛び出すことができる．この現象は**熱電子放出**（thermionic emission）といい，真空中に電子を取出すときによく用いられる．また，金属表面に紫外線など波長の短い光を照射すると，光のエネルギーを吸収した電子が外部に飛び出す現象もあり**光電効果**（photoelectric effect）という．

図 6.1 のように，帯電した物体を金属に近づけると，その帯電体がつくる静電場のために，帯電体に近い金属表面にはそれと異符号の電荷が集まり，反対側の表面には同符号の電荷が現れる（電子が余分に集まった表面が負に帯電し，イオンが取り残された部分が正に帯電する）．このようにして静電場のもとで電荷分布に偏りが生じる現象を**静電誘導**（electrostatic induction）という．

外部から加える電場を時間的に一定に保つと，静電誘導で生じた電荷分布の偏りも非常に短い時間の後に一定になり，金属内部では電流が流れなくなる．この状態を本書では“静電的”という．静電誘導に限らず，静電的な状態の金属については，次のように推論できる．

1. 電流が流れないから，内部の電場は 0 であり金属全体が同電位である（内部に電場が存在するなら，伝導電子が無尽蔵だから電流が流れる）
2. ガウスの法則より，静電的な状態の金属内部は電気的に中性

こうして，静電的な状態では，金属内部の電荷分布（中性からのずれ）が 0 であると結論される．一方で金属表面には電荷分布が生じる．静電誘導で生じた表面の電荷分布がつくる電場と，外部から加えた電場が金属内部で相殺し，内部の電場が 0 になるのである．

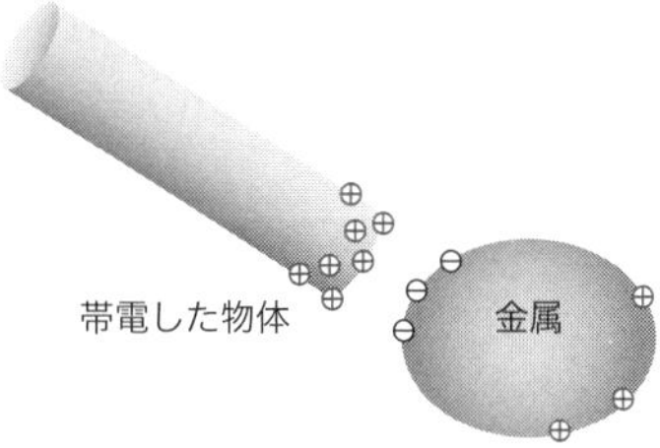

図 6.1　静電誘導.

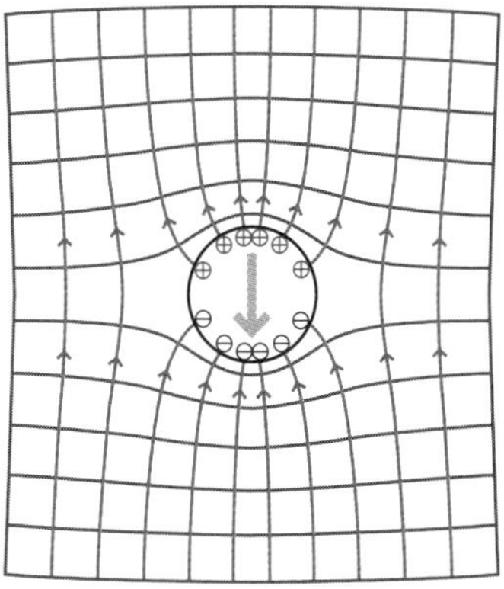
図 6.2　金属円柱の静電誘導.

図 6.2 は，紙面内上向きの一様な電場の中に，紙面と直交する金属円柱を置いたときの静電誘導の様子（断面図）である．円柱下面に電子が集まり負に帯電し，上側では電子が不足し正に帯電するが，内部の電荷密度は 0 となる．電気力線（↑）で示した円柱外部の電場は，もとの一様な電場と，金属表面に誘起した電荷分布による電場の重ね合わせであり，電気力線が円柱に引き込まれるように見える．金属内部では，表面に誘起した電荷がつくる電場（↓）と，もとの外部電場が相殺して電場が 0

となり，電位が一定である．

### 6.1.2 帯電した金属の電荷分布

§6.1.1 で述べたように，静電的な状態の金属では，電荷が分布するのは表面だけである．特に，金属が帯電したときも，金属の形状によらず，静電的な状態であれば電荷は表面だけに分布する．

金属球が帯電すると，球対称性から考えて，表面に一様な電荷分布が生じるだろう．この電荷分布による球内部の電場が 0 となることは例題 4.2 で学んだ．一般に，どんな形状の金属でも，内部の電場が 0 となるように電荷分布が決まる．図 6.3 は金属の無限に長い楕円柱の断面図であり，これが帯電したときの電気力線（⟋）と等電位面群の断面（⌒）を示す．電荷は電気力線の終端の金属表面にあり，図の左右両端のように接円の半径（曲率半径）が小さい位置では，電荷密度が高く電場も大きい（章末問題 6.2 を解いて確認せよ）．金属の尖った先端で放電が起きることが納得できるだろう．

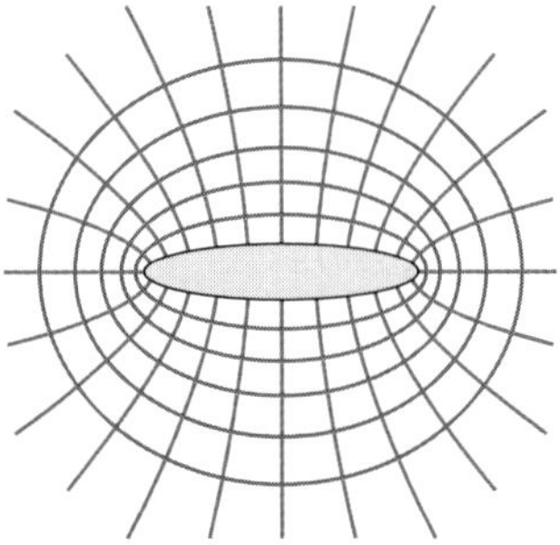

図 6.3 帯電した楕円柱による電場．

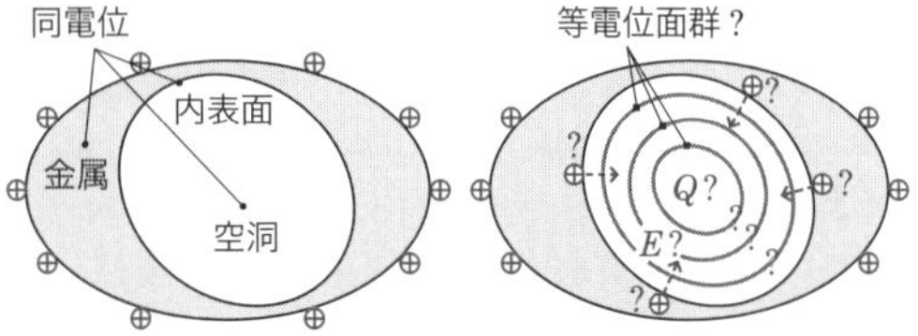


(a) (b)

図 6.4 金属の空洞表面の電荷．

図 6.4 のように，内部に空洞をもつ導体が帯電したとき，空洞内に電荷がなければ，静電的な状態では空洞表面（内表面）にも電荷は現れない．その理由は次のとおりである．

1. 空洞表面は等電位面（図 6.4 a）
   - 表面も導体の一部であり電流が流れないので，等電位面である．
2. 空洞内部の全域が空洞表面と同電位（図 6.4 a）
   - 空洞内部は，電荷が 0 なので電位がラプラス方程式を満たし（§5.5），そこには電位の極値が存在しない（§M2.3.5）．この領域の境界（空洞表面）が等電位面だから，内部の全域が境界と同電位になる．

3. 空洞表面に電荷があると（⊕?で表した），空洞内部が一定の電位でなくなり，2と矛盾（図6.4b）
   - 表面電荷がつくる電場は金属内部に侵入しないから，空洞内部の領域に電場（電位の勾配）が存在することになる（等電位面群?で表した）．

金属内部で電荷分布が0となることは，ガウスの法則（および伝導電子が無尽蔵にあること）から導かれた．ガウスの法則は点電荷による電場が逆2乗則を満たすことの帰結であった．そうすると逆に，帯電した金属内部の電荷が0となることを実験的に確認すれば逆2乗則の検証となる．電荷の有無は非常に高い感度で測定で

## Box 11　キャベンディッシュの実験装置と電磁場のシールド

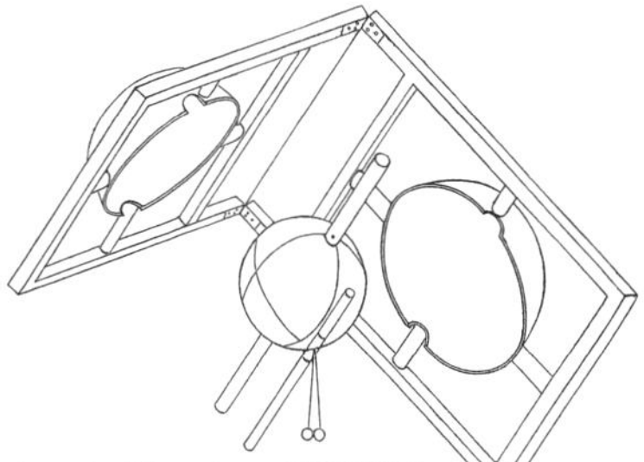

キャベンディッシュの実験装置．

右図は，キャベンディッシュの遺稿のスケッチをマクスウェル（James Clerk Maxwell，1831～1879）が描き直したものである〔"The Electrical Researches of the Honourable Henry Cavendish, F. R.S., written between 1771 and 1781," Cambridge University Press(1879)〕．外側の金属球の内部に小さな金属球を置き，両者を電気的に接続し全体を帯電すると内球は空洞表面の一部なので帯電しないはずである．次に内球を絶縁し，外球を開いてこれを取出す．内球が予想どおり帯電していなければ，逆2乗則が成り立つ証明となる．

マクスウェルは，イギリス，ケンブリッジ大学キャベンディッシュ研究所の初代所長を務めた．電磁場の基礎方程式を導き電磁波の存在を予測した（14章）．気体分子の速度分布を理論的に導いたことでも有名である．

周囲を金属で囲まれた空間には静電場が侵入しないことを"静電シールド（静電遮蔽）"という．十分に厚みがある良導体ならば高い振動数の電磁場も侵入できない．鉄筋が入った建物やトンネルの内部で電波が届きにくいのは，不完全ながらも電磁場に対するシールド効果があるからである．微弱な電気信号を測定するときは，装置あるいは部屋全体を金属の板で覆い，外部から侵入する電気的雑音を取除く必要がある．一方，磁場の侵入を防ぐには，透磁率の高い金属で囲う（p.172, Box 21）．さらに地磁気など外部の磁場が妨げになるときは，これを相殺する磁場を加える．

帯電した金属の電荷は外表面だけに分布し内部に電場ができないことも重要である．飛行機の金属製の機体が帯電しても内部の人に影響はない．またコンピューターの部品などは半導体製品がむき出しのことが多いが，導電性の素材でできた袋に入れて輸送し，摩擦電気で帯電しても内部の半導体に影響がないようにする．

きるのでクーロンの“ねじれ秤”による測定よりも精密に逆2乗則の可否を調べることができる．キャベンディッシュは p.77，Box 11 の装置を用い，クーロンが発表するより10年以上前に逆2乗則を発見していた（1772/1773）が，公表しなかった．

### 6.1.3 金属表面の電場と電荷の面密度

静電的な状態の金属表面は等電位面となるので電場は表面に垂直である（この電場は表面電荷がつくる電場と外部電場の重ね合わせである）．

表面の電荷密度と表面の電場の関係を調べよう．この電場は，外部電場の様子や表面の凹凸の状態により変化する．だが，表面に十分に近づけば，狭い範囲では図6.5のように表面は平面とみなせるようになり，電荷密度も電場も一定の大きさに近づく．表面と平行な底面をもつ円板領域（図の長方形はその断面）にガウスの法則を適用すると，例題4.3を参照し，金属内部の電場が0であることから，表面の電荷密度 $\sigma$ と電場の大きさ $E$ の関係は

$$E = \frac{\sigma}{\varepsilon_0} \tag{6.1}$$

となる．

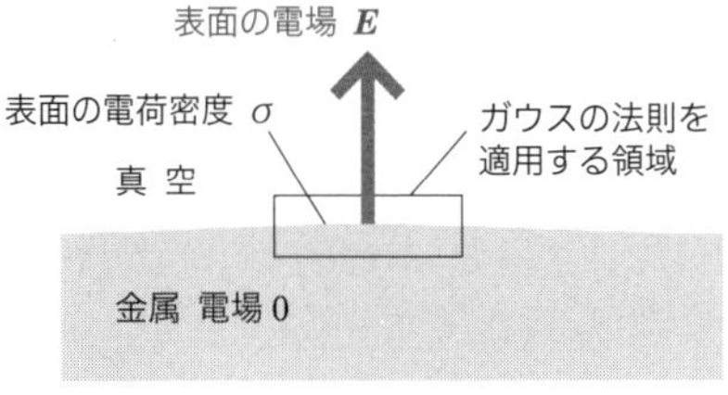


図 6.5 金属表面の電荷密度と電場．

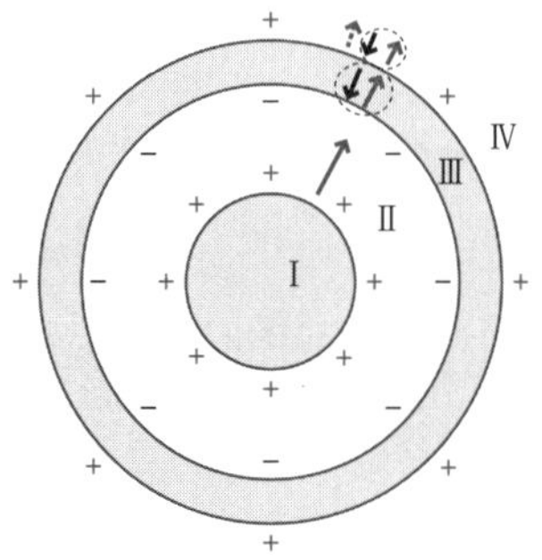


図 6.6 金属の静電誘導．Ⅰの電荷による電場 ↗，Ⅲの内表面の電荷による電場 ↙，Ⅲの外表面の電荷による電場 ↗．◌ のペアは相殺する．

**例題 6.1** 図6.6のように，共に金属（▒）の内球Ⅰと同心の球殻Ⅲがあり，互いに絶縁されている．内球Ⅰには全電荷 $+q$ が帯電し，球殻Ⅲの全電荷は0である．各領域の電場の大きさ $E_{\mathrm{I}} \sim E_{\mathrm{IV}}$ を調べよ．

**解** 球対称性から，任意の同心球面上の電場の大きさが同じ（半径により異なる値）であり，電場の向きが球の中心から出発する半径の方向となるので，各領域に同心球面を想定

してガウスの法則を適用する．

球 I の内部：金属球の内部だから $E_{\mathrm{I}}=0$ となる．

領域 II：例題 4.2 により，中心に $+q$ の点電荷があるときと同じ電場であり，中心から $r$ の位置では $E_{\mathrm{II}}=q/(4\pi\varepsilon_0 r^2)$ となる．また，同例題により，一様な電荷分布をもつ球面内部の電場は 0 だから，球殻 III の内外表面の電荷分布は，内側の領域 II に電場をつくらない．

球殻 III の内部：球殻は金属だから $E_{\mathrm{III}}=0$ である．球殻の外側表面に正電荷，内側表面に負電荷が誘起される．領域 III の内部では，球 I の電荷がつくる電場（↗）と球殻 III の内側表面の電荷がつくる電場（↙）が相殺している（◌ で囲んだ）．後者は内側表面の全電荷が中心にあるときと同じ電場なので，その電荷は $-q$ である．球殻 III は全電荷が 0 だから，外表面の電荷は $+q$ である．

領域 IV：この領域の同心球面の内部にある全電荷は $+q$ だから，$E_{\mathrm{IV}}=q/(4\pi\varepsilon_0 r^2)$ となる．■

### 6.1.4 導体による鏡像

図 6.7 a のように，表面が平面の金属（下半分の ■ 部分）があり，その表面から離れた位置に点電荷（●）を置く（この図の電荷は負）．この電荷がつくる電場と，静電誘導により金属表面に現れた電荷による電場が合成され，金属内部の電場が 0 となる．金属表面は等電位面であり，電場が表面と垂直であることに注意しよう．図 b では，金属を取り去り，もとの金属表面を鏡面とした対称の位置に，同じ大きさで異符号の電荷（●）を置く．この鏡面は正負の電荷から等しい距離にあって等電位の平面となり電場に垂直である．鏡面では図 a の金属表面の電場と電位が再現される．

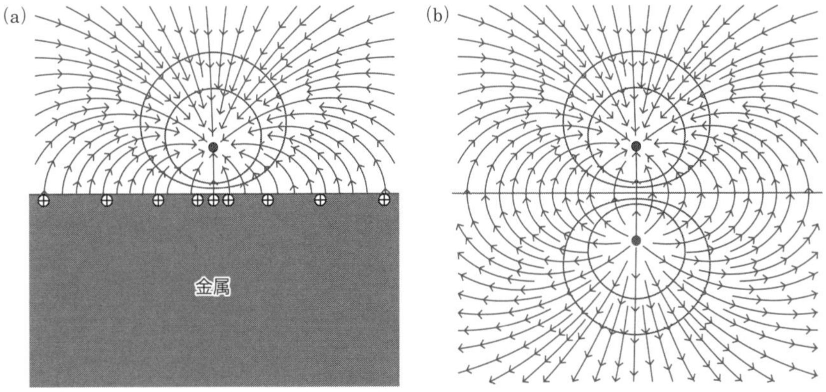


図 6.7　鏡像法．(a) 金属（下半分）の上側に点電荷（●）があるときの電場（↖）と等電位線（—）．(b) 金属を取り去り，金属表面の位置の電場と電位を再現する電荷（●）を追加すると，(a) の電場と電位が再現される．

電位が従うポアソン方程式（式 5.13）の性質として，解である電位は，境界面での値が決まると空間全体で一意的に決まる*ことが知られている．金属表面に誘起した電荷分布を考える代わりに，その表面を等電位面として再現する電荷分布（鏡像）を置くことができれば，任意の位置の電位や電場を求めることができるのである．また，金属表面の電荷分布を知ることもできる（章末問題 6.3c でこれを確認する）．このようにして静電場を求める方法を**鏡像法**（method of images）という．金属表面が平面を折った形のときや球面などであれば，鏡像法を利用することができる．

## 6.2 誘 電 体

絶縁体に外部から電場が加わると，表面や内部に電荷が誘起される．この現象も静電誘導というが，金属の静電誘導とは原因がまったく異なる．絶縁体にはその内部を自由に移動できる伝導電子がない．この静電誘導は，物質を構成する分子の電気双極子モーメントの向きがそろうこと，あるいは外部電場により電気双極子モーメントが発生することにより生じる．このような機構で巨視的なサイズの物体に電荷が誘起するとき“分極が生じる”という．分極を生じる物質を**誘電体**（dielectrics）といい，“絶縁体”，すなわち“電流が流れにくい物質”とは異なる視点でのよび方である．分極の正確な定義はすぐ後で述べる．

静電誘導により誘電体内の電場は小さくなるが 0 にはならない（内部に電場があっても絶縁体に電流は流れず，静電的な状態が維持される）．本節では，電流がまったく流れない誘電体の電気的な性質を調べる．

### 6.2.1 分極電荷と真電荷

誘電体の分子の電気双極子を“正負の電荷を両端にもつ短い棒”と考えて，これらの双極子が電場の方向に整列した様子を想像しよう．図 6.8a のように，誘電体内部では棒の頭と尾が接近して打ち消し合う．だが図 b のように，表面には棒の先端が現れ，電荷がにじみ出したように見える．このようにして現れた電荷を**分極電荷**（polarized charge）という．誘電体内部の分子の電気双極子が一様でなければ，内部にも分極電荷が生じる．

誘電体の分子は誘電体内部を自由に移動できないので，分極電荷も自由に移動することができない．たとえば，誘電体の棒の両端に正と負の分極電荷が現れたとき，誘電体を中央で切断すると，切断面には再び負と正の分極電荷が現れ，正と負の分極電

* 真空中の電位はラプラス方程式を満たすので，二つの電位の差もラプラス方程式を満たす．二つの電位が同じ境界条件をもつとき，それらの差は境界上で 0 となる．電位が領域の周囲で 0 かつ内部で 0 と異なるなら，領域内に極値が生じラプラス方程式の解ではなくなる．したがって，同一の境界条件をもつ電位は一意に決まる（§5.5）．

荷を分離できない（単独に集めることはできない）. これに対して（たとえば金属の伝導電子のように）分極電荷ではないものを**真電荷**（true electric charge）という. 伝導電子は導線を通して必要な距離を移動させ, 正電荷から分離して蓄積できる.

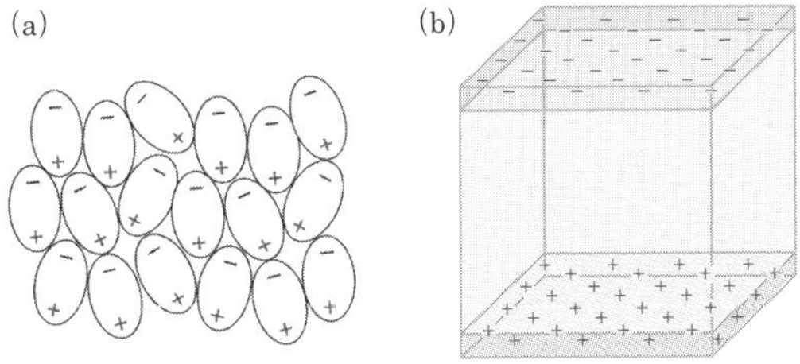


図 6.8　分極の発生. (a) 誘電体内部の電気双極子, (b) 表面に現れた分極電荷.

### 6.2.2　分極 $\boldsymbol{P}$ と電気感受率 $\chi$

誘電体を構成する各分子が電気双極子モーメント $\boldsymbol{p}=q\boldsymbol{d}$ をもち（§ 5.6.2）, 体積 $V$ の中にこれらの分子が $N$ 個あり一様に分布しているとする. このとき, 電気双極子モーメントの総和が $N\boldsymbol{p}$ となるので, $N\boldsymbol{p}$ を体積 $V$ で割ったものが単位体積あたりの双極子モーメント

$$\boldsymbol{P} = \frac{N\boldsymbol{p}}{V} = \frac{Nq\boldsymbol{d}}{V} = \frac{Nq}{V}\boldsymbol{d} \tag{6.2}$$

となる. このベクトル $\boldsymbol{P}$ を**分極**（polarization）あるいは**誘電分極**（dielectric polarization）といい, 単位は C m$^{-2}$ である. また, $\boldsymbol{P}$ がベクトル場であることを思い出すために, 分極ベクトルということもある.

分極 $\boldsymbol{P}$ の発生を異なる仕方で表そう. 誘電体の分子には正と負の電荷が含まれるので, 巨視的な誘電体は“正と負の電荷密度（$\pm\rho=\pm Nq/V$）から構成される”と考える. 電場が加わらないとき, それらは完全に重なり合って相殺し, 誘電体に電荷分布は発生しない. 電場が加わると“正負の電荷密度が逆向きに移動し, 誘電体表面には相殺されない電荷の層が形成される”と考える（図 6.8b）. この層の厚み $d$ は電荷の移動距離すなわち分極をつくる電気双極子モーメントの電荷間の距離に等しい（分子に生じた電気双極子モーメントは $p=qd$ である）. 誘電体表面の面積 $S$ の部分（層の体積 $Sd$）に含まれる電荷は $Q=\rho Sd$ だから, 電荷の面密度は $\sigma_{\mathrm{P}}=Q/S=\rho Sd/S=\rho d$ となる. こうして, 式 6.2 は, 大きさの関係として

$$P = \frac{Nq}{V}d = \rho d = \sigma_{\mathrm{P}} \tag{6.3}$$

と表せる. 反対側の表面には負電荷の面密度 $-\sigma_{\mathrm{P}}$ が現れる.

多くの物質では外部から電場を加えると分極 $\boldsymbol{P}$ が発生し，電場が弱ければ電場と分極 $\boldsymbol{P}$ が比例する．その比例係数を $\varepsilon_0 \chi$ として（$\varepsilon_0$ は真空の誘電率）

$$\boldsymbol{P} = \varepsilon_0 \chi \boldsymbol{E} \tag{6.4}$$

と表し，$\chi$（カイ）を**電気感受率**（electric susceptibility）という．

### 6.2.3 誘電体内部の電場

外部電場により分極 $\boldsymbol{P}$ が生じたときの誘電体の内部電場について考えよう．式 6.4 の $\boldsymbol{E}$ は分子に加わる内部電場であり，外部電場と分極 $\boldsymbol{P}$ による電場の重ね合わせであることに注意する．

図 6.9a のように，2 枚の平行な電極に真電荷が面密度 $\pm\sigma_0$ で一様に分布するときの外部電場を $\boldsymbol{E}_0$ とする．$E_0 = \sigma_0/\varepsilon_0$ である（例題 4.3 を参照し，重ね合わせの原

#### Box 12 電気双極子の集まり

水のような永久双極子モーメントをもつ分子からなる物質を考えよう（p.68，Box 9）．永久双極子モーメントをもつ分子は，水以外にも，塩化水素，アンモニア，ホルムアルデヒドなど，たくさんの例があり，極性分子とよばれる．極性分子は，通常の状態（図 a）では，熱運動のために個々の分子の電気双極子の向きがランダムであり，全体としては特定の向きをもたない．しかし外部電場の下ではどの分子も電場の方向を向こうとするので，図 b のように，平均すると電気双極子モーメントの方向が電場の方向にそろう．永久双極子モーメントをもたない分子あるいは原子でも，外部から電場が加わると分子や原子内の電子が力を受けて移動し，正負の電荷分布の中心がずれて，電場の方向に電気双極子モーメントが発生する（誘起双極子モーメント）．

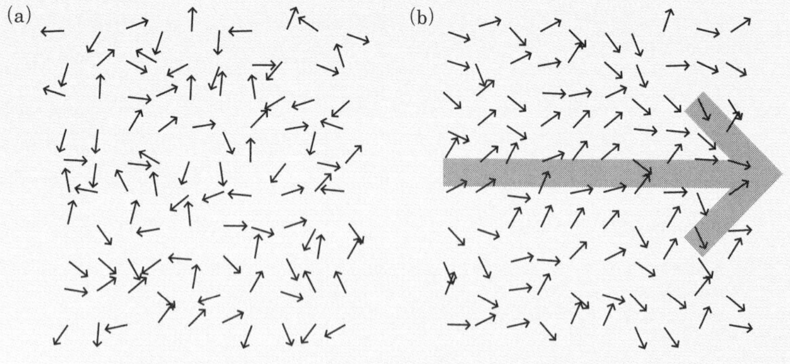


電気双極子の向き．（a）個々の電気双極子の向きは熱運動によりランダムであっても，（b）電場のもとでは平均すると電場にそろう．

理を用いる）．次に，電極間の空間を電気感受率 $\chi$ の誘電体で満たしたとき，電極に接する面には分極電荷が面密度 $\mp\sigma_P$ で生じる．こうして，誘電体の分子が感じるのは，$\pm(\sigma_0-\sigma_P)$ により生じる内部電場

$$E = \frac{(\sigma_0 - \sigma_P)}{\varepsilon_0} \tag{6.5}$$

である．両辺に $\varepsilon_0$ を乗じ，式 6.3 と式 6.4 を用いると

$$\varepsilon_0 E = \sigma_0 - \sigma_P = \sigma_0 - P = \varepsilon_0 E_0 - \varepsilon_0 \chi E \tag{6.6}$$

したがって，誘電体の内部電場は

$$E = \frac{1}{1+\chi} E_0 \tag{6.7}$$

となる．

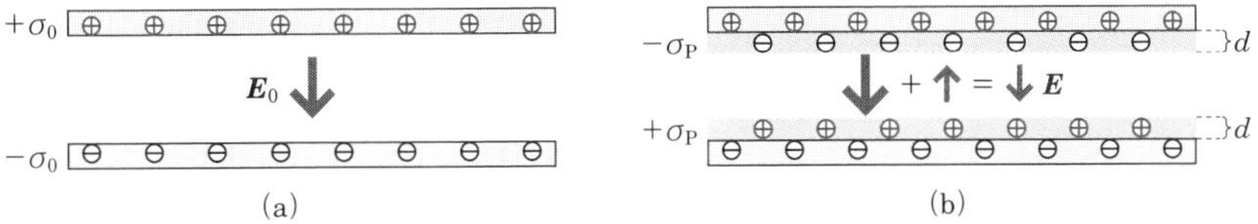


図 6.9　誘電体内部の電場．(a) 真電荷 $\pm\sigma_0$ による電場 $\boldsymbol{E}_0$，(b) 誘電体内部の電場 $\boldsymbol{E}$ (↓) は分極電荷 $\mp\sigma_P$ による電場 (↑) と $\boldsymbol{E}_0$ (↓) の重ね合わせとなる．

### 6.2.4 誘電率と電束密度

式 6.7 の係数の分母

$$\varepsilon_r = 1 + \chi \tag{6.8}$$

を**比誘電率**（relative dielectric constant, relative permittivity）という．式 6.7 は，外部から加える電場が同じでも，$\varepsilon_r$ が大きいと誘電体内部の電場が小さくなることを示している．すなわち，誘電体には外部電場が侵入し難くなる．$\varepsilon_r$ は分極電荷が真電荷を遮蔽する程度を表すという解釈も成り立つ．また，$\varepsilon_r$ は $\chi$ と共に大きくなるから，誘電体の分極の生じやすさを表している．同じ物質でも温度や圧力により比誘電率の値が変化する．空気の比誘電率は $\varepsilon_r \approx 1$ であり，ほとんど真空と変わらない．液体の水では，20 °C における値が $\varepsilon_r \approx 80$（p.87, Box 13）と非常に大きい．水中では真電荷が遮蔽されてクーロン力が小さくなるように見える．

比誘電率は $\varepsilon_r \varepsilon_0$ の形で現れることが多いので

$$\varepsilon = \varepsilon_r \varepsilon_0 \tag{6.9}$$

として，これを物質の**誘電率**（dielectric constant，permittivity）という．

ここで，**電束密度**（electric flux density，electric displacement，**電気変位**ともいう）

$$\boldsymbol{D} = \varepsilon \boldsymbol{E} \tag{6.10}$$

というベクトルを定義する．式 6.7～式 6.9 を用いると，電束密度の大きさは

$$D = \varepsilon E = \varepsilon_r \varepsilon_0 E = \varepsilon_0 E_0 \tag{6.11}$$

となる．これにもとづき，$\nabla \cdot \boldsymbol{D}$，$\nabla \cdot \boldsymbol{E}$，$\nabla \cdot \boldsymbol{E}_0$ の関係を求めると（式 4.16 を参照）

$$\nabla \cdot \boldsymbol{D} = \varepsilon \nabla \cdot \boldsymbol{E} = \varepsilon_0 \nabla \cdot \boldsymbol{E}_0 = \rho_e \tag{6.12}$$

となる．ここで $\rho_e$ は真電荷の電荷密度である．同じ内容を積分形で表すと（式 4.14 を参照），真電荷 $q_e$ を含む領域 V とそれを囲む閉曲面 S について

$$\int_S \boldsymbol{D} \cdot d\boldsymbol{S} = \varepsilon \int_S \boldsymbol{E} \cdot d\boldsymbol{S} = \varepsilon_0 \int_S \boldsymbol{E}_0 \cdot d\boldsymbol{S} = q_e \tag{6.13}$$

となる．電束密度 $\boldsymbol{D}$ は，分極電荷の有無によらず，真電荷の分布だけから決まる．

式 6.13 からわかるように，電束密度と面積の積が電荷となるから，電束密度の次元は電荷の面密度の次元と同じになり，単位は $\mathrm{C\,m^{-2}}$ である．分極がこれと同じ次元になることに注意しよう．

電束密度 $\boldsymbol{D}$ は式 6.4 を用いて

$$\boldsymbol{D} = \varepsilon \boldsymbol{E} = \varepsilon_0 (1 + \chi) \boldsymbol{E} = \varepsilon_0 \boldsymbol{E} + \boldsymbol{P} \tag{6.14}$$

とも表せる．この式を $\varepsilon_0 \boldsymbol{E} = \boldsymbol{D} - \boldsymbol{P}$ と書き直すと

- 誘電体中の電気力線の密度は，真電荷から真電荷に至る電気力線の密度 $\boldsymbol{D}$ から，分極電荷から分極電荷に至る電気力線の密度 $\boldsymbol{P}$ を差し引いたもの

と解釈できる．真空中では，分極がないから

$$\boldsymbol{D} = \varepsilon_0 \boldsymbol{E} \tag{6.15}$$

である．この式のために，$\varepsilon_0$ を真空の誘電率と称することになったが，もちろん真空そのものは誘電体ではない．

**例題 6.2**　図 6.10 のように，真電荷が存在しない領域に誘電率が $\varepsilon_1$ と $\varepsilon_2$ の誘電体の層が平行に積まれ，その両側は真空である．電場は，各層の表面と垂直で，真空中の大きさが $E_0$ である．各誘電体層の内部の電場 $E_1$ と $E_2$ を $E_0$ を用いて表せ．

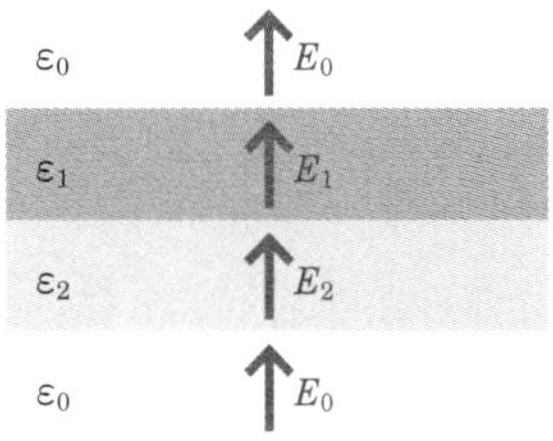

図 6.10　$D$ の境界条件．

解　真電荷が存在しないので，真空を含めて全領域で電束密度は同じ値であり

$$D = \varepsilon_0 E_0 = \varepsilon_1 E_1 = \varepsilon_2 E_2$$

したがって，$E_1/E_2=\varepsilon_2/\varepsilon_1$ となり，内部の電場の大きさは誘電率に反比例する．■

### 6.2.5　誘電体境界で屈折する電気力線

異なる誘電率 $\varepsilon_1$ と $\varepsilon_2$ の誘電体（一方が真空でもよい）が接する境界面では，一般に電気力線が屈折する．すなわち，境界面を越えると電場の向きが変わる*．屈折の様子を調べるには，境界面において

1. 電束密度
2. 分極電荷がつくる電場

に注目する．各誘電体の内部では，電場と電束密度が同じ方向であり

$$\boldsymbol{D}_1 = \varepsilon_1 \boldsymbol{E}_1 \qquad \text{および} \qquad \boldsymbol{D}_2 = \varepsilon_2 \boldsymbol{E}_2 \tag{6.16}$$

となる．

図 6.11 のように，境界面の法線と電気力線のなす角を，それぞれ $\theta_1$ および $\theta_2$ とする．境界面に真電荷が存在しないとして，まず電束密度 $\boldsymbol{D}$ が境界面の両側でどのように変化するかを考える．このとき式 6.12 で $\rho_e=0$ とおき

$$\nabla \cdot \boldsymbol{D} = \frac{\partial D_x}{\partial x} + \frac{\partial D_y}{\partial y} + \frac{\partial D_z}{\partial z} = 0 \tag{6.17}$$

である．境界面を $xy$ 平面とし，これに垂直な方向を $z$ 軸とすると，どちらの誘電体も一様だから $x$ および $y$ 方向に移動しても $\boldsymbol{D}$ は変化しないので $\partial D_x/\partial x=\partial D_y/\partial y=0$ となり，式 6.17 は

$$\frac{\partial D_z}{\partial z} = 0 \tag{6.18}$$

＊　問題 16.6 で調べるが，電磁波（光）の屈折を表すスネルの法則は，電場の方向が電磁波の進行方向と直角であることに注意し，入射波と境界面における反射波の重ね合わせ，および透過波の関係に注目することで導出できる．

となる．この式は，$z$ 方向に移動しても $D_z$ が変化しないことを表すから，境界面を越えて移動したとき

$$D_{1z} = D_{2z} \quad \Rightarrow \quad D_1 \cos\theta_1 = D_2 \cos\theta_2 \tag{6.19}$$

となることがわかる．この状況を

・ 境界面に真電荷がないとき，$\boldsymbol{D}$ の垂直成分が連続である

という．

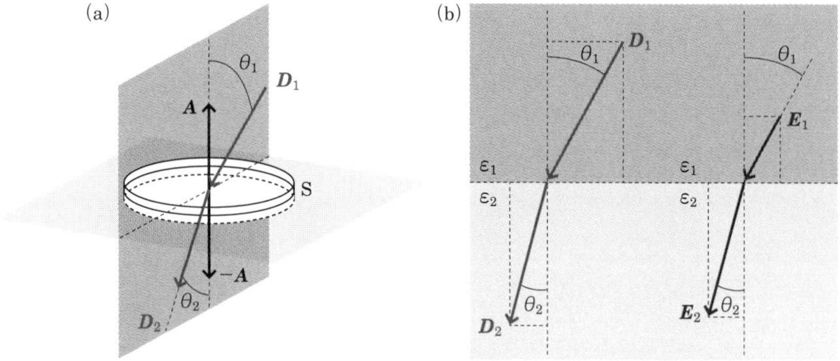


図 6.11 誘電体の境界面における $\boldsymbol{E}$ と $\boldsymbol{D}$ の屈折．(a) $\boldsymbol{D}$ の垂直成分の計算に用いる円板領域 S．(b) $\boldsymbol{D}$ の垂直成分と $\boldsymbol{E}$ の平行成分はそれぞれ境界面の両側で連続．

式 6.19 の結論は，積分形の表現を用いて求めることもできる．図 a の薄い円板 S（境界面を含む）の表面で式 6.13 の面積分を行うと真電荷がないから右辺が $q_e=0$ となる．境界面のすぐ両側で $\boldsymbol{D}$ を比較するために円板の厚みを 0 に近づけると，円板側面での面積分は 0 に近づく．上下の底面を表すベクトル $\boldsymbol{A}_1$ と $\boldsymbol{A}_2$ は，同じ大きさで互いに逆向きだから，$\boldsymbol{A}_1=-\boldsymbol{A}_2=\boldsymbol{A}$ であり，式 6.13 は

$$\int_S \boldsymbol{D}\cdot d\boldsymbol{S} = \boldsymbol{D}_1\cdot\boldsymbol{A}_1 + \boldsymbol{D}_2\cdot\boldsymbol{A}_2 = (-D_1\cos\theta_1 + D_2\cos\theta_2)A = 0 \tag{6.20}$$

となり，式 6.19 を得る．

以上，電束密度について得た関係を電場により表すと

$$\varepsilon_1 E_1 \cos\theta_1 = \varepsilon_2 E_2 \cos\theta_2 \tag{6.21}$$

が成り立つ．

次に，境界面の両側の電場 $\boldsymbol{E}$ の関係を考える，$\boldsymbol{E}$ は外部の電荷がつくる電場と，

### Box 13　電磁場の振動数で変わる誘電率

本節では静電場中の誘電体に生じる分極 $\boldsymbol{P}$ に注目し，時間が経過して全体が静電的になったときの様子を論じたが，変動する電場のもとでの誘電体の振舞いも重要である．

電場が加わると，分子内の電子の分布の変化や，結晶格子の構造の変化あるいは分子の配向の変化などにより分極 $\boldsymbol{P}$ が生じる．しかし電場の向きが高速で反転すると分極がそれに追いつけず，大きくなる前に電場が逆向きになり電気感受率（したがって誘電率）が低下する．右図は液体の水の分子の向きが電場の変化に追いつけなくなって起きる比誘電率の変化である．さらに高い振動数では，分子の振動や，電子遷移などの共鳴現象があり（“物理学入門 I. 力学”，§16.1.3)，特別な振動数で電気感受率が増加する．電気感受率を電場の振動数 $\nu$（ニュー）の関数として表したグラフは，分子の種類と分極の機構により異なる．

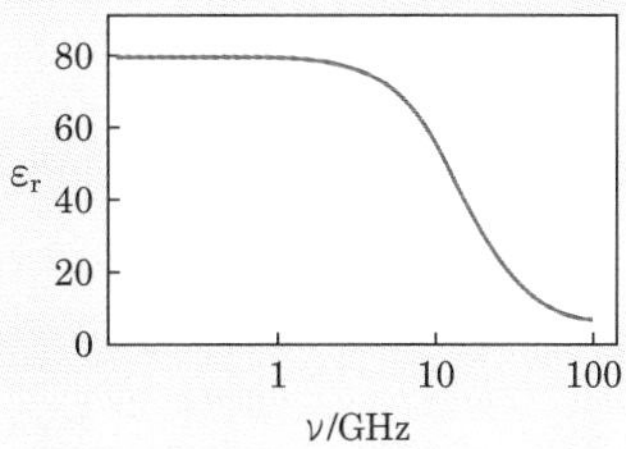


**常温液体の水の比誘電率（実部）．横軸は電場の振動数（$\nu/10^9$ Hz）．**

交流電場のもとでは，絶縁体であっても電流が流れたかのように発熱する．これは，分極 $\boldsymbol{P}$ の変化が電場に追いつけないことに関係する．すなわち，分子に摩擦抵抗と同様の効果が加わり，動きが妨げられてその振動が外力に対して遅れるのだが，同時に外力のする仕事が熱に変わる（“I. 力学”，§16.2)．このとき**誘電損失**（dielectric loss）が生じたという．水を含む食品を振動数が高い電磁波（マイクロ波）により加熱する電子レンジでは，水の誘電損失が発熱の原因となる．

境界面の分極電荷がつくる電場の和である．境界面の両側で電場が異なるのは，後者によるものである．そこで，分極電荷がつくる電場について考える．分極電荷は，境界面に十分に接近して観察すれば“平面上に一様に分布する”としてよい．したがって，分極電荷がつくる電場は境界面に垂直である．言い換えると，境界面と平行な成分は分極電荷があっても影響されない．こうして，図 6.11b に示すように

$$E_1 \sin\theta_1 = E_2 \sin\theta_2 \tag{6.22}$$

が成り立つ．これを

- 電場の平行成分は連続である

という．式 6.21 と式 6.22 から，電気力線が屈折する角について

$$\frac{\tan\theta_1}{\tan\theta_2} = \frac{\varepsilon_1}{\varepsilon_2} \tag{6.23}$$

を得る．

## 章末問題

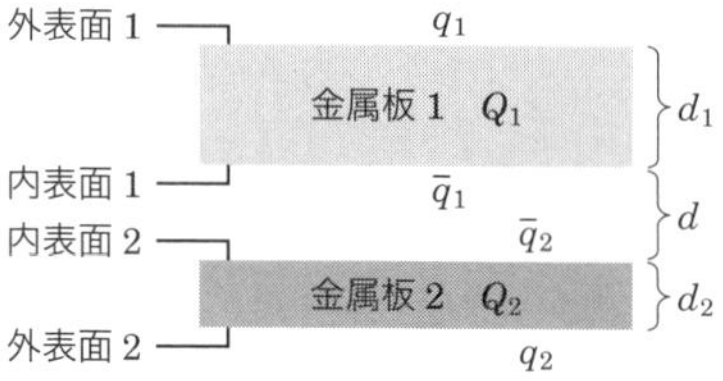


**6.1**　右図のように，厚み $d_1$ と $d_2$ の金属板 1 と 2（共に面積 $S$）を距離 $d$ だけ離して平行に置き，それぞれに電荷 $Q_1$ と $Q_2$ を与える．1 と 2 の外表面および内表面の電荷密度（$\sigma_1, \bar{\sigma}_1, \sigma_2, \bar{\sigma}_2$）は一様とする．外表面の電荷 $q_1$ と $q_2$，および内表面の電荷 $\bar{q}_1$ と $\bar{q}_2$ を，$Q_1$ と $Q_2$ を用いて表せ．

**6.2**　半径 $a$ と $b$ の 2 個の金属球を十分に離して導線で接続し，総電荷 $q$ を与え静電的な状態にする（各球がつくる電場は，周囲に何もない 1 個の帯電した金属球がつくる電場と同じとする）．表面の電場の大きさの比 $E_a/E_b$ を，半径の比 $b/a$ で表せ．

**6.3**　$z \leq 0$ の部分を占める金属があり，その表面（$xy$ 平面）から $a$ だけ離れた位置 $\boldsymbol{r}_1 = (0, 0, a)$ に点電荷 $q$ がある．

（a）この点電荷が金属から受ける力を求めよ．

（b）基準点として，① 無限遠，② 金属を選び，位置 $\boldsymbol{r}_{\mathrm{P}} = (a, 0, a)$ における電位を求めよ．

（c）金属表面に誘起した電荷の総量が $-q$ であることを示せ．

**6.4**　比誘電率 $\varepsilon_{\mathrm{r}}$ の液体中に，距離 $a$ だけ離れて電荷 $\pm q$ の 2 個の点電荷がある．電荷間のクーロン引力は，真空中と比較してどのように変化するか．

**6.5**　金属の表面（平面）を一様な誘電体の帯電していない膜で覆う．金属表面には一様な電荷密度 $\sigma_{\mathrm{e}}$ がある．膜の厚さは $d$，誘電率は $\varepsilon$ である．膜の両面の電位差 $\Delta\phi$ を求めよ（表面は無限に広いとする）．

**6.6**　比誘電率 $\varepsilon_{\mathrm{r}} = 5$ の誘電体でつくられた厚さ $d = 1\ \mathrm{mm}$ の広い平板があり，その両側の表面に真電荷が一様に分布している．真電荷の面密度は，一方の面で $\sigma_0 = 0.1\ \mu\mathrm{C\ m^{-2}}$，他方の面で $-\sigma_0$ である．以下の問いに有効数字 1 桁で答えよ．

（a）両面の電位差を求めよ．

（b）この平板内部の分極 $\boldsymbol{P}$ の大きさを求めよ．

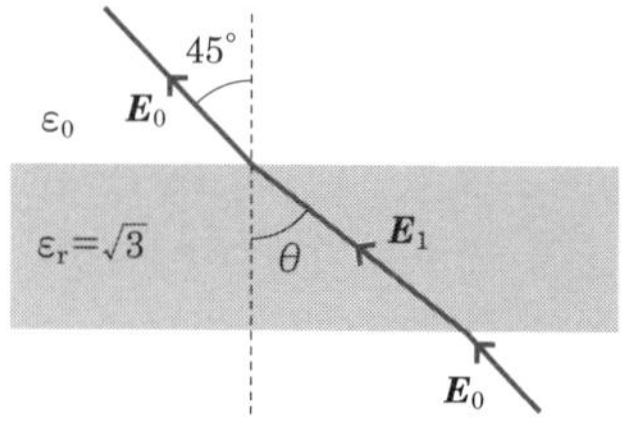


**6.7**　真空中に比誘電率 $\varepsilon_{\mathrm{r}} \approx \sqrt{3}$ の平行板をおく．右図のように，真空中の電場 $\boldsymbol{E}_0$ が平板の表面と 45° の角度をなし，界面に真電荷がないとき，

（a）誘電体内の電場 $\boldsymbol{E}_1$ の向きを表す $\theta$ を求めよ．

（b）平行板の静電誘導による表面電荷密度 $\sigma_{\mathrm{P}}$ を，$\varepsilon_{\mathrm{r}}$ と電場の大きさ $E_0$ を用いて表せ．

# 7 電気容量，電場のエネルギー密度

コンデンサーは電荷を正と負に分けて蓄積する装置としてさまざまな用途に用いられる．本章では，コンデンサー極板間の電位差と，蓄えられる電荷の関係に注目する．コンデンサーについて得られる結論から，電荷が空間的に広がって分布する系の電気的エネルギー，さらに電場のエネルギーの密度という，より一般的な概念が導かれる．

## 7.1 平行板コンデンサーの電気容量

図 7.1 のように，2 枚の金属板を向かい合わせ，電池などを用いて充電すると，正と負の電荷が分離して蓄えられる．この金属板を極板という．外部の充電回路から切り離した後も，2 枚の極板が絶縁されているなら蓄えた電荷の量は変わらない．極板の面積を増し，あるいは極板間隔を狭めると，充電の電位差が小さくても多量の電荷を蓄えることができる．このようにして電荷を蓄積するための装置を**コンデンサー**（capacitor，**キャパシター**）という．平行な平板の極板を有するのが**平行板コンデンサー**（parallel-plate capacitor）である．

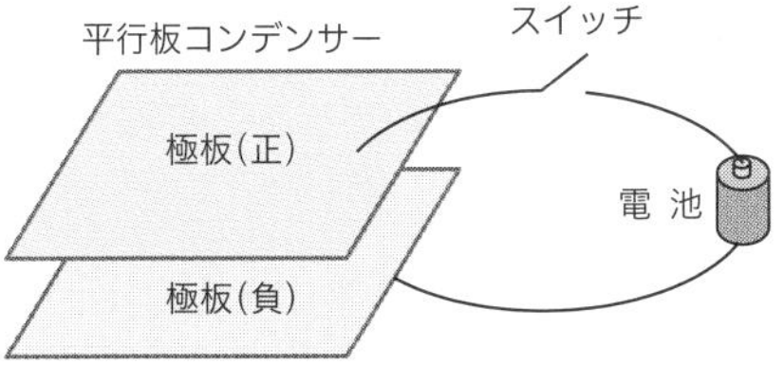

図 7.1 コンデンサーと電荷の蓄積．

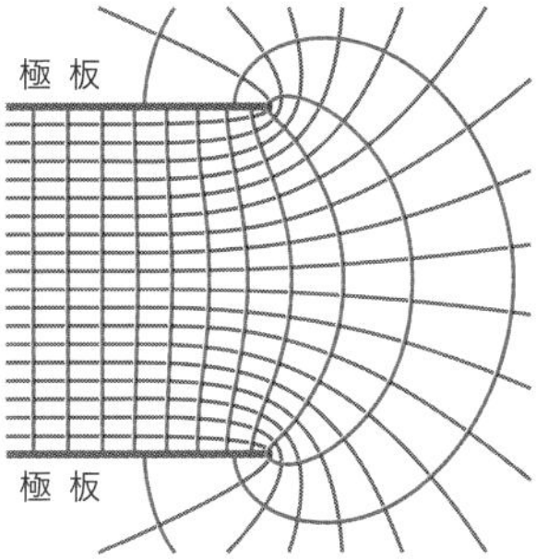

図 7.2 平行板コンデンサーの電場．中央付近（図左端）から右側の等電位線（—）と電気力線（—）

電池の電位差と極板間の電位差が等しくなると電流が止まり，充電が完了して静電的な状態（§6.1）になる．このとき各極板に分かれた正負の電荷は互いに引力を及ぼし合い，極板の向かい合う表面に電荷が現れる．図 7.2 はコンデンサーを横から見た模式図である．図の左端が極板の中央付近であり，電場がほぼ一様になっている．これは，中央付近は端から十分に遠いので，極板と平行に移動しても条件がほぼ変わらず（近似的に並進対称），電荷分布がほぼ一様になるからである．一方，極板の端の近くでは，電荷が極板の側面や外表面にも分布するようになり，電場はコンデンサーの外部に漏れ出す．極板が間隔に比較して非常に広いときは，どの場所も端から非常に遠いので“無限に広い電極”の場合とほとんど同じ電場になる．すなわちコンデンサー内部の空間だけに一様な電場があり，その向きは極板表面に垂直で正極から負極に向かい，大きさは一定である．以下，この状況が成り立つとしてコンデンサーの性質を調べる．

極板間の間隔 $d$，面積 $A$ の平行板コンデンサーの電位差が $\Delta\phi$ のとき，各極板に蓄えられた電荷の量を調べよう．端の影響は無視し，極板の内表面に電荷が一様な面密度 $\pm\sigma$（$\sigma>0$）で分布すると考える．

電場は，平面に一様に広がった電荷分布による電場（例題 4.3 を参照）の重ね合わせにより求められる（章末問題 4.3 と同じ）．すなわち，正負の電荷分布がつくる電場は，極板と垂直だから，重ね合わせても極板と垂直である．両極板の外側の電場は，大きさが等しく逆向きの電場を重ね合わせるから 0 となる．内側の電場は，同じ向きの電場を重ね合わせるから例題 4.3 の電場の 2 倍，すなわち

$$E = \frac{\sigma}{\varepsilon_0} \tag{7.1}$$

となる．式 7.1 は，ガウスの法則から得られる結論でもある（金属内部の電場が 0，さらに電場がどこでも極板に垂直であることを用いる）．実際，§6.1.3 では金属表面の電場が式 7.1 と同じになることを示した．

極板間の電位差は，電場と距離の積（式 5.5 を参照）となり，式 7.1 を用いて

$$\Delta\phi = Ed = \frac{\sigma}{\varepsilon_0} d \tag{7.2}$$

である．電位差 $\Delta\phi$ と各極板に蓄えられた電荷 $q$（$=\sigma A$）の関係は，式 7.2 から

$$q = \sigma A = \left(\frac{\varepsilon_0 \Delta\phi}{d}\right) A = \left(\varepsilon_0 \frac{A}{d}\right) \Delta\phi \tag{7.3}$$

となり，蓄えられた電荷 $q$ は極板の面積 $A$ に比例し，間隔 $d$ に反比例する．

式 7.3 の比例定数

$$C = \varepsilon_0 \frac{A}{d} \tag{7.4}$$

は，このコンデンサーが電荷を蓄える能力を表す．$C$ を**電気容量**（capacitance，**静**

**電容量**，**キャパシタンス**）という．

次節で述べるように，極板の形が平行板でなくても，電位差 $\Delta\phi$ と蓄えた電荷 $q$ が比例するので，一般に

$$q = C\,\Delta\phi \tag{7.5}$$

と表される．このように，蓄積される電荷の量に比例して電位差が増加するから，電気容量 $C$ は正の量である．

電気容量の単位には**ファラド**（farad，記号は F）を用いる．1 F は，電荷 1 C を蓄積するのに電位差 1 V を必要とするコンデンサーの電気容量であり，$1\,\mathrm{F}=1\,\mathrm{C\,V^{-1}}$ である．式 7.4 から，真空の誘電率 $\varepsilon_0$ の単位は $\mathrm{F\,m^{-1}}$ である（§ 3.2）．

**例題 7.1**　極板の面積 $A=1.0\ \mathrm{m^2}$，間隔 $d=1.0\ \mathrm{mm}=1.0\times10^{-3}\ \mathrm{m}$ の平行板コンデンサーの電気容量と，このコンデンサーを $\Delta\phi=1.0\ \mathrm{V}$ で充電したときに蓄えられる電荷 $q$ を，有効数字 1 桁で求めよ．

解　$\varepsilon_0\approx8.9\times10^{-12}\ \mathrm{F\,m^{-1}}$ として（式 3.6 を参照）

$$C = \varepsilon_0\frac{A}{d} \approx (8.9\times10^{-12})\frac{1.0}{1.0\times10^{-3}} = 8.9\times10^{-9}\ \mathrm{F}$$

したがって

$$q = C\,\Delta\phi \approx (8.9\times10^{-9})(1.0) \approx 9\times10^{-9}\ \mathrm{C} = 9\ \mathrm{nC}$$

となる．nC の n は $10^{-9}$ を表す SI 接頭語ナノ（nano）の記号である．■

**例題 7.2**　(a) 平行板コンデンサーを充電した後，充電回路を切り離して両極板を絶縁する．その後，極板の間隔を 1/2 に縮めると極板間の電位差はどのように変わるか．

(b) 充電回路につないだまま（電位差を一定に保ち），極板の間隔を 1/2 に縮めると蓄えられた電荷はどのように変わるか．

解　(a) 蓄えた電荷が一定に保たれ，電気容量が 2 倍になるので，電位差は 1/2 となる．物理現象として考えると，極板の電荷密度が一定に保たれるので電場が変化せず，間隔が 1/2 となるので，電場と距離の積である電位差が 1/2 となる．

(b) 電気容量が 2 倍になり，電位差が変わらないので，電荷が 2 倍になる．増えた電荷は充電回路を通して供給された．物理現象としては，極板の間隔が 1/2 となったのに電位差が変わらないから電場が 2 倍，したがって電荷密度が 2 倍になる必要があった．■

## 7.2 電 気 容 量

### 7.2.1 電位差と電荷の比例関係

式 7.5 で述べたように，コンデンサーに蓄える電荷と極板間（真空）の電位差の比

例関係は，電極の形状が平行板でなくても一般に成立する．このことは，§5.5 で学んだ電荷分布と電位の関係を決めるポアソン方程式（式 5.13）

$$\nabla^2 \phi = -\frac{1}{\varepsilon_0}\rho(\boldsymbol{r}) \tag{7.6}$$

の線形性から理解できる．式 7.6 の両辺を $K$ 倍するとき，$\phi$ を $K$ 倍してから $\nabla^2$（2 階微分）の演算をしても同じ結果になるので

$$K\,\nabla^2 \phi = \nabla^2(K\phi) = -\frac{1}{\varepsilon_0}(K\,\rho(\boldsymbol{r})) \tag{7.7}$$

となる．この式は

- 電極表面の電荷分布をいっせいに $K$ 倍にする（蓄える電荷の分布パターンを変えずに電荷密度を $K$ 倍にする）と，空間内の電位がどこでも $K$ 倍になる

ことを示す．言い換えると，等電位面の形が変わらず電極間の電位差も $K$ 倍になることを示している．電極間の電位差と蓄える電荷に比例関係があるということは，電極の形状によらず成り立つ事実であり，コンデンサーの形状によらず電気容量を用いて性能を表せることになる．

**例題 7.3**　図 7.3 のように，金属でつくられた同心の内球（半径 $R_1$）と外球殻（内半径 $R_2$）を電極とするコンデンサーがある．電気容量を求めよ．

解　外球殻の電荷分布は球対称であり内側の空間に電場をつくらない．一方，内球表面の電荷 $q$ による電場は，中空部分（$R_1<r<R_2$）において，中心に点電荷 $q$ があるときと同じで

$$E(r) = \frac{q}{4\pi\varepsilon_0 r^2}$$

となる（例題 4.2 を参照）．内外球の電位差は

$$\Delta\phi = -\int_{R_1}^{R_2} E(r)\,\mathrm{d}r = -\frac{q}{4\pi\varepsilon_0}\int_{R_1}^{R_2}\frac{\mathrm{d}r}{r^2} = \frac{q}{4\pi\varepsilon_0}\left(\frac{1}{R_2}-\frac{1}{R_1}\right)$$

となる（$q>0$ のとき内球の電位が高く，内球を基準とした外球殻の電位 $\Delta\phi$ は負である）．電気容量は

$$C = \left|\frac{q}{\Delta\phi}\right| = 4\pi\varepsilon_0\frac{R_1R_2}{R_2-R_1}$$

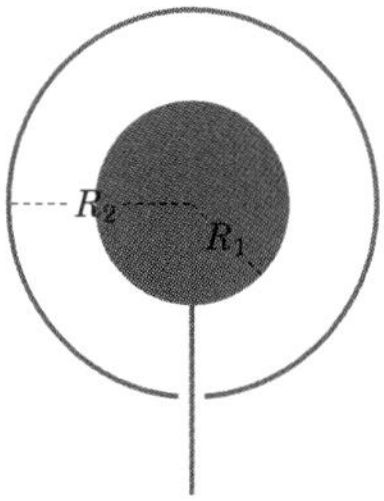


図 7.3　同心球コンデンサー．

となる．■

孤立した 1 個の導体に電荷を蓄えたときも電位が変わる．その導体とペアになる導体が無限遠にあるとして，孤立導体の電気容量を定義することができる．このことを次の例題で確かめよう．

**例題 7.4** 半径 $R=1\ \mathrm{cm}=1.0\times10^{-2}\ \mathrm{m}$ の孤立した金属球の電気容量を有効数字 1 桁で求めよ．

解　導体球は表面にだけ電荷が分布する．総電荷を $q$ とすると，表面の電位は無限遠を基準として

$$\phi = \frac{q}{4\pi\varepsilon_0}\frac{1}{R}$$

であり（例題 5.2 を参照），電気容量は

$$C = \frac{q}{\phi} = 4\pi\varepsilon_0 R$$

となる．この式に $4\pi\varepsilon_0=1/k_0\approx(9.0\times10^9)^{-1}\ \mathrm{F\ m^{-1}}$ を代入し

$$C \approx (9.0\times10^9)^{-1}(1.0\times10^{-2}) \approx 1\times10^{-12}\ \mathrm{F} = 1\ \mathrm{pF}$$

となる．pF の p は $10^{-12}$ を表す SI 接頭語ピコ（pico）の記号である．■

### 7.2.2　誘電体を利用したコンデンサー

極板間を誘電率 $\varepsilon=\varepsilon_\mathrm{r}\varepsilon_0$ の物質で満たした平行板コンデンサーを考えよう．このコンデンサーを充電すると，極板に蓄えた電荷（真電荷）が遮蔽され，電場が真空の場合の $1/\varepsilon_\mathrm{r}$ になる（§6.2.3）．したがって，極板間の電位差も $1/\varepsilon_\mathrm{r}$ となり，電気容量は $\varepsilon_\mathrm{r}$ 倍となる．すなわち

$$C = \varepsilon_\mathrm{r}\varepsilon_0\frac{A}{d} = \varepsilon\frac{A}{d} \tag{7.8}$$

となる．

## 7.3　電気的エネルギー

コンデンサーの負極板から正極板に正電荷を移動するときは，その電荷に加わるクーロン力に抗して仕事をする必要がある．クーロン力は保存力だから（§3.5），電荷の移動経路や手段によらず，この移動には同じ仕事を必要とする．電荷に外力を加

えて電極間の空間を移動させても，コンデンサーに接続した電池で電荷を移動（すなわち充電）しても，必要な仕事は同じである．この仕事は，コンデンサーの電気的な状態（電荷分布，電場，電位）だけを変え，電気的なエネルギーとして蓄えられる．

### 7.3.1 コンデンサーに蓄えられたエネルギー

電気容量 $C$ のコンデンサーの電位差が 0 から $\Delta\phi_0$ になるまで（蓄えられた電荷が 0 から $q_0$ になるまで），極板の一方から他方に電荷を移動する．その途中の状態に注目しよう．電位差が $\Delta\phi$ のとき（蓄積された電荷が $q=C\,\Delta\phi$ のとき），負極板から正極板に運ばれる微小な電荷 $\mathrm{d}q$（$>0$）は，その移動によりクーロン力の位置エネルギー

$$\mathrm{d}U = \mathrm{d}q\,\Delta\phi = \frac{q}{C}\,\mathrm{d}q \tag{7.9}$$

を獲得する．この微小なエネルギーは，外部からコンデンサーに与えられた微小な仕事に等しい．蓄えた電荷が 0 から $q_0$ になるまで，$\mathrm{d}U=(\mathrm{d}U/\mathrm{d}q)\,\mathrm{d}q$ を寄せ集めると

$$U = \int_0^{q_0} \frac{\mathrm{d}U}{\mathrm{d}q}\,\mathrm{d}q = \frac{1}{C}\int_0^{q_0} q\,\mathrm{d}q = \frac{q_0^2}{2C} = \frac{C}{2}\,(\Delta\phi_0)^2 = \frac{1}{2}\,q_0\,\Delta\phi_0 \tag{7.10}$$

となる．この $U$ がコンデンサーに蓄えられた全エネルギーである．

極板間が誘電率 $\varepsilon=\varepsilon_\mathrm{r}\varepsilon_0$ の物質のとき，電気容量 $C$ は真空の場合の $\varepsilon_\mathrm{r}$ 倍となる（式 7.8）．したがって，同じ電位差 $\Delta\phi_0$ で充電しても，極板の電荷が $\varepsilon_\mathrm{r}$ 倍になり，

**Box 14 マイクロホン**

音を電気信号に変換するマイクロホン（マイクロフォン，マイク）の代表格はダイナミックマイクロホンとコンデンサーマイクロホンである．ダイナミックマイクロホンは磁場中で導体が動くと起電力が生じる効果（§13.2）を用いるため電源を必要としない．コンデンサーマイクロホンはコンデンサーの極板間の間隔の変化により電気容量が変化することを利用している．コンデンサーマイクロホンのなかで，普及しているエレクトレットコンデンサー型では，極板として電荷を半永久的に保持した膜を用いる．

コンデンサーマイクロホンは空気の圧力変動を薄い膜の運動に変換するので振動数特性がよく高音域に輝きがある．一方，ステージでよくみかけるダイナミックマイクロホンの一種，ムービングコイル型は，振動部の質量のために低音域の感度が相対的に高くなり“声が太くなった”ように聞こえる．

蓄えられたエネルギーが $\varepsilon_r$ 倍になる（式 7.10 の最右辺）.

**例題 7.5** 電気容量 $C=4400\ \mu F$ のコンデンサーを $\Delta\phi_0=150\ V$ で充電したときに蓄えられるエネルギーを，有効数字 1 桁で求めよ.

**解** $C=4400\times10^{-6}\ F=4.4\times10^{-3}\ F$ で，$U=C(\Delta\phi_0)^2/2=(4.4\times10^{-3})(150)^2/2\approx50\ J$.

**参考** このエネルギーは常温の水 1 mL を約 12 ℃ ほど上昇させる程度だから，小さいようにも思われる．だが 1 μs の間に放電するなら，50 MW（メガワット）の**仕事率**（power, “物理学入門 I. 力学”，§7.1）である．容量の大きなコンデンサーを保管するときは両極板を導線で結び摩擦電気などで帯電しないようにすると共に，その放電は緩やかに行う必要がある．■

### 7.3.2 電荷の系がもつエネルギー

コンデンサーのエネルギーは，極板に蓄えられた電荷のクーロン力による位置エネルギーである．負極板および正極板の電位を，それぞれ 0 および $\Delta\phi_0$ とすると，正電極に蓄えられた電荷 $q_0$ の位置エネルギーは $q_0\,\Delta\phi_0$ となるように思うかもしれないが，そうすると式 7.10 の最右辺と一致しない．この推論の誤りは “電荷の移動に伴い電位差が変化していく” ことを無視したところにある．以下に，式 7.10 が正しいことを示す.

位置エネルギーと電位の基準を無限遠点としよう．まず，2 個の点電荷の系を考え，$\boldsymbol{r}_1$ と $\boldsymbol{r}_2$ に $q_1$ と $q_2$ があるとする．$q_1$ の位置を固定して，$q_2$ を無限遠から $\boldsymbol{r}_2$ まで移動するのに必要な仕事は，$q_2$ の位置エネルギーすなわち式 3.26 と等しく

$$U_{12} = \frac{1}{4\pi\varepsilon_0}\frac{q_1 q_2}{|\boldsymbol{r}_1-\boldsymbol{r}_2|} \tag{7.11}$$

となり，これが $q_1$ と $q_2$ の系に蓄えられたエネルギーである．$q_2$ を固定し $q_1$ を移動しても同じエネルギーだから $U_{12}=U_{21}$ である．また，無限に離れた 2 個の電荷の移動距離を半分ずつにして $|\boldsymbol{r}_1-\boldsymbol{r}_2|$ まで近づけても式 7.11 と同じ結論になる.

次に，3 個の電荷の系を考える．まず，$q_1$ の位置を $\boldsymbol{r}_1$ に固定し，$q_2$ と $q_3$ は無限遠に置く．ここで，$q_2$ だけを無限遠から $\boldsymbol{r}_2$ まで移動すると，系には $U_{12}=U_{21}$ のエネルギーが蓄積される．最後に $q_3$ を $\boldsymbol{r}_3$ まで移動すると，$q_1$ との間に $U_{13}=U_{31}$ のエネルギーが，また $q_2$ との間に $U_{23}=U_{32}$ のエネルギーが蓄積される．したがって，系の全エネルギー $U$ は

$$U = U_{12}+U_{23}+U_{31} = \frac{1}{2}\sum_{\substack{i=1\\(i\neq j)}}^{3}\sum_{j=1}^{3}U_{ij} \tag{7.12}$$

である．右辺の 1/2 は 2 重の総和記号の約束と関係がある．実際，総和記号を書き下すと

$$\sum_{\substack{i=1\\(i\neq j)}}^{3}\sum_{j=1}^{3}U_{ij} = \sum_{\substack{i=1\\(i\neq 1)}}^{3}U_{i1}+\sum_{\substack{i=1\\(i\neq 2)}}^{3}U_{i2}+\sum_{\substack{i=1\\(i\neq 3)}}^{3}U_{i3}$$
$$= (U_{21}+U_{31})+(U_{12}+U_{32})+(U_{13}+U_{23}) \tag{7.13}$$

となり，同じ項を 2 回加えるため，1/2 倍して補正するのである．

一般に，$N$ 個の電荷の系のエネルギーは，式 7.12 の 3 を $N$ に変えて

$$U = \frac{1}{2}\sum_{\substack{i=1\\(i\neq j)}}^{N}\sum_{j=1}^{N}U_{ij} = \frac{1}{2}\sum_{\substack{i=1\\(i\neq j)}}^{N}\sum_{j=1}^{N}\frac{1}{4\pi\varepsilon_0}\frac{q_i q_j}{|\boldsymbol{r}_i-\boldsymbol{r}_j|} = \frac{1}{2}\sum_{i=1}^{N}q_i\phi(\boldsymbol{r}_i) \tag{7.14}$$

と表される．ここで $\phi(\boldsymbol{r}_i)$ は $q_i$ の位置に他のすべての電荷がつくる電位

$$\phi(\boldsymbol{r}_i) = \frac{1}{4\pi\varepsilon_0}\sum_{\substack{j=1\\(j\neq i)}}^{N}\frac{q_j}{|\boldsymbol{r}_i-\boldsymbol{r}_j|} \tag{7.15}$$

である．さらに，領域 V の電荷分布が $\rho(\boldsymbol{r})$ のとき，系に蓄えられたエネルギーは

$$U = \frac{1}{2}\int_{\mathrm{V}}\rho(\boldsymbol{r})\,\phi(\boldsymbol{r})\,\mathrm{d}V \tag{7.16}$$

となる．

金属表面のように領域の電位が一定値 $\phi_0$ であれば，領域内の全電荷を $q_0$ として，

### Box 15　コンデンサーの応用

本章では電荷を蓄積するための装置としてコンデンサーを紹介した．コンデンサーは電池などの電源の機能を一時的に代行させて瞬時に大電流を流すために用いられることが多い．蓄えた電荷が無くなれば電流は取出せなくなるので，この用途に用いるコンデンサーは容量をできるだけ大きくする必要があり，極板の構造や極板間の物質などにさまざまな工夫がされている．

コンデンサーの充電や放電のとき，極板間の電圧が変動すると大きな電流が流れるが，電圧を一定に保って時間が経過すると電流が流れなくなる．すなわち，変動する電圧をコンデンサーに加えると，その変化が速いほど大きな電流が流れるという特徴がある（式 15.3 を参照）．この性質を利用し，脈動する電圧を安定化させる装置や，高い振動数の電気信号だけを通過させる装置への応用も重要である．

式 7.16 は

$$U = \frac{1}{2}\int_{\mathrm{V}} \rho(\boldsymbol{r})\,\phi_0\,\mathrm{d}V = \frac{1}{2}\left(\int_{\mathrm{V}} \rho(\boldsymbol{r})\,\mathrm{d}V\right)\phi_0 = \frac{1}{2}q_0\phi_0 \qquad (7.17)$$

となり，式 7.10 の表現（一方の極板の電位を無限遠と同じ 0 とし，電位差 $\phi_0$ を $\Delta\phi_0$ と書いた）と一致する．

**例題 7.6** 半径 $R$ の金属球に無限遠から運ばれた電荷 $q$ が一様に分布する．この系に蓄えられたエネルギーを求めよ．

解 例題 5.2 より，球表面の電位は $\phi(R)=k_0q/R$ である（$k_0=1/(4\pi\varepsilon_0)$）．この表面に電荷 $q$ が分布するから

$$U = \frac{1}{2}q\,\phi(R) = \frac{1}{2}qk_0\frac{q}{R} = \frac{1}{8\pi\varepsilon_0}\frac{q^2}{R}$$

を得る．■

### 7.3.3 電場のエネルギー密度

ここで視点を変え，コンデンサーに蓄えられたエネルギーは，極板間の空間に蓄えられた電場のエネルギーであると考える．弾性体では“ひずみ（平衡位置からの変位）”が生じた領域にエネルギーが蓄えられるが，これと同様に，空間の電気的性質の“ひずみ”，すなわち電場がある領域に電気的なエネルギーが蓄えられる．

平行板コンデンサーの内部の電場は一様だから，極板間の電位差と電場の関係は

$$\Delta\phi_0 = Ed \qquad (7.18)$$

である．電気容量は $C=\varepsilon_0A/d$ なので，コンデンサーのエネルギーの式 7.10 は

$$U = \frac{C}{2}(\Delta\phi_0)^2 = \frac{\varepsilon_0A}{2d}(Ed)^2 = \frac{1}{2}\varepsilon_0E^2(Ad) \qquad (7.19)$$

となる．$Ad$ はこのエネルギーを蓄えた空間の体積だから，電場 $E$ が存在する空間のエネルギー密度（単位体積あたりのエネルギー）は

$$u = \frac{U}{Ad} = \frac{1}{2}\varepsilon_0E^2 \qquad (7.20)$$

と表される．式 7.20 は一様な電場でなくても成り立ち，さらに時間的に変化する電場でも成り立つ．

**例題 7.7**　例題 7.6 を電場のエネルギー密度を用いて計算せよ.

解　例題 5.2 より中心から $r$ の位置の電場の大きさは

$$E(r) = \frac{q}{4\pi\varepsilon_0 r^2}$$

であり，電場のエネルギー密度は

$$u(r) = \frac{1}{2}\varepsilon_0 E(r)^2 = \frac{q^2}{32\pi^2\varepsilon_0}\frac{1}{r^4}$$

である．電場が存在する領域（$r$: $R\to\infty$）の全域について，球対称の体積素片を $\mathrm{d}V = 4\pi r^2\,\mathrm{d}r$ として（式 M4.5 を参照），$u(r)\,\mathrm{d}V$ を寄せ集めると

$$U = \int_{\mathrm{V}} u(r)\,\mathrm{d}V = \frac{q^2}{32\pi^2\varepsilon_0}\int_R^\infty \frac{1}{r^4}\,4\pi r^2\,\mathrm{d}r = \frac{q^2}{8\pi\varepsilon_0}\left[-\frac{1}{r}\right]_R^\infty = \frac{1}{8\pi\varepsilon_0}\frac{q^2}{R}$$

を得て，例題 7.6 と同じになる. ■

誘電体の領域では，電束密度 $D=\varepsilon E$ を用いると，エネルギー密度が

$$u = \frac{1}{2}\varepsilon E^2 = \frac{1}{2}(\varepsilon E)E = \frac{1}{2}ED \tag{7.21}$$

と表される．電束密度を内部電場と分極により書き直すと（式 6.14）

$$u = \frac{1}{2}ED = \frac{1}{2}E(\varepsilon_0 E + P) = \frac{1}{2}\varepsilon_0 E^2 + \frac{1}{2}PE \tag{7.22}$$

すなわち，誘電体中のエネルギー密度は，内部電場だけによる $\varepsilon_0 E^2/2$ と，誘電分極による $PE/2$ の和となる（例題 7.8 を参照）.

**例題 7.8**　電場に比例する電気双極子モーメント $p=\alpha E$ がある．この電気双極子モーメントが 0 から $p$ になるまでに，電場がした仕事が $\alpha E^2/2$ となることを示し，式 7.22 の最右辺の $PE/2$ が誘電分極のエネルギー密度であることを確かめよ.

解　距離 $z$ だけ離れた電荷のペア $\pm q$ の電気双極子モーメント $p=qz$ が，外部の電場により誘起され，$p=qz=\alpha E$ という関係があるとしよう．このとき $z=\alpha E/q$ であり，電場を $\mathrm{d}E$ だけ大きくすると距離は $\mathrm{d}z=\alpha\,\mathrm{d}E/q$ だけ増す．正電荷に加わるクーロン力が $F=qE$ だから，この変化の間に電場がする仕事は

$$F\,\mathrm{d}z = F\frac{\mathrm{d}z}{\mathrm{d}E}\mathrm{d}E = qE\frac{\alpha}{q}\mathrm{d}E = \alpha E\,\mathrm{d}E \qquad ①$$

となる（負電荷の位置は固定して考える）．電場を 0 から $E$ まで大きくしたときの仕事は式 ① を寄せ集め

$$w = \int_0^E \alpha E' \, \mathrm{d}E' = \frac{\alpha}{2} E^2 \qquad ②$$

である．

式 6.2 から，誘電体中の分子の密度を $n=N/V$ とすると，分極は

$$P = pn = \alpha n E \qquad ③$$

である．これに対応して，エネルギー密度は式 ② と ③ を用いて

$$u = wn = \frac{\alpha}{2} E^2 n = \frac{1}{2} (\alpha n E) E = \frac{1}{2} PE$$

となる．

参考　この比例定数 $\alpha$ を原子・分子の**分極率**（polarizability）という．■

## 7.4 極板に加わる力

コンデンサーの両極板の正負の電荷はクーロン力で引き合うので，極板には力が加わる．次の例題で，平行板コンデンサーについて，その力の大きさを考察する．

**例題 7.9**　平行板コンデンサーの極板に電荷密度 $\pm\sigma$ の一様な電荷分布があり，両極板は絶縁されている．クーロン力により両極板の電荷は引力を及ぼし合う．コンデンサーの内外が真空のとき，極板に加わる圧力（単位面積あたりの引力の大きさ）を求めよ．

解　負の極板に加わる圧力を求めよう．正の極板の電荷が，負の極板の位置につくる電場の大きさは

$$E = \frac{\sigma}{2\varepsilon_0}$$

であり（例題 4.3 を参照），これが負電荷に引力を及ぼす．章末問題 4.3 で調べたように，この電場の大きさは，極板間の電場の大きさの 1/2 であることに注意せよ．極板間の空間には正負両方の電荷が電場をつくるが，負の極板上では，負電荷がつくる電場は極板の面内方向となる．

極板の面積 $A$ に含まれる負電荷 $-\sigma A$ が受ける力の大きさは

$$F = \sigma A E = \frac{\sigma^2}{2\varepsilon_0} A$$

したがって，圧力すなわち単位面積あたりの力の大きさ $f$ は

$$f = \frac{F}{A} = \frac{\sigma^2}{2\varepsilon_0}$$

となる．正極板もまったく同様である．両極板は圧力 $f$ で引力を及ぼし合う．

別解　極板の面積を $A$，間隔を $x$ とすると，電気容量は $C=\varepsilon_0 A/x$ であり，コンデンサーに蓄えられたエネルギーは，式 7.10 から

$$U(x) = \frac{q_0^2}{2C} = \frac{q_0^2}{2\varepsilon_0 A}x$$

である．これを負の極板の位置エネルギーと考えると，極板に加わる力の大きさは

$$F = \left|-\frac{\partial U}{\partial x}\right| = \frac{q_0^2}{2\varepsilon_0 A} = \frac{(\sigma A)^2}{2\varepsilon_0 A} = \frac{\sigma^2}{2\varepsilon_0}A$$

となる．■

## 7.5 電気容量の合成

コンデンサーを**回路素子***として用いるとき**並列**（parallel）あるいは**直列**（series）に接続することがある．回路図中でコンデンサーの記号は ⊣⊢ である．

図 7.4 のように，電気容量が $C_1$ と $C_2$ のコンデンサーを並列に接続して一組とし，共通の電位差 $\Delta\phi$ を与えると，それぞれに蓄えられる電荷が

$$q_1 = C_1\,\Delta\phi, \qquad q_2 = C_2\,\Delta\phi \tag{7.23}$$

となるので，この組の全電荷は

$$q = q_1 + q_2 = (C_1 + C_2)\Delta\phi \tag{7.24}$$

である．コンデンサーの並列接続では，合成された電気容量が

$$C = C_1 + C_2 \tag{7.25}$$

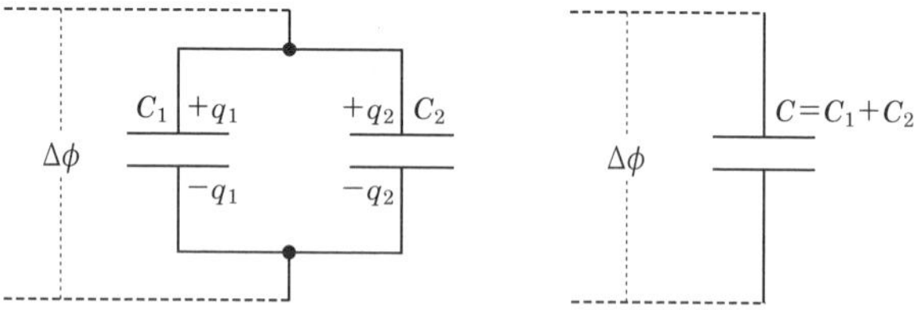


図 7.4 並列接続．

* 電気回路の構成要素となるもの，たとえば抵抗，コンデンサー，コイル，ダイオードやトランジスタなど，またそれらを組合わせて特定の機能をもたせたものも含めて回路素子という．

となる．並列接続する平行板コンデンサーの極板間隔が同じ場合，接続後の極板の面積はそれぞれの和となるから，電気容量も和になると考えればわかりやすい．

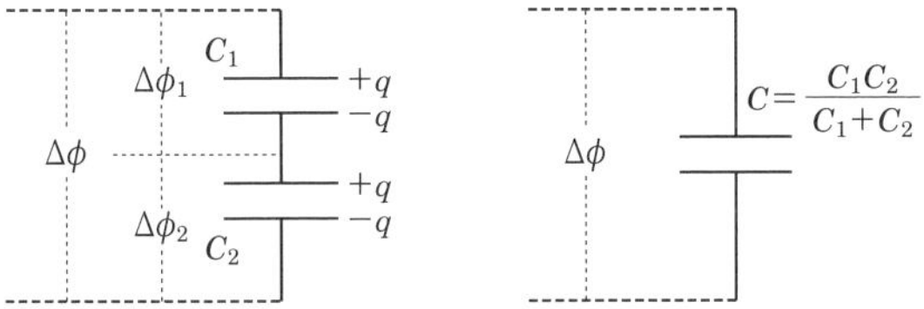


図 7.5 直列接続.

次に，図 7.5 のように，$C_1$ と $C_2$ のコンデンサーを直列に接続して一組とし，電位差 $\Delta\phi$ を与えてみよう．どちらのコンデンサーもはじめは電荷を蓄えていないので，接続された 2 枚の極板の全電荷は 0 である．充電後，これらの極板には，正負同量の電荷が分かれて蓄えられる．すなわち，どちらのコンデンサーも同じ電荷 $q$ を蓄積しそれぞれの電位差が

$$\Delta\phi_1 = \frac{q}{C_1}, \qquad \Delta\phi_2 = \frac{q}{C_2} \tag{7.26}$$

となる．
全体の電位差は

$$\Delta\phi = \Delta\phi_1 + \Delta\phi_2 = \left(\frac{1}{C_1} + \frac{1}{C_2}\right)q \tag{7.27}$$

だから，直列接続のコンデンサーは電気容量が

$$\frac{1}{C} = \left(\frac{1}{C_1} + \frac{1}{C_2}\right) \tag{7.28}$$

したがって

$$C = \left(\frac{1}{C_1} + \frac{1}{C_2}\right)^{-1} = \frac{C_1C_2}{C_1 + C_2} \tag{7.29}$$

となる．

直列接続する平行板コンデンサーの極板面積が同じ場合，接続後の極板の間隔はそれぞれの和となるから，電気容量の逆数が和になると考えればわかりやすい．

## 章末問題

**7.1**　電極間隔 $d$，容量 $C$ の平行板コンデンサーの極板間に，電気的に中性で絶縁された金属板（厚さ $d_{\rm m}$）を極板と平行に挿入し，電極間を $d=d_1+d_{\rm m}+d_2$ のように分割した（挿入した金属板と両側の極板との間隔が $d_1$ と $d_2$）．挿入した後の容量 $C'$ と，もとの容量 $C$ の比を求めよ．

**7.2**　容量 $C$ の平行板コンデンサーの電極を外部の回路から切り離し，各極板に電荷 $q_1$ と $q_2$（$q_2>q_1>0$）を与えた．電極間の電位差を求めよ．

**7.3**　平行板コンデンサー（面積 $A$，間隔 $d$，容量 $C$）に電荷 $Q$ を蓄え電位差を $\phi$ とした後，電気的に外部から孤立させる．極板間の間隔を $\Delta d$（$\ll d$）だけ大きくしたとき，電極間の電位差の変化 $\Delta\phi$ はどれだけか．

**7.4**　右図のような同軸円筒〔半径 $a$ と $b$（$b>a$），長さ $L$〕を電極とするコンデンサーがある．蓄えた電荷が $q$ のとき，内外の円筒に挟まれた半径 $r$ の同軸円筒上の電場の大きさ $E(r)$ と，電極間の電位差 $\Delta\phi$，およびコンデンサーの容量 $C$ を求めよ．

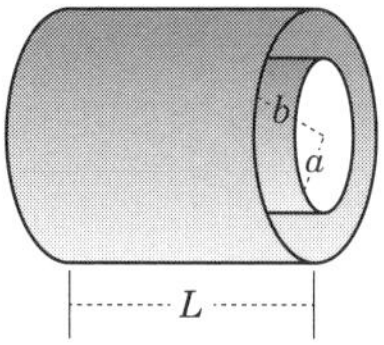


**7.5**　同じ電荷 $q$ をもつ 3 個の点電荷があり，最初に互いの距離が無限大で系のエネルギーが 0 であった．それぞれを点 $\boldsymbol{r}_1=(-a,0,0)$，$\boldsymbol{r}_2=(a,0,0)$，$\boldsymbol{r}_3=(0,0,0)$ に移動したとき，電荷系に蓄えられたエネルギー $U$ を次の 2 通りの方法で求めよ．

(a) 式 7.14 を形式的に適用する．

(b) “まず $q_1$ を $\boldsymbol{r}_1$ に運び，そのあと $q_2$ を $\boldsymbol{r}_2$ に運び，最後に $q_3$ を $\boldsymbol{r}_3$ に運ぶ” 過程を計算する．

**7.6**　真空中に一様な電場がある．その大きさが $1\ {\rm V\,m^{-1}}$ のとき，空間の電気的エネルギーの密度 $u$ を有効数字 1 桁で求めよ．

# 8 オームの法則と直流回路

導体内に電位差があると電流が流れ，電位差と電流に比例関係が成り立つことが多い．このオームの法則に関連して，ジュール熱，電力，電池の起電力，抵抗の合成，回路の解析のためのキルヒホッフの法則など，電気回路の基礎を学ぶ．

## 8.1 オームの法則

オーム（Georg Simon Ohm，1789～1854）は，実験から得た経験則を提唱した（1827）．これは，導体の 2 点間にはその電位差 $\Delta\phi$ に比例して電流 $I$ が流れる，すなわち

$$\Delta\phi = RI \tag{8.1}$$

というものであり，**オームの法則**（Ohm's law）という．式 8.1 の比例定数 $R$ を**電気抵抗**（electric resistance）あるいは単に**抵抗**（resistance）という．抵抗の単位には**オーム**（ohm，記号は Ω（オメガ））を用い，$1\,\Omega = 1\,\mathrm{V\,A^{-1}}$ である．

前章までの静電的な状態とは異なり，電流が流れる導体は，金属であっても内部に電場があることに注意しよう．

図 8.1 a に示す形状も抵抗も同じ導体を，図 b のように接続すると長さが 2 倍になるため，同じ電流を流すのに必要な電位差が 2 倍になり，全体の抵抗が 2 倍になる（直列接続）．一方，図 c のように接続すると断面積が 2 倍になるため，同じ電位差で 2 倍の電流が流れ，全体の抵抗が 1/2 になる（並列接続）．このように，同じ物質でも抵抗値は形状により変わり，長さ $L$ に比例し，断面積 $S$ に反比例する．

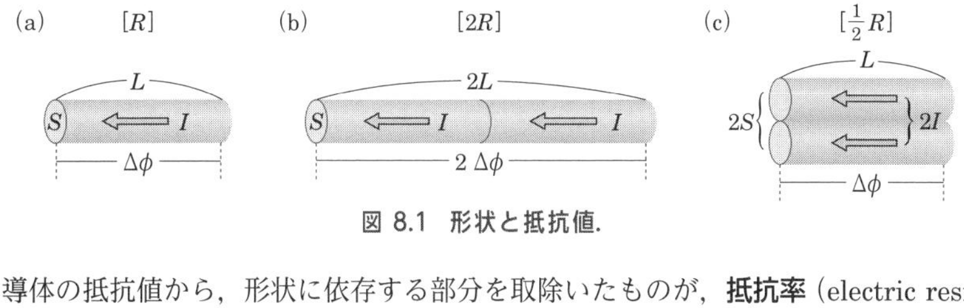


図 8.1　形状と抵抗値．

導体の抵抗値から，形状に依存する部分を取除いたものが，**抵抗率**（electric resistivity，比電気抵抗，体積抵抗率，比抵抗ともいう）

$$\rho = R\frac{S}{L} \tag{8.2}$$

である．$\rho$ の値は同じ物質でもその状態（温度や圧力など）によって変化する（Box 16）．抵抗率の単位は $\Omega\,\mathrm{m}$ である．前章まで，電荷密度を表す文字として $\rho$ を用いていたが，文脈から判断すれば抵抗率の $\rho$ と混同することはないだろう（ただし本章では，電荷密度を表すとき添え字 e を付けて区別する）．

図 8.1a の断面積 $S$，長さ $L$ の導体について，式 8.1 のオームの法則を抵抗率 $\rho$ を用いて表そう．$\rho$ は導体内部で一様とし，電流密度 $\boldsymbol{j}$ と電場 $\boldsymbol{E}$ は断面に垂直で大きさは一定とする．式 8.1 と式 8.2 から $R$ を消去すると $\Delta\phi=\rho LI/S$ となる．一方，電場の大きさは $E=\Delta\phi/L$，電流密度の大きさは $j=I/S$ であるから（§5.1 と §1.6）

$$E = \frac{\rho LI}{S}\frac{1}{L} = \rho\frac{I}{S} = \rho j \tag{8.3}$$

を得る．このように，$\rho$ を用いたオームの法則は，電場と電流密度の関係式として表される．

式 8.3 の導出では，導体中で電場と電流密度が一定であると仮定した．しかし，微

## Box 16　物質の電気抵抗

金属の抵抗率は非常に小さく $10^{-7}\sim10^{-8}\,\Omega\,\mathrm{m}$ であり，導体として理想的といえる．これは伝導電子の密度が非常に高いからである．電子を古典的な粒子とするモデルでは，電場による電子の加速と頻繁に生じる散乱による減速の結果，平均速度（したがって電流）と電場が比例する．こうしてオームの法則が成り立つことになる．散乱の原因としては，金属原子（イオン）の熱振動や不純物原子あるいは結晶格子の欠陥などがある．抵抗率の温度依存の特性は，散乱の原因により異なるが，総じて温度が高いほど抵抗が大きい．これらのメカニズムの理解には量子力学が必須である（p.5，§1.3 脚注を参照）．

シリコンやゲルマニウムなどの半導体の抵抗率は $1\sim10^{3}\,\Omega\,\mathrm{m}$ だが，含まれる不純物の種類や成分比により大きく変化する．半導体で電流を担う電子と正孔（電子が抜けて正電荷をもつようになった部分）の密度は，温度が上昇すると増加し，抵抗率が急激に低下する．たとえば接触型の電子体温計はこの性質を利用している．また，コンピューターなど電子機器の冷却を怠ると，温度が上昇して抵抗が下がり，電流が余計に流れ温度が上がるという悪循環に陥る（熱暴走）．半導体部品の設計をするときにも，量子力学を用いてこのような性質を正しく理解する必要がある．

炭素を骨格とする有機化合物の多くは絶縁体だが，有機半導体や導伝性高分子などもある．白川英樹（1936～）は導電性高分子の発見と開発によりノーベル化学賞を受賞した（2000）．

小な領域に注目すればこの仮定は常に成り立ち，オームの法則の表現として式 8.3 は式 8.1 よりも適用性に富んでいる．

電気の流れやすさを表す量として，抵抗率の逆数

$$\sigma = \rho^{-1} \tag{8.4}$$

を導入し，**電気伝導率**（electric conductivity，**電気伝導度**）という．$\sigma$ は前章まで電荷の面密度を表す記号として用いてきたが，本章では $\rho_e$ と同様に $\sigma_e$ と書いて区別する．ただし，同じ記号を使っても文脈から判断すれば誤解は生じないだろう．電気伝導率の単位は $\Omega^{-1}\,\mathrm{m}^{-1}$ であるが，これを $\mathrm{S\,m^{-1}}$ と表すこともある．S は**ジーメンス**（siemens）と読み，$\Omega^{-1}$ を表す記号である．

電流密度と電場をベクトルとして扱うとき，式 8.3 は

$$\boldsymbol{j} = \sigma \boldsymbol{E} \tag{8.5}$$

と表される．

## 8.2 定常電流と導体内部の電場

オームの法則に従う導体の内部に定常電流（§1.3）が流れ，電流密度 $\boldsymbol{j}$ や電荷密度 $\rho_e$ が時間的に変動しないとする．このとき，式 8.5 からわかるように導体中には電流を駆動する電場 $\boldsymbol{E}$ がある．電荷保存則を用いて，オームの法則に従って定常電流が流れる導体中の電場の性質を調べよう．

まず，電流が流れること以外には時間的な変化がないとする．特に，電荷密度が時間的に変動せず $\partial\rho_e/\partial t = 0$ となるので，式 2.12 の電荷保存則から

$$\frac{\partial \rho_e}{\partial t} + \nabla \cdot \boldsymbol{j} = \nabla \cdot \boldsymbol{j} = 0 \tag{8.6}$$

である．式 8.5 のオームの法則 $\boldsymbol{j} = \sigma\boldsymbol{E}$ を $\nabla \cdot \boldsymbol{j} = 0$ に代入する．ここで，電気伝導率 $\sigma$ が導体内部で一様，すなわち定数であるとすると

$$\nabla \cdot (\sigma \boldsymbol{E}) = \sigma \nabla \cdot \boldsymbol{E} = 0 \tag{8.7}$$

となり，$\boldsymbol{E}$ に対する制約条件は

$$\nabla \cdot \boldsymbol{E} = 0 \tag{8.8}$$

であることがわかった．すなわち，オームの法則が成り立つとき，導体内部の静電場

は，電荷 0 の領域の静電場と同じ振舞いをする（§5.5）.

**例題 8.1**　電気伝導率が異なる導線を接続し，電流を流す．境界面（電流密度ベクトルに垂直）の両側の電場を比較せよ．ただし，電荷密度は時間的に変化しないとする．

**解**　電荷密度は時間的に変化しないから，電荷保存則により電流密度は空間的に変化せず，特に境界面の両側（導線 1 と 2）で同じ値になる．すなわち

$$j_1 = j_2$$

である．これを，式 8.5 のオームの法則により電場の関係として表すと

$$\sigma_1 E_1 = \sigma_2 E_2 \qquad ①$$

となるから

$$\frac{E_1}{E_2} = \frac{\sigma_2}{\sigma_1}$$

となる．この式は，電流密度が同じなら，電気伝導率が大きくて電流が流れやすい領域ほど電場が小さいことを表す．

**参考**　境界面を $xy$ 平面とし $\boldsymbol{j}$ の向きを $z$ 軸正方向とする．$\boldsymbol{E}$ は $\boldsymbol{j}$ と同じ方向だから $z$ 成分しかもたない．また境界面と平行に移動しても電気伝導率 $\sigma$ と $\boldsymbol{E}$ は変化しないから，これらは $z$ だけの関数となる．式 8.7 は

$$\nabla \cdot (\sigma \boldsymbol{E}) = \frac{\partial}{\partial x}(\sigma E_x) + \frac{\partial}{\partial y}(\sigma E_y) + \frac{\partial}{\partial z}(\sigma E_z) = \frac{\partial}{\partial z}(\sigma E) = 0$$

ただし，$E_z = |\boldsymbol{E}| = E$ と書いた．境界面の両側の距離 $\Delta z$ だけ離れた 2 点で $\sigma_1 E_1$ と $\sigma_2 E_2$ を比較すると

$$(\sigma_2 E_2 - \sigma_1 E_1) \approx \Delta z \frac{\partial}{\partial z}(\sigma E) = 0 \qquad \Rightarrow \qquad \sigma_1 E_1 = \sigma_2 E_2$$

であり，式 ① が成り立つ．

同じ内容を発散定理（§2.3.3）により示すこともできる．境界面を含む円板領域（境界面と平行な面積 $A$ の底面，厚み $h$）を考える．$\boldsymbol{E}$ と両底面の面積素片ベクトル $\mathrm{d}\boldsymbol{S}$ は平行である．この領域について，$\nabla \cdot (\sigma \boldsymbol{E}) = 0$ に発散定理を適用すると

$$\int_{\mathrm{V}} \nabla \cdot (\sigma \boldsymbol{E})\, \mathrm{d}V = \int_{\mathrm{S}} \sigma \boldsymbol{E} \cdot \mathrm{d}\boldsymbol{S} = (\sigma_1 E_1 - \sigma_2 E_2) A = 0$$

となり，式 ① を得る．

この領域に式 4.16 のガウスの法則（微分形）を適用すると，電荷密度 $\rho_{\mathrm{e}}$ をもつ厚み $\Delta z$ の層は面密度が $\sigma_{\mathrm{e}} = \rho_{\mathrm{e}} \Delta z$ だから

$$\nabla \cdot \boldsymbol{E} = \frac{\partial E}{\partial z} = \frac{1}{\varepsilon_0}\rho_{\mathrm{e}} \quad \Rightarrow \quad \frac{1}{\Delta z}(E_1 - E_2) \approx \frac{1}{\varepsilon_0}\rho_{\mathrm{e}}$$
$$\Rightarrow \quad \varepsilon_0(E_1 - E_2) \approx \rho_{\mathrm{e}}\,\Delta z = \sigma_{\mathrm{e}}$$

となる．この内容を積分形（式 4.15）で書くと

$$\int_{\mathrm{S}} \boldsymbol{E} \cdot \mathrm{d}\boldsymbol{S} = (E_1 - E_2)A = \frac{1}{\varepsilon_0}Q \quad \Rightarrow \quad \sigma_{\mathrm{e}} = \frac{Q}{A} = \varepsilon_0(E_1 - E_2)$$

となる．こうして，$(E_1 - E_2)$ に比例する面密度 $\sigma_{\mathrm{e}}$ の電荷分布が境界面にあることがわかる．なお，電流密度が境界面に垂直でないときは，電場の向きが変化する．■

## 8.3 ジュール熱と電力

ジュール（James Prescott Joule，1818～1889）は，水中の導線にボルタ電池で電流を流し，導線で発生する熱量を水温の上昇から測定した．彼はこの熱量と電流 $I$ および導線の抵抗 $R$ の関係が

$$\text{単位時間に発生する熱量} = RI^2 \tag{8.9}$$

となることを見いだした（1840）．これを**ジュールの法則**（Joule's law）*という．また，このとき発生する熱を**ジュール熱**（Joule heat）という．

式 8.9 の右辺は，オームの法則により

$$RI^2 = I(RI) = I\,\Delta\phi \tag{8.10}$$

と表せる．抵抗の両端の電位差を $\Delta\phi$ に保ち，時間 $\Delta t$ にわたり電流 $I$ を流すとしよう．電位差 $\Delta\phi$ のために，電荷 $\Delta q = I\,\Delta t$ の位置エネルギーは抵抗の両端で $\Delta U = \Delta q\,\Delta\phi$ だけ異なる（式 5.3 を参照）．一方，電流は抵抗に入る前と出た後で同じ値だから，荷電粒子の平均の速さが同じになり，粒子の運動エネルギーの平均も同じである．すなわち，電位差によるエネルギー $\Delta U$ はすべて抵抗に渡されるのである．単位時間に抵抗が受け取るエネルギー $P$ は

$$P = \frac{\Delta U}{\Delta t} = \frac{\Delta q\,\Delta\phi}{\Delta t} = I\,\Delta\phi \tag{8.11}$$

であり，式 8.10 のジュール熱に一致する．

$P(=I\,\Delta\phi)$ を**電力**（electric power）というが，力学で学んだ仕事率（“物理学入

* 正確にはジュールの第 1 法則という．ジュールの第 2 法則は“理想気体の内部エネルギーがその絶対温度だけに依存する”という熱力学の法則である．

門I. 力学", 7 章）と同じものである．電位差が $\Delta\phi$ の部分に電流 $I$ が流れていれば，その部分に供給される電力が決まる．電力の定義が抵抗やオームの法則とは無関係であることに注意しよう．電力が消費されると，熱や光が生じ，あるいは外部に力学的な仕事をしたり化学変化を生じたりする．

電力の単位は 1 J のエネルギーを 1 s で割った $1\,\mathrm{J\,s^{-1}}$ であり，これを 1 **ワット**（watt，記号は W）という．$\Delta\phi=1\,\mathrm{V}$，$\Delta q=1\,\mathrm{C}$ のとき $\Delta U=\Delta q\,\Delta\phi=1\,\mathrm{J}$ だから（§ 5.2）

$$1\,\mathrm{W} = 1\,\mathrm{J\,s^{-1}} = 1\,\mathrm{C\,V\,s^{-1}} = 1\,\mathrm{V\,C\,s^{-1}} = 1\,\mathrm{V\,A} \qquad (8.12)$$

となる．すなわち，1 W とは電位差 1 V のところに電流 1 A が流れるときの電力である．

## 8.4 直 流 回 路

**電気回路**（electric circuit）は，さまざまな回路素子が導線で結合され電流が一巡する構成となっている*．本節では，抵抗と電池を導線で結合した回路について学ぶ．この回路の特徴は，電池の電極間の電位差が各抵抗に分割されて加わり，どの抵抗にもオームの法則に従って定常電流が流れることである．

この回路では，電流が流れていること，およびジュール熱が発生していることを除けば，電気的な状況は時間的に変わらず，特に電荷分布が変動することはない．導線が分岐・結合する点を**節点**（nodal point）というが，節点の電荷は変動しないとするから，電荷保存則により，ある節点に流入・流出する電流の和が 0 となる．また 2 節点を結ぶ導線の一つに注目すると，そこに何個の素子が含まれても，それらに流れる電流は同じである（例題 2.1 を参照）．

回路を構成する導線，電池，抵抗などを記号化し，接続の仕方を描いたものを回路

### Box 17 電 力 料 金

電力会社に支払う料金は消費したエネルギー（消費電力量あるいは電力量という）に応じて設定される．エネルギーは電力と時間の積である．電力量の場合は**ワット時**（watt-hour，Wh）という単位が実用的に用いられ，1 Wh＝3600 J である．一般家庭では 1 カ月に数 100 キロワット時（kWh）を消費する．

---

* 抵抗，コイル，コンデンサーを受動素子という．受動素子とは，供給された電力を消費・蓄積・放出する素子で，整流・増幅などの能動動作を行わないものをいう．これらの素子では，素子に加わる交流の複素電圧と複素電流が比例する（§ 15.1.3）．一方，トランジスタやダイオードなどは能動素子といい，整流・増幅など非線形な動作をする．受動素子だけで構成する回路を電気回路といい，能動素子を含む回路を電子回路という．

図という．図 8.2 に簡単な回路を示した．記号は，─▭─ が抵抗，─┤├─ が電池（長い線が正極，p.6，Box 2）である．図中の $V$ は矢印両端の電位差を表すが，回路を解析するとき，この電位差を**電圧**（voltage）というのが普通である．

実際の導線には抵抗があり，電流を流すために導線内部でも電場が必要だが，回路図に記された理想的な導線には抵抗がなく一続きの導線はどこも同じ電位と約束する．電池も理想化され，一定の電圧を供給し続ける装置（定電圧電源）とする．実際の電池には**内部抵抗**（internal resistance）があるが，これを回路図に取込むときは，図 8.2 の $r$ のように電池と切り離して抵抗を記入する．

電気回路では，電位の基準となる節点を指定する．図 8.2 の節点 B に記された記号（⏊）がそれである．また，この基準点を接地する（大地に接続する）ときは，⏚ という記号でこれを示す．日常的に用いる装置では適切な節点と外側の箱を接続し，さらにこれを接地することが多い．

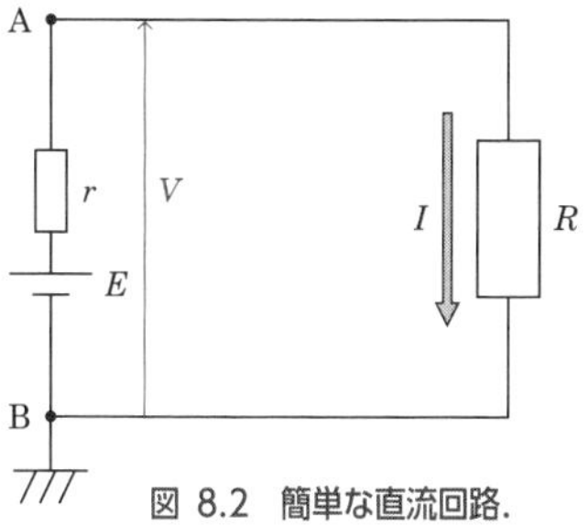


図 8.2 簡単な直流回路.

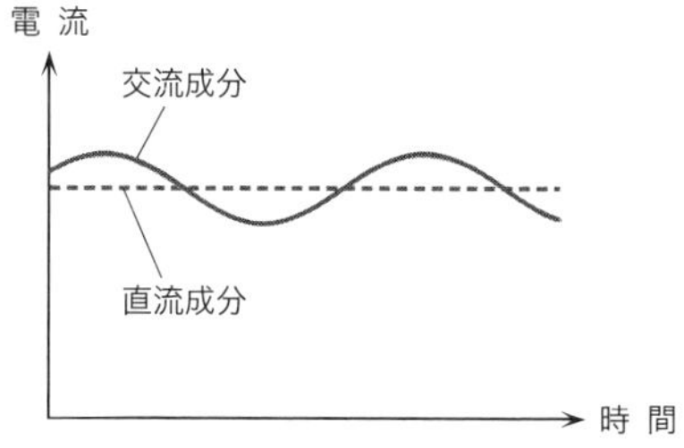


図 8.3 直流成分と交流成分.

時間的に一定な電流すなわち定常電流が流れる回路を直流回路という．“直流”は流れの向きが変わらないというのが本来の意味だが，“定常”と同義に用いられる．図 8.3 のように，一般には電流は時間的に変動するので，この波形を**直流**（direct current，DC）成分と，変動する成分すなわち**交流**（alternating current，AC）成分の和として表す．

直流と対になる用語の交流は，流れる向きが周期的に変化する電流を指し，建物内の壁コンセントから供給される正弦波交流（sin 関数，cos 関数に従って単一の振動数で時間的に変動）はその典型である．複雑な振動波形をつくるにはさまざまな振動数の単振動を重ね合わせるが，本書では正弦波交流だけを扱い，これを単に交流ということにする．15 章で学ぶ交流回路は交流が流れる回路である．電圧についても直流成分と交流成分があり，これらを直流電圧あるいは交流電圧という*.

* “直流電位差”“交流電位差”とは言わない.

### Box 18 接 地

接地には種々の目的がある．たとえば，保安（感電防止や避雷），電流の帰路（アンテナ，信号帰路用），基準となる電位の確保（電子回路や電気信号の基準電位を定める），静電気防止などである．

接地していない電気器具が漏電していると，人が触れたとき電流は人体を通り大地へと流れていく（感電）．感電を防止するための接地は，接地用の導線に抵抗の小さいものを用い，電流が流れても大きな電圧が発生しないようにするだけでなく，先端の導体を地面に直接に埋込む必要がある．摩擦電気などで帯電した状態で半導体部品を扱ったりすると破損事故につながることがあるが，このとき静電気を大地に逃がす目的で手首に導電性のバンドをはめて接地することもある．

右図 a のように，家庭用の壁コンセント（100 V 交流）の長いほうの電極は接地されている．2 個の電極に加えて 3 番目の接地極をもつコンセント（図 b）もある．感電事故対策とは別に，ノイズ対策などで接地を前提として設計された装置を扱うときは，電源プラグをコンセントに差し込む向きや接地線の接続に注意する．

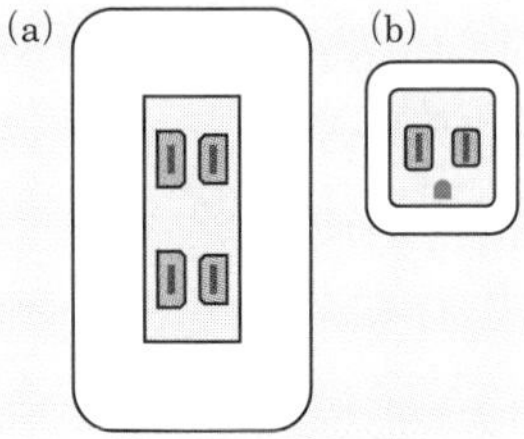


家庭用の壁コンセント．接地側電極と接地極．

## 8.5 起電力と内部抵抗

### 8.5.1 電池の起電力

電池が組込まれた回路を流れる電流は，電池の外部では正極から負極（高電位から低電位）に向かうが，電池の内部では負極から正極に向かって流れる．これが，電池を“水を高いところに汲み上げるポンプ”になぞらえて説明する理由である．

直流回路を巡る伝導電子は，電池を出発したときにもっていたエネルギーをすべてジュール熱に変え，電池に戻ってくる．この伝導電子は，前に出発したときと同じエネルギーをもって再び電池を出発するから，電池の内部で化学反応によって伝導電子が得るエネルギーと，回路で消費するエネルギーは等しい．電池は，内部に蓄積した化学的なエネルギーを電気的なエネルギーに変換する装置である．

一方，回路に接続していない電池では，正負の電荷が分離して電極に存在する．このように正負の電荷を分離させる原因を**起電力**（electromotive force，emf）という．起電力には，電池のように化学反応に起因するものだけでなく，異種の金属を接触し温度差を与えると発生する熱起電力や，変動する磁場中の電磁誘導現象に起因する誘導起電力（13 章）などもある．

分離した正負の電荷により電極間に電位差が生じることは，電池もコンデンサーもまったく同じである．電位差があると電場が生じ，電荷はクーロン力を受ける．電池の内部では電荷がクーロン力に逆らって電極間を移動するが，それには電荷が外部からエネルギーをもらう必要がある．このエネルギーの供給源が電池の化学反応による起電力である．回路から切り離された電池の内部で起電力により電荷が移動し，電極の電荷が増え電極間の電位差が増大する．ここで，電荷 $q$ が起電力のために得るエネルギーを $q\,\Delta\phi_0$ としよう．このとき，電位差が $\Delta\phi_0$ に達すると電荷の移動が止まり，静電的な状態が実現する（回路から切り離した後，十分に時間が経過した電池はこの状態にある）．こうして，電流が流れていない電池の電極間の電位差により，起電力の大きさを評価できる．起電力が 1 V とは，1 C の電荷に 1 J のエネルギーを与える能力があるという意味である（§ 5.2）．

### 8.5.2 電池の内部抵抗

電池の内部にはオームの法則に従う抵抗（内部抵抗）がある．起電力 $E$ の電池に電流 $I$ が流れるとき，内部抵抗を $r$ とすると，電極間電圧は

$$V = E - rI \tag{8.13}$$

である．電池は放電と共に劣化して内部抵抗が増加し，最終的には，わずかな電流を取出しても電極間の電圧が大きく降下して，回路の動作に必要な電圧を供給できなくなる．発電所の発電機についても内部抵抗を考えなければいけない．この場合は，電流が非常に大きいので，小さな内部抵抗であっても発生するジュール熱（式 8.9 を参照）は発電効率を考えるうえで無視できない．

**例題 8.2** 内部抵抗 $r$，起電力 $E$ の電池に適切な値の抵抗 $R$ をつなげて最大の電力を取出したい．$R$ の値を求めよ．

**解** 式 8.13 に $V=IR$ を代入すると，回路を流れる電流は $I=E/(R+r)$ である．抵抗 $R$ で消費される電力 $P$（電池から取出された電力）は，$R$ の関数となるので，これを $P(R)$ と書くと

$$P(R) = RI^2 = R\frac{E^2}{(R+r)^2}$$

である．$P(R)$ を $R$ で微分して 0 とおくと

$$\frac{\mathrm{d}}{\mathrm{d}R}P(R) = \frac{r-R}{(r+R)^3}E^2 = 0$$

となり，$R=r$ だけで極値をもつことがわかる．一方，$P(R)$ の関数形から $P(0)=P(\infty)=$

0, $P(R)>0$ となるので, $R=r$ の極値が最大値となる.

参考　$R$ を**負荷抵抗**（load resistance）という. それは, 電池などの電源側から見ると, 回路の中で仕事をしたり熱を発生したりする部分に対してエネルギーを供給しなければならず, 負荷になるからである. 一般に, 電源の内部抵抗と負荷抵抗が等しいときに最大の電力を取出せる. この電力の最大値を電池の**最大有能電力**（maximum available power）あるいは**最大電力**（maximum power）という. ■

## 8.6 回路網解析

回路網とは, 素子を含む導線が網の目のように結合した複雑な回路のことであるが, 本節では電池と抵抗のみで構成された回路網に注目する. 電荷保存則とオームの法則だけを基礎として, 回路網の各部分を流れる電流や電圧を系統的に解析する方法を考える.

### 8.6.1 電池と抵抗の直列接続

まず, 図 8.4 のように, 電池と抵抗を直列に接続した部分を考察する（電池と抵抗のいずれか一方だけの場合も含む）. どのような回路網も, この部分をつなぎ合わせてつくることができるからである.

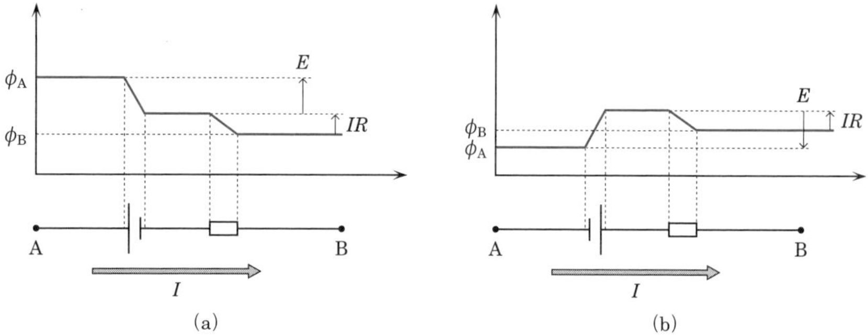


図 8.4　電圧降下.

図の AB 間の電圧と電流は“回路網全体として矛盾なく電位が決まり, 定常電流が流れ, 電荷分布が時間的に変化しない”という条件から定まるが, そうして決まった A と B の電位が $\phi_A$ と $\phi_B$, 電流 $I$ の向きが A→B であるとする. 図 a と b では電池の電極の正負が逆である. 電池の内部抵抗を無視して, 電池の電極間の電圧が起電力 $E$ に等しいとしよう.

図 a では，抵抗 $R$ の両端の電圧が $(\phi_A-\phi_B)-E$ であり，オームの法則から

$$(\phi_A - \phi_B) = E + IR \tag{8.14}$$

となる．図 b では電池の向きが逆になるので

$$(\phi_A - \phi_B) = -E + IR \tag{8.15}$$

となる．これらの式は抵抗だけのときのオームの法則を拡張したものとなる．電流が定めた向きと反対に流れるときは $I$ の符号を反転する．

図 a，b いずれも，抵抗の両端の電位を比較すると，電流の向きに低くなる．このため電圧 $IR$ を，抵抗 $R$ による**電圧降下**（voltage drop）という．

### 8.6.2 抵抗の合成

多数の抵抗が組合わされて接続しているときも，基本は 2 個の抵抗の直列接続あるいは並列接続であり，すべての場合がこれらに帰着する．抵抗の直列接続と並列接続が，回路の基本構成となる．

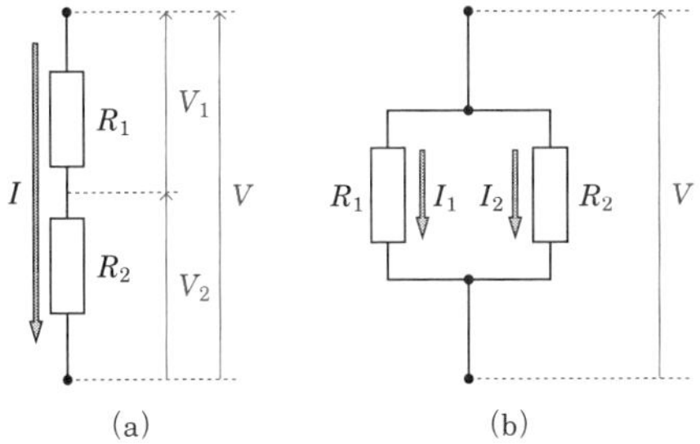


図 8.5 (a) 直列接続と (b) 並列接続．

図 8.5 a のように，直列接続の抵抗 $R_1$ と $R_2$ は，全体として

$$R = R_1 + R_2 \tag{8.16}$$

をもつ 1 個の抵抗と等価である．実際，直列接続の抵抗には同じ電流 $I$ が流れるので，各抵抗にオームの法則を適用し，全体の電圧 $V$ と電流 $I$ の関係が

$$V = V_1 + V_2 = IR_1 + IR_2 = I(R_1 + R_2) = IR \tag{8.17}$$

となる．この結果は，物体の抵抗とその長さの関係からも推測できる（図 8.1 を参照）．

図 b のように，並列接続の 2 個の抵抗については，全体として

$$R = \frac{1}{1/R_1 + 1/R_2} = \frac{R_1 R_2}{R_1 + R_2} \tag{8.18}$$

をもつ 1 個の抵抗と等価である．それは，2 個の抵抗に同じ電圧 $V$ が加わるので，両方を流れる電流の和 $I$ が

$$I = I_1 + I_2 = \frac{V}{R_1} + \frac{V}{R_2} = \left(\frac{1}{R_1} + \frac{1}{R_2}\right)V \tag{8.19}$$

となることによる．この結果も，並列にすれば断面積が広がることから推察できる（図 8.1 を参照）．

### 8.6.3 キルヒホッフの法則

**キルヒホッフの法則**（Kirchhoff's law）は，回路を解析するためにまとめられた規則であり，新しい法則ではない．その内容は，回路の任意の節点と任意のループ（閉じた経路）に注目したとき

1. 節点に流入出する電流の総和が 0
2. ループを 1 周したとき，電圧の和（起電力と電圧降下の和）が 0

である．

規則 1 は，節点で電荷が増減しないことを述べており，電荷保存則と系が定常であるという条件にほかならない．各節点について，流入(出)する電流を正(負)とする．注目する節点に $N$ 本の導線が接続し，その $i$ 番目の導線を流れる電流が $I_i$ であれば

$$\sum_{i=1}^{N} I_i = 0 \tag{8.20}$$

と表される．

規則 2 は，ループを周回すると電位がもとに戻ることにほかならない（式 5.8 を参照）．あるループが $n$ 個の要素経路（隣り合う節点間を結ぶ経路）からなるとき，$j$ 番目の要素経路を流れる電流を $I_j$，この要素に含まれる抵抗を $R_j$，起電力を $E_j$ とすると

$$\sum_{j=1}^{n} (I_j R_j - E_j) = 0 \tag{8.21}$$

である．

キルヒホッフの法則をもとにした"網目電流法"という解析法を例題 8.3 で紹介しよう．この解析法では回路網をループの重ね合わせとみなし，各ループを周回する電流（網目電流）を仮定する．まず，どの網目電流も節点は通過するだけなので，網目電流の和は規則 1 を自動的に満たす．つぎに，各網目電流の大きさを未知数とし，規則 2 を用いて連立方程式を立てる．式 8.21 の $I_j$ は要素経路 $j$ を流れる網目電流の和となることに注意する．

**例題 8.3**　起電力 $E_1$，$E_2$ の電池と抵抗 $R_1 \sim R_5$ が図 8.6 のように接続されている．抵抗 $R_4$，$R_5$ の両端の電圧 $V_4$ と $V_5$ を求めよ．

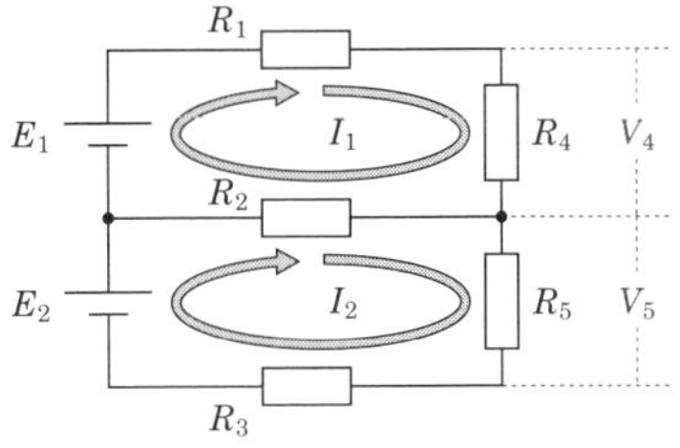


図 8.6　網目電流法．

解　図のように網目電流 $I_1$，$I_2$ を仮定する．ここでは図の矢印の方向に流れる電流を正として立式する．各ループについて，そのループの網目電流の矢印の向きに電圧降下を加算していく．抵抗 $R_2$ における電圧降下は，上のループでは $R_2(I_1-I_2)$，下のループでは $R_2(I_2-I_1)$ となることに注意しよう．規則 2 より

$$E_1 = (R_1+R_4)I_1 + R_2(I_1-I_2) = (R_1+R_2+R_4)I_1 - R_2 I_2$$
$$E_2 = R_2(I_2-I_1) + (R_5+R_3)I_2 = (R_2+R_3+R_5)I_2 - R_2 I_1$$

が成り立つ．この連立方程式から

$$I_1 = \frac{(R_2+R_3+R_5)E_1 + R_2 E_2}{(R_1+R_2+R_4)(R_2+R_3+R_5) - R_2^2}$$
$$I_2 = \frac{(R_1+R_2+R_4)E_2 + R_2 E_1}{(R_1+R_2+R_4)(R_2+R_3+R_5) - R_2^2}$$

となり，$I_1$ と $I_2$ を用いて

$$V_4 = R_4 I_1, \qquad V_5 = R_5 I_2$$

が求まる．■

## 章末問題

8.1　(a) 右図の送電側の電圧 $V$ を，電力 $P_R$（負荷抵抗 $R$ の消費電力），導線の抵抗 $r$，および $P_r$（$r$ の消費電力）を用いて表せ．

(b) $P_R$ と $r$ が一定で，$P_r < P_R$ のとき，$V$ が大きいほど $P_r$ が小さくなることを示せ．

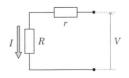

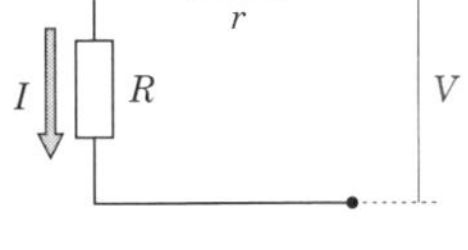

(c) これを高圧送電のモデルとして考察せよ.

8.2　消費電力 1 kW の電気ポットで 1 kg（容積約 1 L）の水を 20 °C から 90 °C まで温めるのに何分かかるか. 水の比熱容量を $4.2\times10^3$ J kg$^{-1}$ K$^{-1}$ として有効数字 1 桁で答えよ. 消費される電力はすべてジュール熱として水を温めるのに使われ, ポットは外部に熱を逃がさないとする.

8.3　下図の回路の $r_3$ に流れる電流を網目電流法を用いて求めよ.

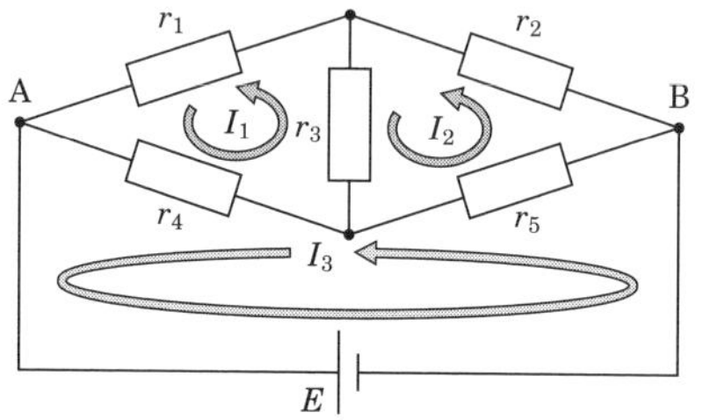


8.4　オームの法則に従う抵抗を用いた任意の回路網について, 電池が 1 個ならば, 回路に流れる電流と電池の電圧が比例関係にあることを示せ.

8.5　同心の内球殻（外半径 $R_1$）と外球殻（内半径 $R_2$）を電極とするコンデンサーがある. 電気伝導率 $\sigma$ の一様な物質で電極間を満たし, 電極間の電位差 $\Delta\phi$ を一定に保ったところ, オームの法則に従って電流が流れた. 電極間を流れる電流 $I$ を $\Delta\phi$ を用いて表せ.

8.6　同軸円筒コンデンサー（内半径 $R_1$, 外半径 $R_2$, 長さ $L$）の電極間を電気伝導率 $\sigma$ の一様な物質で満たし電極間の電位差 $\Delta\phi$ を一定に保ったところ, オームの法則に従って電流が流れた. 電極間を流れる電流 $I$ を $\Delta\phi$ を用いて表せ. ただし, 電場は全域で軸対称性をもつとする.

# 9 磁　　場

本章では，運動する荷電粒子に加わる力から磁場を定義する．また直線電流やループ電流（環状の経路を流れる電流）が磁場中で受ける力を調べる．これはモーターで発生するトルクの起源であり応用として重要である．このトルクと，電場中の電気双極子が受けるトルクを比較し，ループ電流がもつ磁気モーメントを定義する．10 章以降で磁気現象を学ぶとき，磁場は不可欠の概念である．

## 9.1 “電気と磁気”から電磁気へ

古代のギリシャや中国の人たちは，鉄を引き寄せる不思議な石を知っていた．これが**磁石**（magnet）である．鉄の針を磁石で一方向に擦ると針も磁石になる．11 世紀の中国では，この針を自由に回転させ，南北方向を指す方位磁針（コンパス）としての利用が始まった．図 9.1 のように，地球が大きな磁石になっているという考えは，ギルバート（§ 1.1）による（1600 ころ）．

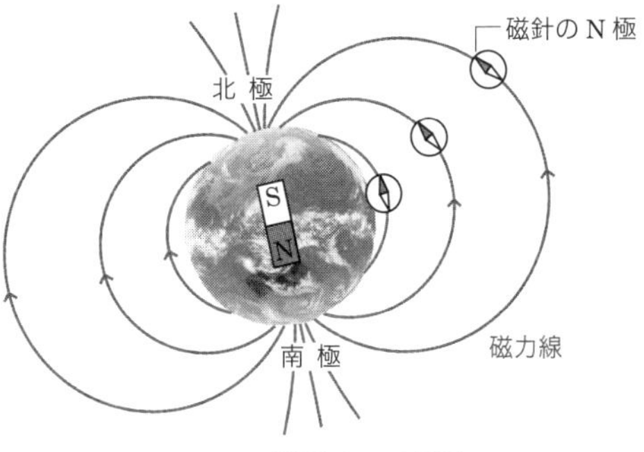


図 9.1　磁石としての地球．

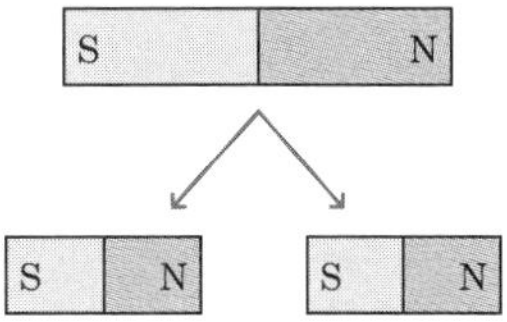


図 9.2　S 極と N 極はペアで現れる．

方位磁針の北を指す磁極を N 極，他方の磁極を S 極とよぶ．磁石の N 極同士（または S 極同士）は反発し，N 極と S 極は引き合う．電荷に関するクーロンの法則を知った人たちが，N 極と S 極には異種類の“磁荷”があると考えたのは自然なことであった．18 世紀の半ばごろまでに，磁極間の磁力にも逆 2 乗則が成り立つという考えが広まり，クーロンが電荷間の力の性質と共にこれを論文にまとめた*．しかし図 9.2 のように，磁石を小さな断片にすると，その個々の断片が N 極と S 極の両方

＊　参考文献：山本義隆著，“磁力と重力の発見 3，近代の始まり”，みすず書房(2003)．

をもつ磁石となってしまう．すなわち，“磁荷”を単独で取出せないことが電荷の場合と大きく異なる．

エルステッド（Hans Christian Ørsted，1777～1851）は電流による発熱の実験を友人や学生に見せていたとき，電流の近くにある方位磁針の指す方向が北からずれることに気付いた（図 9.3）．彼は，理由がわからないままこの発見を発表した（1820）．アンペール（André-Marie Ampère，1775～1836）はパリでその報告を聞いてから数週間の間にさまざまな実験を行い，電流が流れる 2 本の導線の間に働く力に関して研究結果を発表した．またアンペールは物質中に微視的な電流がありそれが磁石をつくる原因であると考えた（§12.2.1）．一方，同じくエルステッドの発見を聞いたビオ（Jean-Baptiste Biot，1774～1862）はサバール（Félix Savart，1791～1841）と共に，電流が磁極に及ぼす力が距離によってどのように変化するかを研究した．このようにして電流と電流の間に作用する力が磁力であるという認識ができあがった．

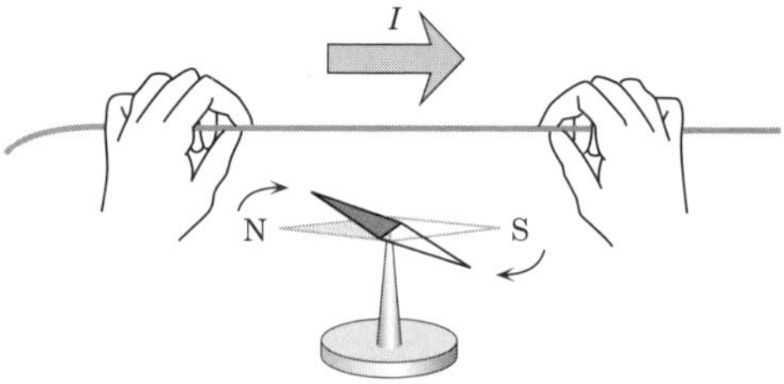


図 9.3 電流の磁気作用．

現在，アンペールの法則およびビオ・サバールの法則とよぶものは，後世に再構築されたもので，磁場という概念が用いられる．磁場すなわち空間が磁気的な性質をもつという考えは，ファラデーが電磁誘導現象（§13.3）を報告した論文で導入した**磁力線**（magnetic field lines）に端を発する（1831）．本章でも，図 9.1 で磁場を表すために磁力線を描いたが，電気力線のときと同様に，磁場は磁力線の接線方向を向き，磁場の大きさと磁力線の密度が比例すると約束する．

## 9.2 磁場と荷電粒子の運動

4 章ではクーロン力を電荷で割って電場を導入したので，磁気的な力を“磁荷”で割って空間の磁気的性質である**磁場**（magnetic field，**磁界**）を導入しようとするのは自然なことである．だが，物理量の定義は測定の方法と表裏一体であり，単独に取出せない“磁荷”を用いて磁場を定義するのは避けたい．

ここでは，磁場中で運動する荷電粒子が受ける力を用いて磁場を定義する．この方法であれば，空間の 1 点における磁場を定義できるし，なによりも磁場と力の関係が簡潔に表現できる．電流は荷電粒子の流れなので，この磁場の定義から，電流が磁場から受ける力を導くことも容易である．

一般に，磁場は大きさや向きが時間的に変化するが，本章では，時間的に変化しない磁場すなわち**静磁場**（static magnetic field）を扱う．

なお，磁場を表す量として**磁束密度**（magnetic flux density，記号 $\boldsymbol{B}$）と“**磁場の強さ**”（magnetic field strength，記号 $\boldsymbol{H}$，**磁場ベクトル**ともいう）がある．12 章で $\boldsymbol{H}$ を導入するが，それまでは $\boldsymbol{B}$ を磁場とよぶことにする．

### 9.2.1 荷電粒子が磁場から受ける力

実験室内に，たとえば大きな平板状の磁極をもつ磁石を用意してその磁極を対向させると，一様な静磁場 $\boldsymbol{B}$ をつくることができる．$\boldsymbol{B}$ の方向は磁石の N 極から S 極に向かうと決め，この段階では大きさの単位は未定である．この磁場の中に電荷 $q$ の粒子を速度 $\boldsymbol{v}$ で入射すると，$\boldsymbol{v}$ と $\boldsymbol{B}$ が同じ向きなら粒子の運動は変化しないが，そうでないとき粒子は力を受けて速度が変わる（図 9.4 a）．このような実験により，粒子が磁場から受ける力を求めると，次の基本法則

$$\boldsymbol{F} = q\boldsymbol{v} \times \boldsymbol{B} \tag{9.1}$$

が見いだされる．ここで × はベクトル積を表す（§ M1.5）．すなわち，図 9.4 b のように，$q>0$ のとき $\boldsymbol{F}$ の方向は，$\boldsymbol{v}$ から $\boldsymbol{B}$ に回る右ねじの進む向き*となり，力の大きさは

$$F = |\boldsymbol{F}| = qvB \sin\theta \tag{9.2}$$

である（$\theta$ は $\boldsymbol{v}$ と $\boldsymbol{B}$ のなす角）．電荷が負のとき力は逆向きになる．

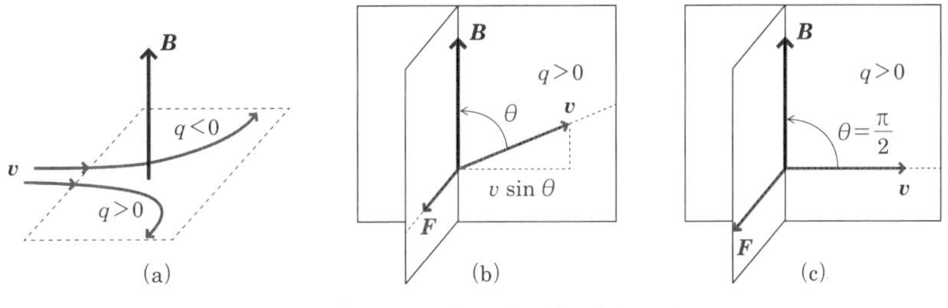


**図 9.4 磁場中で運動する荷電粒子が受ける力．**

* ベクトル $\boldsymbol{v}\times\boldsymbol{B}$ の向きは，$\boldsymbol{v}$ と $\boldsymbol{B}$ が載る平面に垂直で，右手の親指を $\boldsymbol{v}$，人差し指を $\boldsymbol{B}$ としたとき，中指が指す方向（図 M1.3 を参照）．

### 9.2.2 磁場の定義

式 9.1 は磁場の定義すなわち測定方法を示している．図 9.4 c のように，$\boldsymbol{v}$ と $\boldsymbol{B}$ が直交するとき，式 9.1 から諸量の大きさだけを用いた関係

$$B = \frac{F}{qv} \tag{9.3}$$

を得る．この式から $\boldsymbol{B}$ の単位が決まる．すなわち，式 9.3 において $v=1\ \mathrm{m\ s^{-1}}$，$q=1\ \mathrm{C}$，$F=1\ \mathrm{N}$ となる磁場の大きさを単位とし，これを 1 **テスラ**（tesla，記号は T）とよぶ．SI の基本単位を用いると

$$1\ \mathrm{T} = 1\,(\mathrm{kg\ m\ s^{-2}})\,(\mathrm{C\ m\ s^{-1}})^{-1} = 1\ \mathrm{kg\ s^{-2}\ A^{-1}} \tag{9.4}$$

となる．13 章で導入する磁束の単位**ウェーバ**（weber，記号 Wb）を用いて，$1\ \mathrm{T}=1\ \mathrm{Wb\ m^{-2}}$ と表すこともある（§ 13.2.1）．また，過去には**ガウス**（gauss，記号 G）という単位が用いられたが，現在は推奨されていない．$1\ \mathrm{T}=10^4\ \mathrm{G}$ である．

### 9.2.3 磁場中の荷電粒子の運動

クーロン力とは異なり，磁場による力は荷電粒子の速度ベクトルにより大きさや向きが異なることは重要である．特に，運動していない荷電粒子は磁場から力を受けない．また，荷電粒子が磁場から受ける力 $\boldsymbol{F}$ は速度

$$\boldsymbol{v} = \frac{\mathrm{d}\boldsymbol{r}}{\mathrm{d}t} \tag{9.5}$$

と直交し，微小な変位の間にこの力がする仕事（“物理学入門 I. 力学”，§ 8.1）は

$$\boldsymbol{F} \cdot \mathrm{d}\boldsymbol{r} = \boldsymbol{F} \cdot \boldsymbol{v}\,\mathrm{d}t = 0 \tag{9.6}$$

となり，静磁場は粒子に対して仕事をしないことがわかる．したがって，静磁場中の荷電粒子の運動エネルギーは変化せず，速度の大きさが一定となる．

**例題 9.1** 図 9.5 のように，紙面と垂直に一様な磁場 $\boldsymbol{B}$ がある（⊙ は紙面に垂直で紙面の裏側から手前に向かう方向）．質量 $M$，電荷 $q>0$ の荷電粒子が紙面内を初速度 $\boldsymbol{v}$ で運動を始める．その後の運動を調べよ．

解　粒子には，一定の大きさの力 $F=qvB$ が，速度ベクトルと垂直で紙面内の向きに加わる．この運動は向心力を $F$ とする時計回りの等速円運動であり，**サイクロトロン運動**（cyclotron motion）という．また，軌道円の半径 $r$ を**ラーモア半径**（Larmor radius）と

いう．

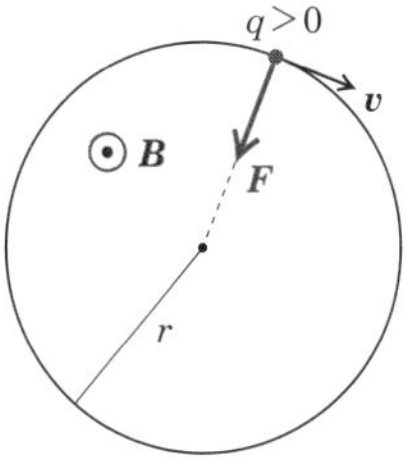

図 9.5 サイクロトロン運動.

軌道円は初期位置を通り $\boldsymbol{v}$ に接する．ラーモア半径を $r$ とすると，円運動の加速度の大きさは $a=v^2/r$ であり（"I. 力学"，例題 2.8 を参照）

$$F = Ma = M\frac{v^2}{r} = qvB$$

が成り立ち

$$r = \frac{Mv}{qB}$$

である．

円運動の角速度

$$\omega = \frac{v}{r} = \frac{qB}{M}$$

は，粒子の速さ $v$ によらず一定である．

参考　この運動の特徴は，荷電粒子を加速する装置の原理として重要である（p.122，Box 19）．また，荷電粒子の運動量 $Mv$ と $B$ が既知のとき，軌道半径 $r$ から電荷 $q$ を知ることができる．一方，$B$，$q$，$v$ が既知のとき，$r$ から質量 $M$ を知ることができ，**質量分析計** (mass spectrometer) にも応用される．■

**例題 9.2**　図 9.6 のように，一様な磁場 $\boldsymbol{B}$ に，これと直交しない初速度 $\boldsymbol{v}$ で電荷 $q$ をもつ粒子が入射した．この粒子の運動を調べよ．

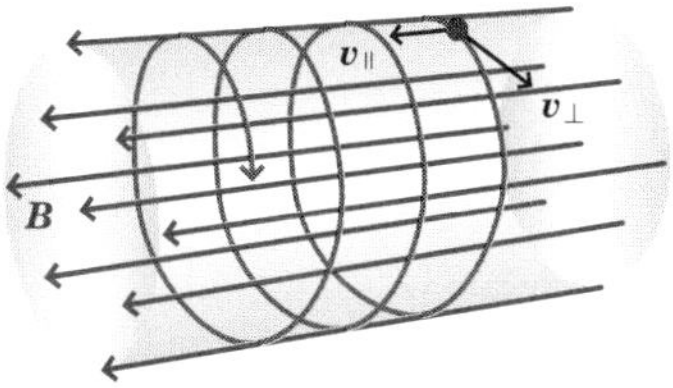

図 9.6 磁場中のらせん運動.

解　初速度を磁場に垂直な成分 $\boldsymbol{v}_\perp$ と平行な成分 $\boldsymbol{v}_\parallel$ に分解する．$\boldsymbol{v}_\parallel\times\boldsymbol{B}=\boldsymbol{0}$ だから，粒子に加わる力は

$$\boldsymbol{F} = q(\boldsymbol{v}_\perp + \boldsymbol{v}_\parallel)\times\boldsymbol{B} = q\boldsymbol{v}_\perp\times\boldsymbol{B}$$

である．したがって，磁場に垂直な面内の運動は例題 9.1 で調べた等速円運動，磁場の方向は等速直線運動である．これらを合成すると，磁場にまとわりつくらせん運動となる．図 9.6 は $q>0$ の粒子の軌道である．■

## 9.2.4 ローレンツ力

電場と磁場の両方がある空間では，荷電粒子に加わる力が

$$\boldsymbol{F} = q(\boldsymbol{E} + \boldsymbol{v}\times\boldsymbol{B}) \tag{9.7}$$

となる．これは，電場と磁場が時間的に変動しているときも成立し，荷電粒子の運動を支配する重要な基本法則である．$q\boldsymbol{v}\times\boldsymbol{B}$ を**ローレンツ力**（Lorentz force）とよぶが，$q(\boldsymbol{E}+\boldsymbol{v}\times\boldsymbol{B})$ をローレンツ力とよぶこともある．

**例題 9.3** 図 9.7 のように，互いに直交する一様な電場 $\boldsymbol{E}$ と磁場 $\boldsymbol{B}$ がある．電荷 $q$ の

### Box 19 サイクロトロン

サイクロトロンは，ローレンス（Ernest Orlando Lawrence，1901～1958）により発明された加速器で，これを用いて多くの人工放射性元素の発見がなされた．その動作の基本は，イオンあるいは原子核が磁場中で行う円運動である（例題 9.1）．図のように，静磁場をつくり，真空容器の中で 2 個の加速電極（半円形で中空）を対向させる．中央のイオン源から出発したイオンは，電極間の電圧のため加速され，片方の電極の中空内部に送り込まれる．中空内部には電場がなく，一様な磁場だけがあるので，イオンは円運動を行う．円軌道を半周したイオンは，電場のある電極間の部分に出てくる．そのタイミングに合わせて，電極間の電圧を逆向きにすると，イオンは再び加速され，もう一方の電極の中空内部に入り，円運動を行う．イオンの速度が増したので円軌道は半径が大きくなるが，同じように半周して中空部分から飛び出し電極間の部分に入る．この過程を繰返してイオンの加速を続ける．

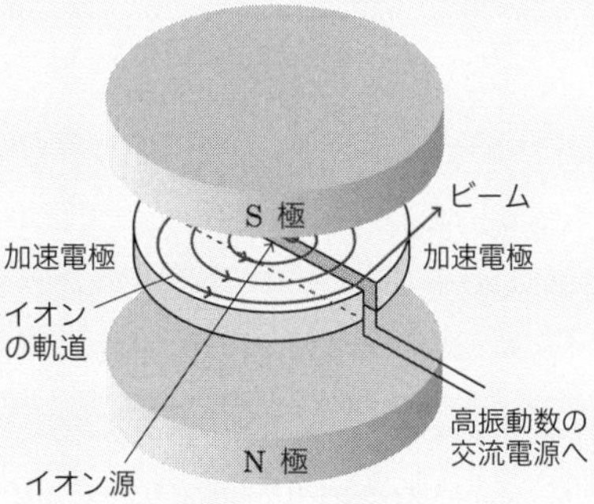

サイクロトロンの模式図.

円運動の角速度は，イオンの速度によらず一定なので（例題 9.1 を参照），電極間に一定の振動数の交流電圧を加えるだけで，荷電粒子の加速が繰返される．この装置は小型化が可能であり，連続パルスビームを取出せるメリットもあり，原子核の研究や放射性同位体の生成，医療や材料開発にも利用されている．

装置内の粒子の運動エネルギーは，ラーモア半径の式から

$$\frac{Mv^2}{2} = \frac{1}{2}\frac{q^2}{M}(rB)^2$$

となる．この装置により得られるエネルギーの最大値は，軌道半径と磁場の最大値（装置に固有の値）により決まる．

粒子が高速になり相対論的な効果が顕著になると，さらに加速を続けるには工夫が必要となる．そのための改良をした装置をシンクロトロンという．

粒子が電場と磁場の両方に直交する速度 $\boldsymbol{v}$ で入射するとき，等速直線運動を行う条件を調べよ．

解　上向きの力を正とすると，$qE-qvB=0$ より $v=E/B$ が条件となる．

参考　この速度より速ければ磁場による力が勝り，遅ければ電場による力が勝って偏向する．この方法により特定の速さの荷電粒子を選択できる．■

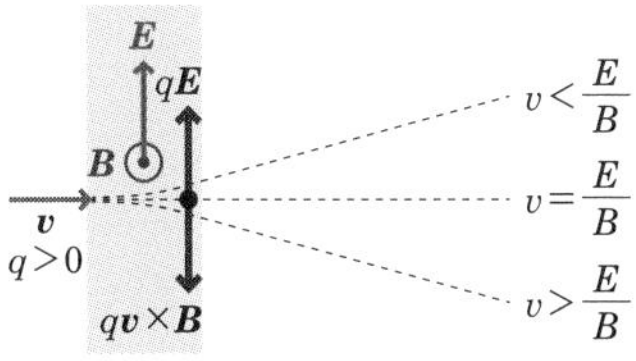


図 9.7　ローレンツ力の相殺．

## 9.3 磁場中の電流に加わる力

電流は荷電粒子の流れだから（§1.6），式 9.1 を用いて磁場中で電流に加わる力を調べることができる．

### 9.3.1 直線電流

断面積 $S$ の直線の導線に，電流 $I$ が一様な電流密度

$$j = \frac{I}{S} \tag{9.8}$$

で流れているとする．電流を担う粒子の電荷が $q$，密度が $n$ のとき，電荷密度は

$$\rho = qn \tag{9.9}$$

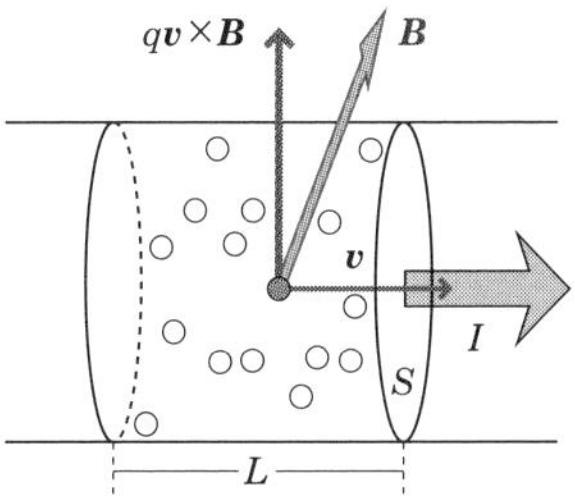


図 9.8　磁場中の電流に加わる力．

だから，粒子の平均の速さ $v$ は式 1.13 より

$$v = \frac{1}{\rho} j = \frac{1}{qn} \frac{I}{S} = \frac{I}{Sqn} \tag{9.10}$$

となる．図 9.8 のように，この導線と垂直に大きさ $B$ の一様な磁場が加わるとき，導線の長さ $L$ の部分（体積 $LS$）に加わる力を求めよう．この部分には，$nLS$ 個の荷電粒子が含まれるので，1 個の粒子が受けるローレンツ力の個数倍の力が加わり，その大きさは

$$F = (nLS)(qvB) = nLS \cdot q \frac{I}{Sqn} B = LIB \tag{9.11}$$

となる．したがって，導線の単位長さあたりに加わる力の大きさは

$$f = \frac{LIB}{L} = IB \tag{9.12}$$

である．$B=1\,\mathrm{T}$，$I=1\,\mathrm{A}$ のとき，$f=1\,\mathrm{N\,m^{-1}}$ である．電流と磁場が垂直でないときには，ベクトル積を用いて

$$\boldsymbol{f} = \boldsymbol{I} \times \boldsymbol{B} \tag{9.13}$$

となる．

**例題 9.4**　磁場と垂直に電流が流れる半導体の側面に現れる電荷の符号と，電流を担う電荷の符号の関係を調べよ．

解　式 9.13 の力は，電流が受ける力，すなわち電流を担う粒子が受ける力である．電流の向きと磁場の向きが決まると，この力の向きが決まる．すなわち，図 9.9 のように，電流の向き（⟹）が同じなら，電荷の符号によらず粒子は同じ向きに偏向する（電流の向きは“正の荷電粒子が移動すると考えた向き”であった（§1.3）．そのため $q>0$ と $q<0$ では，⤏ と ⤎ で示すように粒子が進む方向は逆である）．こうして，磁場と電流の方向によって決まる側面にその粒子の電荷が現れる．

図 9.9　ホール効果．

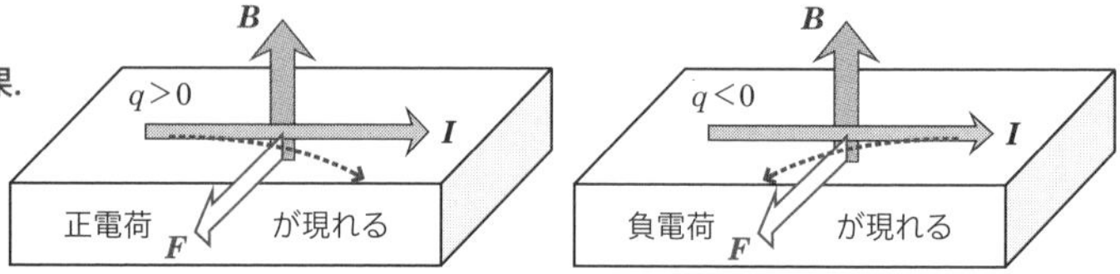


参考　このように，電流に垂直な磁場を加えるとき正負の電荷が分離して起電力を発生する現象を**ホール効果**（Hall effect）とよぶ．起電力（ホール電圧とよぶ）の大きさと向きを調べると，その物質の電流の担い手（キャリアという）の密度と電荷の符号を知ることができるので，固体物理，特に半導体の研究にとって重要である．また，この効果を利用した磁場の検出器（ホールセンサー）がつくられている．■

## 9.3.2　ループ電流

図 9.10 のように，鉛直方向の一様な磁場 $\boldsymbol{B}$ の中に，導線でつくられた辺の長さが $a$，$b$ の長方形のループがあり，このループに時間的に一定の電流 $I$ を流す．磁場 $\boldsymbol{B}$ と長方形の面を表すベクトル* $\boldsymbol{S}$ のなす角を $\theta$ とする（$\boldsymbol{B}$ は，長さ $a$ の辺と常に直交

---

*　このベクトルは，電流の向きに回転する右ねじが進む向きをもち，大きさはループの面積である（§1.6.2 の末尾と §M1.5.1）．

し，長さ $b$ の辺となす角が $\pi/2-\theta$ である）．このとき，ループが受ける力を調べよう．これは電動モーターの動作を理解するための基礎となる．

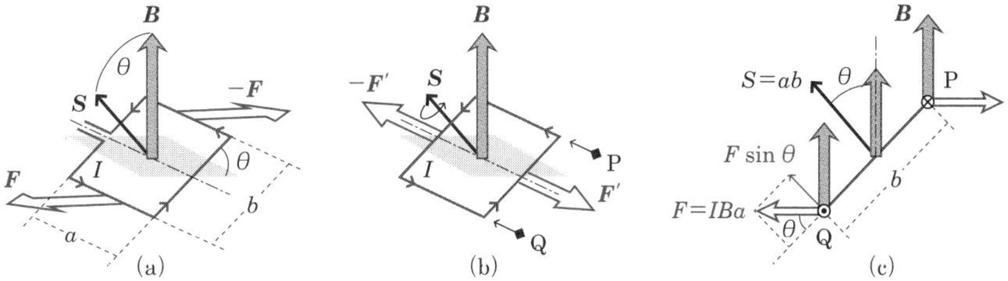


図 9.10 磁場中のコイルに加わるトルク．

図 a の左側の辺 $b$ に接続した 2 本の平行な線分は，ループに電流を流すための導線を表すが，これらには互いに逆向きの電流が流れ，接近しているので，磁場の影響は相殺される．したがって，長さ $a$ の 2 辺と長さ $b$ の 2 辺からなるループが受ける力を考察すれば十分である．

まず，図 b の $\boldsymbol{F}'$ と $-\boldsymbol{F}'$ は，長さ $b$ の 2 辺が受けるローレンツ力である．これらはループを広げようとするが，ループの並進および回転運動に関しては互いに相殺して影響がない．

次に，図 a の $\boldsymbol{F}$ と $-\boldsymbol{F}$ は，ループの回転をひき起こす偶力となる（“I. 力学”，§13.1.4）．図 c はループの断面であり，P と Q は長さ $a$ の辺を表す（図 b に視線の方向を ↖■ で示した）．図 c の P には電流が紙面と垂直，手前から裏側に流れ，Q はその逆である．したがって磁場による力は，P と Q でそれぞれ水平右向き（⟹）と水平左向き（⟸）になる．P と Q では，電流の大きさと辺の長さが同じだから，力の大きさが共に

$$|\pm\boldsymbol{F}| = F = IBa \tag{9.14}$$

である．$\pm\boldsymbol{F}$ は偶力なので，回転軸を平行移動してもトルクの大きさは変わらない*．そこで，P を回転軸としたときのトルク $\boldsymbol{N}$ を求めると，P から Q に向かうベクトル $\boldsymbol{b}$ と力 $\boldsymbol{F}$ のベクトル積，$\boldsymbol{N}=\boldsymbol{b}\times\boldsymbol{F}$ であり，紙面と垂直に手前から裏に向かうベクトルとして表される．このトルクがひき起こす回転運動は，$\boldsymbol{N}$ の方向に進む右ねじの回転方向，すなわち紙面内で時計回りである．トルクの大きさは，Q に加わる力と辺 $b$ のなす角度を $\theta$ とすると

---

* 2 点 $\boldsymbol{r}_{\mathrm{Q}}$ と $\boldsymbol{r}_{\mathrm{P}}$ に力 $\boldsymbol{F}$ と $-\boldsymbol{F}$ が加わるとき，$\boldsymbol{N}=\boldsymbol{r}_{\mathrm{Q}}\times\boldsymbol{F}+\boldsymbol{r}_{\mathrm{P}}\times(-\boldsymbol{F})=(\boldsymbol{r}_{\mathrm{Q}}-\boldsymbol{r}_{\mathrm{P}})\times\boldsymbol{F}$ は相対位置 $(\boldsymbol{r}_{\mathrm{Q}}-\boldsymbol{r}_{\mathrm{P}})$ に依存するが原点の位置にはよらない．

$$N = |\boldsymbol{b}\times\boldsymbol{F}| = bF\sin\theta = b(IBa)\sin\theta = IBS\sin\theta \qquad (9.15)$$

である．最後の等号にはループの面積 $S=ab$ を用いた．

図 b のように，ループの面を表すベクトル $\boldsymbol{S}$ の向きを，電流の回転方向で決まる右ねじの向きとする．そうすると，トルク $\boldsymbol{N}$ と $\boldsymbol{S}\times\boldsymbol{B}$ が同じ向きになる．こうして，式 9.15 をベクトルで表示して

$$\boldsymbol{N} = I\boldsymbol{S}\times\boldsymbol{B} \qquad (9.16)$$

と書くことができる．

### 9.3.3 磁気モーメント

式 9.16 を，式 5.28 すなわち静電場から電気双極子モーメントが受けるトルク

$$\boldsymbol{N} = \boldsymbol{p}\times\boldsymbol{E} \qquad (9.17)$$

との類比で

$$\boldsymbol{N} = \boldsymbol{m}\times\boldsymbol{B} \qquad (9.18)$$

と書き直すと

$$\boldsymbol{m} = I\boldsymbol{S} \qquad (9.19)$$

である．電気双極子モーメントに対応して，ループ電流が双極子モーメント $\boldsymbol{m}$ をもつと考え，$\boldsymbol{m}$ を**磁気モーメント**（magnetic moment）とよぶ．磁気モーメントの大きさの単位は $\mathrm{A\,m^2}$ である．

式 9.19 の磁気モーメント $\boldsymbol{m}$ の位置エネルギーを調べよう．これは，磁場中の $\boldsymbol{m}$ の向きにより変化する位置エネルギーである．図 9.11 のように，辺 P を軸として Q を反時計回りに回転したとき，ローレンツ力 $\boldsymbol{F}$ が辺 Q にする仕事を求める．$\boldsymbol{m}$（したがって $\boldsymbol{S}$）と $\boldsymbol{B}$ のなす角が $\theta_0$ から $\theta_1$ まで静かに変わるとしよう．このとき，Q が $\boldsymbol{F}$ の方向に $\Delta r=b\cos\theta_1-b\cos\theta_0$ だけ移動するので，$\boldsymbol{F}$ がする仕事は

$$W = F\,\Delta r = Iba\,\Delta r = IBab(\cos\theta_1-\cos\theta_0) \qquad (9.20)$$

となる．磁気モーメント $\boldsymbol{m}$ の位置エネルギー $U$ は，式 9.20 の符号を反転したものである．位置エネルギーの基準を $\theta_0=-\pi/2$（$\boldsymbol{m}$ が紙面内水平・右向きで $\boldsymbol{B}$ と直交）に選ぶと

$$U = -W = -IabB\cos\theta_1 = -mB\cos\theta_1 = -\boldsymbol{m}\cdot\boldsymbol{B} \qquad (9.21)$$

となる．これも，電気双極子モーメントの位置エネルギー，式 5.27 と対応する．なお，式 9.21 から磁気モーメントの単位が $\mathrm{J\,T^{-1}}$ と書き直せることがわかる．

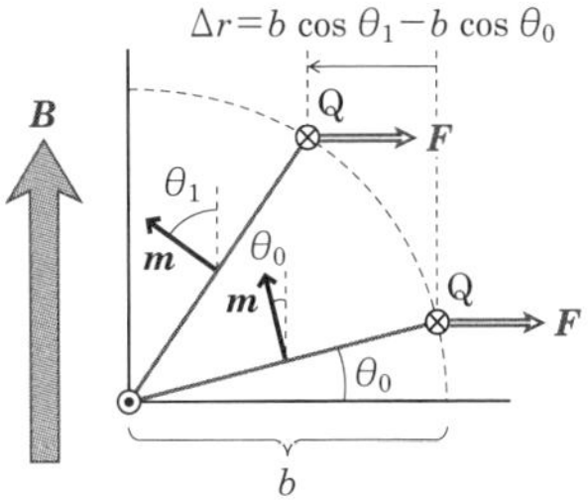


図 9.11　コイルの位置エネルギー．

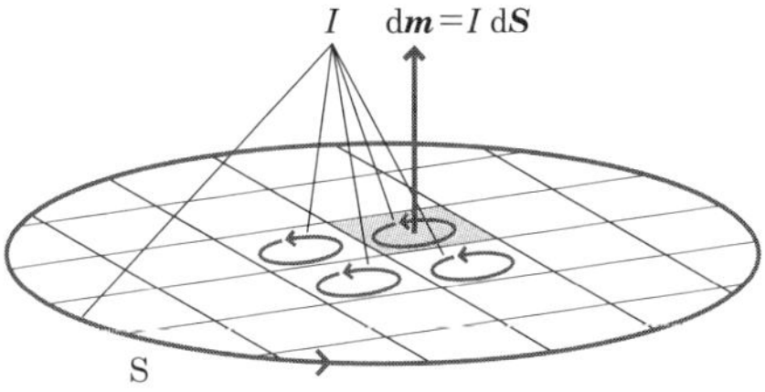


図 9.12　微小ループ電流への分割．

磁気モーメントに関する以上の結論は，長方形のループ電流を用いて得たが，これらは任意の形状のループ電流 $I$ について成り立つ．それを示すには，まず図 9.12 に示すように，

1. 任意のループが囲む面を S とし，面 S を微小な長方形の面積素片 $\mathrm{d}\boldsymbol{S}$ に分割する
2. どの $\mathrm{d}\boldsymbol{S}$ の周囲の微小ループにも等しく電流 $I$ が流れる

とする．隣り合うループに共有される辺では，電流が逆向きに流れて打ち消し合うので，S の内部には電流が流れず，S の外周だけに電流が流れているのと変わらない．外周は微小な長方形ループの継ぎはぎで近似するが，長方形を無限小にする極限で外周が正しく再現される．

微小ループは微小な磁気モーメント

$$\mathrm{d}\boldsymbol{m} = I\,\mathrm{d}\boldsymbol{S} \tag{9.22}$$

をもつので，それらをすべて寄せ集めると，全体の磁気モーメントは

$$\boldsymbol{m} = \int_{\mathrm{S}} \mathrm{d}\boldsymbol{m} = \int_{\mathrm{S}} I\,\mathrm{d}\boldsymbol{S} = I\int_{\mathrm{S}} \mathrm{d}\boldsymbol{S} = I\boldsymbol{S} \tag{9.23}$$

となり，式 9.19 が一般的に成り立つ．

一般的な形状のループ電流が一様な磁場中で受けるトルクは，微小ループが受けるトルク

$$\mathrm{d}\boldsymbol{N} = \mathrm{d}\boldsymbol{m} \times \boldsymbol{B} \tag{9.24}$$

の寄せ集めだから

$$\boldsymbol{N} = \int_S d\boldsymbol{N} = \int_S d\boldsymbol{m} \times \boldsymbol{B} = \left(\int_S d\boldsymbol{m}\right) \times \boldsymbol{B} = \boldsymbol{m} \times \boldsymbol{B} \tag{9.25}$$

となり，式 9.18 が一般的に成り立つ.

**例題 9.5** 100 回巻き，半径 $r=1$ cm$=1.0\times10^{-2}$ m の円形コイルに電流 $I=10$ mA を流す.

(a) コイルの磁気モーメントを計算せよ.

(b) このコイルを $B=10^{-2}$ T の磁場中に置いたとき最大でどれだけのトルクを受けるか.

**解** (a) 1 回巻きのコイルの磁気モーメントの大きさは，式 9.23 から $I\pi r^2$ となる．100 回巻きではこれが 100 個あるのと同じだから，$\pi\approx3.1$ として，磁気モーメントは

$$m = 100\times I\pi r^2 \approx 100(10\times10^{-3})\cdot3.1\cdot(1.0\times10^{-2})^2 = 3.1\times10^{-4}\ \mathrm{A\ m^2}$$

## Box 20 円運動をする荷電粒子の磁気モーメント

電荷 $q$ をもつ粒子が半径 $r$ の円軌道を速さ $v_\perp$ で運動をするとき，軌道上の 1 点で観測すると，時間 $\Delta t=2\pi r/v_\perp$ ごとに電荷 $q$ が通過するので，電流の平均は

$$I = \frac{q}{\Delta t} = \frac{qv_\perp}{2\pi r}$$

となる．これを定常的なループ電流と考えると，磁気モーメントの大きさは

$$m = IS = \frac{qv_\perp}{2\pi r}\pi r^2 = \frac{qrv_\perp}{2} \qquad ①$$

である．一方，例題 9.1 で調べたように，この円運動が磁場 $B$ による場合は，粒子の質量を $M$ とすると，軌道半径が

$$r = \frac{Mv_\perp}{qB} \qquad ②$$

となるので，磁気モーメントは式 ① と ② から

$$m = \frac{qrv_\perp}{2} = \frac{qv_\perp}{2}\frac{Mv_\perp}{qB} = \frac{Mv_\perp^2/2}{B}$$

と表される．ここで $Mv_\perp^2/2$ は磁場と垂直な面内の運動の運動エネルギーである.

磁場が緩やかに変化するときは，荷電粒子は磁気モーメント $m$ を一定に保つように運動することが知られている．このことは，プラズマの磁気閉じ込め方式の一つである磁気ミラー型の動作原理となっている（章末問題 9.6 参照）.

となる．

(b) 磁気モーメントと磁場が直交するとき，最大のトルク

$$N = mB \approx (3.1\times10^{-4})(1.0\times10^{-2}) = 3.1\times10^{-6}\,\mathrm{N\,m}$$

となる．

**参考** $N=mB$ の両辺の物理次元を確認しよう．トルク $N$ は長さと力の積である．力の次元は $\mathsf{M\,L\,T^{-2}}$ だから，トルクの次元 $[N]$ は

$$[N] = \mathsf{L}\cdot\mathsf{M\,L\,T^{-2}} = \mathsf{M\,L^2\,T^{-2}}$$

である．一方，磁気モーメント $m$ は，電流と面積の積だから，その次元 $[m]$ は電流の次元 $\mathsf{I}$ を用いて

$$[m] = \mathsf{L^2\,I}$$

である．式 9.11 より $B=F/LI$，すなわち磁場は力を長さと電流で割ったものだから，その次元 $[B]$ は

$$[B] = \frac{\mathsf{M\,L\,T^{-2}}}{\mathsf{L\,I}}$$

であり

$$[mB] = \mathsf{L^2\,I}\,\frac{\mathsf{M\,L\,T^{-2}}}{\mathsf{L\,I}} = \mathsf{M\,L^2\,T^{-2}}$$

となり，両辺の次元は一致する．■

一様でない磁場中で磁気モーメントが受ける力は，式 9.21 の位置エネルギーを用いて

$$\boldsymbol{F} = -\nabla U = \nabla(\boldsymbol{m}\cdot\boldsymbol{B}) \tag{9.26}$$

となる．

本項の議論では，磁気モーメントを導入するにあたり，電気双極子モーメントの電場中のトルクやエネルギーとの対応関係が成り立つことに注目した．さらに § 10.4 で学ぶように，微小なループ電流がつくる磁場と，電気双極子モーメントがつくる電場（§ 5.6.3）が同じ形になる．このように見ていくと，$\boldsymbol{m}=I\boldsymbol{S}$ を磁気的な双極子* とみなすことはきわめて自然である．だが，電気双極子では正と負の真電荷により双極子を構成することが可能であるのに対して，磁気モーメントの場合は“磁荷”が存在しないことが重大な相違点である．仮想的な存在として“磁荷”を想定すると現象の

* $\mu_0\boldsymbol{m}$ を磁気双極子モーメントとよぶが，本書ではこの量を用いない．

取扱いが容易になる場面も多いが，それは便宜的なものであり，“磁荷”は物理的な実体を反映するものではない．

## 章末問題

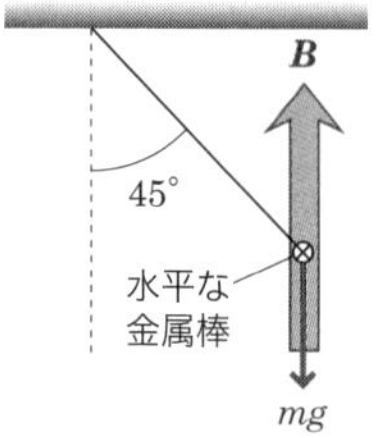


9.1　鉛直上向きの一様な磁場 $\boldsymbol{B}$ があり，その中で金属の棒の両端を天井から 2 本の細い電線で吊るし，水平に保って $I=10$ A の電流を流したところ，右図のように 45° の角度で釣り合った．棒の長さは $L=1$ m，質量は $m=100$ g である．重力加速度の大きさを $g=9.8$ m s$^{-2}$ として，磁場 $\boldsymbol{B}$ の大きさを有効数字 1 桁で答えよ．

9.2　図 9.10b の力 $\boldsymbol{F}'$ の大きさを求めよ．

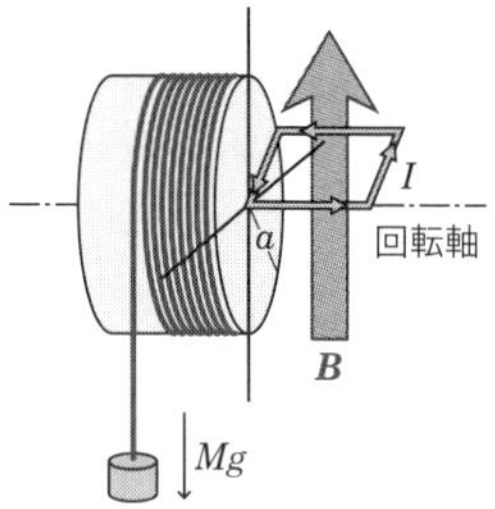


9.3　右図のように水平な回転軸をもつ円筒に糸を巻き付けて質量 $M$ の重りを吊るす．円筒に固定したコイル（一つの辺が回転軸に一致する）に電流を流すと磁場中でトルクが生じ，糸の張力によるトルクを相殺することができる．円筒の半径は $a=1$ m，コイルは面積 $S=1$ m$^2$ の正方形，磁場は鉛直上向きで大きさが $B=1$ T である．

(a) 電流 $I=1$ A を流すときコイルが受ける最大のトルク $N_{\max}$ を求めよ．

(b) $N_{\max}$ で釣り合う重りの質量はどれだけか．円筒とコイルの質量を無視し，重力加速度を $g\approx 9.8$ m s$^{-2}$ として，有効数字 1 桁で答えよ．

9.4 (a) 一様な磁場 $\boldsymbol{B}$ の中の磁気モーメント $\boldsymbol{m}$ の位置エネルギーが最小となるのは，$\boldsymbol{m}$ がどの方向のときか．

(b) 大きさが 1 T の一様な磁場中で，面積 $S=1.0$ m$^2$ の円形のコイル（巻き数 1）に 1.0 A の電流を流したとき，コイルの位置エネルギーの最大値と最小値の差を有効数字 1 桁で求めよ．

9.5　次の磁場 $\boldsymbol{B}$ のもとで位置 $\boldsymbol{r}$ にある磁気モーメント $\boldsymbol{m}=m\,\boldsymbol{e}_z$ が受ける力の向きと大きさを求めよ．

(a) $\boldsymbol{B}=(2a^3/z^3)B_0\,\boldsymbol{e}_z$，$\boldsymbol{r}=(0,0,z)=z\,\boldsymbol{e}_z$

(b) $\boldsymbol{B}=-(a^3/x^3)B_0\,\boldsymbol{e}_z$，$\boldsymbol{r}=(x,0,0)=x\,\boldsymbol{e}_x$

9.6　磁場 $B$ の中で質量 $M$，電荷 $q$ の粒子が速さ $v$ のサイクロトロン運動をする（例題 9.1 を参照）．

(a) 軌道円（半径 $r$）の中心から見た粒子の角運動量の大きさ $\ell$（“I. 力学”，§ 9.3.2）を磁場と軌道円の面積の積（すなわち軌道円を貫く磁束）$\Phi=\pi r^2 B$ を用いて表せ．

(b) 荷電粒子の運動で生じる円電流を定常電流により近似し（p.128, Box 20），その磁気モーメント $m$ を求めて角運動量との関係を導け．

# 10 電流と磁場 I：ビオ・サバールの法則

本章では，直線電流の周囲に生じる磁場の様子から出発し，任意の定常電流がつくる磁場の計算方法を学ぶ．その応用として，微小なループ電流がつくる磁場を調べ，電気双極子モーメントによる電場と同じ形になることを示す．

## 10.1 直線電流による磁場

エルステッドが発見したように，電流は磁石に力を及ぼす（§ 9.1）．すなわち，電流は周囲に磁場をつくる．図 10.1 のように，定常的な直線電流による静磁場 $\boldsymbol{B}$ の大きさと向きは

1. 電流の大きさ $I$ に比例
2. 電流からの距離 $R$ に反比例
3. 電流を軸とする円の接線方向，電流の向きに進む右ねじの回転方向

という特徴をもつことが，磁針の振れを観測することで実験的に確かめられた．

大きさの関係を式で表すと

$$B = k\frac{I}{R} \tag{10.1}$$

である．この比例定数 $k$ を

$$k = \frac{\mu_0}{2\pi} \tag{10.2}$$

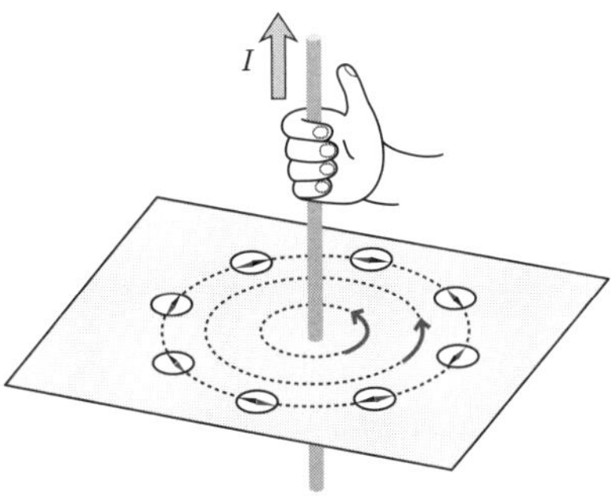


図 10.1 直線電流による磁場．

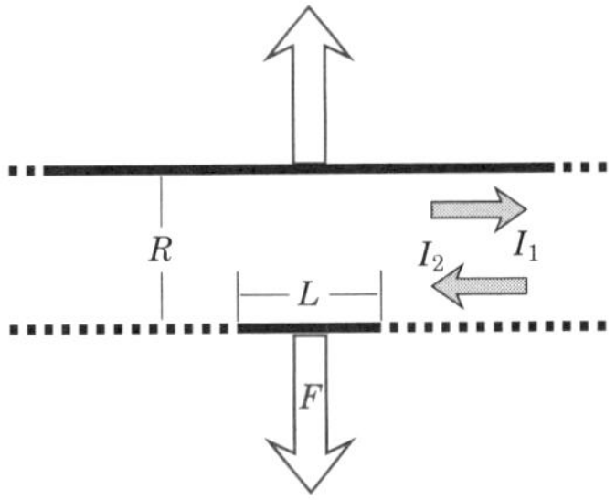


図 10.2 平行な電流間の力．

と書き直し，$\mu_0$ を**真空の透磁率**（permeability of free space，**磁気定数**）という．$\mu_0$ は電流による磁場と電流の関係を定量的に定める重要な量である．

磁場の大きさの測定には，図 10.2 のように，電流 $I_1$ と平行に流れる電流 $I_2$ に加わる力 $F$ を測定すればよい．上の特徴 2 と 3 から，電流 $I_2$ にはどの位置でも同じ大きさの磁場 $B$ が加わる．この力 $F$ の向きは二つの電流を含む面内で，電流に直交する方向である（§ 9.3.1）．$I_1$ と $I_2$ が同じ向きならば引力，逆向きならば反発力となる．式 9.11 より，電流 $I_2$ の長さ $L$ の部分が受ける力の大きさは

$$F = LI_2B \tag{10.3}$$

となる．これに式 10.1 と式 10.2 を代入すると

$$F = \frac{\mu_0}{2\pi}\frac{I_1I_2}{R}L \tag{10.4}$$

を得る．

$\mu_0$ は精密な測定の結果として

$$\mu_0 = 1.256\,637\,062\,12 \times 10^{-6}\,\mathrm{N\,A^{-2}} \tag{10.5}$$

と与えられている．実は，$\mu_0 = 2\pi \times 2.000\,000\,001\cdots \times 10^{-7}\,\mathrm{N\,A^{-2}}$ となるのだが，2019 年以前は $\mu_0 = 4\pi \times 10^{-7}\,\mathrm{N\,A^{-2}}$ を（測定値ではなく）定義とし，これをもとに電流の単位を決めていたという歴史がある*．なお，通常は $\mu_0$ の単位を $\mathrm{H\,m^{-1}}$ とする．単位記号の H（henry，**ヘンリー**）はコイルのインダクタンスの単位である（§ 13.4.1）．

こうして，直線電流 $I$ から距離 $R$ の位置の磁場の大きさが

$$B(R) = \frac{\mu_0}{2\pi}\frac{I}{R} \tag{10.6}$$

となる．

複数の直線電流があるときに生じる磁場は，重ね合わせの原理（§ 3.3）に従う．一般の形状の定常電流がつくる磁場を，磁場の重ね合わせにより計算する方法を与えるのが，**ビオ・サバールの法則**（Biot–Savart law）である（電荷分布から電場を求めたのと似ている）．すなわち，まず電流の経路の微小な部分がつくる磁場を与え，経路全体にわたりこれを寄せ集めて磁場を求める方法である．この法則により計算した磁場は実測と合致する．

---

* 現在では，電流の単位は § 1.4 で示したように，式 1.3 および式 1.4 から決められている．

## 10.2 磁場の計算手順

### 10.2.1 電流素片

図 10.3 のように，電流 $I$ の流れる経路 C（◯のループ）がある．C 上の点 $\boldsymbol{r}$ から $\boldsymbol{r}+\mathrm{d}\boldsymbol{r}$ までの微小変位 $\mathrm{d}\boldsymbol{r}$ に注目する．$\mathrm{d}\boldsymbol{r}$ は，長さ $\mathrm{d}r$ でその位置における電流の方向をもつベクトルである．この微小なベクトルに電流 $I$ を乗じた微小量 $I\,\mathrm{d}\boldsymbol{r}$ を**電流素片**（current element）という．

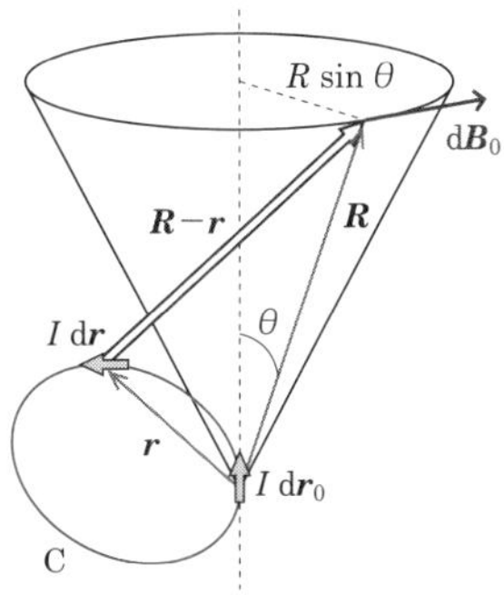


図 10.3 電流素片がつくる磁場．

### 10.2.2 原点の電流素片がつくる磁場

原点にある電流素片 $I\,\mathrm{d}\boldsymbol{r}_0$ がつくる磁場は，位置 $\boldsymbol{R}$ において

$$\mathrm{d}\boldsymbol{B}_0 = \frac{\mu_0}{4\pi}\frac{I\,\mathrm{d}\boldsymbol{r}_0}{R^2}\times\left(\frac{\boldsymbol{R}}{R}\right) = \frac{\mu_0}{4\pi}\frac{I\,\mathrm{d}\boldsymbol{r}_0\times\boldsymbol{R}}{R^3} \tag{10.7}$$

であると仮定する．上式は，距離 $R\,(=|\boldsymbol{R}|)$ の逆 2 乗則であることは静電場と同じだが，電流素片ベクトル $I\,\mathrm{d}\boldsymbol{r}_0$ と位置ベクトル $\boldsymbol{R}$ のベクトル積により書かれている．

図のように，$I\,\mathrm{d}\boldsymbol{r}_0$ と $\boldsymbol{R}$ のなす角を $\theta$ とすると，式 10.7 の微小な磁場の大きさは

$$\mathrm{d}B_0 = |\mathrm{d}\boldsymbol{B}_0| = \frac{\mu_0}{4\pi}\frac{I\,\mathrm{d}r_0}{R^2}\sin\theta \tag{10.8}$$

である．これは

- 磁場に寄与するのは，$I\,\mathrm{d}\boldsymbol{r}_0$ の $\boldsymbol{R}$ と直交する成分（$I\sin\theta$）である

ことを意味する．電流素片を真横（$\theta=\pi/2$）から見る位置では $\mathrm{d}\boldsymbol{B}_0$ の大きさが最大となり，真上から見る位置（$\theta=0$）では 0 となる．

$\mathrm{d}\boldsymbol{B}_0$ の向きは，図の直円錐（原点の電流素片を頂点として倒立し，$\boldsymbol{R}$ を母線とする）に注目し，円錐の底面である円周の接線方向，電流素片ベクトルの方向に進む右ねじの回転方向となる．

### 10.2.3 一般の位置の電流素片がつくる磁場

図 10.3 のように，経路 C 上の位置 $\boldsymbol{r}$（↖）にある電流素片 $I\,\mathrm{d}\boldsymbol{r}$ が位置 $\boldsymbol{R}$ につくる磁場は，式 10.7 の $\boldsymbol{R}$ を $\boldsymbol{R}-\boldsymbol{r}$ に置き換え

$$\mathrm{d}\boldsymbol{B} = \frac{\mu_0}{4\pi}\frac{I\,\mathrm{d}\boldsymbol{r}\times(\boldsymbol{R}-\boldsymbol{r})}{|\boldsymbol{R}-\boldsymbol{r}|^3} \tag{10.9}$$

となる．

### 10.2.4　ビオ・サバールの法則

経路 C 上を移動しながら $\boldsymbol{r}$ を変化させ，式 10.9 の $\mathrm{d}\boldsymbol{B}$ を経路全体にわたって寄せ集め，電流全体が位置 $\boldsymbol{R}$ につくる磁場を求めると

$$\boldsymbol{B}(\boldsymbol{R}) = \int_{\mathrm{C}} \mathrm{d}\boldsymbol{B} = \frac{\mu_0}{4\pi} I \int_{\mathrm{C}} \frac{\mathrm{d}\boldsymbol{r} \times (\boldsymbol{R} - \boldsymbol{r})}{|\boldsymbol{R} - \boldsymbol{r}|^3} \tag{10.10}$$

となる．これがビオ・サバールの法則である．

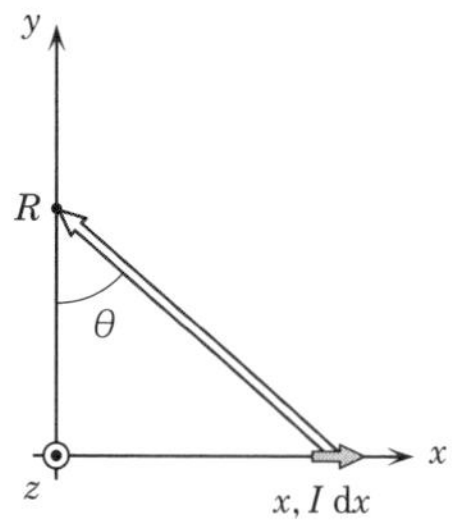


図 10.4　直線電流による磁場.

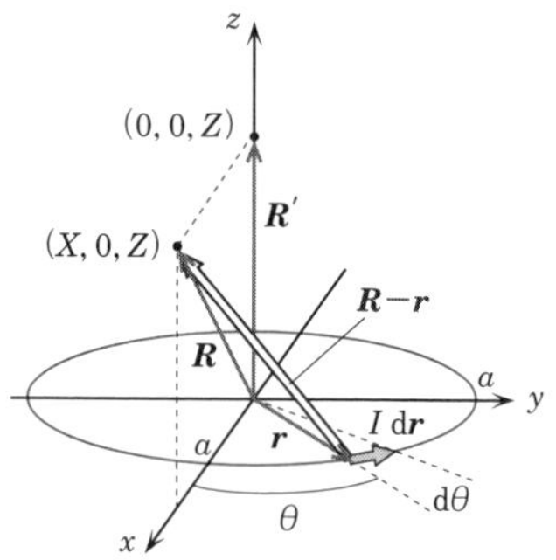


図 10.5　円電流による磁場.

## 10.3　直線電流による磁場の計算

式 10.10 から直線電流の磁場の式 10.6 を導き，ビオ・サバールの法則が成り立つことを確かめよう．図 10.4 のように，$x$ 軸上を正方向に流れる電流 $I$ が，$y$ 軸上の $\boldsymbol{R}=(0, R, 0)=R\,\boldsymbol{e}_y$ につくる磁場を求める．$z$ 軸は紙面と垂直で裏側から手前に向かう（図の ⊙）．電流素片の位置は $\boldsymbol{r}=(x, 0, 0)=x\,\boldsymbol{e}_x$，$\mathrm{d}\boldsymbol{r}=(\mathrm{d}x, 0, 0)=\mathrm{d}x\,\boldsymbol{e}_x$ であるから，式 10.10 の分子は

$$\mathrm{d}\boldsymbol{r} \times (\boldsymbol{R} - \boldsymbol{r}) = \mathrm{d}x\,\boldsymbol{e}_x \times (-x\,\boldsymbol{e}_x + R\,\boldsymbol{e}_y) = R\,\mathrm{d}x\,\boldsymbol{e}_z \tag{10.11}$$

となり（§ M1.5.3），$B_x=B_y=0$ であり磁場の向きは $z$ 軸正方向となる．

式 10.10 により $B_z$ を求める積分は，$x$ の区間が（$-\infty, \infty$）となる．積分変数を $x$ から図の $\theta$ に変換し

$$x = R\tan\theta\,, \qquad \mathrm{d}x = \frac{\mathrm{d}x}{\mathrm{d}\theta}\mathrm{d}\theta = \frac{R}{\cos^2\theta}\mathrm{d}\theta \tag{10.12}$$

とすると，$\theta$ の積分区間は $[-\pi/2, \pi/2]$ である．式 10.10 の分母は

$$|\boldsymbol{R}-\boldsymbol{r}|^3 = (R^2+x^2)^{3/2} = R^3(1+\tan^2\theta)^{3/2} = \frac{R^3}{\cos^3\theta} \tag{10.13}$$

となる．積分を実行すると

$$\begin{aligned} B_z &= \frac{\mu_0}{4\pi} I \int_{-\infty}^{\infty} \frac{R\,\mathrm{d}x}{(R^2+x^2)^{3/2}} = \frac{\mu_0}{4\pi} I \int_{-\pi/2}^{\pi/2} R \frac{R}{\cos^2\theta} \frac{\cos^3\theta}{R^3}\,\mathrm{d}\theta \\ &= \frac{\mu_0}{4\pi}\frac{I}{R}\int_{-\pi/2}^{\pi/2}\cos\theta\,\mathrm{d}\theta = \frac{\mu_0}{4\pi}\frac{I}{R}[\sin\theta]_{-\pi/2}^{\pi/2} = \frac{\mu_0}{2\pi}\frac{I}{R} \end{aligned} \tag{10.14}$$

となる．こうして，求める磁場は，$z$ 軸正方向を向き（電流から決まる右ねじの方向），大きさは式 10.6 と一致することが確認された．

## 10.4　円電流の磁場と磁気モーメント

ビオ・サバールの法則を用いて計算した静磁場は，電流の形状によらず実験結果と一致する．ここでは，図 10.5 のように，$xy$ 平面上の円（原点を中心とし半径 $a$）の周上を流れる電流 $I$ が，$z$ 軸上の位置

$$R' = (0, 0, Z) = Z\,\boldsymbol{e}_z \tag{10.15}$$

につくる磁場を計算する．

図の偏角 $\theta$ を用いると，電流素片の位置 $\boldsymbol{r}$ と微小変位ベクトル $\mathrm{d}\boldsymbol{r}$ は

$$\begin{aligned} \boldsymbol{r} &= a(\cos\theta\,\boldsymbol{e}_x + \sin\theta\,\boldsymbol{e}_y) \\ \mathrm{d}\boldsymbol{r} &= a\,\mathrm{d}\theta(-\sin\theta\,\boldsymbol{e}_x + \cos\theta\,\boldsymbol{e}_y) \end{aligned} \tag{10.16}$$

と表され，式 10.9 は

$$\begin{aligned} &\text{分子：} \mathrm{d}\boldsymbol{r}\times(\boldsymbol{R}'-\boldsymbol{r}) = a\,\mathrm{d}\theta(Z\cos\theta\,\boldsymbol{e}_x + Z\sin\theta\,\boldsymbol{e}_y + a\,\boldsymbol{e}_z) \\ &\text{分母：} |\boldsymbol{R}'-\boldsymbol{r}|^3 = (Z^2+a^2)^{3/2} \end{aligned} \tag{10.17}$$

となり分母は $\theta$ を含まない．式 10.17 の分子に注目すると，$\sin\theta$ と $\cos\theta$ を $\theta$ の区間 $[0, 2\pi]$ で積分すれば 0 になるから，磁場の $x$ 成分と $y$ 成分は 0 になる．$z$ 成分は

$$\begin{aligned} B_z &= \frac{\mu_0}{4\pi} I \int_0^{2\pi} \frac{a^2\,\mathrm{d}\theta}{(Z^2+a^2)^{3/2}} = \frac{\mu_0}{4\pi}\frac{a^2 I}{(Z^2+a^2)^{3/2}}\int_0^{2\pi}\mathrm{d}\theta \\ &= \frac{\mu_0}{2\pi}\frac{\pi a^2 I}{(Z^2+a^2)^{3/2}} \end{aligned} \tag{10.18}$$

となるので，$m=\pi a^2 I$ として

$$B_x = B_y = 0, \qquad B_z = \frac{\mu_0}{2\pi}\frac{m}{(Z^2+a^2)^{3/2}} \tag{10.19}$$

を得る．ここで，$m$ は円電流の磁気モーメントである（§9.3.3）．

$|Z| \gg a$ の位置，すなわち十分に遠方の磁場を求めると，式 10.19 は

$$B_z = \frac{\mu_0}{2\pi}\frac{m}{|Z|^3}\frac{1}{[1+(a/Z)^2]^{3/2}} \approx \frac{\mu_0}{2\pi}\frac{m}{|Z|^3} \tag{10.20}$$

となり，電気双極子モーメントの電場と同じ距離依存性をもつ（例題 5.3 を参照）．

磁気モーメント $\boldsymbol{m}=m\,\boldsymbol{e}_z$ が任意の位置 $\boldsymbol{R}=(X,0,Z)=X\,\boldsymbol{e}_x+Z\,\boldsymbol{e}_z$ につくる磁場は，例題 10.1 で導出するように

$$\boldsymbol{B} = \frac{\mu_0}{4\pi}\frac{m}{R^5}\left[3XZ\,\boldsymbol{e}_x + (2Z^2-X^2)\,\boldsymbol{e}_z\right] = \frac{\mu_0}{4\pi}\frac{3(\boldsymbol{m}\cdot\boldsymbol{R})\boldsymbol{R}-R^2\boldsymbol{m}}{R^5} \tag{10.21}$$

となる．

ここでは，原点の $\boldsymbol{m}$ が位置 $\boldsymbol{R}$ につくる磁場を求めるため，$\boldsymbol{m}$ の方向に $z$ 軸をとり，$\boldsymbol{R}$ を $xz$ 平面内のベクトルとするように $x$ 軸をとった．式 10.21 の最右辺は，その結果をベクトルにより表したものだが，変数としてはスカラー積 $\boldsymbol{m}\cdot\boldsymbol{R}$ とベクトルの長さ $R$ だけを含む．実際，この系は磁気モーメントを軸として回転しても物理的な状況に変化はなく（軸対称），したがって磁場の変数は $\boldsymbol{m}$ と $\boldsymbol{R}$ の相対的関係（$\boldsymbol{m}$ と $\boldsymbol{R}$ のなす角と $R=|\boldsymbol{R}|$）だけである．なお，$\boldsymbol{m}\cdot\boldsymbol{R}$ と $R$ は座標軸を回転しても変化しないから，$\boldsymbol{m}$ が $z$ 軸方向でなくても，$\boldsymbol{R}$ が $xz$ 平面内になくても，式 10.21 の最右辺はそのまま成り立つ式である．

最後に，式 10.21 は式 5.24 の電気双極子モーメントがつくる電場と同じ形であることに注意しよう．

**例題 10.1**　図 10.5 において，$\boldsymbol{R}=(X,0,Z)=X\,\boldsymbol{e}_x+Z\,\boldsymbol{e}_z$ の磁場が式 10.21 となることを確認せよ．ただし，$R=\sqrt{X^2+Z^2}$ として，$a/R$ の 2 次までの項を用いて近似せよ．

**解**　式 10.17 は，$\boldsymbol{R}'\to\boldsymbol{R}$ と変更すると，$\boldsymbol{R}-\boldsymbol{r}=(X-a\cos\theta)\,\boldsymbol{e}_x-a\sin\theta\,\boldsymbol{e}_y+Z\,\boldsymbol{e}_z$ であるから

$$\text{分子：}\ \mathrm{d}\boldsymbol{r}\times(\boldsymbol{R}-\boldsymbol{r}) = a\,\mathrm{d}\theta\left[Z\cos\theta\,\boldsymbol{e}_x + Z\sin\theta\,\boldsymbol{e}_y + (a-X\cos\theta)\,\boldsymbol{e}_z\right]$$
$$\text{分母：}\ |\boldsymbol{R}-\boldsymbol{r}|^3 = (Z^2+X^2+a^2-2aX\cos\theta)^{3/2}$$

となる．分母は 1 次近似 $(1+t)^{-3/2}\approx 1-(3/2)t$ を用いて（式 M2.3 を参照）

$$
\begin{aligned}
|\boldsymbol{R}-\boldsymbol{r}|^{-3} &= R^{-3}[1+(a^2-2aX\cos\theta)R^{-2}]^{-3/2} \\
&\approx \frac{1}{R^3}\left[1-\frac{3}{2}(a^2-2aX\cos\theta)R^{-2}\right] \approx \frac{1}{R^3}\left[1+3\left(\frac{a}{R}\right)\left(\frac{X}{R}\right)\cos\theta\right]
\end{aligned}
$$

となる．$(a/R)^2$ の項を省略して最後の近似式を得た．省略した項から磁場の式に $(a/R)$ の 3 次と 4 次の項が現れるが，2 次以下には寄与しない．磁場を $(a/R)$ の 2 次の精度で求めるのが題意だから，最後の式が適切な近似式である．

分子の $\begin{Bmatrix} x \\ y \end{Bmatrix}$ および $z$ 成分と $|\boldsymbol{R}-\boldsymbol{r}|^{-3}$ の積をつくり $(a/R)^2$ より高次を省略すると

$$
\begin{aligned}
&\begin{Bmatrix} x \\ y \end{Bmatrix} \text{成分：}\ a\,\mathrm{d}\theta\, Z \begin{Bmatrix} \cos\theta \\ \sin\theta \end{Bmatrix} |\boldsymbol{R}-\boldsymbol{r}|^{-3} \\
&\qquad\qquad \approx \mathrm{d}\theta\, Z\,\frac{1}{R^2}\left(\frac{a}{R}\right)\begin{Bmatrix} \cos\theta \\ \sin\theta \end{Bmatrix}\left[1+3\left(\frac{a}{R}\right)\left(\frac{X}{R}\right)\cos\theta\right] \\
&z\ \text{成分：}\quad a\,\mathrm{d}\theta(a-X\cos\theta)\,|\boldsymbol{R}-\boldsymbol{r}|^{-3} \\
&\qquad\qquad \approx \mathrm{d}\theta\,\frac{1}{R}\left[\left(\frac{a}{R}\right)^2-\left(\frac{a}{R}\right)\left(\frac{X}{R}\right)\cos\theta\right]\left[1+3\left(\frac{a}{R}\right)\left(\frac{X}{R}\right)\cos\theta\right] \\
&\qquad\qquad \approx \mathrm{d}\theta\,\frac{1}{R}\left[\left(\frac{a}{R}\right)^2-\left(\frac{a}{R}\right)\left(\frac{X}{R}\right)\cos\theta-3\left(\frac{a}{R}\right)^2\left(\frac{X}{R}\right)^2\cos^2\theta\right]
\end{aligned}
$$

である．式 10.18 と同様に $\theta$ の 1 周期にわたる積分を行うと，$\cos^2\theta=(1+\cos 2\theta)/2$ の積分が $\pi$ となり，$\sin\theta\cos\theta=(\sin 2\theta)/2$ と $\cos\theta$ と $\sin\theta$ の積分は 0 となる．

積分が 0 となる項を最初から省略し，$m=\pi a^2 I$ と書くと

$$
\begin{aligned}
\mathrm{d}B_x &= \frac{\mu_0 I}{4\pi}\frac{3Z}{R^2}\left(\frac{a}{R}\right)^2\left(\frac{X}{R}\right)\cos^2\theta\,\mathrm{d}\theta \quad\Rightarrow\quad B_x = \frac{\mu_0}{4\pi}\frac{m}{R^5}3XZ \\
\mathrm{d}B_y &= 0 \quad\Rightarrow\quad B_y = 0 \\
\mathrm{d}B_z &= \frac{\mu_0 I}{4\pi}\frac{1}{R}\left(\frac{a}{R}\right)^2\left[1-3\left(\frac{X}{R}\right)^2\cos^2\theta\right]\mathrm{d}\theta \\
&= \frac{\mu_0 I}{4\pi}\frac{1}{R}\left(\frac{a}{R}\right)^2\left[\frac{X^2+Z^2}{R^2}-3\left(\frac{X}{R}\right)^2\cos^2\theta\right]\mathrm{d}\theta \\
&\Rightarrow\quad B_z = \frac{\mu_0}{4\pi}\frac{m}{R^5}[2(X^2+Z^2)-3X^2] = \frac{\mu_0}{4\pi}\frac{m}{R^5}(2Z^2-X^2)
\end{aligned}
$$

となる．

以上の結果を，$\boldsymbol{m}=m\,\boldsymbol{e}_z$ と $\boldsymbol{R}=X\,\boldsymbol{e}_x+Z\,\boldsymbol{e}_z$ を用いて表そう．$\boldsymbol{m}\cdot\boldsymbol{R}=mZ$ および $R^2=X^2+Z^2$ に注意すると

$$
\begin{aligned}
&3mXZ\,\boldsymbol{e}_x = 3(\boldsymbol{m}\cdot\boldsymbol{R})X\,\boldsymbol{e}_x, \\
&m(2Z^2-X^2)\,\boldsymbol{e}_z = [3mZ^2-m(X^2+Z^2)]\,\boldsymbol{e}_z = 3(\boldsymbol{m}\cdot\boldsymbol{R})Z\,\boldsymbol{e}_z - R^2\boldsymbol{m}
\end{aligned}
$$

であり

$$
3mXZ\,\boldsymbol{e}_x + m(2Z^2-X^2)\boldsymbol{e}_z = 3(\boldsymbol{m}\cdot\boldsymbol{R})\boldsymbol{R} - R^2\boldsymbol{m}
$$

よって

$$\boldsymbol{B} = \frac{\mu_0}{4\pi}\frac{m}{R^5}\left[3XZ\,\boldsymbol{e}_x + (2Z^2 - X^2)\,\boldsymbol{e}_z\right] = \frac{\mu_0}{4\pi}\frac{3(\boldsymbol{m}\cdot\boldsymbol{R})\boldsymbol{R} - R^2\boldsymbol{m}}{R^5}$$

となり，式 10.21 を得る．$X=0$，$R=Z$ のとき式 10.20 と一致することを各自で確かめよ．図 10.6 はこの磁場の様子を示す磁力線である．

参考　$a/R$ の 2 次まで取入れて近似した理由は，軸上の磁場（式 10.19 の $B_z$）を観察すると，$a/Z$ の 1 次は現れず，2 次が最低次数となることによる．

ここでは有限の大きさの円電流による磁場から出発し，$m=\pi a^2 I$ を有限に保ちながら，$a$ を微小にしても消えない項を求めた．無限小ループによる磁場は，計算の出発点に選ぶループの形によらず，ここで求めた結果と同じになる．■

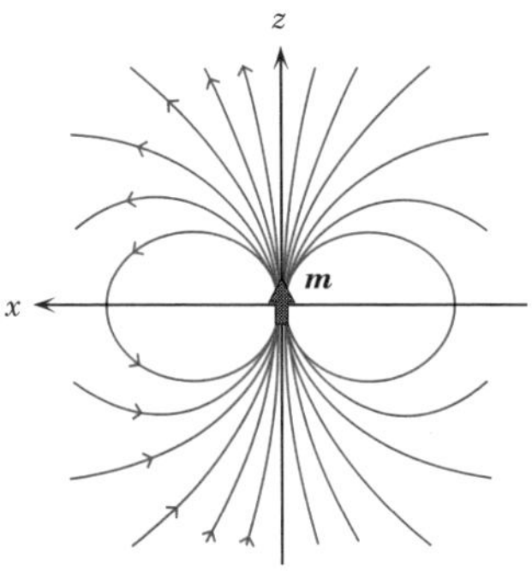


図 10.6　無限小のループ電流がつくる磁場 $\boldsymbol{B}$ の磁力線．

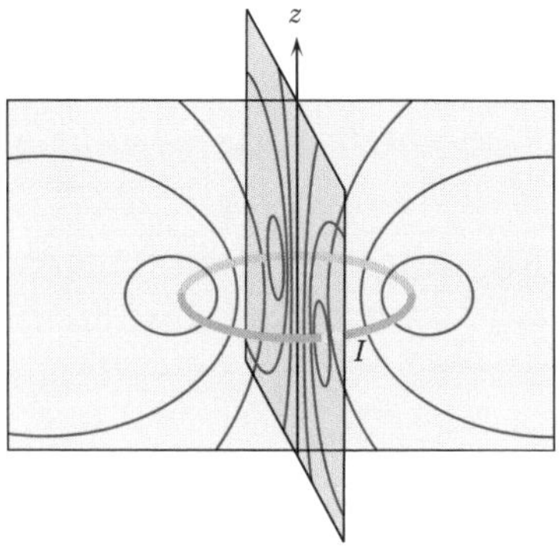


図 10.7　円電流 $I$ がつくる磁場（磁力線）．

図 10.5 あるいは図 10.7 の円電流がつくる磁場については，対称性を用いると（計算をせずに）理解できる部分もある．円電流（）は $z$ 軸の周りに回転しても状況が変わらないから，磁場も軸対称となる．特に，$z$ 軸上で磁場は $z$ 軸方向を向く．次に，この円電流を上側の点 $(X, Y, Z)$ から見るときと，下側の点 $(X, Y, -Z)$ から見るときとでは，電流の向きが反転する以外はまったく変化がない．電流の向きを反転すると磁場が反転するが，磁力線の形は変わらないことが式 10.10 からわかるので，円電流による磁力線は円が載る面について対称となる（鏡映対称）．特に，磁力線はループの面を垂直に貫く（これが滑らかにつながる唯一の解である）．

対称性とは関係なく，電流に接近するにつれて，円が直線のように見えてくるので，電流に非常に近い位置では磁場が式 10.6 の状況に近づく．図 10.7 には，円電流の軸を含む 2 枚の面内の磁力線（赤線）を示した．

**例題 10.2**　図 10.8 のように，半径が等しい 2 個の円電流（1 巻きコイル）を，$z$ 軸を共通の軸として並べる．▭ の部分はコイルの側面を示す．これらのコイルに同じ大きさの電流を同じ向きに流す（紙面によるコイル断面での電流は，⊙ が紙面の奥から手前に，⊗ が手前から奥に向かって流れる）．

（a）両方のコイルから等距離にある面 XX′（紙面に垂直）の上では，どこでも磁場が面と直交することを示せ．

（b）図のようにコイル間の距離をコイルの半径と同じ $a$ としたとき，中央（$z$ 軸と面 XX′の交点）の磁場の大きさを求めよ．

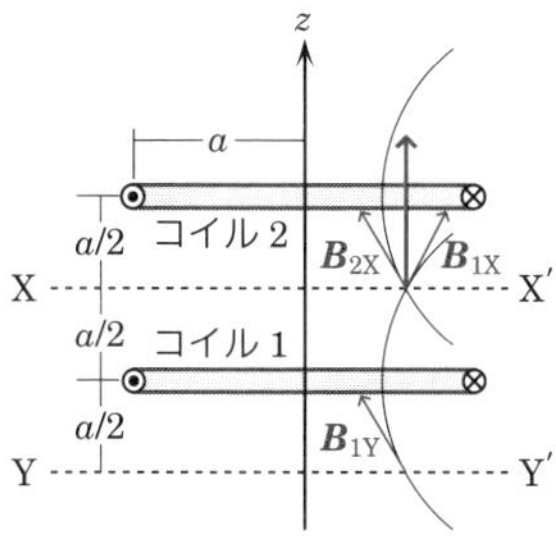

図 10.8　ヘルムホルツコイルの磁場．

解　（a）本問の電流も面 XX′ について鏡映対称となる．図 10.7 の場合の対称性の議論を参照すると，磁力線は面 XX′ を垂直に貫くので，磁場はこの面 XX′ と直交する．

一方，図 10.8 は二つのコイルがつくる磁場の重ね合わせを用いた説明である．下側のコイル 1 による磁力線の形が，このコイルを鏡面として対称であることをすでに学んだ．これを磁場の向きまで含めて詳しくいうと，鏡映対称な位置にコイル 1 がつくる磁場 $\boldsymbol{B}_{1X}$ と $\boldsymbol{B}_{1Y}$ は $z$ 成分が等しく，これと直交する方向の成分は逆向きで大きさが等しい．一方，上側のコイル 2 が面 XX′ 上の点につくる磁場 $\boldsymbol{B}_{2X}$ は，YY′ 上の対応する点にコイル 1 がつくる $\boldsymbol{B}_{1Y}$ とまったく同じ向きと大きさをもつ．したがって，求める磁場は $\boldsymbol{B}_{1X}$ と $\boldsymbol{B}_{2X}$ の重ね合わせだから，$z$ 軸と垂直な成分は相殺し，$z$ 方向を向く．

（b）片側の円電流がつくる磁場に注目すると，$z$ 軸上で $z$ 軸方向を向き，大きさは式 10.19 に $Z=a/2$ を代入して

$$B_1 = \frac{\mu_0}{2\pi}\frac{I\pi a^2}{[a^2+(a/2)^2]^{3/2}} = \frac{4}{5\sqrt{5}}\mu_0\frac{I}{a}$$

となる．求める磁場の大きさは，2 個の円電流がつくる磁場の和となり

$$B = 2B_1 = \frac{8}{5\sqrt{5}}\mu_0\frac{I}{a}$$

である．

参考　図 10.9 は，この配置の磁場（磁力線）の様子を示したものである．両コイル間の中央付近の磁場は，1 個のコイルの場合と比べると広い範囲でほぼ一様になる．この配置のコイルはヘルムホルツコイルといい，実験室で一様な磁場をつくるため，また地磁気を相殺する手段としても多用される．■

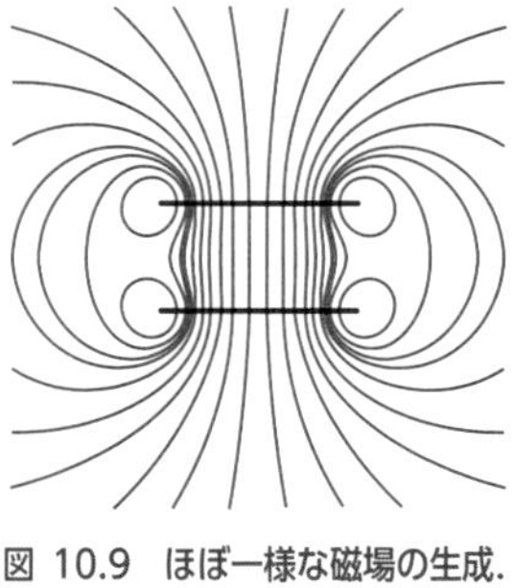
図 10.9　ほぼ一様な磁場の生成．

## 10.5 ソレノイドコイルの磁場

細長い円筒に導線を何回も巻いた**ソレノイドコイル**（solenoid coil）は，流す電流が同じでも強い磁場が生じ，円筒内部の磁場がほぼ一様になるなど，重要な性質をもつ．ソレノイドコイルの性質は後章で用いるので，次の例題で調べておこう．

**例題 10.3**　図 10.10 のように，半径 $a$ の円筒に，単位長さあたり $n$ 巻きの導線を密に巻いた全長 $L$ のソレノイドコイルがある．

(a) このコイルに電流 $I$ を流すとき，中心軸上の磁場を計算せよ．

(b) その結果を用い，細長いソレノイドコイルの中央付近の磁場の大きさを計算し，1 cm あたり 20 巻き，10 A の電流を流したときの値を求めよ．

図 10.10　ソレノイドコイルの磁場.

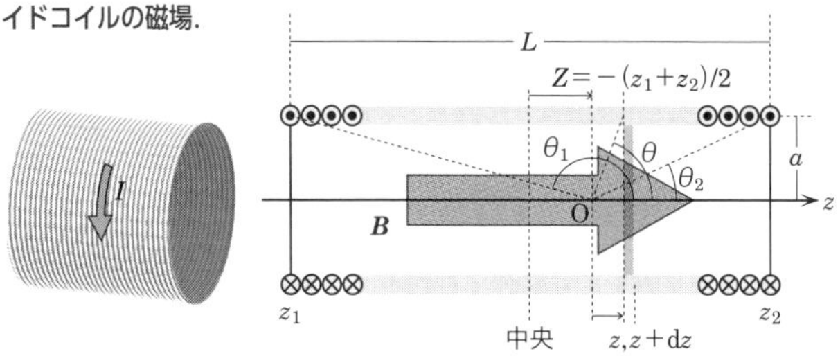


解　(a) 図のように $z$ 軸をとり，磁場を観測する点を原点 O とし，ソレノイドコイルは $z=z_1$ から $z_2=z_1+L$ までとする（$-L \leq z_1 \leq 0 \leq z_2 \leq L$）．$z$ から $z+\mathrm{d}z$ の部分に含まれる巻き数は $n\,\mathrm{d}z$ であり，$\mathrm{d}z$ が微小だから，この部分を電流 $nI\,\mathrm{d}z$ が流れる 1 巻きコイルと考える．両端の位置を示す角は $\theta=\theta_1$ および $\theta_2$（$<\theta_1$）であり，$z$ が増加すると $\theta$ は減少する．この 1 巻きコイルが原点 O につくる磁場は，円電流の軸上の磁場すなわち式 10.19 より

$$
\begin{aligned}
\mathrm{d}B &= \frac{\mu_0}{2}\frac{nI\,\mathrm{d}z\cdot a^2}{(z^2+a^2)^{3/2}} = \frac{\mu_0}{2}\frac{nI\,\mathrm{d}z\cdot a^2}{a^3(1/\tan^2\theta+1)^{3/2}} = \frac{\mu_0}{2}\frac{nI}{a}\sin^3\theta\,\mathrm{d}z \\
&= -\frac{\mu_0}{2}nI\sin\theta\,\mathrm{d}\theta
\end{aligned}
$$

となる（$z=a/\tan\theta$ により変数を変換，2 行目は $\mathrm{d}z/\mathrm{d}\theta=-a/\sin^2\theta$ を用いた）．

この $\mathrm{d}B$ をコイル全体で寄せ集めると，原点 O での磁場の大きさは

$$
B_{\mathrm{O}}(\theta_1,\theta_2) = -\frac{\mu_0}{2}nI\int_{\theta_1}^{\theta_2}\sin\theta\,\mathrm{d}\theta = \frac{\mu_0}{2}nI(\cos\theta_2-\cos\theta_1) \qquad ①
$$

となる．磁場の向きは図の矢印（⇨）で示したように，電流が回る向きで決まる右ねじの方向となる．

(b) 細くて非常に長いソレノイドコイルの中央付近の磁場は，$\theta_1=\pi$，$\theta_2=0$ として

$$B_O(\pi, 0) \;=\; \frac{\mu_0}{2}\, nI(\cos 0 - \cos \pi) \;=\; \mu_0 nI \qquad ②$$

により近似することができる．$\mu_0 \approx 4\pi \times 10^{-7}\ \mathrm{N\,A^{-2}}$ および $n = 20\ \mathrm{cm^{-1}} = 2\times 10^3\ \mathrm{m^{-1}}$ と $I = 10\ \mathrm{A}$ を式②に代入すると

$$B_O(\pi, 0) \;\approx\; (4\pi \times 10^{-7})(2\times 10^3)(10) \;=\; 0.025\ \mathrm{N\,A^{-1}\,m^{-1}} \;=\; 0.025\ \mathrm{T} \;\approx\; 0.03\ \mathrm{T}$$

を得る．

参考　式①を“両端を見込む角”から“中心軸上の位置”に変数を置き換えて表そう．新しい座標軸 $Z$ の原点をコイルの中央にとる．たとえば観測点がコイルの左端にあるとき，新座標では $Z = -L/2$（旧座標は観測点を原点とするので $z_1 = 0$，$z_2 = z_1 + L = L$）となる．観測点がコイルの右端ならば $Z = L/2$（$z_1 = -L$，$z_2 = z_1 + L = 0$）となる．任意の位置については

$$Z \;=\; -\frac{z_1 + z_2}{2}$$

となることを各自で確認せよ．これを $z_2 = z_1 + L$ と連立して

$$z_1 = \;-\frac{L}{2} - Z, \quad z_2 = \;\frac{L}{2} - Z$$

を得る．

式①の $\cos\theta_1$ と $\cos\theta_2$ を $z_1$ と $z_2$ で表すと

$$\cos\theta_1 \;=\; \frac{z_1}{\sqrt{z_1^2 + a^2}} \quad \text{および} \quad \cos\theta_2 \;=\; \frac{z_2}{\sqrt{z_2^2 + a^2}}$$

さらに $Z$ で表すと

$$\begin{aligned} B(Z) \;&=\; \frac{\mu_0}{2}\, nI\left(\frac{z_2}{\sqrt{z_2^2 + a^2}} - \frac{z_1}{\sqrt{z_1^2 + a^2}}\right) \\ &=\; \frac{\mu_0}{2}\, nI\left(\frac{L/2 - Z}{\sqrt{(L/2 - Z)^2 + a^2}} + \frac{L/2 + Z}{\sqrt{(L/2 + Z)^2 + a^2}}\right) \end{aligned}$$

となる．

図 10.11 にさまざまな全長/半径（$L/a$）について $B(Z)$ をプロットした．$L/a$ の増加と共に中央の磁場が増大して $B = \mu_0 nI$ に近づき，一様な磁場が生じる．実際，中央の磁場の大きさは

$$B(0) = \mu_0 nI\left(\frac{L/2}{\sqrt{(L/2)^2 + a^2}}\right) = \mu_0 nI\left(\frac{1}{\sqrt{1 + (2a/L)^2}}\right) \;\approx\; \mu_0 nI$$

となる（$\approx$ は $a/L \ll 1$ の近似）．一方，コイルの端の磁場は，$Z = L/2$ を代入し

$$\frac{B(L/2)}{\mu_0 nI} \;=\; \frac{1}{2}\,\frac{L}{\sqrt{L^2 + a^2}}$$

を $L/a \gg 1$（細長），$L=a$，$L/a \ll 1$（扁平）について計算すると

$$\frac{B(L/2)}{\mu_0 nI} = \begin{cases} \dfrac{1}{2}\left[1+\left(\dfrac{a}{L}\right)^2\right]^{-1/2} \approx \dfrac{1}{2}\left[1-\dfrac{1}{2}\left(\dfrac{a}{L}\right)^2\right] \approx \dfrac{1}{2} & \cdots \dfrac{L}{a} \gg 1 \\ \dfrac{1}{2\sqrt{2}} & \cdots \dfrac{L}{a} = 1 \\ \dfrac{1}{2}\left(\dfrac{L}{a}\right)\left[1+\left(\dfrac{L}{a}\right)^2\right]^{-1/2} \approx \dfrac{1}{2}\left(\dfrac{L}{a}\right) & \cdots \dfrac{L}{a} \ll 1 \end{cases} \quad ③$$

となる．■

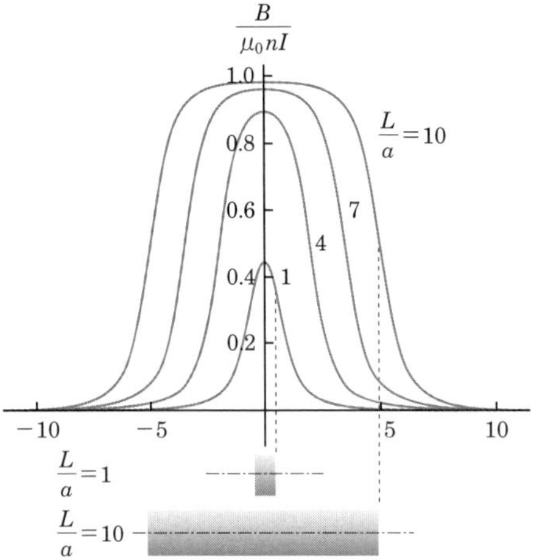


図 10.11 有限長ソレノイドコイルの軸上の磁場．横軸は半径 $a$ で，縦軸は $\mu_0 nI$ で規格化し，$L/a$（全長/半径）による差異を示す．

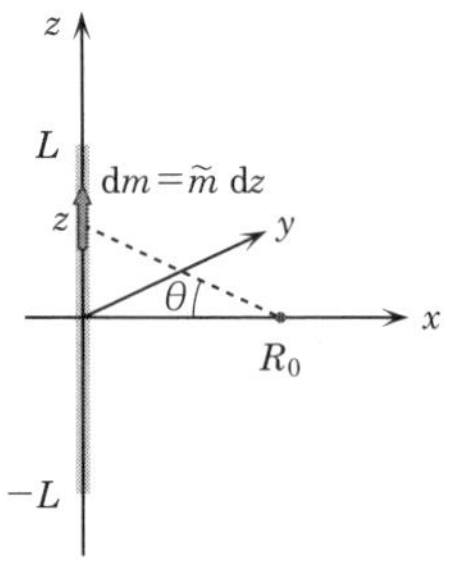


図 10.12 有限長ソレノイドコイルの外側の磁場．

**例題 10.4** 有限長のソレノイドコイルの外側に生じる磁場を求めたい．図 10.12 に示した灰色太線（▮）は $z$ 軸を中心軸とする細長いソレノイドコイルであり，その全長は $2L$（$-L \leq z \leq L$）である．コイルは単位長さあたり $n$ 巻きとし，流れる電流を $I$ とする．コイルの断面積 $S$ は十分に小さく，ソレノイドコイルを，磁気モーメント（⇑）を $z$ 軸上に並べたモデルで近似する．式 10.21 を用いて $xy$ 平面内の点 $(R_0, 0, 0)$ における磁場を計算せよ．

解　$z$ 軸上の区間 $[z, z+\mathrm{d}z]$ の微小な磁気モーメントは $\mathrm{d}m=(n\ \mathrm{d}z)IS=nIS\ \mathrm{d}z$ であり（§9.3.3），単位長さあたりの磁気モーメントは $\tilde{m}=\mathrm{d}m/\mathrm{d}z=nIS$ となる．

式 10.21 の $\boldsymbol{B}$ は，原点にある 1 個の磁気モーメント $\boldsymbol{m}$ が点 $(X, 0, Z)$ につくる磁場である．本問では，点 $(0, 0, z)$ にある微小磁気モーメントが点 $(R_0, 0, 0)$ につくる微小磁場に注目するので，式 10.21 において $m \to \mathrm{d}m$ および $X \to R_0$ とする．また $Z$ は，観測点の座

標から磁気モーメントの座標を引いたものだから，$Z\to 0-z=-z$ とする．

この微小磁場を寄せ集め（$-L\leq z\leq L$），その結果として得られる磁場を

$$\boldsymbol{B} = \frac{\mu_0}{4\pi}\tilde{m}\boldsymbol{b}$$

と表して定数因子を除いた $\boldsymbol{b}$ に注目すると

$$b_x = \int_{-L}^{L}\frac{3R_0(-z)\,\mathrm{d}z}{(R_0^2+z^2)^{5/2}}, \qquad b_z = \int_{-L}^{L}\frac{(2z^2-R_0^2)\,\mathrm{d}z}{(R_0^2+z^2)^{5/2}}$$

となる．

これらの定積分は，$l=L/R_0$ とおき積分変数を $t=z/R_0$ に変換すると

$$I_0 = \int_{-l}^{l}\frac{\mathrm{d}t}{(1+t^2)^{5/2}}, \qquad I_1 = \int_{-l}^{l}\frac{t\,\mathrm{d}t}{(1+t^2)^{5/2}}, \qquad I_2 = \int_{-l}^{l}\frac{t^2\,\mathrm{d}t}{(1+t^2)^{5/2}}$$

が基本の形となることがわかる．

$I_1$ は $b_x$ の変形であるが，原点に対称な区間で奇関数を積分しているから 0 となり $b_x=0$，したがって $B_x=0$ である．

$b_z$ については $I_0$ と $I_2$ を用いる．$t=\tan\theta$ とおくと $\mathrm{d}t=\mathrm{d}\theta/\cos^2\theta$，さらに $l=\tan\lambda$ となる角 $\lambda$（$0<\lambda<\pi/2$）を用いると

$$I_0 = \int_{-l}^{l}\frac{\mathrm{d}t}{(1+t^2)^{5/2}} = \int_{-\lambda}^{\lambda}\cos^3\theta\,\mathrm{d}\theta = \left[\sin\theta-\frac{1}{3}\sin^3\theta\right]_{-\lambda}^{\lambda} = \frac{2\,(3l+2l^3)}{3(1+l^2)^{3/2}}$$

$$I_2 = \int_{-l}^{l}\frac{t^2\,\mathrm{d}t}{(1+t^2)^{5/2}} = \int_{-\lambda}^{\lambda}\cos\theta\sin^2\theta\,\mathrm{d}\theta = \frac{1}{3}\left[\sin^3\theta\right]_{-\lambda}^{\lambda} = \frac{2l^3}{3(1+l^2)^{3/2}}$$

となる〔$\sin\theta=\tan\theta\cos\theta=\tan\theta\,(1+\tan^2\theta)^{-1/2}$ に注意〕．したがって

$$b_z = \frac{1}{R_0^2}(2I_2-I_0) = \frac{-1}{R_0^2}\frac{2l}{(1+l^2)^{3/2}} = \frac{-1}{R_0^2}2l(1+l^2)^{-3/2}$$

を得る．こうして，$z$ 方向の磁場は，$l=(L/R_0)$ を代入して

$$B_z = \frac{\mu_0}{4\pi}nISb_z = -\frac{1}{2}\mu_0 nI\left(\frac{S}{\pi R_0^2}\right)\left(\frac{L}{R_0}\right)\left(1+\frac{L^2}{R_0^2}\right)^{-3/2}$$

となる．負号は磁場の向きが磁気モーメントと逆向きであることを示す．

特に，$L/R_0\gg 1$ のとき上式において

$$\left(1+\frac{L^2}{R_0^2}\right)^{-3/2} \approx \left(\frac{L}{R_0}\right)^{-3}$$

となるから

$$B_z \approx -\frac{1}{2}\mu_0 nI\left(\frac{S}{\pi R_0^2}\right)\left(\frac{L}{R_0}\right)\left(\frac{L}{R_0}\right)^{-3} = -\frac{1}{2}\mu_0 nI\left(\frac{S}{\pi R_0^2}\right)\left(\frac{L}{R_0}\right)^{-2}$$

である．$L\to\infty$（無限に長いソレノイドコイル）では，外部の磁場は $R_0$ によらず $B_z\to 0$ で

ある.

またマクローリン展開に基づく 1 次近似を用いると $(1+x)^{-3/2}\approx 1-(3/2)x$ となるから（式 M2.3 参照），$x=(L/R_0)^2\ll 1$ として

$$\left(1+\frac{L^2}{R_0^2}\right)^{-3/2} \approx 1-\frac{3}{2}\left(\frac{L^2}{R_0^2}\right) \approx 1$$

を得る．したがって

$$B_z \approx -\frac{1}{2}\mu_0 nI\left(\frac{S}{\pi R_0^2}\right)\left(\frac{L}{R_0}\right)\left[1-\frac{3}{2}\left(\frac{L}{R_0}\right)^2\right] \approx -\frac{1}{2}\mu_0 nI\left(\frac{S}{\pi R_0^2}\right)\left(\frac{L}{R_0}\right)$$

である．$R_0\to\infty$（ソレノイドコイルからの距離が無限大）では，$L$ によらず $B_z\to 0$ となる．■

## 10.6 "磁荷" と閉じた磁力線

ビオ・サバールの法則で求めた磁場 $\boldsymbol{B}$ は，$\nabla\cdot\boldsymbol{B}=0$ を満たし磁力線が閉じたループとなり"磁荷"は現れない．実際，電流素片がつくる微小な磁場 $\mathrm{d}\boldsymbol{B}$ については，図 10.3 の直円錐の底面の円が磁力線となり閉じたループとなるから，磁場の発散が 0 となることが推察できる．その微小な磁場を重ね合わせた磁場でも発散が 0 となる．

これを数式を用いて示そう．式 10.7 は，原点の電流素片がつくる微小な磁場を表す．たとえば，$\mathrm{d}\boldsymbol{r}_0=(0,0,\mathrm{d}z_0)=\mathrm{d}z_0\,\boldsymbol{e}_z$，すなわち電流素片が $z$ 軸方向を向くとき，$\boldsymbol{R}=(X,Y,Z)=X\,\boldsymbol{e}_x+Y\,\boldsymbol{e}_y+Z\,\boldsymbol{e}_z$ における磁場は

$$\begin{aligned}\mathrm{d}\boldsymbol{B} &= \frac{\mu_0}{4\pi}\frac{I\,\mathrm{d}\boldsymbol{r}_0\times\boldsymbol{R}}{|\boldsymbol{R}|^3} = \frac{\mu_0 I\,\mathrm{d}z_0}{4\pi R^3}(-Y\,\boldsymbol{e}_x+X\,\boldsymbol{e}_y),\\ R &= \sqrt{X^2+Y^2+Z^2}\end{aligned} \tag{10.22}$$

となる．そこで

$$\frac{\partial}{\partial X}(YR^{-3}) = -\frac{3XY}{(X^2+Y^2+Z^2)^{5/2}} = \frac{\partial}{\partial Y}(XR^{-3}) \tag{10.23}$$

などの計算を行うと，$\mathrm{d}B_z=0$ もあわせて

$$\nabla\cdot\mathrm{d}\boldsymbol{B} = \frac{\partial}{\partial X}\mathrm{d}B_x+\frac{\partial}{\partial Y}\mathrm{d}B_y+\frac{\partial}{\partial Z}\mathrm{d}B_z = 0 \tag{10.24}$$

となり，$\mathrm{d}\boldsymbol{B}$ には湧き出し・吸い込みがない（§2.3.3）．言い換えると，静電場の電荷に対応するような"磁荷"は現れない．

電流素片の位置と向きを変えても，$\nabla\cdot\mathrm{d}B=0$ という性質は変わらないので，式 10.10，すなわち電流の経路 C にわたり，変数を $\boldsymbol{r}$ として積分して（重ね合わせて）得た磁場についても

$$\nabla\cdot\boldsymbol{B} = \nabla\cdot\int_{\mathrm{C}}\mathrm{d}\boldsymbol{B} = \int_{\mathrm{C}}\nabla\cdot\mathrm{d}\boldsymbol{B} = 0 \tag{10.25}$$

が成り立つ．ここで，積分において $\boldsymbol{R}=(X,Y,Z)$ は定数であり，一方で $\nabla$ は $X$，$Y$，$Z$ で微分する演算だから，積分と $\nabla$ の順序を交換した*.

12 章では磁性体の磁化を導入する．このとき，分極電荷に似た“磁荷”を想定することができるが，この“磁荷”がつくるのは $\boldsymbol{B}$ ではなく，新たに導入する“磁場の強さ” $\boldsymbol{H}$ である.

## 章末問題

**10.1**　リング(円環)状のコイルに大電流を流したところリングが破損した．リングは破裂したのだろうか，それともつぶれたのだろうか？　平行な直線電流に働く力から推察せよ.

**10.2**　方位磁針（§9.1）の真上，$R=1$ m 離れた南北方向の直線の導線に電流を流すと，地磁気と同程度の大きさの磁場が発生して磁針が振れた．地磁気の大きさを $B\approx 400\,00$ nT としてこの電流の大きさを推定し，有効数字 1 桁で答えよ.

**10.3**　右図のように，2 本の直線電流（共に大きさ $I$）が紙面と垂直，互いに逆向きに流れる（⊙ は紙面の裏から表に，⊗は表から裏に向かう電流）．電流が通過する位置を点 $(0,a)$ と点 $(0,-a)$ とする.

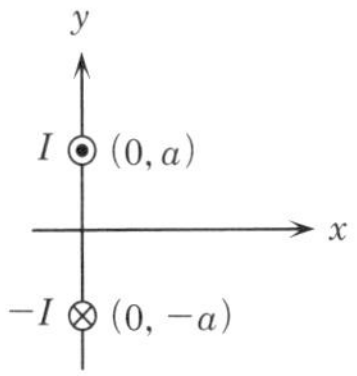


(a) $r\gg a>0$ として，$x$ 軸上の点 $\mathrm{P}(r,0)$ の磁場を $a/r$ の 1 次の近似で求めよ.

(b) 同じく $r\gg a>0$ として，$y$ 軸上の点 $\mathrm{Q}(0,r)$ についても求めよ.

**10.4**　式 10.7 において，$I\,\mathrm{d}\boldsymbol{r}_0=I\,\mathrm{d}z\,\boldsymbol{e}_z$，$\boldsymbol{R}=(X,Y,Z)=X\,\boldsymbol{e}_x+Y\,\boldsymbol{e}_y+Z\,\boldsymbol{e}_z$ とする.

(a) このときの $\mathrm{d}\boldsymbol{B}_0$ を $X$，$Y$，$Z$ を用いて表せ.

(b) $Z$ の関数として $\mathrm{d}B_0$ が最大となる位置とその値 $\mathrm{d}B_{0,\max}$ を求めよ.

**10.5**　1 辺 $L$ の正方形ループを定常電流 $I$ が流れるとき，ループの中心における磁場の大きさを求めよ.

**10.6**　真空中を光速に比べて十分に遅い速度 $\boldsymbol{v}$ で進む電荷 $q$ の粒子がある．ビオ・サバールの法則において $I\,\mathrm{d}\boldsymbol{r}$ を $q\boldsymbol{v}$ で置き換えると，この荷電粒子が周囲につくる磁場 $\boldsymbol{B}$ を近似的に表せる．電荷 $q=1\times10^{-6}$ C の粒子の速さが $v=1\times10^{6}\ \mathrm{m\,s^{-1}}$ のとき，粒子の直線軌道から $R=1$ mm の位置で観測される磁場の最大値を有効数字 1 桁で計算せよ.

**10.7**　半径 $a$ の円板に磁気モーメント $\mathrm{d}m=I\,\mathrm{d}S$ を一様に敷き詰める．ただし磁気モーメントの向きは円板の面と垂直である．このとき，式 10.21 を用いて円板の中心軸上の磁場を計算し，式 10.18 を確認せよ.

---

*　同様の処理は式 2.16 でも行い，$\boldsymbol{r}$ についての積分では $t$ を定数とし，積分の後に $t$ で微分した．p.25 の脚注に式を用いてその取扱いを説明した.

# 11 電流と磁場 II：アンペールの法則

本章では，アンペールの法則を学び，磁場を空間の性質として捉える．対称性が高い場合には，この法則により磁場を簡単に計算することができる．さらに，この法則が時間的に変化する電流に対しても成り立つように拡張し，アンペール・マクスウェルの法則を導入する．これが電磁気現象の基本法則となる．

## 11.1 アンペールの法則

ビオ・サバールの法則を用いると，与えられた定常電流から磁場を計算できることを 10 章で学んだ．これは，クーロンの法則（§3.1）を用いて電場を計算できるのと同じ状況である．電場についてはさらに，空間の電気的性質という視点から，ガウスの法則があった（§4.2）．これに対応して，静磁場を空間の磁気的性質として表現するアンペールの法則を導入する．

### 11.1.1 直線電流による磁場の性質 I

直線電流がつくる磁場について，§10.1 では実験から得られた知識を述べた．すなわち，磁場 $\boldsymbol{B}$ の向きは電流に垂直な面内にあり，電流を中心とする円の接線方向，電流の向きに進む右ねじの回転の向きであった．また，磁場の大きさは，電流から距離 $r$ の位置において

$$B(r) = \frac{\mu_0}{2\pi}\frac{I}{r} \tag{11.1}$$

であった（式 10.6 を参照）．

まず，図 11.1 のように座標軸をとり，この磁場 $\boldsymbol{B}$ の成分を求めよう．直線電流 $I$ が $z$ 軸上を正方向に流れる．$xy$ 平面上の点 $(x, y, 0)$ において，$\boldsymbol{B}$ の向きを表す単位ベクトル $\boldsymbol{t}$ は，$xy$ 平面上の半径 $r=\sqrt{x^2+y^2}$ の原点を中心とする円の接線方向，反時計回り（右ねじ）の方向であり

$$\boldsymbol{t} = \frac{1}{r}\,(-y\,\boldsymbol{e}_x + x\,\boldsymbol{e}_y), \qquad r = \sqrt{x^2+y^2} \tag{11.2}$$

となる（式 M1.12 を参照）．磁場の大きさは式 11.1 で与えられるから

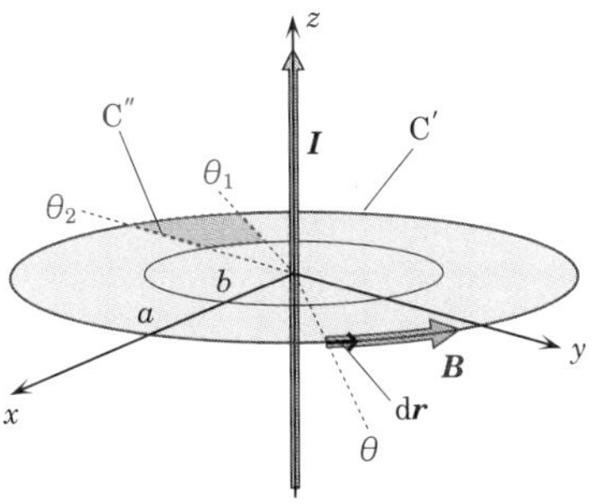


図 11.1 直線電流による磁場の周回積分路 C′ と C″.

$$\boldsymbol{B} = \frac{\mu_0}{2\pi}\frac{I}{r}\boldsymbol{t} = \frac{\mu_0 I}{2\pi}\left(-\frac{y}{r^2}\boldsymbol{e}_x + \frac{x}{r^2}\boldsymbol{e}_y\right) \tag{11.3}$$

である．電流と平行に移動しても状況が変わらない（並進対称）から，磁場 $\boldsymbol{B}$ は $z$ によらず，任意の点（$x$, $y$, $z$）において $\boldsymbol{B}$ は式 11.2 と式 11.3 を満たす．

この磁場の性質を調べるために次の微分を行う．まず $\partial B_x/\partial y$ を計算する．定数因子 $-\mu_0 I/(2\pi)$ を除いた部分に注目すると

$$\begin{aligned}\frac{\partial}{\partial y}\left(\frac{y}{r^2}\right) &= \left(\frac{1}{r^2}\cdot 1\right) + \left[y\cdot\left(\frac{y}{r}\right)\frac{\mathrm{d}}{\mathrm{d}r}\left(\frac{1}{r^2}\right)\right] = \frac{1}{r^2} - 2\,\frac{y^2}{r^4} = \frac{r^2-2y^2}{r^4} \\ &= \frac{x^2-y^2}{r^4}\end{aligned} \tag{11.4}$$

となる*．次に，$\partial B_y/\partial x$ は式 11.4 で得られた結果の $x$ と $y$ を交換するだけである．したがって，この磁場について

$$\begin{aligned}\left(\frac{\partial B_y}{\partial x} - \frac{\partial B_x}{\partial y}\right) &= \frac{\mu_0 I}{2\pi}\left[\frac{\partial}{\partial x}\left(\frac{x}{r^2}\right) - \frac{\partial}{\partial y}\left(-\frac{y}{r^2}\right)\right] = \frac{\mu_0 I}{2\pi}\left[\frac{\partial}{\partial x}\left(\frac{x}{r^2}\right) + \frac{\partial}{\partial y}\left(\frac{y}{r^2}\right)\right] \\ &= \frac{\mu_0 I}{2\pi}\left[\frac{y^2-x^2}{r^4} + \frac{x^2-y^2}{r^4}\right] = 0\end{aligned} \tag{11.5}$$

という関係が成立する．ただし，電流の位置 $x=y=0$（$z$ 軸上）を除く．式 11.5 の左辺の磁場の微分は次節以降で詳しく論じる．

次にこの磁場の周回積分（§ M4.2.4）を計算すると

1. 積分路が電流を囲むとき周回路によらず $\mu_0 I$
2. 積分路が電流を囲まないとき 0

* $\partial y/\partial y=1$，$\partial r^{-2}/\partial y=(\partial r/\partial y)(\mathrm{d}r^{-2}/\mathrm{d}r)$，$\partial r/\partial y=y/r$ を用いた（式 M2.20 を参照）．

となることを示そう．図 11.1 のように，積分路として電流を軸とする同心円を用いると，これらの特徴は以下のようにして直ちに確認される．

特徴 1 について，図 11.1 の半径 $a$ の円 C′ 上の周回積分は，経路上の微小変位 $\mathrm{d}\boldsymbol{r}$ と $\boldsymbol{B}$ が常に同じ向きとなり $\boldsymbol{B}\cdot\mathrm{d}\boldsymbol{r}=B(a)\,\mathrm{d}r$，また $\mathrm{d}r=a\,\mathrm{d}\theta$ だから

$$\oint_{\mathrm{C}'}\boldsymbol{B}\cdot\mathrm{d}\boldsymbol{r} = \oint_{\mathrm{C}'}B(a)\,\mathrm{d}r = \frac{\mu_0}{2\pi}\frac{I}{a}\oint_{\mathrm{C}'}\mathrm{d}r = \frac{\mu_0}{2\pi}\frac{I}{a}\int_0^{2\pi}a\,\mathrm{d}\theta = \frac{\mu_0}{2\pi}\frac{I}{a}\cdot 2\pi a = \mu_0 I \qquad (11.6)$$

である．特徴 2 について，図の積分路 C″ の周回積分を調べる．この周回路は，2 個の同心円（半径 $a$ と $b$）の弧と半径方向の線分（偏角 $\theta_1$ と $\theta_2$）で構成される．半径方向の線積分は $\boldsymbol{B}$ と $\mathrm{d}\boldsymbol{r}$ が直交するので 0 となる．周回積分に寄与するのは円弧の上の線積分であり，各円弧の積分路は進み方が逆であるから

$$\oint_{\mathrm{C}''}\boldsymbol{B}\cdot\mathrm{d}\boldsymbol{r} = \frac{\mu_0}{2\pi}\frac{I}{a}\int_{\theta_1}^{\theta_2}a\,\mathrm{d}\theta + \frac{\mu_0}{2\pi}\frac{I}{b}\int_{\theta_2}^{\theta_1}b\,\mathrm{d}\theta = 0 \qquad (11.7)$$

となる．

**例題 11.1** 直線電流がつくる磁場 $\boldsymbol{B}$ の成分表示を用いて，式 11.6 と式 11.7 が任意の形状の周回積分路に対しても成り立つことを示せ．

解　式 11.2 のベクトル $\boldsymbol{t}$ は，$xy$ 平面内の極座標 $r$ と $\theta$ を用いると

$$\boldsymbol{t} = \frac{1}{r}(-y\,\boldsymbol{e}_x + x\,\boldsymbol{e}_y) = -\sin\theta\,\boldsymbol{e}_x + \cos\theta\,\boldsymbol{e}_y$$

となる（式 M1.14 参照）から，題意の磁場は

$$\boldsymbol{B} = \frac{\mu_0}{2\pi}\frac{I}{r}\boldsymbol{t} = \frac{\mu_0}{2\pi}\frac{I}{r}(-\sin\theta\,\boldsymbol{e}_x + \cos\theta\,\boldsymbol{e}_y)$$

と表せる．任意の積分路上の微小変位 $\mathrm{d}\boldsymbol{r}=\mathrm{d}x\,\boldsymbol{e}_x+\mathrm{d}y\,\boldsymbol{e}_y+\mathrm{d}z\,\boldsymbol{e}_z$ の $\mathrm{d}x$ と $\mathrm{d}y$ を $r$ と $\theta$ により表すと

$$x(r,\theta,z) = r\cos\theta \qquad \text{および} \qquad y(r,\theta,z) = r\sin\theta$$

だから

$$\mathrm{d}x = \frac{\partial x}{\partial r}\mathrm{d}r + \frac{\partial x}{\partial\theta}\mathrm{d}\theta = \frac{\partial(r\cos\theta)}{\partial r}\mathrm{d}r + \frac{\partial(r\cos\theta)}{\partial\theta}\mathrm{d}\theta = \cos\theta\,\mathrm{d}r - r\sin\theta\,\mathrm{d}\theta$$
$$\mathrm{d}y = \frac{\partial y}{\partial r}\mathrm{d}r + \frac{\partial y}{\partial\theta}\mathrm{d}\theta = \frac{\partial(r\sin\theta)}{\partial r}\mathrm{d}r + \frac{\partial(r\sin\theta)}{\partial\theta}\mathrm{d}\theta = \sin\theta\,\mathrm{d}r + r\cos\theta\,\mathrm{d}\theta$$

したがって，$z$ 方向の移動を含む微小変位であっても

$$
\begin{aligned}
\boldsymbol{B}\cdot \mathrm{d}\boldsymbol{r} &= B_x\,\mathrm{d}x + B_y\,\mathrm{d}y + B_z\,\mathrm{d}z \\
&= \frac{\mu_0}{2\pi}\frac{I}{r}\left[(-\sin\theta)(\cos\theta\,\mathrm{d}r - r\sin\theta\,\mathrm{d}\theta) + (\cos\theta)(\sin\theta\,\mathrm{d}r + r\cos\theta\,\mathrm{d}\theta)\right] \\
&= \frac{\mu_0 I}{2\pi}\,\mathrm{d}\theta
\end{aligned}
$$

となる．こうして磁場の周回積分は，任意の積分路 C に対して

$$
\oint_{\mathrm{C}} \boldsymbol{B}\cdot \mathrm{d}\boldsymbol{r} = \frac{\mu_0 I}{2\pi}\oint_{\mathrm{C}} \mathrm{d}\theta
$$

と表される．

電流（$z$ 軸）の周囲を 1 周する周回路では

$$
\oint_{\mathrm{C}} \mathrm{d}\theta = \int_0^{2\pi} \mathrm{d}\theta = 2\pi
$$

となり式 11.6 を得る．一方，電流を囲まずに 1 周する周回路では，$\theta$ が $\theta_1 \to \theta_2 \to \theta_1$ と変化するので

$$
\oint_{\mathrm{C}} \mathrm{d}\theta = \int_{\theta_1}^{\theta_2} \mathrm{d}\theta + \int_{\theta_2}^{\theta_1} \mathrm{d}\theta = 0
$$

となり式 11.7 を得る．周回積分の経路が $z$ 方向への移動を含むときも，式中に $z$ が現れないので，これらの関係が成り立つ．■

### 11.1.2 $(\partial B_y/\partial x - \partial B_x/\partial y)$ と周回積分

式 11.5 の $(\partial B_y/\partial x - \partial B_x/\partial y)$ と，$\boldsymbol{B}$ の周回積分とが密接に関係することを示そう．なお，本項の議論は，滑らかに変化するベクトル場であれば一般的に成立し，磁場 $\boldsymbol{B}$ は一つの適用例である．

図 11.2 のように，面積 $\Delta x\,\Delta y$ の長方形の周囲 $\Delta$C を周回路として $\boldsymbol{B}$ の周回積分を行う（§ M4.2.4）．経路 ① では，線積分が $x$ 軸に沿って右に進むので

$$
\mathrm{d}\boldsymbol{r} = \mathrm{d}x\,\boldsymbol{e}_x \quad \Rightarrow \quad \boldsymbol{B}\cdot \mathrm{d}\boldsymbol{r} = B_x(x, y)\,\mathrm{d}x \tag{11.8}
$$

であり

$$
\begin{aligned}
\int_{①} \boldsymbol{B}\cdot \mathrm{d}\boldsymbol{r} &= \int_{①} B_x(x, y)\,\mathrm{d}x = B_x(x', y)\int_{①} \mathrm{d}x = B_x(x', y)\,\Delta x \\
&\approx B_x(x, y)\,\Delta x
\end{aligned} \tag{11.9}
$$

となる．1 行目の $x'$ は，経路 ① 上の点の $x$ 座標であり，平均値の定理によりその存

在が保証されている．$x \leq x' \leq x + \Delta x$ だから，$\Delta x \to 0$ の極限で $\approx \to =$ となる．同様に，経路 ③ では積分が左向きに進むので，$\mathrm{d}\boldsymbol{r} = -\mathrm{d}x\,\boldsymbol{e}_x$ であり

$$\int_{③} \boldsymbol{B} \cdot \mathrm{d}\boldsymbol{r} = -B_x(x'', y + \Delta y)\,\Delta x \approx -B_x(x, y + \Delta y)\,\Delta x \qquad (11.10)$$

となる．① と ③ の和は

$$\begin{aligned}\int_{①+③} \boldsymbol{B} \cdot \mathrm{d}\boldsymbol{r} &\approx -[B_x(x, y + \Delta y) - B_x(x, y)]\,\Delta x \\ &= -\frac{B_x(x, y + \Delta y) - B_x(x, y)}{\Delta y}\,\Delta x\,\Delta y \approx -\frac{\partial B_x}{\partial y}\,\Delta x\,\Delta y \qquad (11.11)\end{aligned}$$

である．経路 ② と ④ でも同様に計算できて

$$\int_{②+④} \boldsymbol{B} \cdot \mathrm{d}\boldsymbol{r} \approx \frac{\partial B_y}{\partial x}\,\Delta x\,\Delta y \qquad (11.12)$$

となる．この長方形の辺を回る周回積分は式 11.11 と式 11.12 を足し合わせるので，式 11.5 の左辺である（$\partial B_y/\partial x - \partial B_x/\partial y$）の面積分と

$$\oint_{\Delta \mathrm{C}} \boldsymbol{B} \cdot \mathrm{d}\boldsymbol{r} \approx \left(\frac{\partial B_y}{\partial x} - \frac{\partial B_x}{\partial y}\right)\Delta x\,\Delta y \approx \iint_{\Delta x\,\Delta y}\left(\frac{\partial B_y}{\partial x} - \frac{\partial B_x}{\partial y}\right)\mathrm{d}x\,\mathrm{d}y \qquad (11.13)$$

の関係があることがわかった．式 11.9 の場合と同様に，$\Delta x \to 0$ かつ $\Delta y \to 0$ の極限で $\approx \to =$ となる．

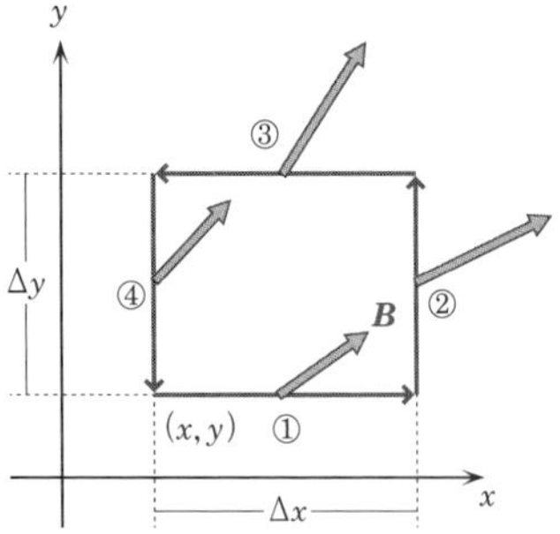


図 11.2　長方形 $\Delta x\,\Delta y$ を回る周回積分．

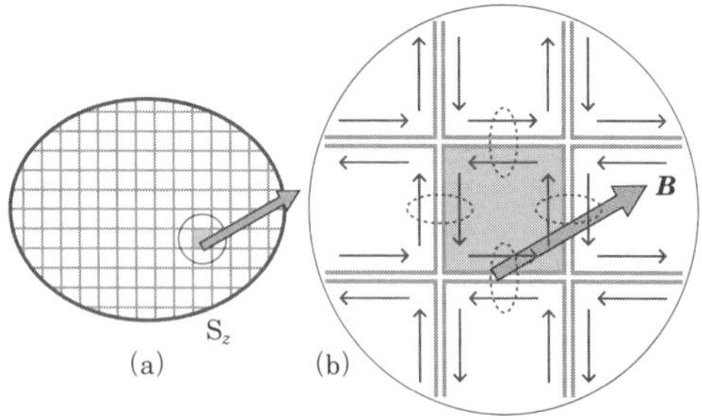


図 11.3　$(\partial B_y/\partial x - \partial B_x/\partial y)$ の面積分と $\boldsymbol{B}$ の周回積分．

$xy$ 平面上にある（$z$ 軸に垂直な）有限の大きさの領域 $\mathrm{S}_z$ についても，式 11.13 と同じ関係が成り立つ．これを示すには，図 11.3a のように，$\mathrm{S}_z$ を微小な長方形に分

割し，各長方形に式 11.13 を適用する．図 b（図 a の拡大）のように，隣接する微小な長方形に共有される経路（⬭）の線積分では，それぞれの進行方向が逆であり（d$\boldsymbol{r}$ および $-$d$\boldsymbol{r}$），$\boldsymbol{B}$ は共通だから各線積分は符号だけが逆となる．式 11.13 の左辺の周回積分を $S_z$ の全域で寄せ集めると，微小な長方形について和が相殺して，$S_z$ の周囲を回る周回積分となる．一方，右辺の面積分を寄せ集めると，$S_z$ 全域にわたる（$\partial B_y/\partial x-\partial B_x/\partial y$）の面積分となるので

$$\oint_{\mathrm{C}:\ \mathrm{S}_z\text{の周囲}} \boldsymbol{B}\cdot \mathrm{d}\boldsymbol{r} = \int_{\mathrm{S}_z}\left(\frac{\partial B_y}{\partial x}-\frac{\partial B_x}{\partial y}\right)\mathrm{d}S_z \tag{11.14}$$

が成り立つ．

### 11.1.3 ストークスの定理

前項は面が $xy$ 平面と平行の場合であったが，任意の方向をもつ面 S についても，式 11.14 に相当する関係を導くことができる．面 $S_z$ の面積素片ベクトルは d$\boldsymbol{S}$＝d$S_z\,\boldsymbol{e}_z$，磁場は $\boldsymbol{B}=B_x\,\boldsymbol{e}_x+B_y\,\boldsymbol{e}_y$ であった．そこで，（$\partial B_y/\partial x-\partial B_x/\partial y$）を $z$ 成分にもつ

$$\nabla\times\boldsymbol{B} = \left(\frac{\partial B_z}{\partial y}-\frac{\partial B_y}{\partial z}\right)\boldsymbol{e}_x+\left(\frac{\partial B_x}{\partial z}-\frac{\partial B_z}{\partial x}\right)\boldsymbol{e}_y+\left(\frac{\partial B_y}{\partial x}-\frac{\partial B_x}{\partial y}\right)\boldsymbol{e}_z \tag{11.15}$$

というベクトルを導入する（§M3.1～§M3.2）．そうすると，式 11.14 はスカラー積（$\nabla\times\boldsymbol{B}$）・d$\boldsymbol{S}$ を用いて

$$\oint_{\mathrm{C}:\ \mathrm{S}\text{の周囲}} \boldsymbol{B}\cdot \mathrm{d}\boldsymbol{r} = \int_{\mathrm{S}}(\nabla\times\boldsymbol{B})\cdot \mathrm{d}\boldsymbol{S} \tag{11.16}$$

と書き直すことができる．ベクトルで表すこの式は面の向きによらず成立する一般的な関係式である（そのため $S_z$ を S に変えた）．式 11.16 を**ストークスの定理**（Stokes' theorem）という．正しくは，静磁場 $\boldsymbol{B}$ にストークスの定理を適用した式である*．

$\nabla\times\boldsymbol{B}$ は"ナブラ クロス ビー"と読み，ベクトル場 $\boldsymbol{B}$ の"回転"を表す（§M3.2）．$\nabla\times\boldsymbol{B}$ の記号は，式 2.11 のときと同様に，$\nabla$ を各方向の偏微分を成分とする"ベクト

---

* ストークスの定理は，3 次元の曲面とその曲面上で定義された関数について，周回積分と面積分を関係づける．保存力 $\boldsymbol{F}$ の場にこの定理を適用すると

"任意の周回路 C について $\oint_{\mathrm{C}}\boldsymbol{F}\cdot\mathrm{d}\boldsymbol{r}=0$" ⇔ "任意の領域で $\int_{\mathrm{S}}(\nabla\times\boldsymbol{F})\cdot\mathrm{d}\boldsymbol{S}=0$"
⇔ "至るところで $\nabla\times\boldsymbol{F}=\boldsymbol{0}$"

が導かれる（§3.5.5）．$\nabla\times\boldsymbol{F}=\boldsymbol{0}$ のとき $\boldsymbol{F}$ を"渦なし"ということもある．

ル”とし，形式的に $\nabla$ と $\boldsymbol{B}$ のベクトル積を書き下すと式 11.15 となることに由来する．$\nabla\times\boldsymbol{B}$ は，**rot**（ローテーション）あるいは **curl**（カール）を用いて **rot** $\boldsymbol{B}$, **curl** $\boldsymbol{B}$ とも書く．

### 11.1.4 直線電流による磁場の性質 II

$z$ 軸上を正方向に流れる直線電流 $I$ がつくる磁場は，$z$ に依存しないから $\partial B_x/\partial z=\partial B_y/\partial z=0$，また $B_z=0$ であるから $\partial B_z/\partial x=\partial B_z/\partial y=0$ となり，これと式 11.5 の $(\partial B_y/\partial x-\partial B_x/\partial y)=0$ とあわせて

$$\nabla\times\boldsymbol{B} = \boldsymbol{0} \tag{11.17}$$

となる．こうして，電流がない位置（$z$ 軸上を除く位置）ならば式 11.17 が成り立つ．

電流が流れる位置において $\nabla\times\boldsymbol{B}$ はどのようになるだろうか．$\nabla\times\boldsymbol{B}$ は磁場の空間微分だから，その物理次元は $[\nabla\times\boldsymbol{B}]=[\text{磁場}][\text{長さ}]^{-1}$ である．一方，式 11.1 から，$[\text{磁場}]=[\mu_0][\text{電流}][\text{長さ}]^{-1}$，したがって

$$[\nabla\times\boldsymbol{B}] = [\mu_0][\text{電流}][\text{長さ}]^{-2} = [\mu_0][\text{電流密度}]$$

となる必要がある．そこで

$$\nabla\times\boldsymbol{B} = \mu_0\boldsymbol{j} \tag{11.18}$$

と仮定したときに，式 11.6 が成り立つか調べよう（式 11.18 は $\boldsymbol{j}=\boldsymbol{0}$ の場合として式 11.17 を含む）．

有限の大きさの電流密度を考えるので，直線電流の代わりに，円柱内部に一様な電流密度 $\boldsymbol{j}$ があるとしよう．全電流を $I$ として，円柱の軸は $z$ 軸と一致しその断面を S（断面積 $S$）とすると，この電流密度は

$$\boldsymbol{j} = j_z\boldsymbol{e}_z = \frac{I}{S}\boldsymbol{e}_z \tag{11.19}$$

である．式 11.16 の右辺の被積分関数を，式 11.18 と式 11.19 により変形すると

$$\begin{aligned}\oint_{\mathrm{C}:\,\mathrm{S}\text{の周囲}}\boldsymbol{B}\cdot\mathrm{d}\boldsymbol{r} &= \int_{\mathrm{S}}(\nabla\times\boldsymbol{B})\cdot\mathrm{d}\boldsymbol{S} = \mu_0\int_{\mathrm{S}}\boldsymbol{j}\cdot\mathrm{d}\boldsymbol{S} = \mu_0\int_{\mathrm{S}}j_z\,\mathrm{d}S = \mu_0\frac{I}{S}S\\ &= \mu_0 I\end{aligned} \tag{11.20}$$

が成り立つ．直線電流による磁場が従う式 11.6 が，式 11.18 という仮定（空間の各点で成り立つ磁場と電流密度の関係）から導かれたのである．

### 11.1.5 アンペールの法則

式 11.18 すなわち

$$\nabla \times \boldsymbol{B} = \mu_0 \boldsymbol{j} \tag{11.21}$$

あるいは，ストークスの定理を用いた積分形

$$\oint_{\mathrm{C}} \boldsymbol{B} \cdot \mathrm{d}\boldsymbol{r} = \mu_0 \int_{\mathrm{S}} \boldsymbol{j} \cdot \mathrm{d}\boldsymbol{S} \tag{11.22}$$

を**アンペールの法則**（Ampère's law）という．

式 11.21 あるいは式 11.22 は，ここでは直線電流の磁場の性質から予測したが，一般の定常電流がつくる磁場についても，この法則に反する実験結果は見つかっていない．

**例題 11.2** §10.4 で調べた円電流の $z$ 軸上の磁場を $-\infty < z < \infty$ の範囲で線積分せよ．

解　式 10.18 から，$z$ 軸上の位置 $z$ では

$$\boldsymbol{B} = \frac{\mu_0 I}{2} \frac{a^2}{(z^2 + a^2)^{3/2}} \boldsymbol{e}_z$$

$t = z/a$ として

$$\int_{z\,軸} \boldsymbol{B} \cdot \mathrm{d}\boldsymbol{r} = \int_{-\infty}^{\infty} B_z \, \mathrm{d}z = \frac{\mu_0 I}{2} \int_{-\infty}^{\infty} \frac{1}{(t^2+1)^{3/2}} \mathrm{d}t = \mu_0 I$$

となる．この積分の計算には，置換 $t = \tan\theta$ により $1/(t^2+1)^{3/2} = \cos^3\theta$，$\mathrm{d}t = \mathrm{d}\theta/\cos^2\theta$ であるから

$$\int_{-\infty}^{\infty} \frac{1}{(t^2+1)^{3/2}} \mathrm{d}t = \int_{-\pi/2}^{\pi/2} \cos\theta \, \mathrm{d}\theta = [\sin\theta]_{-\pi/2}^{\pi/2} = 2$$

となることを用いた．

参考　図 11.4 のように，$z$ 軸上の正の位置から出発して，原点からの距離を一定に保ちながら $z$ 軸の負の位置に戻り（経路 ①），さらに $z$ 軸に沿って出発点に戻る（経路 ②）周回積分を考える．経路 ① の磁場の大きさは，原点からの距離の 3 乗にほぼ反比例する（式 10.20，式 10.21，例題 5.3 を参照）．線積分の値は，たかだか磁場の大きさと積分路の距離の積の程度であり，積分路の距離と原点からの距離が比例するので，線積分は原点からの距離の 2 乗に反比例する（あるいはそれ以下になる）だろう．したがって，原点からの

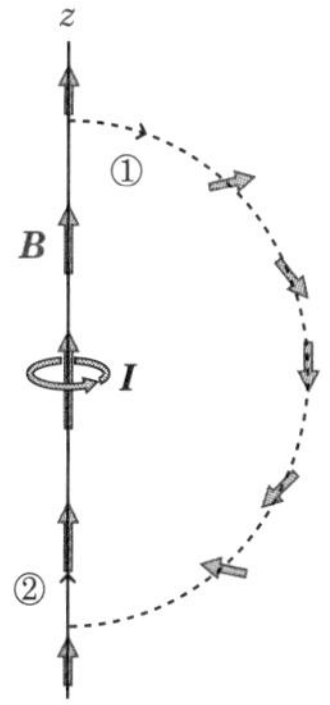


図 11.4　無限遠を通る周回積分路．磁場の向きは ➡ で示す．大きさは原点からの距離の 3 乗にほぼ反比例する．

距離を無限大にする積分路では経路 ① の線積分の寄与は 0 になる．こうして，周回積分は経路 ② すなわち $z$ 軸上の線積分の値になり

$$\oint_{\mathrm{C}} \boldsymbol{B} \cdot \mathrm{d}\boldsymbol{r} = \mu_0 I$$

である．■

**例題 11.3**　微小なループ電流による磁気モーメント $\boldsymbol{m}=m\,\boldsymbol{e}_z$ が原点にある．$\boldsymbol{m}$ がつくる磁場はビオ・サバールの法則から，$\boldsymbol{r}=(x,y,z)=x\,\boldsymbol{e}_x+y\,\boldsymbol{e}_y+z\,\boldsymbol{e}_z$ において

$$\boldsymbol{B} = \frac{\mu_0}{4\pi}\frac{3(\boldsymbol{m}\cdot\boldsymbol{r})\boldsymbol{r}-r^2\boldsymbol{m}}{r^5}, \qquad r = \sqrt{x^2+y^2+z^2}$$

となる（式 10.21 を参照）．原点を除く各点で $\nabla\times\boldsymbol{B}=\boldsymbol{0}$ となることを確かめよ．

解　題意により $(\boldsymbol{m}\cdot\boldsymbol{r})=mz$ だから

$$\boldsymbol{B} = \frac{\mu_0}{4\pi}\frac{3mz\,(x\,\boldsymbol{e}_x+y\,\boldsymbol{e}_y+z\,\boldsymbol{e}_z)-r^2m\,\boldsymbol{e}_z}{r^5} = \frac{\mu_0}{4\pi}m\left(\frac{3zx}{r^5}\boldsymbol{e}_x+\frac{3zy}{r^5}\boldsymbol{e}_y+\frac{3z^2-r^2}{r^5}\boldsymbol{e}_z\right)$$

ここで $\boldsymbol{B}=(\mu_0 m/4\pi)\boldsymbol{b}$ として定数因子を除いた $\boldsymbol{b}$ に注目し，以下は

$$b_x(x,y,z) = \frac{3zx}{r^5}, \qquad b_y(x,y,z) = \frac{3zy}{r^5}, \qquad b_z(x,y,z) = \frac{2z^2-x^2-y^2}{r^5}$$

について計算する．$\nabla\times\boldsymbol{b}$ の計算は

$$\frac{\partial b_y}{\partial z} = \frac{\partial b_z}{\partial y} = \frac{3y(x^2+y^2-4z^2)}{r^7}, \qquad \frac{\partial b_z}{\partial x} = \frac{\partial b_x}{\partial z} = \frac{3x(x^2+y^2-4z^2)}{r^7}$$

および

$$\frac{\partial b_x}{\partial y} = \frac{\partial b_y}{\partial x} = -\frac{15xyz}{r^7}$$

となるから*

$$\nabla\times\boldsymbol{B} = \frac{\mu_0 m}{4\pi}\nabla\times\boldsymbol{b} = \boldsymbol{0}$$

を得る．■

---

*　$r=(x^2+y^2+z^2)^{1/2}$ を含む偏微分は式 M2.20 を参照せよ．たとえば，$\partial r^{-5}/\partial z=(z/r)(\mathrm{d}r^{-5}/\mathrm{d}r)=-5zr^{-7}$ を用いると，$\partial(xzr^{-5})/\partial z=x[r^{-5}+z(\partial r^{-5}/\partial z)]=x(r^{-5}-5z^2r^{-7})=x(r^2-5z^2)r^{-7}$ などとなる．

例題 11.3 では“原点にあり $z$ 方向を向いた磁気モーメントがつくる磁場は，原点以外の位置で $\nabla\times\boldsymbol{B}=\mathbf{0}$ となる”ことを導いた．座標系の平行移動や座標軸の回転によって，このベクトルによる表現は変化しないので

- 磁気モーメント $\boldsymbol{m}$ がつくる磁場は，$\boldsymbol{m}$ の方向と置かれた位置によらず，その位置以外では $\nabla\times\boldsymbol{B}=\mathbf{0}$ を満たす

ことがわかる．

一般的な形状のループ電流がつくる磁場についても $\nabla\times\boldsymbol{B}=\mathbf{0}$ が成り立つことを示そう．有限の大きさのループ電流は，図 9.12 のように，そのループ内を微小なループ電流 $I\,\mathrm{d}\boldsymbol{S}$ で埋め尽くしたものと等価である（面積素片 $\mathrm{d}S$ の外周を電流 $I$ が流れる微小なループ電流がつくる磁気モーメントは向きまで含めて $\boldsymbol{m}=I\,\mathrm{d}\boldsymbol{S}$ という関係がある．§9.3.3，§10.4 を参照）．有限のループ電流がつくる磁場は，これら磁気モーメントがつくる磁場の重ね合わせとなるから，電流が流れない位置では $\nabla\times\boldsymbol{B}=\mathbf{0}$ が成り立つ．したがって

- 電流の流れるループを積分路が貫かない（ループ内に敷き詰めた磁気モーメントに積分路が触れない）とき，ストークスの定理から周回積分は $\oint_{\mathrm{C}}\boldsymbol{B}\cdot\mathrm{d}\boldsymbol{r}=0$

となる．

一方，ループ電流を貫く周回積分路の場合，積分路上には 1 個の磁気モーメントがある（積分路は 1 個の微小ループ電流を貫く）．図 11.5 のように，周回積分路を二つの経路の和と考えよう．その一方（↑）は，微小ループを貫通する直線経路であり上に進む．他方（↓）は（周回積分路と ┆ の経路を接続したようには見えるが）微小ループを貫通しない．すなわち，↓ 上に設けた折り返し点（•）まで ↓ を下に進み，• に到達したら周回積分路に乗り換え，もう一方の • に到達したら再び ┆ に平行に下に進む．⟲ 部分は磁気モーメントに触れないから線積分が 0 となる．一方，┆ 部分は例題 11.2 で求めた値 $\mu_0 I$ となる．点線と実線が重なる部分の線積分は，同じ経路を逆に進むので相殺する．こうして

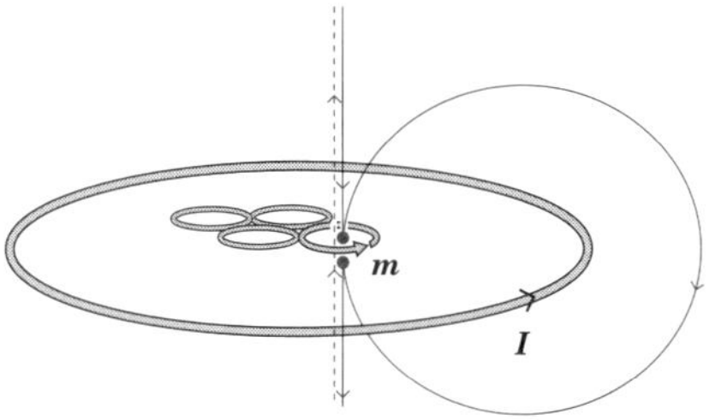


図 11.5　ループ電流を貫く周回積分．微小ループ電流（磁気モーメント $\boldsymbol{m}$）を貫く周回積分路を，点線（微小ループを貫く直線）と実線（微小ループを貫通する直前と直後の • で折り返す）の和として表す．

- 有限のループを通り抜ける周回積分では $\oint_C \boldsymbol{B}\cdot d\boldsymbol{r}=\mu_0 I$ が成り立つ.

ループを貫く向きが逆ならば周回積分の値の符号が逆になる．ループ電流と何度も絡まる周回積分路であれば，ループを貫く向きに符号を付けて加算すればよい．

このように，ビオ・サバールの法則から得られる静磁場は，その電流経路の形状によらず，アンペールの法則を満たすことが示される．なお，式 10.9 の $d\boldsymbol{B}$ は，定常電流から切り取られた電流素片による“計算のための磁場の要素”であり，実在する磁場とは異なりアンペールの法則は適用できない．

## 11.2 アンペールの法則と磁場の計算

対称性のよい電流分布がつくる磁場は，積分形のアンペールの法則を用いて簡単に計算できる場合がある．その事情はガウスの法則を用いた電場の計算とよく似ている．以下の例題でそれを学ぼう．

### 11.2.1 ソレノイドコイルの磁場

**例題 11.4** 半径 $a$ の円筒に導線を単位長さあたり $n$ 巻きで密に巻いたソレノイドコイルに電流 $I$ を流す．内部の磁場を調べよ．ただしソレノイドコイルは無限に長いとする．

解 ここでは 10 章で学んだ結果をもとに磁場の向きを考える．図 11.6 のように，ソレノ

図 11.6 ソレノイドコイルの磁場.

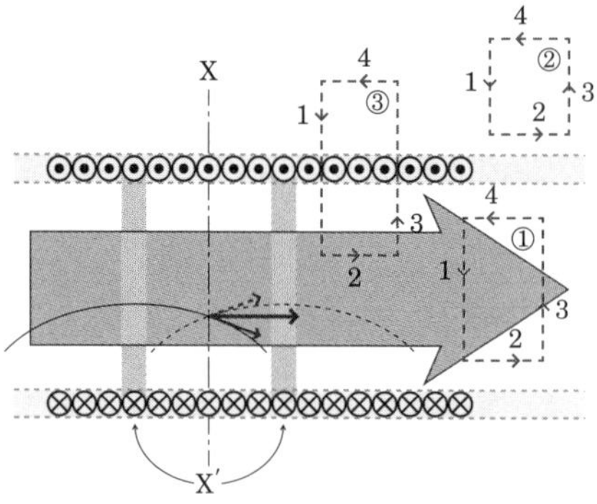


イドコイルの断面 XX′ から等距離にある 1 巻きコイルのペア（⊙⊗）に注目する．このペアがつくる磁場（⟶）は断面 XX′ と直交する（例題 10.2 を参照）．ソレノイドコイルが無限に長いので，断面 XX′ の位置によらず，ソレノイドコイルの全体をこのようなペアの集まりとして構成できる．各ペアがつくる磁場の重ね合わせも断面と直交し円筒の軸と平行になる．

次に，コイルが隙間なく巻かれ無限に長いことから，円筒の軸方向に移動しても磁場の大きさは変わらない（並進対称）．さらに，コイルの断面が円なので軸の周りに回転しても磁場の大きさは変わらない（軸対称）．すなわち，軸からの距離が同じ位置の磁場の大きさは同じである．軸からの距離と磁場の大きさの関係を対称性から導くことはできず，磁場の線積分を実行しアンペールの法則を適用する．

まず，図 11.6 の周回路 ① はソレノイド内部にあり，磁場に平行な長さ $L$ の経路 2, 4 と，磁場に垂直な経路 1, 3 から成るが，後者は磁場の線積分に寄与しない．この周回路を貫く電流は 0 だから磁場の線積分も 0 となるので

$$\oint_{①} \boldsymbol{B} \cdot \mathrm{d}\boldsymbol{r} = B_2 L - B_4 L = 0$$

となる．よってソレノイド内部の磁場は一定の大きさ $B$ となる．すなわち

$$B = B_2 = B_4$$

である．

次に，周回路 ② はソレノイド外部にあり貫く電流が 0 である．軸対称性から磁場の線積分については ① と同様に考えることができ，外部の磁場はどこでも同じ大きさである．この磁場の大きさが 0 になることは例題 10.4 で調べた．

最後に，周回路 ③ はソレノイドコイルを横切るので電流が貫く．電流が $I$ のときソレノイドコイル内部の磁場の大きさを $B$ とする．この周回路で磁場の線積分が 0 と異なるのは経路 2 だけであり，その長さを $L$ とする．単位長さあたりのコイルの巻き数が $n$ だから，この周回積分路を $nL$ 本の導線が貫き

$$\oint_{③} \boldsymbol{B} \cdot \mathrm{d}\boldsymbol{r} = BL = \mu_0 nL \cdot I$$

したがって，ソレノイドコイル内部の磁場の大きさは

$$B = \mu_0 nI$$

となる．これは例題 10.3 の式 ② で求めた軸上の磁場と一致する．

要約すると，無限に長い密に巻いたソレノイドコイル内の磁場は，軸と平行であり（電流の向きに回転する右ねじが進む向き），大きさが $\mu_0 nI$ となる．十分に細くて長いコイルの中央付近では，無限に長いときと同様の磁場が生じる．無限に長いソレノイドコイル外部の磁場は 0 となる（例題 10.4 を参照）．■

### 11.2.2 一様な平面電流の磁場

**例題 11.5** 図 11.7a のように，鉛直な平面（紙面）を下から上に向かって一様に流れるシート電流（厚みを無視できる無限に広い平面状の電流）がある．シート上に電流と直交する線分を引いたとき，線分の単位長さあたりの電流を “電流の線密度” ということにする．シート電流がつくる磁場を求め，その大きさを電流の線密度ベクトル $\tilde{\boldsymbol{J}}$ により表せ．

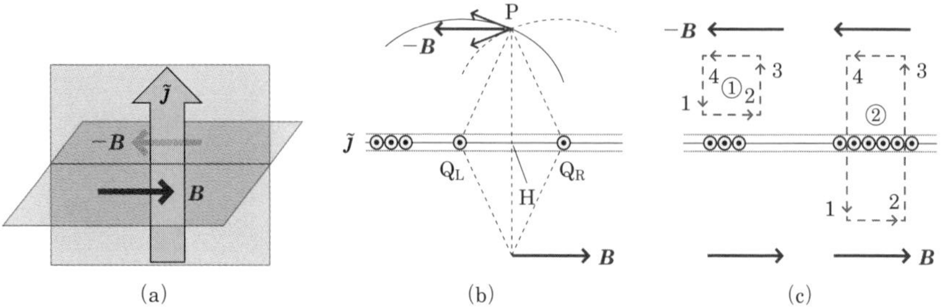


図 11.7　シート電流による磁場.

解　シート電流に垂直な断面を図 b に示した．電流は紙面の奥から手前方向に流れる．題意は連続的に分布する電流だが，ひとまず直線電流の集まりと考えよう．例題 11.4 と同様の考え方を用い，直線電流のペアがつくる磁場の方向を求める．点 P から電流の流れる平面に下ろした垂線の足を H とし，H から等距離にある点 $Q_L$ および $Q_R$ を通る直線電流のペアに注目する．電流面が無限に広いので，P の位置によらず，このようなペアによって全電流を構成することができる．ペアとなった 2 本の直線電流がつくる磁場は，図 b の ⟵ と ⟶ の方向になる．この磁場は電流と直交する方向であり，さらにシートと平行となることは各自で確認せよ．シート電流による磁場は，電流のペアがつくる磁場と同じ方向になる．また電流面の反対側では磁場の向きが反転する．

次に，電流の面が無限に広く電流密度が一様だから，P を電流面と平行に移動しても磁場の大きさは同じである．

最後に，磁場の大きさを求めるために，磁場の方向と一様性を考慮してアンペールの法則を用いる．図 c の周回路 ① では，経路 1, 3 上の磁場の線積分が 0 になる．経路 2, 4 の長さを $L$ とすると

$$\oint_{①} \boldsymbol{B}\cdot \mathrm{d}\boldsymbol{r} = -B_2L + B_4L = (B_4 - B_2)L = 0$$

となり，磁場の大きさが電流面からの距離によらず一定である．周回路 ② では，$B{=}B_2{=}B_4$ であり，この周回路を貫く電流が $\tilde{J}L$ だから

$$\oint_{②} \boldsymbol{B}\cdot \mathrm{d}\boldsymbol{r} = BL + BL = 2BL = \mu_0 \tilde{J}L$$

となり

$$B = \frac{1}{2}\mu_0 \tilde{J}$$

を得る．

要約すると，無限に広がる平面のシート電流は，その両側に一様な磁場を生じる．その磁場は電流の向きと垂直であり，面の反対側で逆向き，大きさは電流に比例する．■

### 11.2.3 円筒内の一様な電流密度による磁場

**例題 11.6** $z$ 軸を軸とする半径 $a$ の無限に長い円筒があり，その内部に電流密度

$$\boldsymbol{j} = \frac{I}{\pi a^2}\boldsymbol{e}_z$$

がある（式 11.19 参照）．この電流による磁力線が，$z$ 軸を中心とする $xy$ 平面内の同心円となることを既知として，円筒内外の磁場を求めよ．

**解** 題意の同心円のうち半径 $r$ の円 $\mathrm{S}_r$ に注目し，その円周を C とする．磁場の方向は C の接線方向である．電流密度の軸対称性から，C 上（軸から等距離）の点では磁場の大きさが等しいので，これを $B(r)$ とする．

$$\oint_{\mathrm{C}}\boldsymbol{B}\cdot\mathrm{d}\boldsymbol{r} = \oint_{\mathrm{C}}B(r)\,\mathrm{d}r = B(r)\oint_{\mathrm{C}}\mathrm{d}r = 2\pi r\,B(r) \qquad ①$$

である．一方，C を貫く電流は

$$\int_{\mathrm{S}_r}\boldsymbol{j}\cdot\mathrm{d}\boldsymbol{S} = \begin{cases}\dfrac{\pi r^2}{\pi a^2}I = \dfrac{r^2}{a^2}I & \cdots\ r\le a \\ I & \cdots\ r>a\end{cases} \qquad ②$$

となる．式 11.22 すなわち積分形のアンペールの法則に式 ① と ② を代入し整理すると

$$B(r) = \frac{\mu_0}{2\pi r}\int_{\mathrm{S}_r}\boldsymbol{j}\cdot\mathrm{d}\boldsymbol{S} = \begin{cases}\dfrac{\mu_0}{2\pi}\dfrac{r}{a^2}I & \cdots\ r\le a \\ \dfrac{\mu_0}{2\pi}\dfrac{1}{r}I & \cdots\ r>a\end{cases}$$

となる．■

## 11.3 アンペール・マクスウェルの法則

### 11.3.1 アンペールの法則の限界

前節までに，アンペールの法則

$$\nabla\times\boldsymbol{B} = \mu_0\boldsymbol{j} \qquad (11.23)$$

は，定常電流がつくる磁場の性質を正しく表していることを学んだ．しかし，この法則を電荷保存則（式 2.12 を参照）

$$\nabla\cdot\boldsymbol{j} = -\frac{\partial\rho}{\partial t} \qquad (11.24)$$

に照らすと，適用限界のあることが明らかになる．実際，式 11.23 の両辺の発散

$(\nabla\cdot)$ をとり，電荷保存則の式 11.24 を代入すると

$$\nabla\cdot(\nabla\times\boldsymbol{B})=\mu_0\nabla\cdot\boldsymbol{j} = -\mu_0\frac{\partial\rho}{\partial t} = 0 \qquad (11.25)$$

となってしまう．最後の“$=0$”は，恒等式

$$\nabla\cdot(\nabla\times\boldsymbol{B})=0 \qquad (11.26)$$

による（式 M3.13 を参照）．すなわち，アンペールの法則は，$\partial\rho/\partial t\neq 0$ のときには適用できないという欠陥がある．

電荷保存則が成立するようにアンペールの法則を修正したのは，マクスウェル（p. 77．Box 11）である．すぐ下に示すように，マクスウェルは理論的な美しさを求めて“ある項”を追加し（1861），その項の存在から，電場と磁場が波として光の速さで空間を伝わると予測した（1864）．ヘルツ（Heinrich Rudolf Hertz，1857～1894）は，この電磁波の存在を実験的に示し（§16.5），マクスウェルの理論の正しさが確認された（1887）．

### 11.3.2 アンペール·マクスウェルの法則

マクスウェルが提唱した法則は

$$\nabla\times\boldsymbol{B} = \mu_0\left(\boldsymbol{j}+\varepsilon_0\frac{\partial\boldsymbol{E}}{\partial t}\right) \qquad (11.27)$$

と表され，式 11.23 の右辺が $\mu_0\boldsymbol{j}$ から $\mu_0(\boldsymbol{j}+\varepsilon_0\,\partial\boldsymbol{E}/\partial t)$ に変更されている．この式を**アンペール·マクスウェルの法則**（Ampère-Maxwell law）といい，現代の電磁気学の基礎となった．

式 11.27 が，電荷保存則のもとで，$\partial\rho/\partial t\neq 0$ の場合にも適用できることを確かめよう．式 11.25 と同じ手続きをとり，式 4.16 すなわち $\nabla\cdot\boldsymbol{E}=\rho/\varepsilon_0$ を用いると

$$\begin{aligned}\nabla\cdot(\nabla\times\boldsymbol{B}) &= \mu_0\nabla\cdot\boldsymbol{j}+\mu_0\varepsilon_0\nabla\cdot\frac{\partial\boldsymbol{E}}{\partial t} = \mu_0\left(\nabla\cdot\boldsymbol{j}+\varepsilon_0\frac{\partial}{\partial t}\nabla\cdot\boldsymbol{E}\right)\\ &= \mu_0\left(\nabla\cdot\boldsymbol{j}+\frac{\partial\rho}{\partial t}\right) = 0 \end{aligned} \qquad (11.28)$$

となり，これが常に成立することを示している．

マクスウェルが追加した項 $\varepsilon_0\,\partial\boldsymbol{E}/\partial t$ は，電流密度と同じ物理次元をもち，その面積分 $\int_S \varepsilon_0(\partial\boldsymbol{E}/\partial t)\cdot \mathrm{d}\boldsymbol{S}$ を（S を通過する）**変位電流**（displacement current）とい

う*.

### 11.3.3 誘電体中のアンペール・マクスウェルの法則

誘電体に加わる電場が時間的に変動するとき，誘起した電気双極子モーメントが変動するので電流が生じる．この電流を**分極電流**（polarization current）という．一方，分極電流との対比で，電荷の移動によって生じる伝導電流を真電流とよんで，これが**真電荷**（true charge）の流れであることを強調する．誘電体中では，式 11.27 の電流密度に真電流密度だけでなく分極電流密度を加える必要がある．

分極電流密度が分極 $\boldsymbol{P}$ の時間微分 $\partial \boldsymbol{P}/\partial t$ に等しいことを示そう．まず，1 個の電気双極子モーメント $p$ $(=qd)$ の変動は，正負の電荷間の距離 $d$ の変動で起こるから，$d$ の時間微分（すなわち正負の電荷の相対速度）を $v$ として，電流 $qv$ に注目する．次に，§6.2.2 で学んだように，誘電体を構成する正と負の電荷密度の大きさを $\rho$ とすると，分極の大きさが $P=\rho d$ と表される（式 6.3 を参照）から $\partial \boldsymbol{P}/\partial t=\rho \boldsymbol{v}$ となる．一方，一般に速度 $\boldsymbol{v}$ で運動する電荷密度 $\rho$ による電流密度は $\boldsymbol{j}=\rho \boldsymbol{v}$ となる（式 1.14 を参照）．したがって，分極電流密度 $\boldsymbol{j}_{\mathrm{p}}$ は

$$\boldsymbol{j}_{\mathrm{p}} = \rho \boldsymbol{v} = \frac{\partial \boldsymbol{P}}{\partial t} = \frac{\partial}{\partial t}(\boldsymbol{D} - \varepsilon_0 \boldsymbol{E}) \tag{11.29}$$

と表される（最右辺は式 6.14 により $\boldsymbol{P}=\boldsymbol{D}-\varepsilon_0 \boldsymbol{E}$ を代入）．

誘電体の内部のある位置において真電流密度が $\boldsymbol{j}_{\mathrm{e}}$，分極電流密度が $\boldsymbol{j}_{\mathrm{p}}$ のとき，式 11.29 を式 11.27 に代入すると

$$\nabla \times \boldsymbol{B} = \mu_0 \left( \boldsymbol{j}_{\mathrm{e}} + \boldsymbol{j}_{\mathrm{p}} + \varepsilon_0 \frac{\partial \boldsymbol{E}}{\partial t} \right) = \mu_0 \left( \boldsymbol{j}_{\mathrm{e}} + \frac{\partial \boldsymbol{D}}{\partial t} \right) = \mu_0 \left( \boldsymbol{j}_{\mathrm{e}} + \varepsilon \frac{\partial \boldsymbol{E}}{\partial t} \right) \tag{11.30}$$

が成り立つ．ここで $\varepsilon$ は誘電体の誘電率である．誘電体中のアンペール・マクスウェルの法則は，式 11.27 の $\varepsilon_0$ を $\varepsilon$ に置き換えればよいことがわかる．

**例題 11.7** 図 11.8 のように，円形の平行板コンデンサーを一定の電流で充電する間に，極板間には電場と磁場が発生する．時刻 $t$ において，コンデンサー内部の電場は空間的に一様で，向きは極板に直交し，大きさが

* $\varepsilon_0\, \partial \boldsymbol{E}/\partial t$ は変位電流密度とよばれる．また $\boldsymbol{D}=\varepsilon_0 \boldsymbol{E}$ は電束密度だから，$\varepsilon_0\, \partial \boldsymbol{E}/\partial t=\partial \boldsymbol{D}/\partial t$ を電束電流密度ということもある．

$$\boldsymbol{E} = \frac{t}{\tau} E_0 \, \boldsymbol{e}_z$$

であるとする（$z$ 軸は極板と垂直，$\tau$ と $E_0$ はそれぞれ時間と電場の次元をもつ正の定数）．両極板の中心を結ぶ直線上に原点をとるときの極板間の磁場は下式で与えられる（参考を参照）．

$$\boldsymbol{B}(x, y, z) = \varepsilon_0 \mu_0 \frac{E_0}{2\tau}(-y \, \boldsymbol{e}_x + x \, \boldsymbol{e}_y)$$

上の二つの式がアンペール・マクスウェルの法則を満たすことを確かめよ．

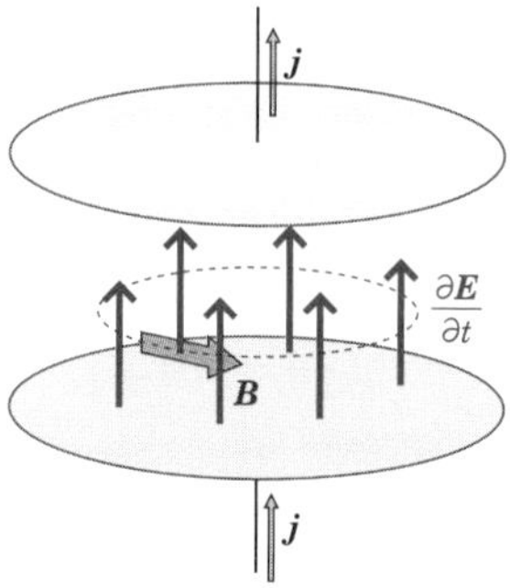


図 11.8 変位電流による磁場．

解 題意の磁場について，$\nabla\times\boldsymbol{B}$ の各成分は

$$\frac{\partial B_z}{\partial y} - \frac{\partial B_y}{\partial z} = 0\,, \qquad \frac{\partial B_x}{\partial z} - \frac{\partial B_z}{\partial x} = 0\,, \qquad \frac{\partial B_y}{\partial x} - \frac{\partial B_x}{\partial y} = \frac{\varepsilon_0 \mu_0}{\tau} E_0$$

となる．一方

$$\frac{\partial \boldsymbol{E}}{\partial t} = \frac{E_0}{\tau} \boldsymbol{e}_z$$

であり

$$\nabla \times \boldsymbol{B} = \varepsilon_0 \mu_0 \frac{\partial \boldsymbol{E}}{\partial t}$$

が成り立ち，極板間の真電流密度は 0 だから，アンペール・マクスウェルの法則が成り立つ．

参考 題意の磁場は，任意の時刻で電場と電荷分布が軸対称性をもつことを反映し，軸対称である．実際，その磁場の向きは図の破線(---)の円(極板と同軸)の接線方向，電場が増加する方向に進む右ねじの回転方向となる．磁場の大きさは軸からの距離 $r$ だけに比例し

$$B(r) = \varepsilon_0 \mu_0 \frac{E_0}{2\tau} r$$

である．一方，電場 $\boldsymbol{E}$ は題意のまま保ち，磁場を

$$\boldsymbol{B}'(\boldsymbol{r}) = \varepsilon_0 \mu_0 \frac{E_0}{\tau} x \, \boldsymbol{e}_y$$

と変更しても，$\nabla\times\boldsymbol{B}'=\varepsilon_0 \mu_0 \, \partial\boldsymbol{E}/\partial t$ の関係は満たされる．だが，この磁場は本例題の軸対称性をもたない（境界条件を満たさない）．■

## 章末問題

11.1　静磁場がスカラー場 $\psi$ により $\boldsymbol{B}=-\nabla\psi$ と表されるとしよう.

（a）この式が成り立つ領域では電流密度が 0 となることを示せ（式 M3.12 を参照).

（b）$\psi$ はラプラス方程式を満たすことを示せ.

11.2　$z$ 軸を軸とする半径 $a$ の円筒表面を，一様な密度の電流 $I$ が $z$ 軸正方向に流れる. このときの磁場が軸対称であることを既知として，円筒内外の磁場 $\boldsymbol{B}$ を求めよ.

11.3　半径 1 cm の円筒に導線を 1 mm あたり 10 回巻いた長さ 1 m の中空ソレノイドコイルに 10 mA の電流を流した．中心付近の磁場の大きさ $B$ を有効数字 2 桁で求めよ.

11.4　右図のように，ドーナツ状のトロイダルコイル（総巻き数 10 000 回を隙間なく巻く）に電流を流すとき，トロイドの中心線 C（半径 $R=1$ m の円）の上で磁場 $\boldsymbol{B}$ は円の接線方向を向き，どの位置でも同じ大きさであるという．電流が $I=1$ A のとき磁場の大きさ $B$ を有効数字 1 桁で求めよ.

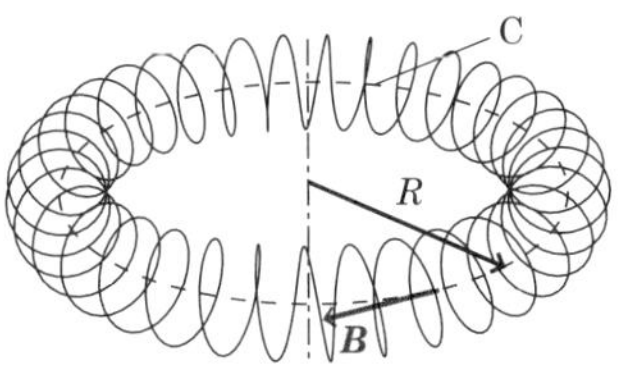


11.5　$z$ 軸を中心軸とする 2 本の同軸円筒（中空，内筒半径 $a$，外筒半径 $b$）に導線を巻き（双方の巻き方は同じ向き)，無限に長い 2 重のソレノイドコイルをつくる．単位長さあたりの巻き数はそれぞれ $n_a$ と $n_b$ であり，同じ大きさの電流 $I$ を互いに逆向きに流す（外側の電流は $z$ 方向成分が正)．$z$ 軸からの距離を $r$ として，① $r<a$，② $a<r<b$，③ $b<r$ の各部分の磁場 $\boldsymbol{B}$ を求めよ.

11.6　距離 $l$ を隔てた 2 枚の平行な平面上に，同じ線密度 $\tilde{J}$ の電流が互いに逆向きに流れている.

（a）2 平面に挟まれた領域の磁場を求めよ.

（b）それ以外の領域の磁場を調べよ.

11.7　図 11.8 のコンデンサーの極板（面積 $A$）には，空間的には一様だが時間的に変化する面密度 $\pm\sigma_{\mathrm{e}}(t)$ の電荷分布がある．極板間の電場が $\boldsymbol{E}=(E_0 t/\tau)\,\boldsymbol{e}_z$ のとき

（a）$\sigma_{\mathrm{e}}(t)$ を $E_0$ を用いて表せ.

（b）極板に流入する真電流の大きさ $I$ を $E_0$ を用いて表せ.

（c）極板間の領域の変位電流密度（電束電流密度）と真電流の関係を調べよ.

# 12 磁化 $\boldsymbol{M}$ と磁場の強さ $\boldsymbol{H}$

本章では，物質の磁気的性質を表す磁化 $\boldsymbol{M}$ と，磁場の空間的な性質を表す磁場の強さ $\boldsymbol{H}$（磁場ベクトル）というベクトル場を導入する．磁性体の性質を論じるときは，$\boldsymbol{H}$ を用いると見通しがよくなることが多い．また，磁石がつくる磁場を調べるために“磁石に等価なコイル”を導入する．

## 12.1 磁 化 $\boldsymbol{M}$

物質を構成する原子には電子の回転運動やスピン（自転に相当する）があり，原子核にもスピンがあって磁気モーメントが生じる．巨視的な物質が示す磁気的性質すなわち**磁性**（magnetism）は，これらの磁気モーメントの集まりが磁場に対して示す応答の仕方で決まる．物質の磁性を理解するには量子力学が必要となり本書の範囲を超えるので，その性質についての議論は行わない．

巨視的な物体の体積 $V$ の中に $N$ 個の磁気モーメント $\boldsymbol{m}_i$ $(i=1,\cdots,N)$ が含まれるとき，磁気モーメントの密度

$$\boldsymbol{M} = \frac{1}{V}\sum_{i=1}^{N}\boldsymbol{m}_i \tag{12.1}$$

を**磁化**（magnetization）という*．磁化がベクトル場であることを思い出すために，磁化ベクトルということもある．$\boldsymbol{m}_i$ の大きさがすべて等しく $m$ であり，向きも同じとき，磁化の大きさ $M$ は

$$M = \frac{N}{V}m \tag{12.2}$$

と表される．磁気モーメントの単位が $\mathrm{A\,m^2}$ だから，磁化 $\boldsymbol{M}$ の単位は $\mathrm{A\,m^{-1}}$ である．

磁化 $\boldsymbol{M}$ をもつ物質を**磁性体**（magnetic material）という．磁化 $\boldsymbol{M}$ は外部から磁場を加えたときに生じるが，外部磁場が 0 に戻っても磁化 $\boldsymbol{M}$ が残る物質を**磁石**（magnet）という．磁石の性質は，磁化の大きさ $M$ と，それが分布する領域の形状により決まる．

---

* 磁性体が外部磁場により磁石になる現象も磁化とよぶ．

## 12.2　磁化 $\boldsymbol{M}$ がつくる磁場

### 12.2.1　分子電流と磁化電流

アンペールは，磁性体を構成する原子や分子の内部に小さなループ電流があると仮定し，これを**分子電流**（molecular current）と名付けた．ループ電流は磁気モーメントをもつから，分子電流により物質の磁性を説明できると考えたのである．

図 12.1 a のように，磁気モーメント $\boldsymbol{m}$ をもつ 1 個の分子が底面積 $\Delta S$，高さ $\Delta L$ の領域を占めるとしよう．分子電流を $i_{\mathrm{m}}$ とすると磁気モーメントの大きさは $m = i_{\mathrm{m}}\Delta S$ である（§ 9.3.3）．

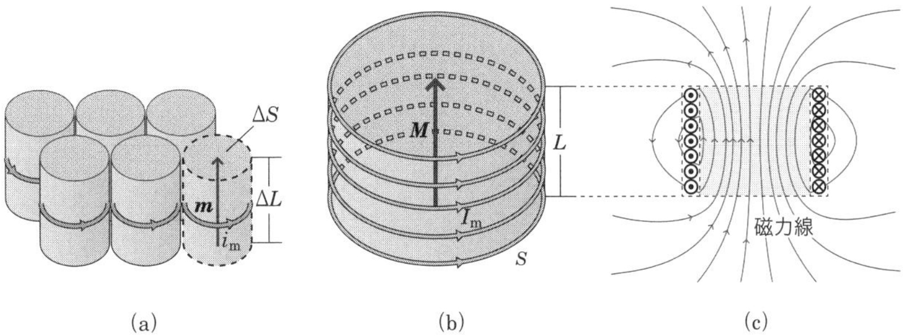


図 12.1　磁化電流．(a) 分子電流 $i_{\mathrm{m}}$，(b) 磁化電流 $I_{\mathrm{m}}$，(c) 等価なソレノイドコイルの断面と磁場．

図 b のように，巨視的な大きさの磁石として，磁気モーメントの向きがそろった分子の層（高さ $\Delta L$）を積み上げ，底面積 $S$，高さ $L$ としたもの（分子層の数が $L/\Delta L$）を考える．磁石の内部では，層内の隣接する分子電流 $i_{\mathrm{m}}$ が互いに打ち消し合うので，巨視的な磁石の内部に電流は流れない．だが，磁石の側面（図 b の円筒の表面）では，1 層あたり電流 $i_{\mathrm{m}}$ が消えずに残る．このとき磁石の側面に残った全電流

$$I_{\mathrm{m}} = \frac{L}{\Delta L}\, i_{\mathrm{m}} \tag{12.3}$$

を磁化電流という．磁化電流 $I_{\mathrm{m}}$ と磁化の大きさ $M$ の関係は例題 12.1 で調べる．磁化電流は，導線で導くことも電流計で測定することもできず，真電荷の運動によりつくられる電流とは異なる．

図 c のように，磁石と同じ断面と長さ（高さ）をもつ中空のソレノイドコイルを考えよう．ソレノイドコイルの巻き数が分子層の総数すなわち $L/\Delta L$ に等しく，ソレノイドコイルに流れる電流を $i_{\mathrm{m}}$ とする．$i_{\mathrm{m}}$ が流れる 1 巻きコイルがつくる磁場は 1 分子層の磁性体がつくる磁場と同じになるから，ソレノイドコイル全体による磁場はもとの磁石による磁場と同じになる（図の磁力線↑）．よってこのソレノイドコイル

は磁石と“等価なコイル”と言える．等価なコイルに流れる全電流（巻き数×1 巻きコイルに流れる電流）と磁化電流が等しければ，密巻き（巻き線間に隙間がない）という条件のもと，巻き数あるいは 1 巻きコイルに流す電流値の選択は自由である．

**例題 12.1**　円柱形の磁石が，軸方向に大きさ $M$ の一様な磁化をもつとき，磁化電流 $I_{\mathrm{m}}$ と $M$ の関係を求めよ．

解　分子 1 個の磁気モーメントの大きさを $m=i_{\mathrm{m}}\Delta S$ とし，これが占める体積を $\Delta V=\Delta L\,\Delta S$ とする．磁石（底面積 $S$，高さ $L$，体積 $V=LS$）に含まれる分子の個数は

$$N = \frac{V}{\Delta V} = \frac{LS}{\Delta L\,\Delta S}$$

となり，磁化の大きさ $M$ は式 12.2 に諸量を代入して

$$M = m\frac{N}{V} = m\frac{1}{\Delta V} = i_{\mathrm{m}}\Delta S\frac{1}{\Delta L\,\Delta S} = \frac{i_{\mathrm{m}}}{\Delta L}$$

となる．式 12.3 にこの結果を代入すると

$$I_{\mathrm{m}} = \frac{L}{\Delta L}i_{\mathrm{m}} = LM \quad \Rightarrow \quad \tilde{J}_{\mathrm{m}} = \frac{I_{\mathrm{m}}}{L} = M \qquad ①$$

である．⇒ の後の式は，磁化電流の線密度 $\tilde{J}_{\mathrm{m}}$（例題 11.5 を参照）と磁化（単位は共に A m$^{-1}$）が等しいことを示している．より正確には，式 ① の $M$ は，この磁性体の厚みのない表面を挟んだ両側の磁化 $\boldsymbol{M}$ の大きさの差である．磁性体の内部では磁化 $\boldsymbol{M}$ が一様ならば磁化電流は流れないことに注意する．■

式 12.3 の磁化電流は，磁性体の側面（厚みのない表面）を流れるとしたが，次の例題では厚みのある表面層を考え，この層内に広がる磁化電流の密度と磁化の関係を考える．

**例題 12.2**　図 12.2 のように，$y\geq 0$ の空間を磁性体が占め，$z$ 軸方向を向いた磁化 $\boldsymbol{M}$（↑）があり，その大きさが表面層（$\Delta y\geq y\geq 0$）の内部で 0 から $M_0$ まで距離に比例して変化* すると仮定する（表面層よりも内側の磁性体内部には，大きさ $M_0$ の一様な磁化がある）．すなわち

$$\boldsymbol{M} = \begin{cases} M_0\boldsymbol{e}_z & \cdots\ y > \Delta y \\ M_0\dfrac{y}{\Delta y}\boldsymbol{e}_z & \cdots\ \Delta y \geq y \geq 0 \\ \boldsymbol{0} & \cdots\ 0 > y \end{cases}$$

* 磁化電流密度を一様にするために磁化の大きさが直線的に変化すると仮定した．

とする.

(a) $\nabla\times\boldsymbol{M}$ を計算せよ.

(b) $\Delta y \geq y \geq 0$ の区間に磁化電流が一様に広がって流れるとして，磁化電流密度 $\boldsymbol{j}_{\mathrm{m}}$ と $\nabla\times\boldsymbol{M}$ の関係を調べよ.

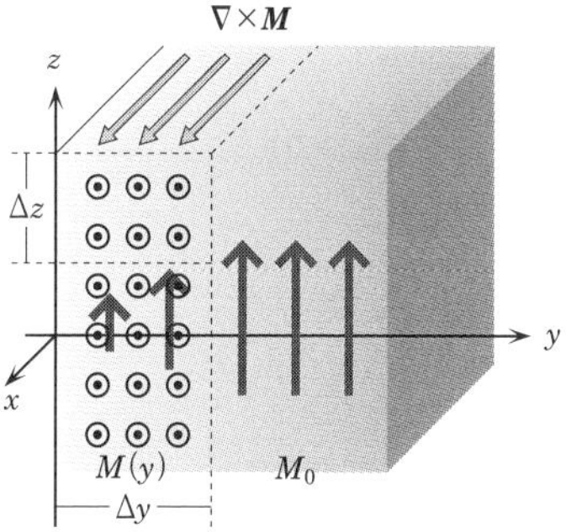


図 12.2 表面層の磁化.

解 (a) 偏微分を実行すると

$$\nabla\times\boldsymbol{M} = \begin{cases} \boldsymbol{0} & \cdots\ y > \Delta y \\ \dfrac{M_0}{\Delta y}\boldsymbol{e}_x & \cdots\ \Delta y \geq y \geq 0 \\ \boldsymbol{0} & \cdots\ 0 > y \end{cases}$$

となり，これは図の ✐ と ⊙ で示すベクトルである.

(b) 図 12.2 の平面 $y=0$ は図 12.1b の磁石の円筒の左側面を近くから見たものであり，$\boldsymbol{j}_{\mathrm{m}}$ に対応する磁化電流 $I_{\mathrm{m}}$ が $x$ 軸正方向に流れている．この方向は $\nabla\times\boldsymbol{M}$ の方向と一致する．また円筒の高さ $L$ を図 12.2 では $\Delta z$ と記した.

次に，$\nabla\times\boldsymbol{M}$ と $\boldsymbol{j}_{\mathrm{m}}$ の大きさが一致することを示そう．例題 12.1 では“磁性体の厚みのない表面の両側を比較して，磁化の大きさが $M$ から 0 に突然に変化する場合”を考察し，“厚みのないシート状の磁化電流 $I_{\mathrm{m}}=M\,\Delta z$ が側面に流れる”ことがわかった．本問では，磁化 $\boldsymbol{M}$ は，厚み $\Delta y$ の表面層内で徐々に変化するが，層の両側を比較すると大きさが $M_0$ だけ異なる．そこで，表面層内には磁化電流 $I_{\mathrm{m}}=M_0\,\Delta z$ が一様に広がって流れるとする．表面層の断面積は $\Delta y\,\Delta z$ だから，電流密度は

$$j_{\mathrm{m}} = \frac{I_{\mathrm{m}}}{\Delta y\,\Delta z} = \frac{M_0\,\Delta z}{\Delta y\,\Delta z} = \frac{M_0}{\Delta y}$$

である．一方，(a) で求めたように，$\nabla\times\boldsymbol{M}$ の大きさが $M_0/\Delta y$ だから，方向まで含めて

$$\nabla\times\boldsymbol{M} = \boldsymbol{j}_{\mathrm{m}} \qquad ①$$

という関係が成り立つ.

$\nabla\times\boldsymbol{M}=\boldsymbol{j}_{\mathrm{m}}$ は，磁化 $\boldsymbol{M}$ から磁化電流密度 $\boldsymbol{j}_{\mathrm{m}}$ を求める一般的な式として用いられ，磁化電流密度とは $\nabla\times\boldsymbol{M}$ のことであるともいえる.■

### 12.2.2 磁石の強さと磁気分極

磁石の強さは，磁極表面の磁場 $\boldsymbol{B}$ の大きさにより表される．同じ磁化 $\boldsymbol{M}$ をもつ物質でできた磁石であっても，磁石の形状により表面の磁場の大きさは異なる．具体例として，ある磁石の等価なコイルが，例題 10.3 で詳細に調べたソレノイドコイルとなる場合を考える．このソレノイドコイルの全長，半径，単位長さあたりの巻き数は，それぞれ $L$, $a$, $n$ であり，コイルに流れる電流が $I$ のとき，コイル端（磁石の

磁極表面）の磁場は

$$B(L/2) = \frac{\mu_0 nI}{2}\frac{L}{\sqrt{L^2+a^2}} \tag{12.4}$$

である（例題 10.3 の式③を参照）.

式 12.4 を磁化の大きさ $M$ を用いて表そう．まず，等価なコイルで流す電流 $I$ は，磁化電流 $I_\mathrm{m}$ を巻き数 $nL$ で割った値，$I=I_\mathrm{m}/(nL)$ となる．これを式 12.4 に代入し

$$B(L/2) = \frac{\mu_0}{2}\frac{I_\mathrm{m}}{\sqrt{L^2+a^2}} \tag{12.5}$$

を得る．次に，例題 12.1 の式①，すなわち $I_\mathrm{m}=ML$ を用いると，磁極表面の磁場の大きさが

$$B = \frac{\mu_0}{2}M\frac{L}{\sqrt{L^2+a^2}} \tag{12.6}$$

と表され．半径 $a$，長さ $L$ の円柱形の磁石の強さを表す式となる．

式 12.6 に現れる $\mu_0 M$ を**磁気分極**（magnetic polarization）といい，その磁石の物質が磁場をつくる能力の指標とする．磁気分極の単位は磁場 $B$ と同じく T あるいは Wb m$^{-2}$ である．単位として G を用いることもある（§ 9.2.2）．しかし，磁石の強さを磁化の大きさ $M$ で表す場合もあるので注意を要する．

### 12.2.3 磁場の強さ $\boldsymbol{H}$ とアンペールの法則

磁場 $\boldsymbol{B}$ は，真電流*によるものと，磁石（磁化 $\boldsymbol{M}$）によるものの重ね合わせである．磁化 $\boldsymbol{M}$ がつくる磁場は“等価なコイルに，磁化電流に等しい総電流を流したときの磁場”と同じであった（§ 12.2.1）．こうして，磁場 $\boldsymbol{B}$ の生成を電流密度で表すアンペールの法則は，真電流密度 $\boldsymbol{j}_\mathrm{e}$ と磁性体の磁化電流密度 $\boldsymbol{j}_\mathrm{m}$ を加えた

$$\boldsymbol{j} = \boldsymbol{j}_\mathrm{e} + \boldsymbol{j}_\mathrm{m} \tag{12.7}$$

により表すことになる．

一方，磁化電流密度の代わりに磁化 $\boldsymbol{M}$ を用いてアンペールの法則を表すこともできる．例題 12.2 の式①

$$\boldsymbol{j}_\mathrm{m} = \nabla\times\boldsymbol{M} \tag{12.8}$$

より，アンペールの法則は

* 伝導電流のことだが磁化電流との違いを強調してこのようにいう（§ 11.3.3）.

$$\begin{aligned}\nabla\times\boldsymbol{B} &= \mu_0\boldsymbol{j} = \mu_0(\boldsymbol{j}_{\mathrm{e}}+\boldsymbol{j}_{\mathrm{m}}) = \mu_0\boldsymbol{j}_{\mathrm{e}}+\mu_0\nabla\times\boldsymbol{M}\\ &= \mu_0\boldsymbol{j}_{\mathrm{e}}+\nabla\times(\mu_0\boldsymbol{M})\end{aligned} \tag{12.9}$$

と表される．この式の 2 行目の $\nabla\times(\mu_0\boldsymbol{M})$ を移項して

$$\nabla\times(\boldsymbol{B}-\mu_0\boldsymbol{M}) = \mu_0\boldsymbol{j}_{\mathrm{e}} \quad\Rightarrow\quad \nabla\times\left(\frac{1}{\mu_0}\boldsymbol{B}-\boldsymbol{M}\right) = \boldsymbol{j}_{\mathrm{e}} \tag{12.10}$$

とするとき，左辺に現れるベクトル

$$\boldsymbol{H} = \frac{1}{\mu_0}\boldsymbol{B}-\boldsymbol{M} \tag{12.11}$$

を**磁場の強さ**（magnetic field strength，**磁場ベクトル**）という．$H$ の単位は，磁化の大きさ $M$ と同じ $\mathrm{A\,m^{-1}}$ である．

式 12.10 などで $\boldsymbol{M}\neq\boldsymbol{0}$ となるのは，磁性体が存在する領域に限られることに注意しよう．磁性体が存在しない真空中では

$$\boldsymbol{M} = \boldsymbol{0} \quad\Rightarrow\quad \boldsymbol{H} = \frac{1}{\mu_0}\boldsymbol{B} \tag{12.12}$$

となり，$\boldsymbol{H}$ と $\boldsymbol{B}$ が比例する．磁場の強さ $\boldsymbol{H}$ に対する $\boldsymbol{B}$ の正式な名称は**磁束密度**（magnetic flux density）である．

アンペールの法則を $\boldsymbol{H}$ を用いて書き直すと

$$\nabla\times\boldsymbol{H} = \boldsymbol{j}_{\mathrm{e}} \tag{12.13}$$

となる．アンペール･マクスウェルの法則は，$\varepsilon_0\,\partial\boldsymbol{E}/\partial t$ を加えて

$$\nabla\times\boldsymbol{H} = \left(\boldsymbol{j}_{\mathrm{e}}+\varepsilon_0\frac{\partial\boldsymbol{E}}{\partial t}\right) \tag{12.14}$$

となる（誘電体中では $\varepsilon_0$ を $\varepsilon$ に変更する）．磁化電流が存在しても

- $\boldsymbol{H}$ についてのアンペールの法則（およびアンペール･マクスウェルの法則）は，真電流密度だけで記述される

という特徴がある．

式 12.9 を積分形で表し，全電流密度に式 12.7 を用いると

$$\oint_{\mathrm{C}}\boldsymbol{B}\cdot\mathrm{d}\boldsymbol{r} = \mu_0\int_{\mathrm{S}}(\boldsymbol{j}_{\mathrm{e}}+\boldsymbol{j}_{\mathrm{m}})\cdot\mathrm{d}\boldsymbol{S} \tag{12.15}$$

となる．同様に式 12.8 および式 12.13 を積分形で表すと

$$\oint_{\mathrm{C}} \boldsymbol{M} \cdot \mathrm{d}\boldsymbol{r} = \int_{\mathrm{S}} \boldsymbol{j}_{\mathrm{m}} \cdot \mathrm{d}\boldsymbol{S} \tag{12.16}$$

および

$$\oint_{\mathrm{C}} \boldsymbol{H} \cdot \mathrm{d}\boldsymbol{r} = \int_{\mathrm{S}} \boldsymbol{j}_{\mathrm{e}} \cdot \mathrm{d}\boldsymbol{S} \tag{12.17}$$

となる．

### 12.2.4 $\boldsymbol{H}$ の磁力線

§10.6 で調べたように，電流による磁束密度 $\boldsymbol{B}$ の発散は，常に

$$\nabla \cdot \boldsymbol{B} = 0 \tag{12.18}$$

を満たす（式 10.25 を参照）．真電流密度 $\boldsymbol{j}_{\mathrm{e}}$ による $\boldsymbol{B}$ はもちろんだが，磁化電流密度 $\boldsymbol{j}_{\mathrm{m}}$ がつくる $\boldsymbol{B}$ についても式 12.18 が成り立つ（等価なコイルの電流による磁場と考えれば明らか）．こうして，

- 磁束密度 $\boldsymbol{B}$ の磁力線は，磁性体の有無にかかわらず，常に閉じたループとなる．

一方，式 12.11 から $\boldsymbol{H}$ の発散を求めると

$$\nabla \cdot \boldsymbol{H} = \frac{1}{\mu_0} \nabla \cdot \boldsymbol{B} - \nabla \cdot \boldsymbol{M} = -\nabla \cdot \boldsymbol{M} \tag{12.19}$$

となる．図 12.3 には，真電流が 0 のときに，一様な $\boldsymbol{M}$ をもつ磁石の $\boldsymbol{B}$ と $\boldsymbol{H}$ の磁力線を示した．磁石の内部で磁化 $\boldsymbol{M}$（⇧）の方向（上向き）に進むと，磁石の上端に達したときに $\boldsymbol{M}$ が急激に小さくなり $\nabla \cdot \boldsymbol{M} < 0$ となる．式 12.19 により $\nabla \cdot \boldsymbol{H} =$

図 12.3　$\boldsymbol{M}$ がつくる $\boldsymbol{B}$ と $\boldsymbol{H}$.

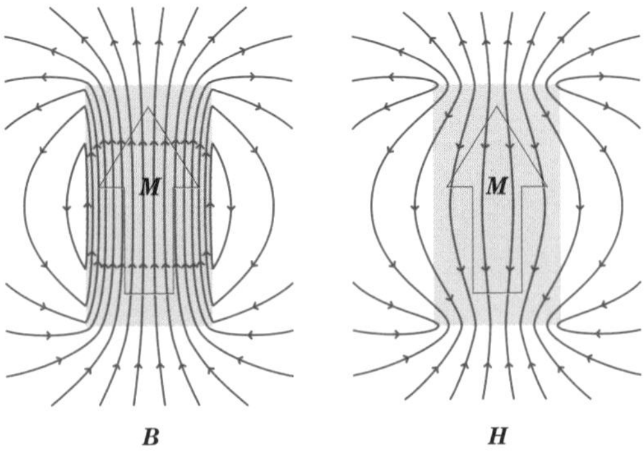

$-\nabla \cdot \boldsymbol{M} > 0$ となるため，$\boldsymbol{H}$ の磁力線は上側の“湧き出し”から出発して下側の“吸い込み”に終わる．$\boldsymbol{H}$ の“湧き出し・吸い込み”を“磁荷 N・磁荷 S”であると想像すれば，クーロンの法則により電荷から電場を決めたのと同様に，$\boldsymbol{H}$ を計算で求めることができる．

磁性体の内部では $\boldsymbol{M}$ と逆向きの $\boldsymbol{H}_{\rm d}$ が生じ*，外部から加わる $\boldsymbol{H}_{\rm ex}$ を弱める．$\boldsymbol{H}_{\rm d}$ を反磁場というが，その大きさは $\boldsymbol{M}$ の分布の仕方（磁性体の形状）により変わる．反磁場については章末問題 12.6 でもふれる．

### 12.2.5　磁　化　率

外部の磁石や真電流による磁場が磁性体に加わると，磁化 $\boldsymbol{M}$ が発生する．磁性体がどの程度容易に磁化 $\boldsymbol{M}$ を発生するかを表すため，$\boldsymbol{M}$ と磁性体内部の $\boldsymbol{H}$ の関係

$$\boldsymbol{M} = \chi_{\rm m} \boldsymbol{H} \tag{12.20}$$

を用いるのが慣例となっている．この係数 $\chi_{\rm m}$ を物質の**磁化率**（magnetic susceptibility，**帯磁率**，**磁気感受率**）といい，無次元の量である．

磁化率は，反磁性体（金，銀，銅，水など）では負，常磁性体（アルミニウム，白金，酸素など）では正で，大きさは共に常温常圧で $10^{-4}$～$10^{-6}$ 程度である．

強磁性体（鉄，コバルト，ニッケルなど）では，過去にどのような磁場が加わったかで磁化 $\boldsymbol{M}$ が異なり，現在の磁場だけでは決まらず，式 12.20 のような単純な比例関係は適用できないが，磁化率が $10^3$ を超える物質もある．

式 12.11 を $\boldsymbol{B}$ についての式に変形して，式 12.20 を代入し

$$\boldsymbol{B} = \mu_0(\boldsymbol{H} + \boldsymbol{M}) = \mu_0(1 + \chi_{\rm m})\boldsymbol{H} = \mu \boldsymbol{H} \tag{12.21}$$

としたときの係数

$$\mu = \mu_0(1 + \chi_{\rm m}) \tag{12.22}$$

を物質の**透磁率**（magnetic permeability，permeability），また $\mu_{\rm r} = \mu/\mu_0$ を**比透磁率**（relative permeability）という．

**例題 12.3**　細長い中空のソレノイドコイルに電流を流したときの内部の磁束密度 $B_0$ と，このコイルの内部を透磁率 $\mu$ の一様な磁性体で満たして同じ電流を流したときの同じ位置の磁束密度 $B$ を比較すると，$B/B_0 = \mu/\mu_0$ となることを示せ．

解　中空のときの磁場の強さを $H_0$，および磁性体が挿入されたときの磁場の強さを $H$ と

---

＊　6 章で分極 $\boldsymbol{P}$ と誘電体内部の電場の関係を調べたとき，誘電体の表面や境界面に生じた分極電荷により $\boldsymbol{P}$ と逆向きの電場 $\boldsymbol{E}$ が生じたのと同様である（図 6.9 を参照）．

すると

$$B_0 = \mu_0 H_0 \qquad \text{および} \qquad B = \mu H$$

である．両式の比をとると

$$\frac{B}{B_0} = \frac{\mu H}{\mu_0 H_0} \qquad ①$$

となる．式 12.13 より，磁化 $\boldsymbol{M}$ の有無にかかわらず，$\boldsymbol{H}$ はコイルに流す電流だけで決まる．題意よりこの電流が同じだから $H = H_0$ となり，式 ① を用いて

$$\frac{B}{B_0} = \frac{\mu}{\mu_0}$$

を得る．■

## 12.3 $\boldsymbol{H}$ と $\boldsymbol{B}$

磁性の記述では，$\boldsymbol{H}$ を基本的な量とすると便利であり歴史的にもそう扱われてきた．$\boldsymbol{H}$ を用いると磁性体に関する量の取扱いが簡便になることは確かである．だが，磁荷（磁気単極子）が存在しないにもかかわらず，磁極では $\nabla \cdot \boldsymbol{H} \neq \boldsymbol{0}$ となりあたかも磁荷の存在を示唆するような記述になる（図 12.3 参照）．一方，$\boldsymbol{B}$ については，物

### Box 21 スピーカーと強磁性体，磁場の遮蔽

スピーカーの変換方式（電気信号を音に変える方式）には，さまざまなタイプがあるが，もとの音を忠実に大きな音量で再生するのは，永久磁石がつくる静磁場中でコイルに電流を流して振動板を動かすダイナミック型である．永久磁石がつくる磁場を強磁性体（外部から磁場を加えると非常に大きな磁化 $\boldsymbol{M}$ を生じ，外部磁場を 0 に戻してもそれが残る物質）で狭い空間に導き，高い磁束密度を発生させ，大きな力を発生させる構造となっている．

右図には，一様な磁場中の強磁性体（$\mu_r = 10$）の中空の球が，磁束を引き込む様子を $\boldsymbol{B}$（磁力線）で示した．また，中空部分では $\boldsymbol{B}$ が遮蔽されることもわかる．

スピーカーの近くには漏れた磁場がある．その近くに磁気記録方式のメモリーを置くと記録が消えてしまうことがある．そのため，スピーカーを透磁率が高い物質で覆いこれに磁束を集めて防磁・磁気遮断をすることも行われる．

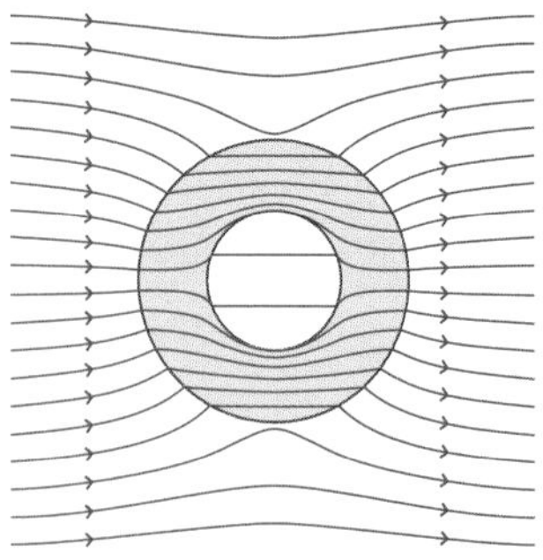
強磁性体と磁力線．

質の有無にかかわらず空間の全域で $\nabla \cdot \boldsymbol{B}=0$ となり，磁荷が存在しないことが正しく表現される（§10.6）．この観点から，本書では通常は $\boldsymbol{B}$ を磁場とよび，$\boldsymbol{B}$ と $\boldsymbol{H}$ が同時に現れる場面で $\boldsymbol{B}$ を磁束密度とよんで区別する．$\boldsymbol{B}$ と $\boldsymbol{M}$ を用いれば磁性に関係する現象は記述できるから $\boldsymbol{H}$ は不可欠な量とはいえない．

以後の章では再び，特に断らないとき $\boldsymbol{B}$ を磁場とよぶ．しかし $\boldsymbol{H}$ を磁場（磁界）とよぶ文献も多く，文脈からこれを判断する必要がある．

## 章末問題

**12.1** 半径 $a$，長さ $L$ の円柱の磁石があり，その磁化 $\boldsymbol{M}$ は一様で円柱の軸方向を向き，大きさは $M$ である．これと等価なコイルとして，単位長さあたり $n$ 巻きのソレノイドコイルを考えるとき，コイルに流す電流 $I$ と $M$ の関係を求めよ．

**12.2** 非常に細長い棒磁石の内部の磁束密度 $\boldsymbol{B}$ が一様であり，真電流はない．

（a）磁化 $\boldsymbol{M}$ を $\boldsymbol{B}$ により表せ．

（b）磁石内部の磁場の強さ $\boldsymbol{H}$ を求めよ．

**12.3** 細長い円筒状の密巻きソレノイドコイル（単位長さあたり巻き数 $n$）の内部を磁化率 $\chi_{\mathrm{m}}$（$\gg 1$）の鉄で満たし電磁石とする．電磁石が外部につくる磁場 $\boldsymbol{B}$ と同じ磁場を中空のソレノイドコイルでつくるには，何倍の電流を流す必要があるか．

**12.4** $z$ 軸を中心軸とする半径 $a$ の円筒形の磁性体（磁化率 $\chi_{\mathrm{m}}$）がある．この磁性体内部を $z$ 軸正方向に真電流が一様に流れ，その電流密度が $\boldsymbol{j}_{\mathrm{e}}$ のとき，磁性体内の磁化 $\boldsymbol{M}$ と磁束密度 $\boldsymbol{B}$ を求めよ．

**12.5** 図 11.7 のように，平面上を一様に流れる線密度 $\tilde{J}$ のシート電流があり，これを両側から密着して挟む磁化率 $\chi_{\mathrm{m}}$ の磁性体がある．磁性体には真電流が流れない．

（a）磁性体内における磁場の強さ $\boldsymbol{H}$ の大きさを求めよ．

（b）磁化 $\boldsymbol{M}$ の大きさを電流密度の大きさ $\tilde{J}$ により表せ．

（c）両側の磁性体に生じる磁化電流の線密度の和を，$\tilde{J}$ により表せ．

各ベクトルの向きも記すこと．

**12.6** 図のように，半径 $R$ の円を中心線 C とするドーナツ状の磁性体がある（C に垂直な断面 S は半径 $r$ の円）．この磁性体には 1 箇所だけ幅 $\delta$ の狭いギャップがある（真空，C に垂直）．磁性体の磁化 $\boldsymbol{M}$（↙）は断面 S に垂直で C に沿ってドーナツを一巡し，大きさが一定である．ドーナツ領域の外部には磁場が漏れないとする．

（a）磁性体内部の磁束密度の大きさ $B_{\mathrm{in}}$ をギャップ内の $B_{\mathrm{G}}$ で表せ（$\boldsymbol{B}_{\mathrm{in}}$，$\boldsymbol{B}_{\mathrm{G}}$ の向きは断面やギャップ表面と垂直，大きさは一定とする）．

（b）磁性体内部の $\boldsymbol{H}_{\mathrm{in}}$ と $\boldsymbol{M}$ の関係を調べよ．

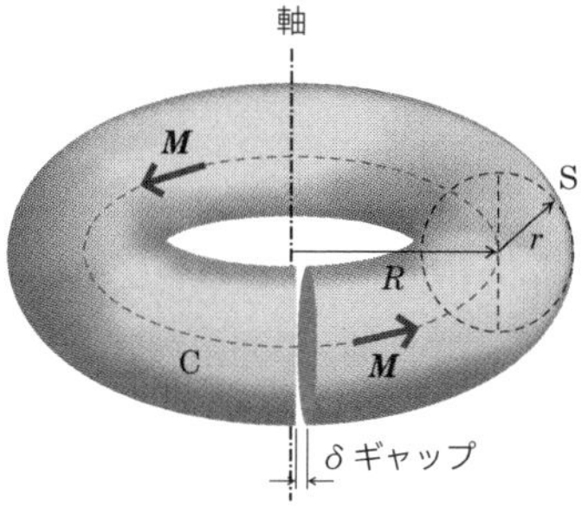

# 13 電磁誘導の法則

時間的に変動する磁場があるとき，電荷が分布していなくても電場が発生して，コイルに誘導起電力が生じる．これは電磁気現象の基本法則であり，電磁波の発生に関わり，発電機や変圧器などにも応用される．本章では静磁場中を運動する導体に生じるローレンツ力による起電力もあわせて調べ，両者の異同に注目する．またコイルの誘導起電力の性質を表すために，インダクタンスを導入し，応用のための基礎とする．さらに重要なテーマとしては，電流が流れるコイルがもつエネルギーを，空間に蓄えられた磁場のエネルギーと解釈できることを学ぶ．

## 13.1 電磁誘導

時間的に変動する磁場中のコイルに電流が流れるという現象は，ファラデーとヘンリー（Joseph Henry，1797～1878）により，ほぼ同時に，だが独立に研究された．結果を先に公表したのはファラデーだった（1831）．

たとえば，図 13.1 a のように，コイルの付近で磁石を動かすとコイルに電流が流れ，磁石の動きを止めると電流は止まる．また図 b のように，磁石を動かす代わりに，別のコイルを用意して電流を変化させると同様の現象が起きる．どちらの現象も，コイルの位置で磁場を時間的に変化させたとき，電場が生じて電流が流れることを意味しており，これまでに学んだどの現象とも異なる性質のものである．

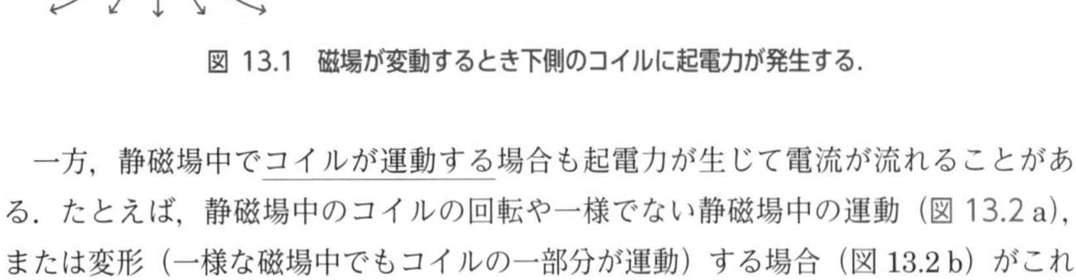

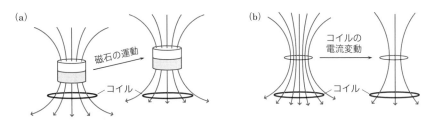

図 13.1　磁場が変動するとき下側のコイルに起電力が発生する．

一方，静磁場中でコイルが運動する場合も起電力が生じて電流が流れることがある．たとえば，静磁場中のコイルの回転や一様でない静磁場中の運動（図 13.2 a），または変形（一様な磁場中でもコイルの一部分が運動）する場合（図 13.2 b）がこれにあたる．この現象は，コイルの導線内部の荷電粒子が磁場中を運動するためにローレンツ力を受け，その力により電流が流れるとして理解できる．

図 13.1 と図 13.2 の場合をあわせて**電磁誘導**（electromagnetic induction）という．本章では，まず第二の場合，すなわちローレンツ力による電磁誘導について考察したあと，これとは異なる第一の場合，すなわち磁場の変動に関係する電磁誘導を学ぶ．なお，金属では，電流を担う伝導電子の移動の向きと，電流の向きが逆になるが，この章では正電荷をもつ荷電粒子が電流を担うとして説明する．

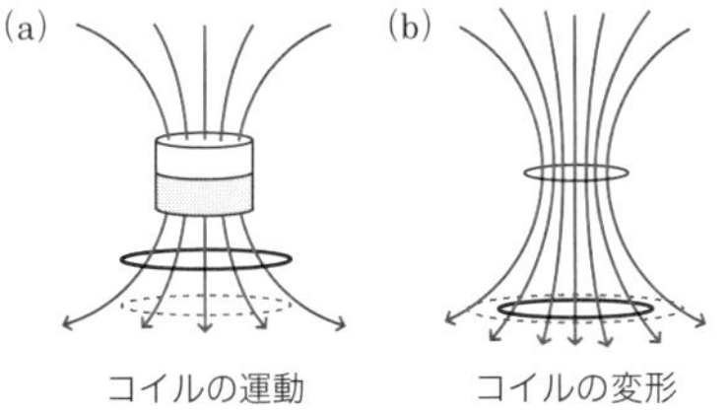


図 13.2　ローレンツ力による起電力．

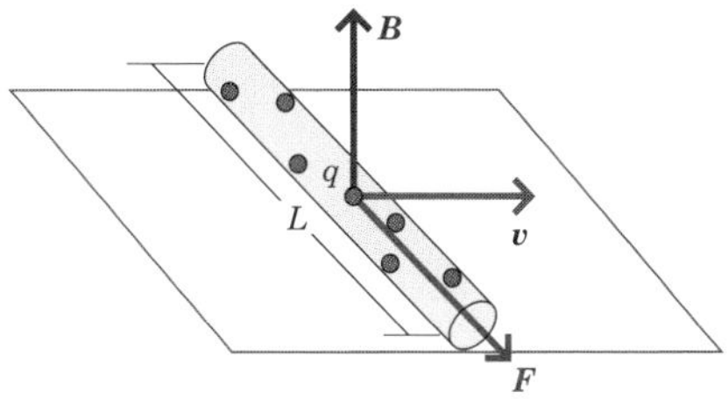


図 13.3　静磁場中で運動する導体棒に生じる起電力．原因は導体中の荷電粒子が受けるローレンツ力である．

## 13.2　ローレンツ力による誘導起電力

図 13.3 のように，一様な磁場 $\boldsymbol{B}$ の中で，長さ $L$ の導体の棒を $\boldsymbol{B}$ と垂直に，一定の速度 $\boldsymbol{v}$ で動かす．棒の中の荷電粒子 $q(>0)$ は，棒と共に運動するから，この粒子が受けるローレンツ力 $\boldsymbol{F}$ は

$$\boldsymbol{F} = q\boldsymbol{v} \times \boldsymbol{B} \tag{13.1}$$

である．$\boldsymbol{F}$ の向きは，$\boldsymbol{v}$ と $\boldsymbol{B}$ の両方に垂直であり（§ 9.2.1），棒の向きと一致する．この力を受けて粒子が棒の一端から他端まで移動するときにされた仕事，すなわち供給されたエネルギー

$$W = FL = qvBL \tag{13.2}$$

を電荷 $q$ で割った値

$$V_{\mathrm{emf}} = \frac{W}{q} = vBL \tag{13.3}$$

が，ローレンツ力による**誘導起電力**（induced electromotive force）となる（§ 8.5.1）．

**例題 13.1**　式 13.3 の $V_{\mathrm{emf}}$ と $vBL$ の物理次元が等しくなることを確かめよ．

解　起電力は，棒の内部を移動する荷電粒子がどれだけのエネルギーをもらうかを表す．電荷 $q$ の粒子がもらうエネルギーが $q\,\Delta\phi_0$ のとき，$\Delta\phi_0$ を起電力の値とし，これを $V_{\rm emf}$ と書く（§8.5.1）．式 13.2 と式 13.3 から $V_{\rm emf}=FL/q$ であり，この電荷の次元を $[q]$ として，起電力の次元は

$$[V_{\rm emf}] = \mathsf{MLT}^{-2}\cdot\mathsf{L}\cdot[q]^{-1} = \mathsf{ML}^2\mathsf{T}^{-2}[q]^{-1}$$

と表される．一方，式 13.1 から磁場の次元は

$$[B] = \left[\frac{F}{qv}\right] = \frac{\mathsf{MLT}^{-2}}{[q]\cdot\mathsf{LT}^{-1}} = \mathsf{MT}^{-1}[q]^{-1}$$

であるから

$$[vBL] = \mathsf{LT}^{-1}\cdot\mathsf{MT}^{-1}[q]^{-1}\cdot\mathsf{L} = \mathsf{ML}^2\mathsf{T}^{-2}[q]^{-1}$$

となり，両者の次元は一致する．■

### 13.2.1　磁束の変化と誘導起電力

図 13.4 のように，静止した導線（黒線）に導体棒 PQ（灰色）を接触させながら，PQ を一定の速度 $\boldsymbol{v}$ で動かす．これは図 13.2b の例であり，静磁場 $\boldsymbol{B}$ の中でコイル

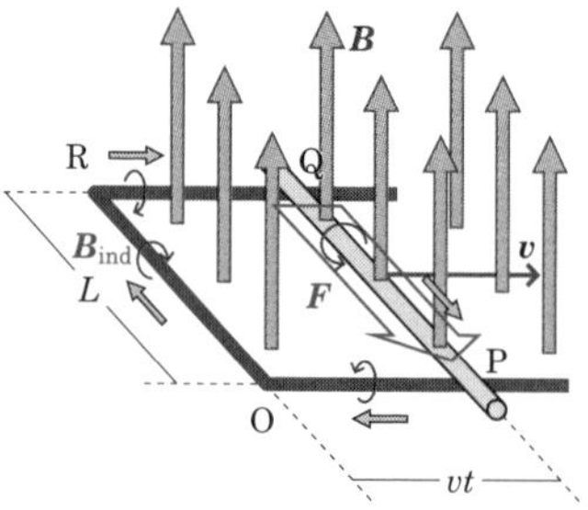


図 13.4　磁場中で運動する導体棒の起電力．導体棒が速度 $\boldsymbol{v}$ で運動すると誘導電流が ⟹ の向きに流れ，それにより磁場 $\boldsymbol{B}_{\rm ind}$（↺）が生じる（§13.2.2）．

（長方形 OPQR）の面積が拡大し続ける．このコイルでは運動する導体棒 PQ の内部の荷電粒子（$q>0$）に Q→P の向きに大きさ $F$ の力（⇘）が加わり，起電力 $V_{\rm emf}$ が生じる（静止している導線の部分には起電力が生じない）．起電力の大きさは式 13.3 より

$$|V_{\rm emf}| = \frac{FL}{q} = vBL \tag{13.4}$$

である．一方，コイルの面積 $S$ は時間 $t$ の関数として $S(t)=Lvt$ となるので，磁場

が時間的に一定であることから

$$|V_{\mathrm{emf}}| = B\frac{\mathrm{d}S}{\mathrm{d}t} = \frac{\mathrm{d}}{\mathrm{d}t}(BS) \tag{13.5}$$

とも表せる．

ここで，**磁束**（magnetic flux）という量を導入する．$\boldsymbol{B}$ を磁束密度ということからも推察できるように，磁束は磁束密度と面積の積である．正確には，磁束 $\Phi$（ファイ）の定義は

$$\Phi = \int_{\mathrm{S}} \boldsymbol{B}\cdot \mathrm{d}\boldsymbol{S} \tag{13.6}$$

である．磁束は，面 S を貫く磁力線の総本数に相当する．式 13.6 から，磁束の単位は $\mathrm{T\,m^2}$ であり，これを**ウェーバ**（weber，記号は Wb）ともいう．

図 13.4 の場合は，一様な磁場がコイルを垂直に貫くから，その磁束 $\Phi$ は

$$\Phi = \int_{\mathrm{S}} \boldsymbol{B}\cdot \mathrm{d}\boldsymbol{S} = \int_{\mathrm{S}} B\,\mathrm{d}S = B\int_{\mathrm{S}} \mathrm{d}S = BS$$
$$\Rightarrow \quad \Phi(t) = BS(t) = BLvt \tag{13.7}$$

となり，時間と共に一定の割合で変化する．磁束 $\Phi(t)$ を用いて式 13.5 を書き直すと

$$|V_{\mathrm{emf}}| = \left|\frac{\mathrm{d}\Phi}{\mathrm{d}t}\right| \tag{13.8}$$

となる．

起電力の向きは，$\boldsymbol{B}$ や $\boldsymbol{v}$ の向きにより変わるので，これを符号で区別しよう．$\mathrm{d}\Phi/\mathrm{d}t$ と $V_{\mathrm{emf}}$ の符号を比較するには，それぞれに基準とする向きが必要である．そこで

1. コイルを回る向きを決める．
2. この回る方向から“右ねじ”（§ 1.5.2）の約束により $\mathrm{d}\boldsymbol{S}$ の向き（コイルの面の向き）が決まるので，コイルを貫く磁束の符号が決まる．
3. 誘導起電力の符号は，1 で決めたコイルを回る向きと同じとき正とする．

図 13.4 の場合は，コイルを回る向きの基準を O→P→Q→R→O に選ぶ．そうすると，コイルの面の向きは磁場 $\boldsymbol{B}$ の方向と一致し，コイルを貫く磁束は $\Phi>0$ となる．コイルの面積が時間的に増加するので $\mathrm{d}\Phi/\mathrm{d}t>0$ となる．一方，起電力は Q→P の方向であり，これは基準の向きと逆だから，$V_{\mathrm{emf}}<0$ となる．こうして式 13.8 は

$$V_{\mathrm{emf}} = -\frac{\mathrm{d}\Phi}{\mathrm{d}t} \tag{13.9}$$

と書き直される．この式の負号は，誘導起電力により流れる**誘導電流**（induced current）がつくる磁場 $\boldsymbol{B}_{\mathrm{ind}}$ の向き（↶）が，コイルを貫く磁束の変化を打ち消す方向であることを示し，すぐ下で述べるレンツの法則を表している．式 13.9 は，コイルの形状とその時間的変化の様子にかかわらず，また磁場が一様でなくても成り立つ関係式である．

### 13.2.2 レンツの法則

図 13.4 の棒が初速度 $\boldsymbol{v}$ で運動を開始すると，コイルの導線の抵抗を負荷抵抗として誘導電流が ⟹ の向きに流れる．この誘導電流は磁場から速度 $\boldsymbol{v}$ と逆向きの力を受け，棒は減速し最終的には静止する（§ 9.3.1）．もし起電力の向きが逆ならば，棒を加速する力が加わり，速度が増すとさらに大きな起電力が発生して加速が止まらず，棒の運動エネルギーは増大を続けることになる（現実には起こりえない）．

レンツ（Heinrich Friedrich Emil Lenz，1804～1865）は，こうした現象の背後には“その運動により起電力を起こす物体の運動を阻止する方向に起電力が生じる”，言い換えると“誘導起電力の向きは，誘導電流による磁場が磁束の変化を妨げる向きとなる”という法則があると考えた．これを**レンツの法則**（Lenz's law）という（1833）．

レンツの法則は，次節で導入する新たな法則“ファラデーの電磁誘導の法則”でも，式 13.9 の負号を受け入れるように主張する．

### 13.2.3 磁場の中で運動するコイル

次の例題では，一様な磁場中で回転するコイルに生じる誘導起電力について，ローレンツ力による計算と，式 13.9 を用いた計算とを行い，両方の結果が一致することを確かめる．磁場中で回転するコイルは交流発電機のモデルである（実際に用いられる発電機では，静止コイルと回転磁場を用いるものもある）．

**例題 13.2** 図 13.5 のように，一様な磁場 $\boldsymbol{B}$ の中で一辺を軸として角速度 $\omega$ で回転する長方形のコイル（面積 $S=aL$）がある．回転軸は磁場に垂直である．このときの誘導起電力を求めよ．

**解** まず，ローレンツ力を求めて起電力を計算する．この起電力は，回転する長さ $L$ の棒の中の荷電粒子に加わるローレンツ力による．なぜなら，回転軸となる辺は動かないから起電力が発生しないし，長さ $a$ の部分では荷電粒子が受けるローレンツ力は導線と直交する向きなのでコイルの起電力に寄与しない．図 13.5b のように，$\boldsymbol{v}$ と $\boldsymbol{B}$ のなす角は

$$\theta = \omega t$$

と時間的に変化する．長さ $L$ の部分の荷電粒子に加わるローレンツ力は，向きが棒 $L$ と平行で，大きさは（$v=a\omega$ を用いて）

$$F = qvB\sin\theta = qa\omega B\sin\omega t$$

となる（式 13.1 を参照）．したがって起電力は，式 13.2 と式 13.3 に対応して

$$W = FL = qa\omega BL\sin\omega t$$
$$V_{\mathrm{emf}} = \frac{W}{q} = a\omega BL\sin\omega t$$

である．

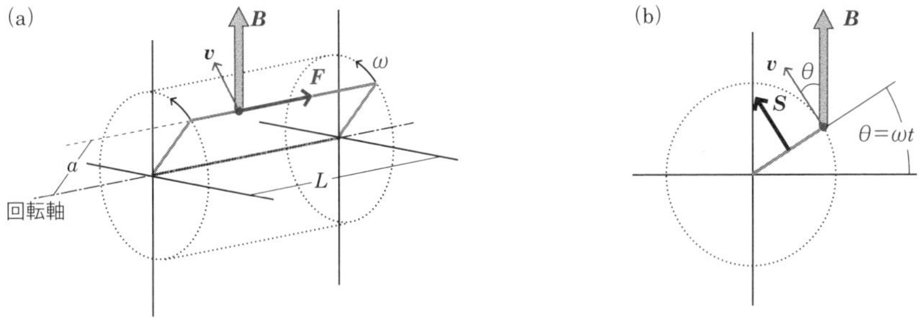


図 13.5　静磁場中で回転するコイルの起電力．

次に，式 13.9 から起電力を計算する．コイルの面を表すベクトル $\boldsymbol{S}$ と磁場のなす角が上述の $\theta=\omega t$ である（図 b）．磁場が一様なので，コイルを貫く磁束も

$$\Phi = \boldsymbol{B}\cdot\boldsymbol{S} = BS\cos\omega t$$

と時間的に変化する．式 13.9 を適用すると

$$V_{\mathrm{emf}} = -\frac{\mathrm{d}\Phi}{\mathrm{d}t} = \omega BS\sin\omega t = a\omega BL\sin\omega t$$

となり，起電力はローレンツ力を用いた計算と一致する．

参考　この例題から推察されるように，コイルが静磁場中を運動し，あるいは大きさを変えるときの誘導起電力は，一般的に式 13.9 で表せる．■

## 13.3　変動する磁場と誘導起電力

変動する磁場中で静止したコイルに誘導起電力が生じる現象は，ローレンツ力から説明することができない．これは新しい種類の現象であり，電磁気学の基礎法則がも

う一つ発見されたのである.

図 13.6 は，下側のコイルに流れる電流を切って磁場 $\boldsymbol{B}$ が減少するときの様子である．上側のコイル C には左側にスパークギャップ（火花を飛ばす間隙）がある．このコイルを貫く磁束が減少するとき誘導起電力が発生し火花が飛ぶ．電流を流し始めたとき（磁束が増加するとき）にも同じ現象が観測されるが，起電力は逆向きである．

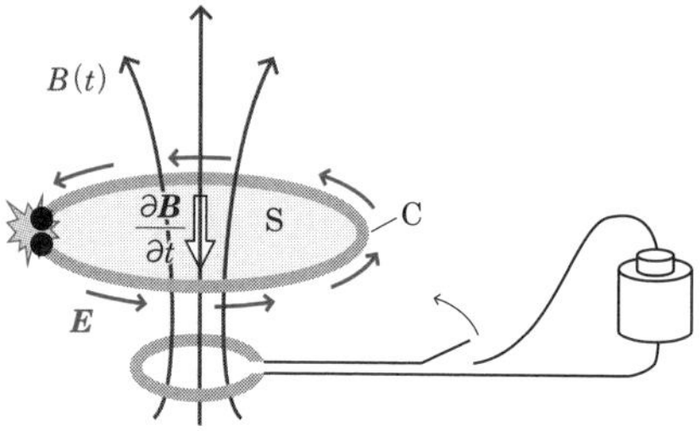


図 13.6 変動する磁場と誘導起電力.

実験的な研究を積み重ねた結果，静止したコイルを貫く磁束 $\Phi$ と起電力 $V_{\mathrm{emf}}$ の間に

$$V_{\mathrm{emf}} = -\frac{\mathrm{d}\Phi}{\mathrm{d}t} \tag{13.10}$$

という関係が見いだされた．これは式 13.9 とまったく同じ式だが，前節と異なりコイルは運動していないので，ローレンツ力は作用しない.

コイルの位置や形を変えても同じ現象が観測されるので，その本質はコイルにあるのではなく，磁場が変動するときに生じる空間の電気的な性質を観測していると考えられる．磁場が変動する位置には誘導電場（図 13.6 の ⟶）が生じているという発見である.

コイルに生じる起電力は，誘導電場をコイル C の 1 周にわたる線積分

$$V_{\mathrm{emf}} = \oint_{\mathrm{C}} \boldsymbol{E} \cdot \mathrm{d}\boldsymbol{r} \tag{13.11}$$

で与えられる*．一方，磁束は式 13.6 で与えられるから，式 13.10 は

$$V_{\mathrm{emf}} = \oint_{\mathrm{C}} \boldsymbol{E} \cdot \mathrm{d}\boldsymbol{r} = -\frac{\mathrm{d}\Phi}{\mathrm{d}t} = -\frac{\mathrm{d}}{\mathrm{d}t}\int_{\mathrm{S}} \boldsymbol{B} \cdot \mathrm{d}\boldsymbol{S} = -\int_{\mathrm{S}} \frac{\partial \boldsymbol{B}}{\partial t} \cdot \mathrm{d}\boldsymbol{S} \tag{13.12}$$

* コイルにあるギャップ（切れ目）の両側の電圧が誘導起電力と等しい（§ 8.5.1）.

と表される．最後の等号は，時間的に変化する量は磁場であり，コイルの形は変化しないので，面積分と時間微分の順序を交換して得られた*．

## Box 22　観測者の速度と電磁場

本書では“電磁気的な現象は静止して観測する”としている．静止した観測者は，電荷 $q$ の荷電粒子の速度 $\boldsymbol{v}$ を既知として，この粒子に加わるローレンツ力

$$\boldsymbol{F} = q\boldsymbol{E} + q\boldsymbol{v} \times \boldsymbol{B}$$

を測定して電場 $\boldsymbol{E}$ と磁場 $\boldsymbol{B}$ を決める．

例題 9.3 では，互いに直交する電場と磁場があるとき，それらと直交する方向に速さ $v{=}E/B$ で進む粒子を考えた．このときローレンツ力が 0 となるので，粒子は等速度で運動を続ける．では，その荷電粒子と同じ速度で運動する観測者には，この現象がどのように見えるだろうか．この観測者からは荷電粒子が静止状態を保つように見えるので，電場は存在しないと結論するだろう．電場や磁場は観測者により異なって見えるのである．

電場と磁場が，観測者の相対速度によりどのように変化するかは，アインシュタイン（Albert Einstein，1879～1955）の特殊相対性理論が示してくれる．この理論では，どの慣性系（力が加わらない質点の運動が等速度となる座標系，“物理学入門 I. 力学”，§4.1.1）でも，すべての物理法則は同じ形で表され，光速が同じであるとして，物理量がどのように変換されるかに注目する．

その結果，慣性系 1 で電場 $\boldsymbol{E}_1$ と磁場 $\boldsymbol{B}_1$ が観測されるとき，この慣性系に対して速度 $\boldsymbol{v}$ で運動する慣性系 2 の電場 $\boldsymbol{E}_2$ と磁場 $\boldsymbol{B}_2$ は，$\boldsymbol{v}$ と平行な成分（$_{\parallel}$）と垂直な成分（$_{\perp}$）に分けて記すと

$$\boldsymbol{E}_{2,\parallel} = \boldsymbol{E}_{1,\parallel}, \qquad \boldsymbol{E}_{2,\perp} = \frac{1}{\sqrt{1-v^2/c^2}}\left(\boldsymbol{E}_{1,\perp} + \boldsymbol{v} \times \boldsymbol{B}_1\right)$$

$$\boldsymbol{B}_{2,\parallel} = \boldsymbol{B}_{1,\parallel}, \qquad \boldsymbol{B}_{2,\perp} = \frac{1}{\sqrt{1-v^2/c^2}}\left(\boldsymbol{B}_{1,\perp} - \frac{\boldsymbol{v} \times \boldsymbol{E}_1}{c^2}\right)$$

となる．

14 章では，電磁気現象の法則をまとめたマクスウェル方程式を提示する．与えられた電荷密度と電流密度から生じる電磁場を記述するマクスウェル方程式は，別の慣性系に移っても同じ形であり，各慣性系で観測される電磁場は上のように変換される．

マクスウェル方程式から導かれる結論は，どんな慣性系についても成り立つものである．

---

* 最右辺では，磁場を時間により偏微分してから面積分することに注意せよ．その直前の辺では面積分（定積分）の結果，変数が時間だけになるので微分が d/d$t$ だが，最右辺の被積分関数では磁場が時間と位置を変数とするから偏微分 $\partial/\partial t$ となる．同様の処理は式 2.16 でも行い脚注に式を用いて説明した．

式 13.12 の $\oint_C \boldsymbol{E}\cdot \mathrm{d}\boldsymbol{r}$ にストークスの定理（§ 11.1.3）を用い，この式を $\nabla\times\boldsymbol{E}$ と $\partial\boldsymbol{B}/\partial t$ の面積分の関係として書き直すと

$$\int_S (\nabla\times\boldsymbol{E})\cdot \mathrm{d}\boldsymbol{S} = -\int_S \frac{\partial \boldsymbol{B}}{\partial t}\cdot \mathrm{d}\boldsymbol{S} \tag{13.13}$$

という式が得られる．コイルの形すなわち積分領域 S によらず式 13.13 が成立するから，両辺の被積分関数が等しくなる必要があり

$$\nabla\times\boldsymbol{E} = -\frac{\partial \boldsymbol{B}}{\partial t} \tag{13.14}$$

を得る．積分形の式 13.12 および微分形の式 13.14 は共に，マクスウェル･ファラデーの式といい，これらが**ファラデーの電磁誘導の法則**（Faraday's law of induction）を表す．

磁場が変動する位置には，電場の“ずれ”あるいは“回転”が同時に生じるというこの現象は，空間の電磁気的な性質であり，コイルはそれを検出するために用いられたにすぎない．また，式 13.14 は電場と磁場の因果関係を表しているのではなく，別の位置で起きた電流の変動により生じる電場と磁場の関係を示す．

誘導電場は，電荷がつくる電場とはまったく異なる特性をもつ．電荷がつくる電場 $\boldsymbol{E}_e$ は電位 $\phi$ から

$$\boldsymbol{E}_e = -\nabla\phi \tag{13.15}$$

として導かれるので

$$\nabla\times\boldsymbol{E}_e = -\nabla\times\nabla\phi = \boldsymbol{0} \tag{13.16}$$

である（式 M3.12 を参照）．この式と式 13.14 とを比較すれば，誘導電場を電位から導くことができないことは明らかである．荷電粒子に力を及ぼすという点では誘導電場も同じ電場だが，このようにまったく異なる空間的な特徴をもつことに注意しよう．

**例題 13.3**　$z$ 軸を中心軸とする円筒状のソレノイドコイル内部で，磁場が空間的に一様で時間的に

$$\boldsymbol{B}(t) = B_0 \cos\omega t\, \boldsymbol{e}_z$$

と変化するとき，誘導電場が

$$\boldsymbol{E} = \frac{B_0\omega}{2}\sin\omega t(-y\,\boldsymbol{e}_x + x\,\boldsymbol{e}_y)$$

であれば式 13.14 が満たされることを示せ.

解　題意の磁場の時間微分は

$$\frac{\partial \boldsymbol{B}}{\partial t} = -B_0 \omega \sin \omega t \, \boldsymbol{e}_z$$

である．一方，$\boldsymbol{E}$ を構成するベクトル（$-y\,\boldsymbol{e}_x + x\,\boldsymbol{e}_y$）については

$$\frac{\partial}{\partial y} 0 - \frac{\partial}{\partial z} x = 0 , \qquad \frac{\partial}{\partial z} (-y) - \frac{\partial}{\partial x} 0 = 0 , \qquad \frac{\partial}{\partial x} x - \frac{\partial}{\partial y} (-y) = 2$$

となるから

$$\nabla \times (-y\,\boldsymbol{e}_x + x\,\boldsymbol{e}_y) = 2\boldsymbol{e}_z$$

したがって

$$\nabla \times \boldsymbol{E} = \frac{B_0 \omega}{2} \sin \omega t \, 2\boldsymbol{e}_z = B_0 \omega \sin \omega t \, \boldsymbol{e}_z = -\frac{\partial \boldsymbol{B}}{\partial t}$$

である．

円筒の軸から距離 $r=\sqrt{x^2+y^2}$ の位置における誘導電場は，半径 $r$ の円の接線方向を向き，大きさが $E(r,t)=(B_0\omega r/2)\sin \omega t$ である．■

## 13.4　コイルのインダクタンス

コイルの電磁誘導は，日常生活の基盤となる多様な装置に使われている．発電所の発電機，電圧を変える変圧器（トランス），コンデンサーと組合わせて特定の振動数の電気振動だけを取出す共振器，電気的な雑音を遮断するノイズトランス，導線を用いずに電気的エネルギーを伝達するワイヤレス充電など，たくさんの重要な応用がある．

こうした利用はコイル単体ではなく電気回路の一部としての活用がほとんどである．直流回路では，そこに含まれる抵抗値と起電力だけを用いて全体の動作を記述できることを 8 章で学んだ．15 章で交流回路を学ぶとき，素子としてコンデンサーとコイルが加わるので，それらの特性を理解しておく必要がある．コンデンサーについては，その特性を表す電気容量を 7 章で学んだが，この量が回路素子としての電流・電圧特性をも表す（§ 15.1.1）．本節ではコイルの特性を表すインダクタンスについて学ぶ．

### 13.4.1　自己インダクタンス

直流が流れるコイルは，回路の部品として見ると，導線の電気抵抗があるだけである．しかし，時間的に変動する交流では，電磁誘導のために抵抗やコンデンサーには

ない独自の特性をもつ.

まず，1 巻きコイルに電流 $I$ を流すと磁場が発生し，そのコイル自身を貫く磁束が生じる．その磁束 $\widetilde{\Phi}$ は電流 $I$ に比例するので

$$\widetilde{\Phi} = \widetilde{L}I \tag{13.17}$$

と書ける．電流が変動すると磁束も変動するので，式 13.10 に従ってこの 1 巻きコイルには誘導起電力

$$\widetilde{V}_{\mathrm{emf}} = -\frac{\mathrm{d}\widetilde{\Phi}}{\mathrm{d}t} = -\widetilde{L}\,\frac{\mathrm{d}I}{\mathrm{d}t} \tag{13.18}$$

が生じる．1 巻きコイルの形を変えないようにして，巻き数を $N$ に増やしたコイルでは

$$V_{\mathrm{emf}} = -L\,\frac{\mathrm{d}I}{\mathrm{d}t}, \qquad L = N^2\widetilde{L} \tag{13.19}$$

## Box 23 渦電流

金属内部で時間的に変動する磁場があるとき，そこには誘導電場も生じ誘導電流が流れる．例題 13.3 の誘導電場は，磁場と直交する面内で渦状になる．この電場により流れる誘導電流も渦状になることが多く，それを**渦電流**（うず）（eddy current）という．

金属表面近くに亀裂があると，その位置で電流が流れ難くなるので，渦電流がつくりだす磁場の変化を検出して非破壊で傷を探ることができ，航空機部品や配管の検査に使われている．また，渦電流が流れるとジュール熱が発生するので加熱法としても利用できる．これを**誘導加熱**（induction heating）といい，金属材料の焼入れや熱加工，さらに電磁調理器（IH 調理器）として家庭でも盛んに利用されている．

金属板を磁石の間に置いて磁力線を横切るように動かすと，磁石に引き寄せられないアルミニウムや銅であっても，磁力が作用したかのように力を受ける．この場合には，磁場からローレンツ力を受けた金属内の荷電粒子が電流をつくり，そこで生じた磁気モーメントが力を受けるのだが，この電流も渦電流とよばれる．大型車両や電車のブレーキ，硬貨の選別（金属の種類や形状が異なると生じる渦電流も異なり，その結果生じた落下速度の差により選別）など，さまざまな用途に利用される．

一般家庭に設置されている積算電力量計では，交流磁場でアルミニウムの円板に渦電流を起こし，円板に誘起された磁極が交流磁場から受ける力で円板を回転させる．それだけでは回転速度が増加し続けるので，円板を磁石の間を通過させてブレーキをかけ，流れる電流に比例する速さで回転するようにしている．なお，近年は機械式から電子式のスマートメーターへの置き換えが進んでいるが，計測方法の原理は同じである．

となる．比例定数が 1 巻きコイルの $N^2$ 倍となる理由は

1) 同じ電流を流したとき，巻き数が $N$ 倍になると磁束が $N$ 倍になる
2) よって，$N$ 巻きコイルを構成する 1 巻きコイルに生じる起電力が $N$ 倍になる
3) コイル全体は，$N$ 個の 1 巻きコイルを直列に接続しているから，全体の起電力は 1 巻きコイルの起電力の $N$ 倍になる

ことによる（具体例は例題 13.4 を参照）．式 13.19 の比例定数 $L$ をコイルの**自己インダクタンス**（self-inductance）という．

時間的に変動する電流をコイルに流すには，誘導起電力をちょうど打ち消す電圧（$V=-V_{\mathrm{emf}}$）を加える必要がある．すなわち，交流回路の素子としては，コイルの電流・電圧特性は

$$L\frac{\mathrm{d}I}{\mathrm{d}t} = V = -V_{\mathrm{emf}} \tag{13.20}$$

に従う．コイルの巻き線の抵抗 $r$ が無視できないときは，オームの法則に従う電圧降下 $rI$ も含め

$$L\frac{\mathrm{d}I}{\mathrm{d}t} + rI = V \tag{13.21}$$

のように電流が流れる．

自己インダクタンスの大きさは，式 13.19 から，電流 $I$ を流したときコイルを貫く磁束 $\Phi$ を測定すれば求まる．しかし，式 13.20 によりコイルの電流・電圧特性を測定する方が簡単かつ正確である．自己インダクタンスの単位は，電流の変化が $1\,\mathrm{A\,s^{-1}}$ のとき誘導起電力が 1 V となるものを用い，これを 1 **ヘンリー**（henry，記号は H，$1\,\mathrm{H}=1\,\mathrm{V\,A^{-1}\,s}$）という．

**例題 13.4**　長さ $l=10$ cm，断面積 $S=1\,\mathrm{cm^2}$ の円筒に，導線を $N=100$ 回巻いたソレノイドコイルの内部に，一様な磁場が生じる（例題 11.4 を参照）．

(a) 自己インダクタンスを計算せよ．

(b) このコイルに 50 Hz の交流 $I(t)=I_0\sin\omega t$（$I_0=100$ A，$\omega=2\pi\times50\,\mathrm{rad\,s^{-1}}$）を流すとき，起電力の振幅を求めよ．$\mu_0\approx1.26\times10^{-6}\,\mathrm{N\,A^{-2}}=1.26\times10^{-6}\,\mathrm{H\,m^{-1}}$ とせよ（式 10.5 を参照）．

(c) 電流の振動数を 400 Hz に上げると起電力は何倍になるか．

**解**　(a) このコイルの単位長さあたりの巻き数は $n=N/l$ となる．電流 $I$ を流すと内部の磁束密度は

$$B = \mu_0 nI$$

である．ソレノイドコイルを構成する1巻きコイルを貫く磁束は

$$\widetilde{\Phi} = BS = \mu_0 nIS = \frac{\mu_0 NS}{l} I$$

となる．この$\widetilde{\Phi}$は，式13.17とは異なり，$N$巻きコイルによる磁束である〔p.185，1)参照〕．よって1巻きコイルに生じる起電力は〔p.185，2)参照〕，

$$\widetilde{V}_{\mathrm{emf}} = -\frac{\mathrm{d}\widetilde{\Phi}}{\mathrm{d}t} = -\left(\frac{\mu_0 NS}{l}\right)\frac{\mathrm{d}I}{\mathrm{d}t}$$

となり，ソレノイドコイル全体の自己インダクタンスは

$$L = \left(\frac{\mu_0 NS}{l}\right)\times N = \frac{\mu_0 N^2 S}{l} \qquad ①$$

である〔p.185，3)参照〕．

(b) 起電力は

$$V_{\mathrm{emf}} = N\widetilde{V}_{\mathrm{emf}} = -L\frac{\mathrm{d}I}{\mathrm{d}t} = -\omega L I_0 \cos \omega t \qquad ②$$

となる．式①に$S=1\ \mathrm{cm}^2=10^{-4}\ \mathrm{m}^2$，$l=10\ \mathrm{cm}=0.1\ \mathrm{m}$を代入して

$$L \approx \frac{(1.26\times 10^{-6})(100^2)(10^{-4})}{(0.1)} = 1.26\times 10^{-5}\ \mathrm{H} \approx 13\ \mu\mathrm{H}$$

また式②に$L=1.26\times 10^{-5}\ \mathrm{H}$，$I_0=100\ \mathrm{A}$，$\omega=2\pi\times 50\ \mathrm{rad\ s^{-1}}$を代入し，起電力の振幅$V_{0,\mathrm{emf}}$は

$$|V_{0,\mathrm{emf}}| = LI_0\omega \approx (1.26\times 10^{-5})(100)(2\pi\times 50) = 0.396\ \mathrm{V} \approx 0.40\ \mathrm{V}$$

となる．

(c) この振幅は$\omega$に比例するから，振動数を400/50=8倍にすると，起電力の振幅も8倍になる．

**参考** 式①から，自己インダクタンスと真空の透磁率$\mu_0$の物理次元の関係は

$$[自己インダクタンス] = [\mu_0][S][l]^{-1} \quad \Rightarrow \quad [\mu_0] = [自己インダクタンス]\ \mathsf{L}^{-1}$$

となる．こうして，$\mu_0$の単位として$\mathrm{H\ m^{-1}}$が用いられる．■

## 13.4.2 相互インダクタンス

磁場を介してコイルとコイルを結合し電力や信号を送ることがある．交流電圧を変換する変圧器（トランス）がその代表的な応用である．こうしたコイル間の結合の程

度を表す量として**相互インダクタンス**（mutual inductance）がある．

2 個の 1 巻きコイルを考えよう．コイル 1 に電流 $I_1$ を流して生じた磁束のうち，コイル 2 を貫く磁束が $\varPhi_{21}$ であれば

$$\varPhi_{21} = M_{21} I_1 \tag{13.22}$$

という比例関係が成り立つ．この比例定数 $M_{21}$ が相互インダクタンスである（コイルの形状と配置により，その値が決まる）．電流 $I_1$ が変動するとコイル 2 に起電力

$$V_{\mathrm{emf},2} = -M_{21}\frac{\mathrm{d}I_1}{\mathrm{d}t} \tag{13.23}$$

が生じる．2 個のコイルのペアについて見ると，自己インダクタンスを含め

$$\begin{aligned} V_{\mathrm{emf},1} &= -\left(L_1\frac{\mathrm{d}I_1}{\mathrm{d}t} + M_{12}\frac{\mathrm{d}I_2}{\mathrm{d}t}\right) \\ V_{\mathrm{emf},2} &= -\left(M_{21}\frac{\mathrm{d}I_1}{\mathrm{d}t} + L_2\frac{\mathrm{d}I_2}{\mathrm{d}t}\right) \end{aligned} \tag{13.24}$$

が成り立つ．相互インダクタンスについては

$$M_{21} = M_{12} \tag{13.25}$$

という関係が成り立つことが知られている（p.189，Box 24）．

**例題 13.5** 図 13.7 のように，長さ $l$，断面積 $S$ のソレノイドコイル 1 と 2 を重ねる．巻き数はそれぞれ $N_1$ と $N_2$ である．相互インダクタンスを求めよ．ただし，磁場はコイルが無限に長いときと同じとする．

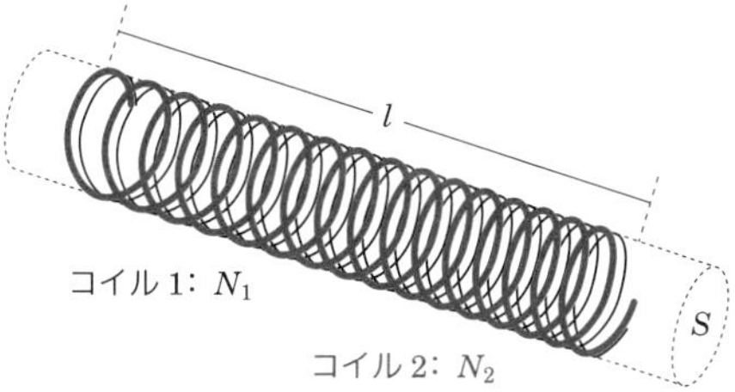

**図 13.7 2 重のソレノイドコイル．**

**解** コイル 1 の単位長さあたりの巻き数は $n_1 = N_1/l$ だから，電流 $I_1$ による磁場および全磁束は

$$B_1 = \mu_0 n_1 I_1 = \frac{\mu_0 N_1 I_1}{l} \qquad \text{および} \qquad \varPhi_1 = SB_1 = \frac{\mu_0 S N_1 I_1}{l}$$

となり，$\varPhi_1$ がコイル 2 を通過する．コイル 2 の巻き数が $N_2$ だから $\varPhi_{21} = N_2\varPhi_1$ で，相互インダクタンスは

$$M_{21} = \frac{\Phi_{21}}{I_1} = \frac{N_2\Phi_1}{I_1} = \mu_0 N_1 N_2 \frac{S}{l} \qquad ①$$

である．■

相互インダクタンス $M$ で結合した 2 個のコイルを外部の回路につなげ，コイル 1 に交流電圧 $V_1$ を加える．コイル 1 と 2 には交流電流 $I_1$ および $I_2$ が流れ，コイル 2 には電圧 $V_2$ が加わるとする（この電圧は誘導起電力の符号を変えた値である）．そうすると，$M_{21}=M_{12}=M$ として式 13.24 を書き換え

$$V_1 = L_1\frac{\mathrm{d}I_1}{\mathrm{d}t} + M\frac{\mathrm{d}I_2}{\mathrm{d}t}, \qquad V_2 = M\frac{\mathrm{d}I_1}{\mathrm{d}t} + L_2\frac{\mathrm{d}I_2}{\mathrm{d}t} \tag{13.26}$$

が成り立つ．両式から $\mathrm{d}I_1/\mathrm{d}t$ を消去すると

$$\begin{aligned} V_2 &= \frac{M}{L_1}\left(V_1 - M\frac{\mathrm{d}I_2}{\mathrm{d}t}\right) + L_2\frac{\mathrm{d}I_2}{\mathrm{d}t} \\ &= \frac{M}{L_1}V_1 + \left[1 - \left(\frac{M}{\sqrt{L_1L_2}}\right)^2\right]L_2\frac{\mathrm{d}I_2}{\mathrm{d}t} \end{aligned} \tag{13.27}$$

となる．$M/\sqrt{L_1L_2}$ をコイル 1 と 2 の**結合係数**（coupling coefficient）という．

例題 13.5 の場合，コイルの自己インダクタンスは，例題 13.4 の式 ① を適用して $L_1=\mu_0N_1^2S/l$，$L_2=\mu_0N_2^2S/l$ となる．相互インダクタンスは，例題 13.5 の式 ① から $M=\mu_0N_1N_2S/l$ となる．このとき結合係数は

$$\frac{M}{\sqrt{L_1L_2}} = 1 \tag{13.28}$$

となり，式 13.27 は

$$V_2 = \frac{M}{L_1}V_1 = \frac{\mu_0N_1N_2S/l}{\mu_0N_1^2S/l}V_1 = \frac{N_2}{N_1}V_1 \tag{13.29}$$

となる．式 13.28 が成り立つとき，2 個のコイルは“完全に密結合”であるといい，2 個のコイルの電圧の比は巻き数の比に等しくなる．

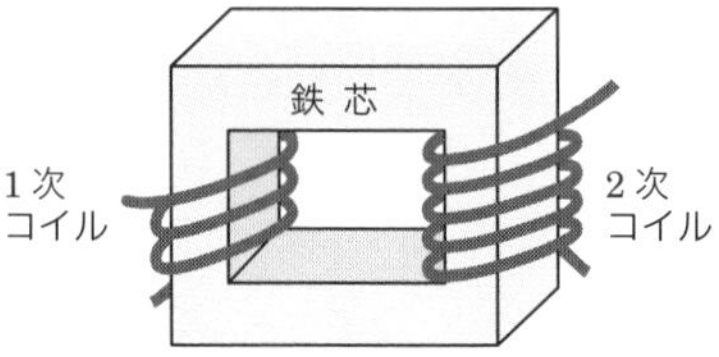

図 13.8 変 圧 器.

図 13.8 は**変圧器**（transformer，**トランス**）の模式図である．変圧器で

は，高い透磁率（§ 12.2.5）をもつ“鉄芯”という部分が磁束をガイドしてコイルからコイルへ磁束をできるだけ漏れなく伝え，エネルギー損失もできる限り少なくするように設計・製作されている．

## Box 24 相互インダクタンスとベクトルポテンシャル

ビオ・サバールの法則（10 章）では，原点の電流素片 $I\,\mathrm{d}\boldsymbol{r}$ による位置 $\boldsymbol{R}$ の磁場を

$$\mathrm{d}\boldsymbol{B} = \frac{\mu_0}{4\pi} I\,\mathrm{d}\boldsymbol{r} \times \frac{\boldsymbol{R}}{R^3}, \qquad R = |\boldsymbol{R}|$$

であるとした（式 10.7 参照）．まず，式変形の準備として，次の 2 式

$$-\nabla\left(\frac{1}{R}\right) = -\left(\frac{\boldsymbol{R}}{R}\right)\frac{\mathrm{d}(1/R)}{\mathrm{d}R} = \frac{\boldsymbol{R}}{R}\frac{1}{R^2} = \frac{\boldsymbol{R}}{R^3}$$

$$\nabla \times \frac{\mathrm{d}\boldsymbol{r}}{R} = \nabla\left(\frac{1}{R}\right) \times \mathrm{d}\boldsymbol{r} + \frac{1}{R}\nabla \times \mathrm{d}\boldsymbol{r} = \nabla\left(\frac{1}{R}\right) \times \mathrm{d}\boldsymbol{r} = -\mathrm{d}\boldsymbol{r} \times \nabla\left(\frac{1}{R}\right)$$

を各自確認せよ*．そうすると

$$\mathrm{d}\boldsymbol{B} = -\frac{\mu_0}{4\pi} I\,\mathrm{d}\boldsymbol{r} \times \nabla\left(\frac{1}{R}\right) = \nabla \times \left(\frac{\mu_0}{4\pi}\frac{I\,\mathrm{d}\boldsymbol{r}}{R}\right)$$

となる．原点の電流素片 $I\,\mathrm{d}\boldsymbol{r}$ が次のベクトル量

$$\mathrm{d}\boldsymbol{A} = \frac{\mu_0}{4\pi}\frac{I\,\mathrm{d}\boldsymbol{r}}{R}$$

を $\boldsymbol{R}$ につくり出すと考える．一般に，$\boldsymbol{r}$ の電流素片 $I\,\mathrm{d}\boldsymbol{r}$ が，$\boldsymbol{R}$ につくる $\mathrm{d}\boldsymbol{A}$ を用いて

$$\mathrm{d}\boldsymbol{B} = \nabla \times \mathrm{d}\boldsymbol{A}, \qquad \mathrm{d}\boldsymbol{A} = \frac{\mu_0}{4\pi}\frac{I\,\mathrm{d}\boldsymbol{r}}{|\boldsymbol{R}-\boldsymbol{r}|}$$

と書く．$\mathrm{d}\boldsymbol{A}$ を（$\boldsymbol{r}$ を変数として）電流ループ C 全体にわたり寄せ集めると

$$\boldsymbol{A}(\boldsymbol{R}) = \frac{\mu_0}{4\pi}\oint_{\mathrm{C}}\frac{I\,\mathrm{d}\boldsymbol{r}}{|\boldsymbol{R}-\boldsymbol{r}|} = \frac{\mu_0 I}{4\pi}\oint_{\mathrm{C}}\frac{\mathrm{d}\boldsymbol{r}}{|\boldsymbol{R}-\boldsymbol{r}|} \Rightarrow \boldsymbol{B} = \nabla \times \boldsymbol{A} \qquad ①$$

となる．$\boldsymbol{A}$ を**ベクトルポテンシャル**（vector potential）という．電位 $\phi$ と $\boldsymbol{A}$ を用いて

$$\boldsymbol{E} = -\nabla\phi - \frac{\partial \boldsymbol{A}}{\partial t}, \qquad \boldsymbol{B} = \nabla \times \boldsymbol{A}$$

---

＊ 2 行目の式では，$\nabla$ は $\boldsymbol{R}=(X, Y, Z)$ を変数とする微分だから $\nabla \times \mathrm{d}\boldsymbol{r}=\boldsymbol{0}$ であることを用いた．

と表すと，この $\boldsymbol{E}$ と $\boldsymbol{B}$ は電磁気現象の基礎法則を自動的に満たす．実際，恒等式 $\nabla\times\nabla\phi=\mathbf{0}$ より（式 M3.12 を参照）

$$\nabla\times\boldsymbol{E} = -\frac{\partial}{\partial t}\nabla\times\boldsymbol{A} = -\frac{\partial\boldsymbol{B}}{\partial t}$$

となり，マクスウェル・ファラデーの式が成り立つ．また，恒等式 $\nabla\cdot(\nabla\times\boldsymbol{A})=0$ より（式 M3.13 参照）

$$\nabla\cdot\boldsymbol{B} = \nabla\cdot(\nabla\times\boldsymbol{A}) = 0$$

となる（式 10.25 参照）．

相互インダクタンスが $M_{12}=M_{21}$ となることを示そう．コイル 1 により $\boldsymbol{B}_1=\nabla\times\boldsymbol{A}_1$ が生じるとき，コイル 2 を貫く磁束は，ストークスの定理（§ 11.1.3）と式 ① から

$$\begin{aligned}\phi_{21} &= \int_{S_2}\boldsymbol{B}_1(\boldsymbol{r}_2)\cdot d\boldsymbol{S}_2 = \int_{S_2}\nabla\times\boldsymbol{A}_1(\boldsymbol{r}_2)\cdot d\boldsymbol{S}_2 = \oint_{C_2}\boldsymbol{A}_1\cdot d\boldsymbol{r}_2 \\ &= \frac{\mu_0 I_1}{4\pi}\oint_{C_2}\left(\oint_{C_1}\frac{d\boldsymbol{r}_1}{|\boldsymbol{r}_2-\boldsymbol{r}_1|}\right)\cdot d\boldsymbol{r}_2\end{aligned}$$

と表される．相互インダクタンスは

$$M_{21} = \frac{\phi_{21}}{I_1} = \frac{\mu_0}{4\pi}\oint_{C_2}\left(\oint_{C_1}\frac{d\boldsymbol{r}_1}{|\boldsymbol{r}_2-\boldsymbol{r}_1|}\right)\cdot d\boldsymbol{r}_2 = \frac{\mu_0}{4\pi}\oint_{C_2}\left(\oint_{C_1}\frac{d\boldsymbol{r}_1\cdot d\boldsymbol{r}_2}{|\boldsymbol{r}_2-\boldsymbol{r}_1|}\right)$$

であり，最右辺で添え字 1 と 2 を交換すると，この同じ式が $M_{12}$ を与えることがわかる．

## 13.5 空間の磁気的エネルギー

コイルに流れる電流を変化させようとすると，生じる誘導起電力がこれを妨げる．誘導起電力に抗して電圧を加えて電流を流すので，コイルには外部から電力が投入される．コイルには磁場が発生しているから，コイルに投入した電力は，磁場として空間に蓄えられていくと考えるのが自然である．

本節では，コイルに電流を流すために必要なエネルギーを，自己インダクタンスを用いて計算し，これをもとにして空間に磁場があるときの磁場のエネルギー密度を考察する．

### 13.5.1 コイルに投入されたエネルギー

自己インダクタンス $L$ のコイルがあり，内部抵抗は無視する．このコイルの電流を $I(0)=0$ から $I(t)=I_0$ まで増加させる．電流が時間的に変化するので，コイルに加える電圧は，式 13.20 より

$$V(t) = L\frac{\mathrm{d}I}{\mathrm{d}t} \tag{13.30}$$

である．コイルに投入される電力（パワー，仕事率）は，この $V(t)$ を用いて

$$P(t) = V(t)\,I(t) \tag{13.31}$$

で与えられる（§8.3）．時刻 0 から $t$ までに投入されたエネルギーを $U(t)$ とすると，電力との関係が

$$\frac{\mathrm{d}U}{\mathrm{d}t} = P(t) = L\frac{\mathrm{d}I}{\mathrm{d}t}I = L\frac{\mathrm{d}I}{\mathrm{d}t}\frac{\mathrm{d}}{\mathrm{d}I}\left(\frac{1}{2}I^2\right) = \frac{\mathrm{d}}{\mathrm{d}t}\left(\frac{1}{2}LI^2\right) \tag{13.32}$$

となるので

$$U(t) = \frac{1}{2}LI(t)^2 \tag{13.33}$$

を得る．

### 13.5.2 磁場のエネルギー

コイルに投入された電力は磁場をつくるために用いられ，磁場のエネルギーとして蓄えられる．この考え方は，コンデンサーの電気的エネルギーを電場のエネルギーと考えるのと同様である．

一様な磁場をつくるソレノイドコイルを用いて，磁場のエネルギー密度を調べよう．断面積 $S$，長さ $l$，巻き数 $N$（単位長さあたりの巻き数 $n=N/l$）のソレノイドコイルのインダクタンス $L$ は，例題 13.4 で調べたように

$$L = \mu_0 N^2\frac{S}{l} = \mu_0 n^2 Sl \tag{13.34}$$

である．電流 $I$ が流れるコイルに蓄積されたエネルギーは，式 13.33 より

$$U = \frac{1}{2}LI^2 = \frac{1}{2}\mu_0 n^2 SlI^2 \tag{13.35}$$

と表される．一方，コイルの内部の磁場 $\boldsymbol{B}$ の大きさは

$$B = \mu_0 nI \tag{13.36}$$

だから，$U$ と $B$ の関係は

$$U = \frac{1}{2\mu_0} B^2 Sl \qquad (13.37)$$

となる．したがって，磁場のエネルギー密度は，$U$ を体積 $Sl$ で割り

$$u = \frac{U}{Sl} = \frac{1}{2\mu_0} B^2 \qquad (13.38)$$

である．

磁場が空間的あるいは時間的に変化するときも，式 13.38 のエネルギー密度が正しいことは，14 章のマクスウェル方程式から導かれることが知られている．電場と磁場が共に存在する空間では，式 7.20 の電場のエネルギー密度とあわせて，真空中において

$$u = \frac{1}{2}\varepsilon_0 E^2 + \frac{1}{2\mu_0} B^2 \qquad (13.39)$$

である．

## 章末問題

**13.1** 図 13.3 のように，長さ $L=10$ m の金属棒が $B=50\,000$ nT の磁場*と垂直に速さ $v=100$ m s$^{-1}$ で移動するときの起電力 $V_{\mathrm{emf}}$ を有効数字 1 桁で求めよ．

**13.2** 右図のように，磁石の N 極と S 極が幅 $a$ で交互に並び，表面の磁場は反転するが大きさは一定値 $B_0$ である．この表面に接するように長方形のコイル（大きさ $a\times b$）を置き，並んだ磁極の上を滑るように一定の速さ $v$ で移動させる．コイルを貫く磁束 $\Phi$ を時間の関数として図示し，コイルの起電力を重ねて描け．

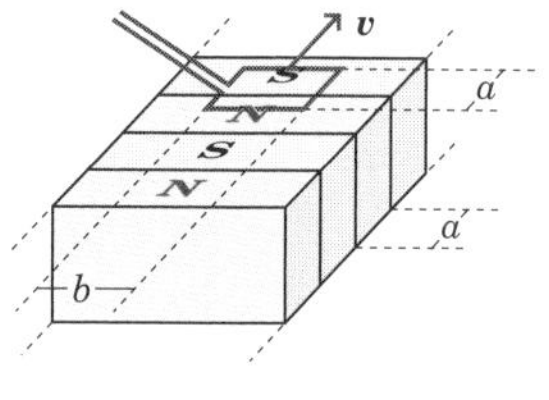


**13.3** 右図のように，辺の長さ $a=10$ cm の正方形のコイルが，一様な磁場 $B=0.5$ T の中で回転する．回転軸は正方形の中心を通り，辺と平行で磁場と垂直，回転の周波数は $\nu=\omega/(2\pi)=50$ Hz である．コイルの起電力の最大値を有効数字 2 桁で求めよ．

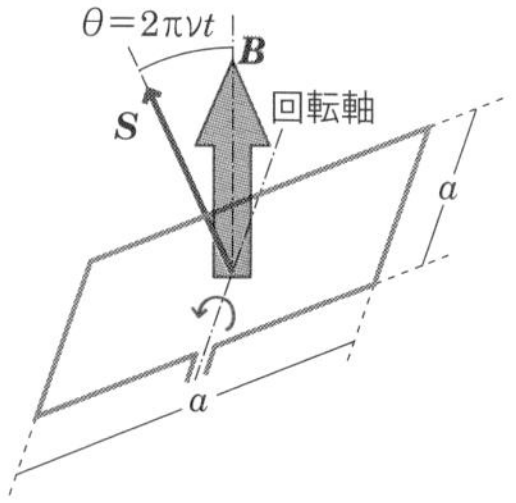


**13.4** $z$ 軸を中心軸とする半径 $a$ の円筒がある．その内部に単振動をする一様な磁場

* 日本付近の地磁気はこの程度の大きさである．

$$\boldsymbol{B} = B_0 \cos \omega t\, \boldsymbol{e}_z$$

があり，外部の磁場は 0 である．この磁場による誘導電場 $\boldsymbol{E}$ は，$z$ 軸からの距離を $r=\sqrt{x^2+y^2}$ として

$$\boldsymbol{E} = \begin{cases} \dfrac{E_0}{a^2} \sin \omega t(-y\, \boldsymbol{e}_x + x\, \boldsymbol{e}_y) \ \cdots \ r \leq a \\ \dfrac{E_0}{r^2} \sin \omega t(-y\, \boldsymbol{e}_x + x\, \boldsymbol{e}_y) \ \cdots \ r \geq a \end{cases}$$

であるという．

(a) 円筒を囲む 1 巻きコイルに生じる起電力を計算し，$E_0$ を $B_0$，$\omega$，$a$ で表せ．

(b) 円筒の内外で $\partial \boldsymbol{B}/\partial t = -\nabla \times \boldsymbol{E}$ が成り立つことを確認せよ．

**13.5**　誘導電場が $\boldsymbol{E}=E_0 \sin kx \cos \omega t\, \boldsymbol{e}_y$ のとき，ファラデーの電磁誘導の法則を満たす磁場を求めよ．ただし，$k$ は長さの逆数の次元をもつ定数，$\omega$ は時間の逆数の次元をもつ定数である．また $t=0$ における磁場は $\boldsymbol{B}=\boldsymbol{0}$ であるとする．

**13.6**　右図のように，同軸に配置した半径 $a$ と $b$（$>a$）の中空の円筒（共に導体）がある．内外の円筒には，軸方向で互いに逆向きの電流 $I$ が流れる．

(a) 次の各領域の磁場を求めよ．① $r<a$，② $a<r<b$，③ $b<r$．

(b) 領域 ② の各点における磁場のエネルギー密度 $u$ を求めよ．

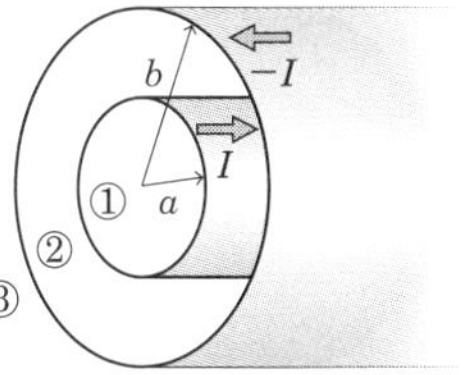


(c) 領域 ② の軸方向長さ $l$ の部分に蓄えられる磁場のエネルギー $U_l$ を求めよ．

(d) この 2 重円筒を，電流が内筒⇄外筒と循環するコイルとみなす．軸方向の長さ $l$ あたりの自己インダクタンス $L$ を求めよ．

# 14 マクスウェル方程式

本章では，電磁気現象の法則をまとめ，現象を理解して予測する出発点となるマクスウェル方程式を提示する．マクスウェル方程式は名前のとおり，マクスウェルにより提出された（1864）．本章の学習に必要な数学的な道具はベクトル場の微分である．この“数学の手法”の使いかたには，前章までの学習を通じて慣れてきたと思うが，本章ではさらにベクトル表示と成分表示の両方の数式を手書きするなどの練習をするとよいだろう．

## 14.1 電磁気学の基本法則

### 14.1.1 マクスウェル方程式

電場 $\boldsymbol{E}$ と磁場 $\boldsymbol{B}$ が従う方程式を微分形で記すと

$$\nabla\cdot\boldsymbol{E} = \frac{1}{\varepsilon_0}\rho \qquad (14.1) \qquad\qquad \nabla\cdot\boldsymbol{B} = 0 \qquad (14.2)$$

$$\nabla\times\boldsymbol{B} = \mu_0\left(\boldsymbol{j}+\varepsilon_0\frac{\partial\boldsymbol{E}}{\partial t}\right) \qquad (14.3) \qquad\qquad \nabla\times\boldsymbol{E} = -\frac{\partial\boldsymbol{B}}{\partial t} \qquad (14.4)$$

に集約される．式 14.3 と式 14.4 はベクトル方程式なので，それぞれが $x, y, z$ 各成分の式を含み，これら合計 8 本の方程式を**マクスウェル方程式**（Maxwell's equations）という．式 14.1 はガウスの法則（§4.4）であり，1 個の点電荷がつくる球対称な電場が逆 2 乗則に従うことと同等の内容である．式 14.2 は磁場に対するガウスの法則だが，特に“磁荷”が存在しないことを表す（式 10.25 参照）．式 14.3 はアンペール・マクスウェルの法則（§11.3），式 14.4 はファラデーの電磁誘導の法則（§13.3）である．

式 14.1 の $\rho$ は真電荷密度 $\rho_{\mathrm{e}}$ と分極電荷密度 $\rho_{\mathrm{P}}$ の和であり（§6.2），式 14.3 の電流密度 $\boldsymbol{j}$ は真電流密度 $\boldsymbol{j}_{\mathrm{e}}$ と磁化電流密度 $\boldsymbol{j}_{\mathrm{m}}$ の和である（§12.2）．

電荷も電流もない真空中では式 14.1 と式 14.3 が簡単になり，マクスウェル方程式は

$$\nabla\cdot\boldsymbol{E} = 0 \qquad (14.5) \qquad\qquad \nabla\cdot\boldsymbol{B} = 0 \qquad (14.6)$$

$$\nabla\times\boldsymbol{B} = \varepsilon_0\mu_0\frac{\partial\boldsymbol{E}}{\partial t} \qquad (14.7) \qquad\qquad \nabla\times\boldsymbol{E} = -\frac{\partial\boldsymbol{B}}{\partial t} \qquad (14.8)$$

となる．

**例題 14.1** 次の電場と磁場

$$\boldsymbol{E} = E_0 \cos(\omega t - kz)\, \boldsymbol{e}_x\,, \qquad \boldsymbol{B} = B_0 \cos(\omega t - kz)\, \boldsymbol{e}_y$$

が真空のマクスウェル方程式，すなわち式 14.5～式 14.8 を満たすとき，$E_0$ と $B_0$ の値に関係なく $\omega$ と $k$ の間に成り立つ関係を調べよ．

**解** まず，題意の電場と磁場が無条件に式 14.5 と式 14.6 を満たすことを示す．$\boldsymbol{E}$ は $x$ 成分以外すべて 0 である．さらに $E_x$ について，空間座標の変数は $z$ だけだから $\partial/\partial x$ を作用させると 0 となり

$$\nabla \cdot \boldsymbol{E} = \frac{\partial E_x}{\partial x} + \frac{\partial E_y}{\partial y} + \frac{\partial E_z}{\partial z} = \frac{\partial E_x}{\partial x} = 0$$

となる．$\boldsymbol{B}$ は $y$ 成分以外すべて 0，変数は $z$ だけだから $\partial/\partial y$ を作用させると 0 となり

$$\nabla \cdot \boldsymbol{B} = \frac{\partial B_x}{\partial x} + \frac{\partial B_y}{\partial y} + \frac{\partial B_z}{\partial z} = \frac{\partial B_y}{\partial y} = 0$$

となる．

そこで式 14.7 と式 14.8 に注目する．磁場については $B_x = B_z = 0$ および $\partial B_y/\partial x = 0$ を式 14.7 に適用すると

$$\nabla \times \boldsymbol{B} = \left(\frac{\partial B_z}{\partial y} - \frac{\partial B_y}{\partial z}\right)\boldsymbol{e}_x + \left(\frac{\partial B_x}{\partial z} - \frac{\partial B_z}{\partial x}\right)\boldsymbol{e}_y + \left(\frac{\partial B_y}{\partial x} - \frac{\partial B_x}{\partial y}\right)\boldsymbol{e}_z = -\frac{\partial B_y}{\partial z}\,\boldsymbol{e}_x$$

となり，電場については

$$\varepsilon_0 \mu_0 \frac{\partial \boldsymbol{E}}{\partial t} = \varepsilon_0 \mu_0 \frac{\partial E_x}{\partial t}\,\boldsymbol{e}_x$$

と書けるから

$$-\frac{\partial B_y}{\partial z} = \varepsilon_0 \mu_0 \frac{\partial E_x}{\partial t}$$

を得る．両辺の偏微分を計算すると

$$-\frac{\partial B_y}{\partial z} = -kB_0 \sin(\omega t - kz)\,, \qquad \frac{\partial E_x}{\partial t} = -\omega E_0 \sin(\omega t - kz)$$

であるから，式 14.7 を満たすためには

$$kB_0 \sin(\omega t - kz) = \varepsilon_0 \mu_0 \omega E_0 \sin(\omega t - kz)$$

が常に成り立つ必要があり，$\sin(\omega t - kz)$ の係数が等しくなければならない．よって

$$kB_0 = \varepsilon_0 \mu_0 \omega E_0 \quad \Rightarrow \quad \frac{E_0}{B_0} = \frac{k}{\varepsilon_0 \mu_0 \omega} \qquad ①$$

を得る．同様にして式 14.8 が成り立つには

$$kE_0 = \omega B_0 \quad \Rightarrow \quad \frac{E_0}{B_0} = \frac{\omega}{k} \qquad ②$$

が必要となる（各自で確認せよ）．式 ① と式 ② から，$\omega$ と $k$ の間の（電場と磁場を含まない）関係として

$$\frac{E_0}{B_0} = \frac{k}{\varepsilon_0 \mu_0 \omega} = \frac{\omega}{k} \quad \Rightarrow \quad \frac{\omega}{k} = \frac{1}{\sqrt{\varepsilon_0 \mu_0}}$$

を得る．

参考　題意の電場と磁場は真空中を伝わる電磁波であり，$\omega$ が角振動数，$k$ が波長の逆数の $2\pi$ 倍，$\omega/k$ が波の伝わる速さとなるなど，重要な内容を含むので，§16.2.3 で詳しく調べる．■

**例題 14.2**　(a) 滑らかに変化する任意のベクトル場 $\boldsymbol{F}$ に対し，次の恒等式

$$\nabla \times (\nabla \times \boldsymbol{F}) = \nabla(\nabla \cdot \boldsymbol{F}) - \nabla^2 \boldsymbol{F}$$

が成り立つことを確かめよ．ただし

$$\begin{aligned}\nabla^2 \boldsymbol{F} &= \left(\frac{\partial^2}{\partial x^2} + \frac{\partial^2}{\partial y^2} + \frac{\partial^2}{\partial z^2}\right)\boldsymbol{F} \\ &= \left(\frac{\partial^2 F_x}{\partial x^2} + \frac{\partial^2 F_x}{\partial y^2} + \frac{\partial^2 F_x}{\partial z^2}\right)\boldsymbol{e}_x + \left(\frac{\partial^2 F_y}{\partial x^2} + \frac{\partial^2 F_y}{\partial y^2} + \frac{\partial^2 F_y}{\partial z^2}\right)\boldsymbol{e}_y + \left(\frac{\partial^2 F_z}{\partial x^2} + \frac{\partial^2 F_z}{\partial y^2} + \frac{\partial^2 F_z}{\partial z^2}\right)\boldsymbol{e}_z\end{aligned}$$

である（§5.5 では，微分演算子 $\nabla^2$ をスカラー関数 $\phi$ に作用させたが，ここでは $\nabla^2$ をベクトル $\boldsymbol{F}$ の各成分に作用させて新たなベクトル $\nabla^2 \boldsymbol{F}$ を導く）．

(b) この恒等式を，真空中の電磁場のマクスウェル方程式に適用し，$\boldsymbol{E}$ だけの方程式を導出せよ．

解　(a) $\nabla \times \boldsymbol{F}$ の成分表示は

$$\nabla \times \boldsymbol{F} = \left(\frac{\partial F_z}{\partial y} - \frac{\partial F_y}{\partial z}\right)\boldsymbol{e}_x + \left(\frac{\partial F_x}{\partial z} - \frac{\partial F_z}{\partial x}\right)\boldsymbol{e}_y + \left(\frac{\partial F_y}{\partial x} - \frac{\partial F_x}{\partial y}\right)\boldsymbol{e}_z$$

であるから，$\nabla \times (\nabla \times \boldsymbol{F})$ の $x$ 成分は

$$\frac{\partial}{\partial y}\left(\frac{\partial F_y}{\partial x} - \frac{\partial F_x}{\partial y}\right) - \frac{\partial}{\partial z}\left(\frac{\partial F_x}{\partial z} - \frac{\partial F_z}{\partial x}\right) = \frac{\partial^2 F_y}{\partial y \partial x} - \frac{\partial^2 F_x}{\partial y^2} - \frac{\partial^2 F_x}{\partial z^2} + \frac{\partial^2 F_z}{\partial z \partial x} \qquad ①$$

となる．一方，$\nabla(\nabla \cdot \boldsymbol{F}) - \nabla^2 \boldsymbol{F}$ の $x$ 成分は

$$\frac{\partial}{\partial x}\left(\frac{\partial F_x}{\partial x}+\frac{\partial F_y}{\partial y}+\frac{\partial F_z}{\partial z}\right)-\left(\frac{\partial^2 F_x}{\partial x^2}+\frac{\partial^2 F_x}{\partial y^2}+\frac{\partial^2 F_x}{\partial z^2}\right) = \frac{\partial^2 F_y}{\partial x \partial y}+\frac{\partial^2 F_z}{\partial x \partial z}-\frac{\partial^2 F_x}{\partial y^2}-\frac{\partial^2 F_x}{\partial z^2} \quad ②$$

となり，式①と式②は等しい（2 階偏微分は微分の順序を交換しても変わらない．式 M2.26 を参照）．他の成分についてもまったく同様に計算することができる．

(b) 式 14.8 すなわち $\nabla\times\boldsymbol{E}=-\partial\boldsymbol{B}/\partial t$ にこの恒等式を適用する．この $\boldsymbol{E}$ は真空中の電場だから，式 14.5 の $\nabla\cdot\boldsymbol{E}=0$ を用い

$$\text{左辺} = \nabla\times(\nabla\times\boldsymbol{E}) = \nabla(\nabla\cdot\boldsymbol{E})-\nabla^2\boldsymbol{E} = -\nabla^2\boldsymbol{E}$$

となる．次に，右辺については，空間微分と時間微分の順序を交換し，さらに式 14.7 の $\nabla\times\boldsymbol{B}=\varepsilon_0\mu_0\partial\boldsymbol{E}/\partial t$ を用い

$$\text{右辺} = -\nabla\times\frac{\partial\boldsymbol{B}}{\partial t} = -\frac{\partial}{\partial t}(\nabla\times\boldsymbol{B}) = -\varepsilon_0\mu_0\frac{\partial^2\boldsymbol{E}}{\partial t^2}$$

となる．したがって

$$\nabla^2\boldsymbol{E} = \varepsilon_0\mu_0\frac{\partial^2\boldsymbol{E}}{\partial t^2}$$

を得る．

参考　同様にして $\boldsymbol{B}$ だけの方程式は

$$\nabla^2\boldsymbol{B} = \varepsilon_0\mu_0\frac{\partial^2\boldsymbol{B}}{\partial t^2}$$

となる（例題 16.5 を参照）．これらの式は**波動方程式**（wave equation）といい，$\boldsymbol{E}$ と $\boldsymbol{B}$ が波として伝わることを表す（16 章で詳しく調べる）．■

### 14.1.2 その他の重要な法則

電流密度と電荷密度との間には，電荷保存則

$$\frac{\partial\rho}{\partial t}+\nabla\cdot\boldsymbol{j} = 0 \tag{14.9}$$

があり，これはきわめて重要な基本法則である（§2.3.1）．実際，マクスウェル方程式は電荷保存則と矛盾しないように構成されている（§11.3.2 を参照し各自で確認せよ．章末問題 14.1）．

さらに，電荷 $q$ をもつ粒子が速度 $\boldsymbol{v}$ で運動するとき，ローレンツ力

$$\boldsymbol{F} = q(\boldsymbol{E}+\boldsymbol{v}\times\boldsymbol{B}) \tag{14.10}$$

が加わる（§9.2.4）．

以上がこれまで本書で学んだ電磁気現象の基本法則であった．また，経験則ではあるが多くの物質でオームの法則

$$\boldsymbol{j} = \sigma \boldsymbol{E} \tag{14.11}$$

が成り立つことも重要な事実である（§8.1）．

### 14.1.3 電束密度 $\boldsymbol{D}$ と磁場の強さ $\boldsymbol{H}$ を用いた表現

物質中では，誘電体の誘電率 $\varepsilon$ と磁性体の透磁率 $\mu$ を用い，電束密度 $\boldsymbol{D}$（$=\varepsilon\boldsymbol{E}$）および磁場の強さ $\boldsymbol{H}(=\boldsymbol{B}/\mu)$ を導入する（§6.2.4 と §12.2.5）．このとき式 14.1 と式 14.3 が

$$\nabla \cdot \boldsymbol{D} = \rho_{\mathrm{e}} \tag{14.12}$$

$$\nabla \times \boldsymbol{H} = \left(\boldsymbol{j}_{\mathrm{e}} + \frac{\partial \boldsymbol{D}}{\partial t}\right) \tag{14.13}$$

となり，真電荷と真電流だけで電磁場を記述する表現となる（式 6.12，式 11.30，式 12.14，式 12.21 を参照）．次節ではこれらの式を利用する．

## 14.2 電磁場の境界条件

§6.2.5 では誘電体の境界における電気力線の屈折を調べたが，ここでは時間的・空間的に変化する電場について，マクスウェル方程式の適用という視点からこれを見直そう．以下の議論では，電場 $\boldsymbol{E}$ と磁場 $\boldsymbol{B}$ がどのような場合でも式 14.4 すなわち

$$\nabla \times \boldsymbol{E} = -\frac{\partial \boldsymbol{B}}{\partial t} \tag{14.14}$$

を満たすことを用いる．また，常に式 14.12 が成り立つので，境界面に真電荷がないときは

$$\nabla \cdot \boldsymbol{D} = 0 \tag{14.15}$$

となることも用いる．

図 14.1 のように，一様な誘電体が $xy$ 平面（紙面に垂直）を境界として接し，$z \leq 0$ の空間を誘電体 $\varepsilon_1$ が，また $0<z$ の空間を誘電体 $\varepsilon_2$ が占めているとしよう（一方を真空としてもよい）．

$\boldsymbol{E}$ と $\boldsymbol{D}$ の向きが紙面内（$xz$ 平面内）のとき

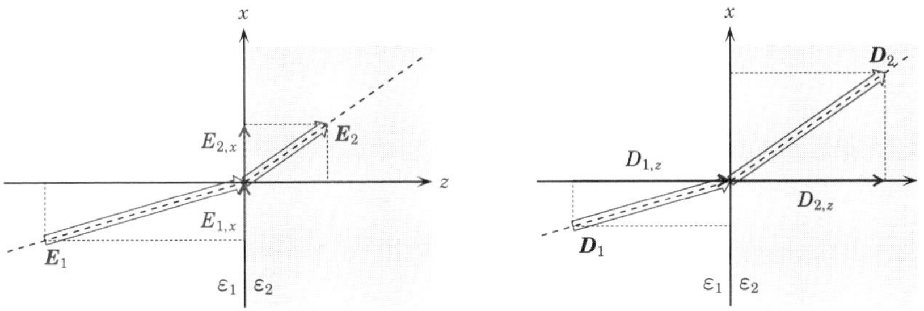


**図 14.1 誘電体（$\varepsilon_1 < \varepsilon_2$）の境界面の両側での $\boldsymbol{E}$ ベクトルと $\boldsymbol{D}$ ベクトル．境界面の両側で連続する（変化しない）成分は $\boldsymbol{E}$ ベクトルでは ↑，$\boldsymbol{D}$ ベクトルでは → である．**

$$E_y = 0 \qquad \Rightarrow \qquad \frac{\partial E_y}{\partial x} = \frac{\partial E_y}{\partial z} = 0 \tag{14.16}$$

などが成り立つ．また，誘電体が一様なので，境界面（$xy$ 平面）に沿って位置を変えても電場 $\boldsymbol{E}$ は変化しない．したがって，電場の成分に $\partial/\partial x$ および $\partial/\partial y$ を作用させると 0 になり

$$\frac{\partial E_z}{\partial x} = 0\,, \qquad \frac{\partial E_z}{\partial y} = 0\,, \qquad \frac{\partial E_x}{\partial y} = 0 \tag{14.17}$$

も成り立つ．式 14.16 および式 14.17 の条件を式 14.14 に適用し，成分で表すと

$$\begin{aligned}\left(\frac{\partial E_z}{\partial y} - \frac{\partial E_y}{\partial z}\right)\boldsymbol{e}_x + \left(\frac{\partial E_x}{\partial z} - \frac{\partial E_z}{\partial x}\right)\boldsymbol{e}_y + \left(\frac{\partial E_y}{\partial x} - \frac{\partial E_x}{\partial y}\right)\boldsymbol{e}_z \\ = \frac{\partial E_x}{\partial z}\,\boldsymbol{e}_y = -\left(\frac{\partial B_x}{\partial t}\,\boldsymbol{e}_x + \frac{\partial B_y}{\partial t}\,\boldsymbol{e}_y + \frac{\partial B_z}{\partial t}\,\boldsymbol{e}_z\right)\end{aligned} \tag{14.18}$$

となるから $\partial B_x/\partial t = \partial B_z/\partial t = 0$ となり

$$\frac{\partial E_x}{\partial z} = -\frac{\partial B_y}{\partial t} \tag{14.19}$$

が成り立つ*.

この式が $E_x$ の $z=0$ における連続性を保証することを示そう．静磁場であれば，右辺は時間による微分だから 0 となり式 6.18 と同じなので，$E_x$ は連続である．そこで静磁場ではない場合を考える．誘電体が一様なので，電場が不連続に変化する可能性があるのは境界面 $z=0$ に限られ，もし境界面で $E_x$ に不連続な変化があると，$z=0$

* 時間的に変動する磁場と誘導電場のこのような関係は，真空中について § 16.2.3 で調べる．

で $\partial E_x/\partial z$ は無限大に発散する．だが，右辺の $B_y$ はどの位置でも有限の値だから，その時間的な変化が滑らかならば $\partial B_y/\partial t$ も有限となるので，式 14.19 が成り立つためには $E_x$ は連続であることが必要である．すなわち，電場 $\boldsymbol{E}$ の境界面と平行な成分は，境界面で連続となる．

次に，境界面に沿って移動したとき電束密度 $\boldsymbol{D}$ も変化しないので，$\partial/\partial x$ および $\partial/\partial y$ を作用させると 0 になるから，式 14.15 を成分で表すと

$$\frac{\partial D_x}{\partial x}+\frac{\partial D_y}{\partial y}+\frac{\partial D_z}{\partial z} = \frac{\partial D_z}{\partial z} = 0 \tag{14.20}$$

となり，式 6.18 と同じなので，電束密度 $\boldsymbol{D}$ の境界面と垂直な成分は境界面で連続である．以上をまとめると，式 14.19 と式 14.20，すなわち

- 境界条件［E-1］　境界面と平行な $\boldsymbol{E}$ の成分が連続
- 境界条件［D-1］　境界面と垂直な $\boldsymbol{D}$ の成分が連続

という条件が成り立つ．

**例題 14.3**　境界面上に真電流がないときの磁場の境界条件を求めよ．

解　境界面が $z$ 軸に垂直であるとする．まず，磁束密度 $\boldsymbol{B}$ は常に

$$\nabla\cdot\boldsymbol{B} = 0$$

を満たすから，式 14.20 と同様に

$$\frac{\partial B_x}{\partial x}+\frac{\partial B_y}{\partial y}+\frac{\partial B_z}{\partial z} = \frac{\partial B_z}{\partial z} = 0$$

となり

- 境界条件［B-1］　境界面と垂直な $\boldsymbol{B}$ の成分が連続

である．次に，境界面に真電流がないとするので，式 14.13 から

$$\nabla\times\boldsymbol{H} = \frac{\partial \boldsymbol{D}}{\partial t}$$

が成り立ち，磁場の強さ $\boldsymbol{H}$ については式 14.19 を得たときと同様に

$$\left(\frac{\partial H_z}{\partial y}-\frac{\partial H_y}{\partial z}\right)\boldsymbol{e}_x+\left(\frac{\partial H_x}{\partial z}-\frac{\partial H_z}{\partial x}\right)\boldsymbol{e}_y+\left(\frac{\partial H_y}{\partial x}-\frac{\partial H_x}{\partial y}\right)\boldsymbol{e}_z$$
$$= \frac{\partial H_x}{\partial z}\boldsymbol{e}_y = \frac{\partial D_x}{\partial t}\boldsymbol{e}_x+\frac{\partial D_y}{\partial t}\boldsymbol{e}_y+\frac{\partial D_z}{\partial t}\boldsymbol{e}_z$$

から

$$\frac{\partial H_x}{\partial z} = \frac{\partial D_y}{\partial t}$$

となる．右辺が有限の値となることから $H_x$ が境界面で連続となることがわかり

・ 境界条件 [H-1] 境界面と平行な $\boldsymbol{H}$ の成分が連続

である．■

**例題 14.4** 境界面に真電荷密度 $\rho_e$ があるときの境界条件を求めよ．

**解** ファラデーの電磁誘導の法則 $\nabla\times\boldsymbol{E}=-\partial\boldsymbol{B}/\partial t$ は真電荷の有無にかかわらず成り立つので

・ 境界条件 [E-1] 境界面と平行な $\boldsymbol{E}$ の成分が連続

は同じである．しかし，電束密度 $\boldsymbol{D}$ については

$$\nabla\cdot\boldsymbol{D} = \rho_e$$

となるため，式 14.20 が

$$\frac{\partial D_z}{\partial z} = \rho_e$$

となる．$\boldsymbol{D}$ は $x, y$ 座標を含まないので $D_z(z,t)$ と書き，左辺の微分を $z=0$（$\varepsilon_1$ 側の境界面上）と $z=\Delta z$（$\varepsilon_2$ 側の境界面からわずかに離れた位置）の差分で表すと

$$\frac{\partial D_z}{\partial z} \approx \frac{D_z(\Delta z,t) - D_z(0,t)}{\Delta z} = \frac{\Delta D_z}{\Delta z}$$

したがって，境界面における $D_z$ の変化は

$$\Delta D_z \approx \rho_e\,\Delta z = \sigma_e$$

であり，これが境界条件となる．$\sigma_e$ は真電荷の面密度である．こうして

・ 境界条件 [D-2] 境界面と垂直な $\boldsymbol{D}$ の成分は真電荷の面密度だけ不連続

を得る．■

**例題 14.5** 境界面に真電流密度 $\boldsymbol{j}_e$ があるときの境界条件を求めよ．

**解** 磁束密度 $\boldsymbol{B}$ については，$\nabla\cdot\boldsymbol{B}=0$ が常に成り立つので

・ 境界条件 [B-1] 境界面と垂直な $\boldsymbol{B}$ の成分が連続

は変わらない．一方，磁場の強さ $\boldsymbol{H}$ については式 14.13 すなわち

$$\nabla \times \boldsymbol{H} = \boldsymbol{j}_{\mathrm{e}} + \frac{\partial \boldsymbol{D}}{\partial t}$$

となるから，例題 14.3 および例題 14.4 と同様にして

$$\frac{\partial H_x}{\partial z} = j_{\mathrm{e},y} \qquad \Rightarrow \qquad \Delta H_x = j_{\mathrm{e},y}\,\Delta z$$

を得る．ここで，$j_{\mathrm{e},y}\,\Delta z$ はシート電流の線密度（電流と垂直な単位長さの線分を通過する電流，例題 11.5 を参照）である．こうして

- 境界条件 [H-2]　境界面と平行な $\boldsymbol{H}$ の成分が真電流の線密度だけ不連続

となる．■

## 14.3 変 位 電 流

### 14.3.1 定常電流と定常電荷

時間的に一定な電流，すなわち**定常電流**（stationary current）がつくる磁場は，時間的に変動しない静磁場であり，誘導電場は発生しない．また，時間的に変動しない電荷を定常電荷ということにしよう．定常電荷による電場 $\boldsymbol{E}$ も時間的に一定の静電場である．こうして，定常電流かつ定常電荷がつくる電磁場については，アンペール・マクスウェルの法則すなわち式 14.3 に含まれる変位電流密度が

$$\varepsilon_0 \frac{\partial \boldsymbol{E}}{\partial t} = 0 \tag{14.21}$$

となり，アンペールの法則（式 11.21）を得る．

### 14.3.2 導体内部の変位電流

交流回路の導体内部では真電流が時間的に変動し，この電流は式 14.11 のオームの法則に従う．そうすると，電流を駆動する電場も時間的に変動しているので変位電流が現れる．真電流密度 $\boldsymbol{j}$ と変位電流密度 $\varepsilon_0\,\partial \boldsymbol{E}/\partial t$ の大きさを比較するために

$$\boldsymbol{E} = \boldsymbol{E}_0 \cos \omega t \tag{14.22}$$

とおき，式 14.3（$\boldsymbol{j}$ は式 14.11 により $\boldsymbol{E}$ で表しておく）に代入すると

$$\boldsymbol{j} + \varepsilon_0 \frac{\partial \boldsymbol{E}}{\partial t} = \sigma \boldsymbol{E} + \varepsilon_0 \frac{\partial \boldsymbol{E}}{\partial t} = \varepsilon_0 \left( \frac{\sigma}{\varepsilon_0} \cos \omega t - \omega \sin \omega t \right) \boldsymbol{E}_0 \tag{14.23}$$

となる．この式から明らかなように，変位電流の寄与は電場の角振動数 $\omega$ に比例し，

$\omega$ が $\sigma/\varepsilon_0$ よりも十分に小さければ変位電流の寄与は無視できることがわかる.

たとえば,電気回路に用いられる銅では電気伝導率(§8.1)が $\sigma \approx 60\times10^6\ \mathrm{S\ m^{-1}}$ で,真空の誘電率が $\varepsilon_0 \approx 8.9\times10^{-12}\ \mathrm{F\ m^{-1}}$ だから,真電流 $\sigma\boldsymbol{E}$ と変位電流密度 $\varepsilon_0 \partial\boldsymbol{E}/\partial t$ の大きさが同程度になるのは,両者の振幅をほぼ等しいとおき

$$\omega \approx \frac{\sigma}{\varepsilon_0} \approx \frac{60\times10^6}{8.9\times10^{-12}} \approx 10^{19}\ \mathrm{rad\ s^{-1}} \tag{14.24}$$

というきわめて高い振動数(X 線や $\gamma$ 線.図 16.10 を参照)の場合となる.こうして,通常の交流回路では,導体内部の変位電流を無視する近似が有効であることがわかる.

### 14.3.3 準定常近似

導体の内外にかかわらず,変位電流を無視する近似を,**準定常近似**(quasistatic approximation)という.電流の変動が緩慢ならば準定常近似の精度がよくなる.準定常近似が成り立つ電流を準定常電流という.このとき,式 14.3 は,電流が変動していても,変位電流を無視するので

$$\nabla\times\boldsymbol{B} = \mu_0\boldsymbol{j} \tag{14.25}$$

すなわちアンペールの法則となる(§11.3.1).

式 14.25 を適用する場合は,遠方の磁場は瞬時に電流に追随して変動することになる.磁場が変動するので

$$\nabla\times\boldsymbol{E} = -\frac{\partial\boldsymbol{B}}{\partial t} \tag{14.26}$$

に従って誘導電場 $\boldsymbol{E}$ が生じている.

また,電流が変動すれば,電荷保存則により電荷も変動する.電荷がつくる電場 $\boldsymbol{E}_\mathrm{e}$ は

$$\nabla\cdot\boldsymbol{E}_\mathrm{e} = \frac{1}{\varepsilon_0}\rho \tag{14.27}$$

により決まるので,遠方の電場も瞬時に電荷に追随して変動するという近似となる.

式 14.27 の電場は,電位を用いて $\boldsymbol{E}_\mathrm{e} = -\nabla\phi$ と表され,$\nabla\times\boldsymbol{E}_\mathrm{e} = -\nabla\times(\nabla\phi) = \boldsymbol{0}$ となるから,電磁誘導の法則には関係しない.言い換えると,変動する磁場と対になるのは誘導電場だけである.このことから準定常近似の有用性が明らかになる.すなわ

ち準定常近似は，マクスウェル方程式を“電荷がつくる電場”と“アンペールの法則と電磁誘導の法則に関わる電磁場”に分離し，電磁場の取扱いを簡単にする．

だが準定常近似では，変位電流を含まないから電磁波が現れない．波の表現については16章で学ぶが，真空中で変位電流の存在を無視して

$$\nabla \times \boldsymbol{B} = \varepsilon_0 \mu_0 \frac{\partial \boldsymbol{E}}{\partial t} = \boldsymbol{0} \tag{14.28}$$

としたのでは，例題14.1の電場と磁場の波や例題14.2の $\boldsymbol{E}$ の波動方程式は得られない．波である電磁場を“波として意識する必要がない”ときに，準定常近似が成立する．これは，対象のサイズが波長よりずっと小さく，波が瞬時に伝わり，対象内の異なる位置であっても電磁気現象が同時に起きると近似してよい場合である．次章では，その例として交流回路を調べる．

## 章末問題

**14.1** 式14.1～式14.4のマクスウェル方程式から式14.9の電荷保存則を導出せよ．

**14.2** 式14.4の両辺の発散（$\nabla\cdot$）から，どのようなことがわかるか．

**14.3** 式14.8の両辺の物理次元が等しいことを確かめよ．

**14.4** 例題14.1で調べた $\omega/k$ と $1/\sqrt{\varepsilon_0\mu_0}$ が共に速度の次元 $\mathsf{L\,T^{-1}}$ をもつことを確かめよ．

**14.5** $n$ 番目の電荷分布 $\rho_n(\boldsymbol{r},t)$ と電流分布 $\boldsymbol{j}_n(\boldsymbol{r},t)$ により電場 $\boldsymbol{E}_n(\boldsymbol{r},t)$ と磁場 $\boldsymbol{B}_n(\boldsymbol{r},t)$ がつくられる．このとき，$\sum_{n=1}^{N}\rho_n(\boldsymbol{r},t)$ と $\sum_{n=1}^{N}\boldsymbol{j}_n(\boldsymbol{r},t)$ からつくられる電場と磁場は $\sum_{n=1}^{N}\boldsymbol{E}_n(\boldsymbol{r},t)$ と $\sum_{n=1}^{N}\boldsymbol{B}_n(\boldsymbol{r},t)$ となる．マクスウェル方程式のどのような性質からこのことが導かれるか．

**14.6** 電場と磁場が時間的に変動しないとき，マクスウェル方程式を電場の式と磁場の式に分離できることを示せ．

**14.7** 真空中の磁場が $\boldsymbol{B}=B_0\cos(\omega t-kz)\,\boldsymbol{e}_x$ のときに，電場が $\boldsymbol{E}=\boldsymbol{E}_0\cos(\omega t-kz)$ であるという．ただし，$\boldsymbol{E}_0$ は定ベクトル，$B_0$ は定数である．

(a) $\boldsymbol{E}_0$ の $z$ 成分が0であることを示せ．

(b) 式14.7を用い $\boldsymbol{E}_0$ を $\varepsilon_0\mu_0$ を含む形で表せ．

(c) 式14.8を用い $\boldsymbol{E}_0$ を $\varepsilon_0\mu_0$ を含まない形で表せ．

(d) (b)と(c)の結果を比較して $\varepsilon_0\mu_0$ と $\omega$，$k$ の間の関係を導け．

**14.8** 右図は，透磁率 $\mu_1$ と $\mu_2$ の磁性体の境界面（$yz$ 平面）で磁束密度 $\boldsymbol{B}$ の磁力線が屈折する様子を表す．ただし，この境界面には真電流がないとする．

(a) $\tan\theta_2/\tan\theta_1$ を求めよ．

(b) 境界面の両側の $B=|\boldsymbol{B}|$ の比，$B_2/B_1$ を求めよ．

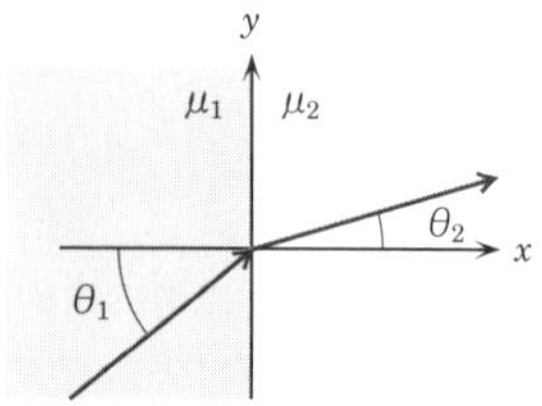

# 15 交流回路と過渡現象

ここまで電磁気現象の基礎法則を学んできた．本章ではそれらの法則を利用して，コイルやコンデンサーを含む回路に流れる交流電流と電圧の関係を調べる．日常生活のあらゆる場面で用いられている交流回路の基本的な動作を理解するのに役立つだろう．また，回路に限らず，システムの入力と出力の関係を特徴づける周波数応答や過渡応答を学ぶ糸口にもなる．

## 15.1 交流回路素子

§8.4 では，抵抗と直流電源だけからなる回路について，各素子を流れる電流と電圧の関係を調べた．本節では，抵抗とコイルとコンデンサーが交流電源により駆動されるとき，準定常近似が成り立つとして各素子の特性を調べる．

### 15.1.1 $R, L, C$ の特性

回路を構成する導線は抵抗値を 0 とするので，導線で電圧降下は起きない．また，導線や抵抗を流れる電流がつくる磁場は他の素子に影響を及ぼさないとする．

抵抗に加わる電流と電圧の関係は，それらが変動していてもオームの法則が成り立ち，両者が瞬時に同じ波形になるとする（式 8.1 を参照）．抵抗値が $R$ のとき両端の電圧 $V(t)$ と流れる電流 $I(t)$ の関係は

$$I(t) = \frac{1}{R} V(t) \tag{15.1}$$

である．なお，抵抗には誘導電場が加わらないとし，両端の電圧が上式で決まる．

コイルの電流と電圧の関係は，その自己インダクタンスを $L$ とすると，式 13.20 を積分して

$$V(t) = L \frac{\mathrm{d}I}{\mathrm{d}t} \quad \Rightarrow \quad I(t) = \frac{1}{L} \int_0^t V(t')\,\mathrm{d}t' \tag{15.2}$$

となる．これはアンペールの法則すなわち準定常近似の式 14.25 を基礎とする関係である．

コンデンサーでは，極板に蓄えた電荷 $Q$ と極板間の電圧 $V$ の関係が，電気容量 $C$ を用いて

$$Q = CV \tag{15.3}$$

と表されることを§7.1で学んだ．それは諸量が時間的に変化しない定常状態についての議論であったが，定常状態ではない場合でも，式15.3は電荷がつくる電場だけを考慮した準定常近似の式14.27を基礎として成立する．さらに，電荷保存則を用いて電流と電圧の関係式

$$I(t) = \frac{\mathrm{d}Q}{\mathrm{d}t} = \frac{\mathrm{d}(CV)}{\mathrm{d}t} = C\frac{\mathrm{d}}{\mathrm{d}t}V(t) \tag{15.4}$$

を得る．

### 15.1.2 素子の交流特性

これらの素子に加わる交流電圧が振幅 $V_0$，周期 $T$ の単振動

$$V(t) = V_0 \cos \omega t, \qquad \omega = \frac{2\pi}{T} \tag{15.5}$$

のとき（§8.4），式15.1（抵抗），15.2（コイル），15.4（コンデンサー）の各式は

$$I(t) = \frac{1}{R} V_0 \cos \omega t \tag{15.6}$$

$$I(t) = \frac{1}{\omega L} V_0 \sin \omega t = \frac{1}{\omega L} V_0 \cos\left(\omega t - \frac{\pi}{2}\right) \tag{15.7}$$

$$I(t) = -\omega C V_0 \sin \omega t = \omega C V_0 \cos\left(\omega t + \frac{\pi}{2}\right) \tag{15.8}$$

と書くことができる．

コイルとコンデンサーでは，電流と電圧の振幅の比が振動数により変化することに注意しよう．式15.7および式15.8の最右辺で，$V_0$ に掛かる係数（$1/\omega L$ と $\omega C$）の逆数を，それぞれ

$$X_\mathrm{L} = \omega L \tag{15.9}$$

$$X_\mathrm{C} = \frac{1}{\omega C} \tag{15.10}$$

と記し，**誘導性リアクタンス**（inductive reactance）および**容量性リアクタンス**（capacitive reactance）という．リアクタンスの単位は抵抗と同じΩである．

式15.7と式15.8の最右辺から，電圧を基準とした電流の位相（p.31，例題3.3の脚注＊2を参照）が，コイルでは $\pi/2$ だけ減少し“位相が遅れる”，コンデンサーでは $\pi/2$ だけ増加し“位相が進む”という．

### 15.1.3 複素指数関数と電流・電圧のベクトル表示

サインやコサインおよびその微分や積分の取扱いは，$\mathrm{i}=\sqrt{-1}$ として複素指数関数（§M7.1）による表現

$$\exp(\mathrm{i}\omega t) = \cos\omega t + \mathrm{i}\sin\omega t \tag{15.11}$$

$$\frac{\mathrm{d}}{\mathrm{d}t}\exp(\mathrm{i}\omega t) = \mathrm{i}\omega\exp(\mathrm{i}\omega t) = \omega(-\sin\omega t + \mathrm{i}\cos\omega t) \tag{15.12}$$

$$\int\exp(\mathrm{i}\omega t)\,\mathrm{d}t = \frac{1}{\mathrm{i}\omega}\exp(\mathrm{i}\omega t) = \frac{-\mathrm{i}\cos\omega t + \sin\omega t}{\omega}\ \text{（積分定数を除く）} \tag{15.13}$$

を用いると簡便になる．

式 15.5 の代わりに複素電圧

$$\dot{V} = V_0\exp(\mathrm{i}\omega t) \tag{15.14}$$

を用いると，式 15.6～式 15.8 に対応して複素電流 $\dot{I}$ が

$$\dot{I} = \frac{1}{R}\dot{V} \quad (15.15) \qquad \dot{I} = \frac{1}{\mathrm{i}\omega L}\dot{V} \quad (15.16) \qquad \dot{I} = \mathrm{i}\omega C\dot{V} \quad (15.17)$$

と表される*．電流，電圧などの物理量は実数なので，複素数表示の各式の実部（実数部分）がもとの実数の関係を表すように設定されている．ここで，複素数の実部を抽出する記号（Re）を導入すると，式 15.11 の実部は

$$\mathrm{Re}[\exp(\mathrm{i}\omega t)] = \mathrm{Re}[\cos\omega t + \mathrm{i}\sin\omega t] = \cos\omega t \tag{15.18}$$

であるから，式 15.15 の実部の関係は

$$I(t) = \mathrm{Re}\left[\frac{1}{R}V_0\exp(\mathrm{i}\omega t)\right] = \frac{V_0}{R}\mathrm{Re}[\exp(\mathrm{i}\omega t)] = \frac{V_0}{R}\cos\omega t \tag{15.19}$$

となり式 15.6 に戻る．また，式 15.16 については

$$\begin{aligned} I(t) &= \mathrm{Re}\left[\frac{1}{\mathrm{i}\omega L}V_0\exp(\mathrm{i}\omega t)\right] = \frac{V_0}{\omega L}\mathrm{Re}\left[\frac{1}{\mathrm{i}}(\cos\omega t + \mathrm{i}\sin\omega t)\right] \\ &= \frac{V_0}{\omega L}\mathrm{Re}[-\mathrm{i}\cos\omega t + \sin\omega t)] = \frac{V_0}{\omega L}\sin\omega t \end{aligned} \tag{15.20}$$

となり，式 15.7 に戻る（式 15.17 については各自で確認せよ）．

* 交流回路の議論では，記号にドット（˙）を付けて複素数表示を記すことが多いので，本書はこれに従った．一方，複素数で表した物理量は和・差の演算について 2 次元のベクトルと同一視できる（§M7.2 参照）ので，太字で表すこともある．

複素数 $z=x+\mathrm{i}y=r(\cos\theta+\mathrm{i}\sin\theta)$ を，複素数平面上の点として表し，大きさ $r$，偏角 $\theta$ の位置ベクトルと同一視する（§M7.2 と §M7.3）．このとき，式 15.14 から，$\dot{V}$ は反時計回りに角速度 $\omega$ で回転するベクトルとなる．式 15.15 は $\dot{I}$ が $\dot{V}$ と向きをそろえて角速度 $\omega$ で回転することを示す．式 15.16 は，$1/\mathrm{i}$ を乗じて $\dot{V}$ のベクトルを $\pi/2$ だけ時計回りに回転させると（式 M7.10 参照），$\dot{I}$ のベクトルの方向に一致することを示す*．式 15.17 は，i を乗じて $\dot{V}$ のベクトルを $\pi/2$ だけ反時計回りに回転させると，$\dot{I}$ のベクトルの方向に一致することを示す．これらの関係を図 15.1 に示す．位相差 $\pi/2$ は 1/4 周期に等しいことに注意せよ．

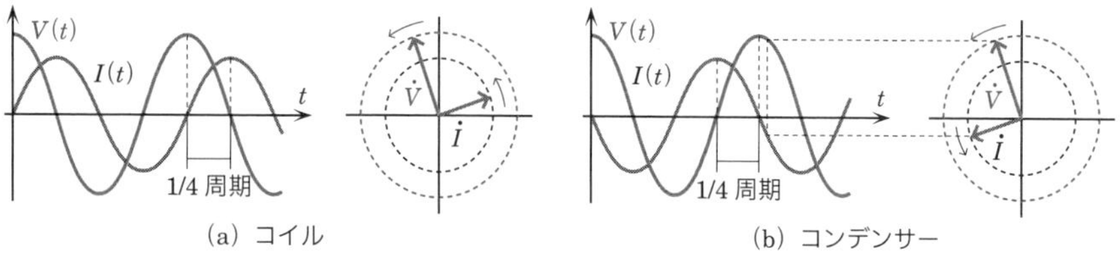


**図 15.1 交流素子の電圧と電流の位相.**

## 15.2 交 流 回 路

交流回路は，直流回路と同様に，素子を組合わせて回路を合成する．そのように構成した合成回路は，電流と電圧の間の位相差を変え，あるいは振動数により振幅を変化させるというように，多様な動作をさせることができるので電力の制御や信号の処理に不可欠である．

素子を直列あるいは並列に接続することが回路合成の基礎となるのも直流回路と同じである．ただし，抵抗については電流と電圧が同じ位相であり両者が比例するので合成抵抗を簡単に計算できるが，コイルとコンデンサーについては電圧と電流の位相が異なることに注意する．

準定常近似のとき，直列に接続した素子には共通の電流が流れ，各素子の両端の電圧の和が全体の電圧となる．一方，並列に接続した素子には共通の電圧が加わり，各素子に流れる電流の和が全体の電流となる．このように電圧や電流が単純な和で求まるので，複素電圧と複素電流を用いて計算した後で実部を取出しても，最初から実数で計算しても，同じ結果になる．ここでは複素数で計算する（§M7.5）．

---

* オイラーの公式（§M7.1）より，$\exp(-\mathrm{i}\pi/2)=\cos(-\pi/2)+\mathrm{i}\sin(-\pi/2)=-\mathrm{i}=\mathrm{i}/\mathrm{i}^2=1/\mathrm{i}$ となる．したがって $(1/\mathrm{i})\exp(\mathrm{i}\omega t)=\exp(-\mathrm{i}\pi/2)\exp(\mathrm{i}\omega t)=\exp(\mathrm{i}(\omega t-\pi/2))$ が得られる．同様に，$\mathrm{i}\exp(\mathrm{i}\omega t)=\exp(\mathrm{i}\pi/2)\exp(\mathrm{i}\omega t)=\exp(\mathrm{i}(\omega t+\pi/2))$ となる．

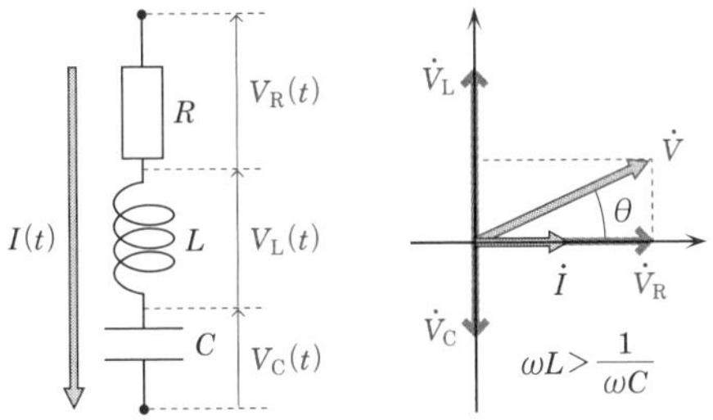


**図 15.2 RLC 直列．** $\dot{V}_{\rm L}$ は i を乗じているので $\dot{I}$ よりも反時計回りに π/2，また $\dot{V}_{\rm C}$ は 1/i を乗じているので時計回りに π/2 回転していることを確認せよ．

### 15.2.1 直 列 接 続

図 15.2 のように，抵抗（抵抗値 $R$），コイル（自己インダクタンス $L$），コンデンサー（電気容量 $C$）を直列に接続した部分（RLC 直列という）を流れる複素電流を $\dot{I}$ とする．どの素子にも同じ複素電流 $\dot{I}$ が流れるから，各素子の複素電圧は，式 15.15〜式 15.17 を書き直して

$$\dot{V}_{\rm R} = R\dot{I} \quad (15.21) \qquad \dot{V}_{\rm L} = {\rm i}\omega L\dot{I} \quad (15.22) \qquad \dot{V}_{\rm C} = \frac{1}{{\rm i}\omega C}\dot{I} \quad (15.23)$$

であり（図 15.2 右の座標を参照），全体の複素電圧は各複素電圧の和で与えられ

$$\dot{V} = \dot{V}_{\rm R} + \dot{V}_{\rm L} + \dot{V}_{\rm C} = \left(R + {\rm i}\omega L + \frac{1}{{\rm i}\omega C}\right)\dot{I} = \left[R + {\rm i}\left(\omega L - \frac{1}{\omega C}\right)\right]\dot{I} = \dot{Z}\dot{I} \tag{15.24}$$

である．ここで，$\dot{Z} = Z\exp({\rm i}\theta)$ とすると

$$Z = |\dot{Z}| = \sqrt{R^2 + \left(\omega L - \frac{1}{\omega C}\right)^2}$$
$$\tan\theta = \frac{\omega L - 1/(\omega C)}{R} = \frac{\omega^2 LC - 1}{\omega RC} \tag{15.25}$$

となる．$Z$ をこの RLC 直列の**インピーダンス**（impedance）*，$\dot{Z}$ を**複素インピーダンス**（complex impedance）という．式 15.24 から明らかなように，インピーダンスは，電圧を電流で割った量であり，単位は抵抗と同じ Ω（ohm，オーム）である．

電流が

＊ “impedance” は “impede” に “ance” を付けて “妨げること” を意味し，“resistance（反抗する能力，電気抵抗）” と近い意味になる．また，次に導入するアドミタンス “admittance” は “admit” に “ance” を付けて “受け入れること” を意味し，“capacitance（蓄える能力，電気容量）” と近い意味になる．

$$I(t) = I_0 \cos \omega t = \mathrm{Re}[\dot{I}] = \mathrm{Re}[I_0 \exp(\mathrm{i}\omega t)] \tag{15.26}$$

のときに，電圧は式 15.25 の $\theta$ を用いて

$$\begin{aligned} V(t) &= \mathrm{Re}[\dot{Z}\dot{I}] = \mathrm{Re}[Z\exp(\mathrm{i}\theta)\, I_0 \exp(\mathrm{i}\omega t)] = ZI_0\,\mathrm{Re}[\exp(\mathrm{i}(\omega t+\theta))] \\ &= V_0 \cos(\omega t+\theta), \qquad V_0 = ZI_0 = \sqrt{R^2 + \left(\omega L - \frac{1}{\omega C}\right)^2}\, I_0 \end{aligned} \tag{15.27}$$

となる.

### 15.2.2 並列接続

図 15.3 のように抵抗（抵抗値 $R$），コイル（自己インダクタンス $L$），コンデンサー（電気容量 $C$）を並列に接続した部分（RLC 並列）に加わる複素電圧が $\dot{V}$ のとき，

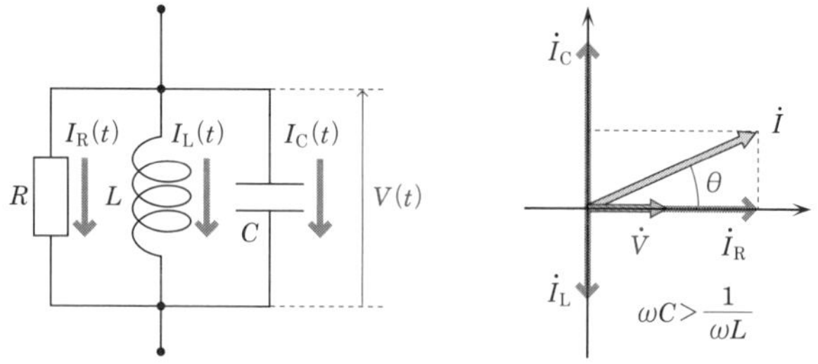


図 15.3 **RLC 並列.**

各素子の複素電流は式 15.15～式 15.17 により与えられる．抵抗，コンデンサー，コイルに流れる複素電流を，それぞれ $\dot{I}_R$，$\dot{I}_C$，$\dot{I}_L$ とすると，全体の複素電流は

$$\dot{I} = \dot{I}_R + \dot{I}_C + \dot{I}_L = \left(\frac{1}{R} + \mathrm{i}\omega C + \frac{1}{\mathrm{i}\omega L}\right)\dot{V} = \left[\frac{1}{R} + \mathrm{i}\left(\omega C - \frac{1}{\omega L}\right)\right]\dot{V} = \dot{Y}\dot{V} \tag{15.28}$$

である．ここで，直列接続のインピーダンスと同様に

$$\dot{Y} = Y\exp(\mathrm{i}\varphi) = \frac{1}{R} + \mathrm{i}\left(\omega C - \frac{1}{\omega L}\right) \tag{15.29}$$

とし，$Y = |\dot{Y}|$ を**アドミタンス**（admittance），$\dot{Y}$ を**複素アドミタンス**（complex admittance）という（$\tan\varphi$ は章末問題 15.6 で調べる）.

接続の直列・並列にかかわらず，系のインピーダンスは “電圧÷電流”，アドミタ

ンスは "電流÷電圧" として定義され，回路の同じ部分については $Z=1/Y$ の関係にある（章末問題 15.5 と 15.6 で調べる）.

### 15.2.3 共　振

式 15.24 あるいは式 15.28 において

$$\omega_0 C = \frac{1}{\omega_0 L} \quad \Rightarrow \quad \omega_0 = \frac{1}{\sqrt{LC}} \tag{15.30}$$

のとき，複素インピーダンス $\dot{Z}$ あるいは複素アドミタンス $\dot{Y}$ の虚数部が 0 となり，コイルとコンデンサーが含まれるのに電流と電圧が同じ位相で振動する.

RLC 直列の場合，式 15.30 の $\omega_0$ においてインピーダンス $Z$ が最小となり，同じ電流に対して電圧が最小となる．言い換えると，同じ電圧に対して最大の電流が流れる．この状態を**直列共振**（series resonance）という．また $f_0=\omega_0/(2\pi)$ を**共鳴振動数**あるいは**共振周波数**（resonance frequency）という．図 15.4 には，RLC 直列のアドミタンス $I_0/V_0=Y=Z^{-1}$ を $\omega$ の関数として示した．抵抗値 $R$ が小さくなると（①>②>③），共振のピークが鋭くなり，$I_0/V_0$ が大きくなる（"物理学入門 I. 力学"，§16.1.3）.

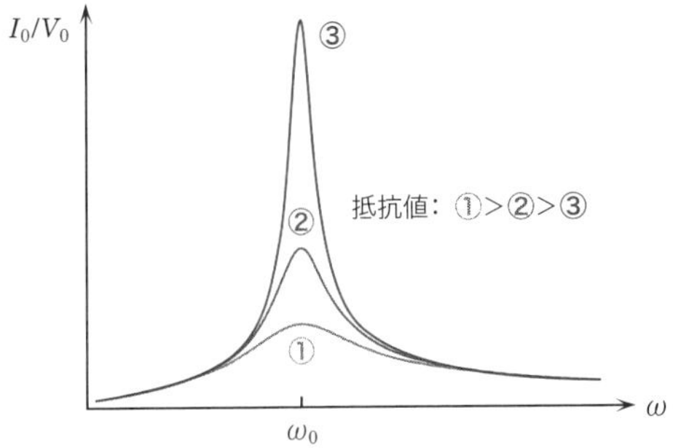


図 15.4 共　振.

RLC 並列の場合には，$\omega_0=1/\sqrt{LC}$ において**並列共振**（parallel resonance）が起き，アドミタンス $Y$ が最小となる．すなわち，わずかな電流が流れても大きな電圧が生じる.

## 15.3 交 流 電 力

素子に電圧 $V(t)$ が加わり電流 $I(t)$ が流れるとき，この素子に供給される電力は

$$P(t) = V(t)\, I(t) \tag{15.31}$$

である（§8.3）．複素指数関数を用いてこの量を計算するときには，（和ではなく）積であるために注意を要する．本節では，まず実数の電流・電圧を用い，次に複素電流・電圧を用いた計算を示す．

### 15.3.1 抵　抗

抵抗 $R$ に電流 $I(t)=I_0\cos\omega t$ が流れるとき，電力は

$$P_{\mathrm{R}}(t) = V(t)\,I(t) = R\,I(t)^2 = RI_0^2\cos^2\omega t = R\frac{I_0^2}{2}(\cos 2\omega t+1) \tag{15.32}$$

であり，これがジュール熱として消費される．交流周期 $T=2\pi/\omega$ の間に抵抗で消費されるエネルギーは

$$U_{\mathrm{R}} = \int_0^T P_{\mathrm{R}}(t)\,\mathrm{d}t = R\frac{I_0^2}{2}\int_0^T(\cos 2\omega t+1)\,\mathrm{d}t = R\frac{I_0^2}{2}T \tag{15.33}$$

である．この量を周期 $T$ で割ると電力 $P_{\mathrm{R}}$ の時間的な平均*（時間平均）

$$\langle P_{\mathrm{R}}\rangle = \frac{1}{T}U_{\mathrm{R}} = \frac{1}{T}\int_0^T P_{\mathrm{R}}(t)\,\mathrm{d}t = R\frac{I_0^2}{2} \tag{15.34}$$

となる．

抵抗 $R$ に直流 $I_{\mathrm{eff}}$ を流して式 15.34 と同じ電力が消費されるとき，$I_{\mathrm{eff}}$ と交流の振幅 $I_0$ の関係は

$$RI_{\mathrm{eff}}^2 = R\frac{I_0^2}{2} \quad\Rightarrow\quad I_{\mathrm{eff}} = \frac{I_0}{\sqrt{2}} \tag{15.35}$$

である．ここで，$I_{\mathrm{eff}}$ を交流電流の**実効値**あるいは**実効電流**（effective current）という．同様に，交流電圧の実効値，すなわち**実効電圧**（effective voltage）

$$V_{\mathrm{eff}} = \frac{V_0}{\sqrt{2}} \tag{15.36}$$

を定義する．実効電圧と実効電流を用いて電力の時間平均を表すと

$$\langle P_{\mathrm{R}}\rangle = V_{\mathrm{eff}}I_{\mathrm{eff}} \tag{15.37}$$

---

*　関数 $f(x)$ の区間 $[a,b]$ における平均は

$$\frac{1}{b-a}\int_{\mathrm{a}}^{\mathrm{b}} f(x)\,\mathrm{d}x$$

である．$f(x)$ が周期関数のとき，その基本周期 $T$（の整数倍）にわたる平均は区間の始点の位置によらず同じ値となり，これを $\langle f\rangle$ と表す．

である．日常的に"100 V の交流"というときの 100 V は実効電圧であり，交流電圧の振幅は $100\sqrt{2}$ V≈140 V となる．

**例題 15.1** 抵抗に 100 V の交流を加えたとき，電力の時間平均が 100 W となった．電流のピーク値（振幅）を求めよ．

解　電流のピーク値を $I_0$ とすると，題意の条件は式 15.35 と式 15.37 を用いて

$$\langle P_\mathrm{R}\rangle = V_\mathrm{eff} I_\mathrm{eff} = V_\mathrm{eff}\frac{I_0}{\sqrt{2}}$$

と表され

$$I_0 = \sqrt{2}\,\frac{\langle P_\mathrm{R}\rangle}{V_\mathrm{eff}} \approx 1.4\,\frac{100\ \mathrm{W}}{100\ \mathrm{V}} = 1.4\ \mathrm{A}$$

である（単位は式 8.12 を参照）．■

### 15.3.2 コイルとコンデンサー

コイルでは，外部から供給されたエネルギーは磁場のエネルギーとして蓄えられ，再び外部に戻すことができる．コイルを交流で駆動するとき，エネルギーを蓄える期間と放出する期間が交互に繰返され，交流周期 $T=2\pi/\omega$ の間の電力の平均が 0 となる．この状況を電力の計算により示そう．

コイルに加える電圧が $\cos\omega t$ に従って変化するときに電流は $\sin\omega t$ に従う（式 15.7 を参照）．すなわち電圧と電流の位相差が $\pi/2$ となる．このとき，電力は

$$P_\mathrm{L}(t) = \frac{1}{\omega L}V_0^2 \sin\omega t\cos\omega t = \frac{1}{\omega L}\frac{V_0^2}{2}\sin 2\omega t \qquad (15.38)$$

であり，式 15.33 および式 15.34 と同様に交流周期にわたる平均を求めると

$$U_\mathrm{L} = \int_0^T P_\mathrm{L}(t)\,\mathrm{d}t = \frac{1}{\omega L}\frac{V_0^2}{2}\int_0^T \sin 2\omega t\,\mathrm{d}t = 0$$

$$\Rightarrow \quad \langle P_\mathrm{L}\rangle = \frac{1}{T}U_\mathrm{L} = 0 \qquad (15.39)$$

となる．すなわち，$\sin 2\omega t$ が正と負の値を周期的に繰返し，電力の放出と蓄積が交互に起きるので，合計すると 0 になる．

コンデンサーの場合も，まったく同様に

$$\langle P_\mathrm{C}\rangle = 0 \qquad (15.40)$$

となる（各自で確認せよ）.

### 15.3.3 有効電力と無効電力

たとえば図 15.2 や図 15.3 のように抵抗，コイル，コンデンサーを組合わせた部分では，素子の特性や結合の仕方により，電流と電圧の位相差はさまざまな値をとる．その位相差を $\theta$ とすると，電力は

$$\begin{aligned} P(t) &= V_0\cos(\omega t+\theta)\cdot I_0\cos\omega t \\ &= (V_0 I_0\cos\theta\cdot\cos^2\omega t - V_0 I_0\sin\theta\cdot\sin\omega t\cos\omega t) \end{aligned} \tag{15.41}$$

となる．この電力の時間平均を求めるために交流周期にわたり積分すると，2 行目の第 1 項については式 15.32 と同じ変形を行って $\langle\cos^2\omega t\rangle=T/2$ となる．また，第 2 項では $\sin\omega t\cos\omega t=(1/2)\sin 2\omega t$，したがって式 15.39 と同様に $\langle\sin\omega t\cos\omega t\rangle=\langle(1/2)\sin 2\omega t\rangle=0$ となる．こうして，電力の交流周期にわたる平均は

$$\begin{aligned} \langle P\rangle &= \frac{1}{T}\int_0^T P(t)\,\mathrm{d}t = V_0 I_0\cos\theta\,\frac{1}{T}\int_0^T\cos^2\omega t\,\mathrm{d}t \\ &= V_0 I_0\cos\theta\,\frac{1}{T}\,\frac{T}{2} = \frac{V_0 I_0}{2}\cos\theta \end{aligned} \tag{15.42}$$

となる．式 15.42 の $\langle P\rangle$ を**有効電力**（active power），$\cos\theta$ を**力率**（power factor）という．また，$V_0 I_0/2$ を**皮相電力**（apparent power）という．

式 15.41 の 2 行目第 2 項

$$V_0 I_0\sin\theta\sin\omega t\cos\omega t = \frac{V_0 I_0}{2}\sin\theta\sin 2\omega t \tag{15.43}$$

の係数部分（振幅），すなわち $(V_0 I_0/2)\sin\theta$ を**無効電力**（reactive power）という．たとえば，交流で駆動するモーターの内部にはコイルがあるので，無効電力が発生する．無効電力があると，仕事に寄与しない電流を流すことになり，そのために導線を太くし変電設備を大きなものにする必要があるので望ましくない．無効電力を減らすには電流と電圧の位相を調整しなければならず，コイルとコンデンサーを組合わせるなどの対策をとる．

**例題 15.2** 図 15.2 の RLC 直列接続の部分について，有効電力を求めよ．

**解** 電流と電圧の位相差は，式 15.25 すなわち

$$\tan\theta = \frac{\omega L - 1/(\omega C)}{R}$$

を満たす．力率は

$$\cos\theta = \frac{1}{\sqrt{1+\tan^2\theta}} = \frac{R}{\sqrt{R^2+[\omega L-1/(\omega C)]^2}}$$

となるので，これと式 15.27 を式 15.42 に代入し，有効電力

$$\langle P\rangle = \frac{1}{2}\sqrt{R^2+\left(\omega L-\frac{1}{\omega C}\right)^2}\,I_0^2\cos\theta = R\,\frac{I_0^2}{2}$$

を得る．

**参考**　抵抗だけが有効電力を消費する．コイルとコンデンサーは電力を消費しない．■

### 15.3.4 複素電流・電圧を用いた電力の計算

複素電流と複素電圧を

$$\dot I = I_0\exp(\mathrm{i}\omega t), \qquad \dot V = V_0\exp(\mathrm{i}\omega t+\mathrm{i}\theta) \tag{15.44}$$

とし，$\dot I$ の共役複素数を

$$\dot I^* = I_0\exp(-\mathrm{i}\omega t) \tag{15.45}$$

とする．このとき

$$\dot I^*\dot I = |\dot I|^2 = I_0^2, \qquad \dot I^*\dot V = V_0 I_0\exp(\mathrm{i}\theta) \tag{15.46}$$

となる．こうして，式 15.42 すなわち電力の時間平均は，複素電流と複素電圧から

$$\langle P\rangle = \frac{V_0 I_0}{2}\cos\theta = \frac{1}{2}\mathrm{Re}[\dot I^*\dot V] \tag{15.47}$$

のように計算される*.

**例題 15.3**　式 15.24 の複素インピーダンス $\dot Z$ を用いて，式 15.47 の電力の時間平均を求めよ．

**解**　$\dot V = \dot Z\dot I$ を式 15.47 に代入し，$\mathrm{Re}[\dot Z]=R$ を用いると

$$\langle P\rangle = \frac{1}{2}\mathrm{Re}[\dot I^*\dot V] = \frac{1}{2}\mathrm{Re}[\dot I^*\dot Z\dot I] = \frac{1}{2}\mathrm{Re}[\dot Z]\,|\dot I|^2 = R\,\frac{I_0^2}{2}$$

を得る．■

---

*　$\dot I^*\dot V$ の共役複素数は $(\dot I^*\dot V)^* = V_0 I_0\exp(-\mathrm{i}\theta) = \dot I\dot V^*$ である．互いに共役な複素数は実部が等しいので，式 15.47 は $\langle P\rangle = (1/2)\mathrm{Re}[\dot I\dot V^*]$ としてもよい．

## 15.4 電流・電圧の過渡現象と振動

前節まで，単振動の交流について，抵抗，コイル，コンデンサーからなる回路の電流と電圧の関係を調べた．本節では，それ以外の波形にも対応するため，各素子の特性の式 15.1～式 15.3 に戻って，電流と電圧の関係がどのように表されるかを調べる．

具体例として，図 15.2 の RLC 直列を考えよう．基本となる考え方は式 15.24 と変わらない．すなわち，どの素子にも共通の電流が流れ，準定常近似のもとで全体の電圧は各素子の電圧の単純な和である．コンデンサーについて $V_\mathrm{C}=Q/C$ を用いると

$$V(t) \;=\; V_\mathrm{L}+V_\mathrm{R}+V_\mathrm{C} \;=\; L\,\frac{\mathrm{d}I}{\mathrm{d}t}+RI+\frac{1}{C}\,Q \tag{15.48}$$

を得る．右辺を $I(t)$ だけの式にするため，各辺を時間で微分し，$I=\mathrm{d}Q/\mathrm{d}t$ の関係を用いると

$$L\,\frac{\mathrm{d}^2I}{\mathrm{d}t^2}+R\,\frac{\mathrm{d}I}{\mathrm{d}t}+\frac{1}{C}\,I \;=\; \frac{\mathrm{d}V}{\mathrm{d}t} \tag{15.49}$$

が成り立つ．全体に加える電圧波形 $V(t)$，および初期条件（時刻 $t=0$ の電流 $I(0)$ とその時間微分 $I'(0)=\mathrm{d}I/\mathrm{d}t|_0$）が決まると，式 15.49 を満たす電流 $I(t)$ が決まる（この形の方程式は，“I. 力学”，15 章と 16 章で学んだ）．本節では，与えられた関数が方程式の解となることを代入して確かめるだけにするが，§M6 にはラプラス変換を利用した解法を例と共に示した（章末問題 15.4 を参照）．

次の例題では，電流と電圧の過渡的な変化（ある安定した状態から別の安定した状態に移行する途中）に注目する．

**例題 15.4** 図 15.5a の RC 回路のコンデンサーに一定の電圧 $V_\mathrm{E}$ を加えて充電が完了した後，時刻 $t=0$ でスイッチを切替え AB 間の電圧 $V(t)$ を突然 0 にする．$t>0$ における電流波形 $I(t)$ を求めよ．

**解** 電流の向きの基準を充電電流と同じ，すなわち図の ⇓ の方向とする．充電が完了したとき，コンデンサーの極板は A 側が負，B 側が正に帯電し，放電電流は ⇓ と逆向きに流れるので，電流の符号は負となる．すなわち，放電開始の $t=0$ における電流が $I(0)<0$ である．また，$t=0$ では，コンデンサーの電圧 $V_\mathrm{C}(0)$ は充電電圧 $V_\mathrm{E}$ に等しく，これが抵抗に加わり，オームの法則により回路に流れる電流の初期値は

$$I(0) \;=\; -\frac{V_\mathrm{E}}{R}$$

である．

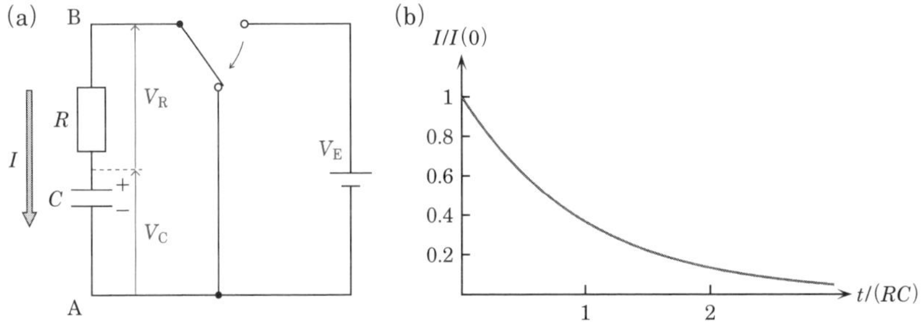


図 15.5 RC 回路の過渡特性.

放電中の状況は，式 15.49 により記述されるが，この回路はコイルを含まないので $L=0$ であり，式 15.49 は $\mathrm{d}^2I/\mathrm{d}t^2$ の項を含まない．そのため $t>0$ の $I(t)$ は初期値 $I(0)$ だけにより決まることに注意しよう．放電中は $V(t)=0$ であるから，$\mathrm{d}V/\mathrm{d}t=0$ となり，題意の状況を表す式は

$$R\frac{\mathrm{d}I}{\mathrm{d}t}+\frac{1}{C}I = 0$$

である．この式を満たす電流は

$$I(t) = I(0)\exp\left(-\frac{t}{RC}\right) = -\frac{V_E}{R}\exp\left(-\frac{t}{RC}\right)$$

となることは，代入により確かめられる．

図 15.5b に $I(0)$ $(<0)$ で規格化した電流波形を示した．$V_R(t)=RI(t)$ より電圧波形は電流波形と同じ形となる．一方，コンデンサーの電圧 $V_C(t)$ は $V_C(t)+V_R(t)=V(t)=0$ より $V_C(t)=-V_R(t)$ となる．

**参考** $\tau=RC$ は時間の次元をもち* RC 時定数という．電子回路で所定の時間幅のパルスを発生させる際に利用できる．■

次の例題では，電流と電圧が二つの状態間を往復し振動を続ける様子に注目する．

**例題 15.5** 図 15.6 の LC 回路において，コンデンサーに蓄えた電荷がコイルを通して放電するときの電流波形 $I(t)$ を求めよ．

---

* 式 15.48 から，$RI$ と $Q/C$ の次元が同じ，したがって $RC$ と $Q/I$ の次元が同じであることがわかる．[$Q$] = IT だから，$RC$ の次元は T である．

**解**　放電が始まると交流電流が流れる．例題 15.4 と同様に ⇓ の方向に流れる電流を正とすると，コンデンサーの放電電流の最初のピークは負である．

放電中は AB 間の電圧が $V(t)=0$ であるから，$\mathrm{d}V/\mathrm{d}t=0$ となり，式 15.49 は

$$L\frac{\mathrm{d}^2 I}{\mathrm{d}t^2}+\frac{1}{C}I = 0 \quad\Rightarrow\quad \frac{\mathrm{d}^2 I}{\mathrm{d}t^2}+\frac{1}{LC}I = 0$$

である．この式を満たす $I(t)$ は，$I_0$ と $\varphi$ を未定の定数として

$$I(t) = I_0\cos(\omega_0 t+\varphi), \qquad \omega_0 = \frac{1}{\sqrt{LC}}$$

となることが代入により確かめられる．これは，角振動数 $\omega_0$ の正弦波交流である．放電を開始した直後に，コイルに生じる誘導起電力は電流が流れ始めるのを妨げ，$I(0)=I_0\cos\varphi=0$ したがって $\varphi=\pi/2$ となり

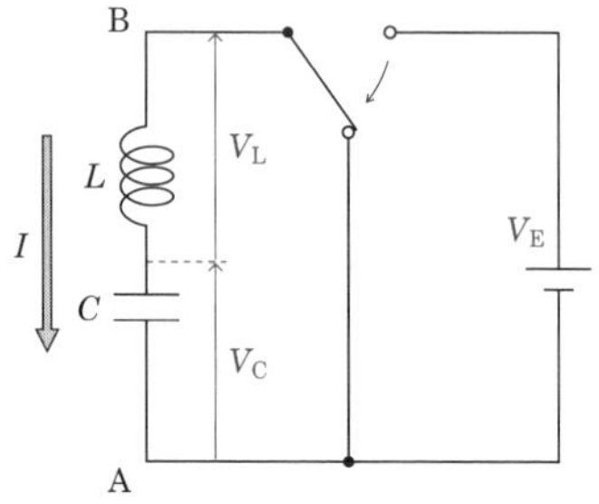

図 15.6　LC 共振回路．

$$I(t) = I_0\cos\left(\omega_0 t+\frac{\pi}{2}\right) = -I_0\sin\omega_0 t, \qquad ただし I_0>0$$

である．電流の振幅 $I_0$ と充電電圧 $V_E$ の関係を調べるため，コイルに加わる電圧の初期値 $V_L(0)$ に注目すると，$V_C(0)+V_L(0)=V_E+V_L(0)=0$ より $V_L(0)=-V_E$ である．一方

$$V_L(t) = L\frac{\mathrm{d}I}{\mathrm{d}t} = -\omega_0 L I_0\cos\omega_0 t \qquad\Rightarrow\qquad V_L(0) = -\omega_0 L I_0$$

だから

$$\omega_0 L I_0 = V_E \qquad\Rightarrow\qquad I_0 = \frac{V_E}{\omega_0 L}$$

となり

$$I(t) = -\frac{V_E}{\omega_0 L}\sin\omega_0 t$$

を得る．

この回路では，コンデンサーの電場のエネルギー（§7.3.3）が姿を変えてコイルの磁場のエネルギー（§13.5.2）となり，それが再び電場のエネルギーに変わるという過程を繰返す．この回路に抵抗が付け加わると，各時刻の電力がジュール熱として系から逃れ，電磁気的エネルギーが振動しながら徐々に減衰する（減衰振動，“I. 力学”，§15.3）．■

## 章末問題

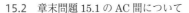

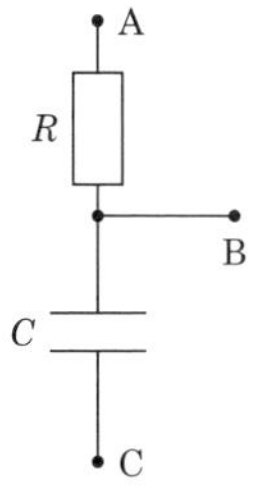


**15.1**　右図のようなコンデンサー（電気容量 $C$）と抵抗（抵抗値 $R$）を直列に接続した回路部品があり，AC 間の複素電圧が $\dot{V}_{\mathrm{AC}}=V_0\exp(\mathrm{i}\omega t)$ である．

(a) AC 間を流れる複素電流を $\dot{I}=I_0\exp(\mathrm{i}(\omega t+\varphi))$ の形に表し，$\dot{I}$ と $\dot{V}_{\mathrm{AC}}$ の関係を表すベクトルを図示せよ（図 15.2 を参照）．

(b) 複素電圧 $\dot{V}_{\mathrm{AB}}$ および $\dot{V}_{\mathrm{BC}}$ を求めよ．

(c) 電圧の角振動数が，① $\omega=(RC)^{-1}$，② $\omega\to 0$，③ $\omega\to\infty$ の場合について $|\dot{V}_{\mathrm{BC}}/\dot{V}_{\mathrm{AC}}|$ の値を求めよ．

**15.2**　章末問題 15.1 の AC 間について

(a) 力率を求めよ．

(b) 有効電力を電流の振幅 $I_0$ を用いて表し，有効電力が抵抗による電力消費に等しいことを示せ．

(c) BC 間の電力の時間平均が 0 となることを，式 15.45 の複素数表示を用いて示せ．

**15.3**　容量 $C=8.9$ nF の平行板コンデンサー，自己インダクタンス $L=13$ μH のソレノイドコイルを用いて直列共振回路をつくる．この回路の共鳴振動数を $\nu_0$ とするとき，$\omega_0=2\pi\nu_0$ を有効数字 1 桁の精度で求めよ．このコンデンサー（極板間が空気）とコイル（中空）の寸法はどの程度か（例題 7.1 と例題 13.4 を参照）．空気の電気的・磁気的性質は真空とほぼ同じとする．

**15.4**　例題 15.4 の回路においてコンデンサー（電気容量 $C$）をコイル（自己インダクタンス $L$）に置き換える．ラプラス変換（§ M6 を参照）を用いて，スイッチをオンにした後の電流の過渡的な変化を求めよ．

**15.5**　式 15.28 で与えた RLC 並列の複素アドミタンス $\dot{Y}=Y\exp(\mathrm{i}\varphi)$ の $Y$ と $\tan\varphi$ を計算せよ．

**15.6**　(a) 複素アドミタンスの定義から，一般に $Z=1/Y$ となることを示せ．

(b) RLC 直列の複素アドミタンスを計算せよ．

# 16 電磁波

電磁場は波として伝わることがマクスウェル方程式から予測され，実験によりその存在が確認された（§11.3.1）．こうしてマクスウェル方程式を基礎とする電磁気学の体系が整い，通信などへの応用が花開いた．本章は，波の性質を学び，マクスウェル方程式から導かれる電磁波の性質をさまざまな角度から調べて，電磁波に親しむことを目的とする．

## 16.1 波

本節では波に関する基本的な事項を調べ，電磁波の学習（§16.2 以降）の準備とする．物理量が時間的に変動しながら空間を伝わる現象は，電磁波に限らず，空気の圧力変化や水面の上下動，あるいは地面の揺れなど多岐にわたるが，私たちはこれらの現象を抽象化し“波”として認識する．波という概念は“空間の各点における物理量の変動”に注目するのが特徴であり，力学で“質点の位置とその動き”に注目するのとは対照的である．

各点の物理量を定義する空間として，スカラー場とベクトル場という用語を，それぞれ§3.5.2 脚注と§2.3.2 で簡単に触れた．電磁波は電磁場というベクトル場の波であるが，本節ではまずスカラー場の波を表す式を導こう．

### 16.1.1 空間を伝わる波

スカラー場の波（スカラー波）の例として，空気中の音波の場合を考える．スカラーである圧力または密度を任意の位置と時刻で表す関数 $f(x,y,z,t)$ を与えると，音波の様子は完全に決まる．$f(x,y,z,t)$ を“波の量”ということにする．以下の議論は，音波に限らず一般的なスカラー波について成り立つ．

最も簡単な状況として，波の量が $f(z,t)$ と表される場合を考えよう．このとき，波は $x$ と $y$ には依存せず，ある時刻における波の量が $z$ 軸に垂直な平面内はどこでも同じである（§16.1.3）．この波は $z$ 軸方向に伝わる．$f(z,t)$ の関数形として基本的なものは

$$f(z,t) = A\cos\left(2\pi\frac{t}{T} - 2\pi\frac{z}{\lambda}\right) \tag{16.1}$$

である．この波は，図 16.1 a のように，どの位置でも同じ**周期**（period）$T$ の単振動をしているが，$2\pi z/\lambda$ の項があるために，$z$ が異なると振動がずれる．一方，ある時

刻の波の量を空間全体にわたり観察すると，同図 b のように，**波長**（wavelength）$\lambda$ のコサイン関数の波形（空間パターン）が得られ，$2\pi\, t/T$ の項があるために，時刻が変わると $z$ 方向にその波形がずれる．式 16.1 で表される波を“単振動の波”ということにしよう[*1]．式 16.1 の関数値の最小は $-A$，最大は $A$ であり，$A=|\pm A|$ を**振幅**（amplitude）という[*2]．$A, T, \lambda$ は，この波の状態を表す基本的な変数である．

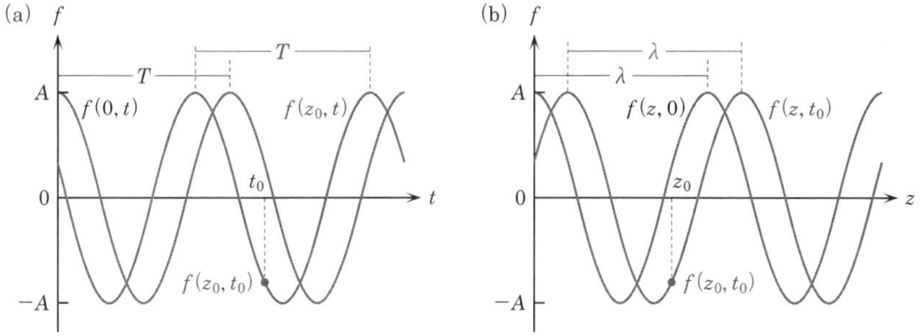


図 16.1　単振動の波の振幅 $A$，周期 $T$，波長 $\lambda$ と位相の異なる波．

式 16.1 において，位置と時間が異なっていても

$$\theta = \left(2\pi\frac{t}{T} - 2\pi\frac{z}{\lambda}\right) = 2\pi\left(\frac{t}{T} - \frac{z}{\lambda}\right) \tag{16.2}$$

が同じなら，波の量 $f$ が同じ値になる．この $\theta$ を式 16.1 の波の**位相**（phase）という．前段落では“振動がずれる”“波形がずれる”と書いたが，“位相が異なる”と言い換えると正確な表現になる．

水面の波の伝わり方を観察するとき，たとえば波の山（ピーク）に注目してその動きを追跡するだろう．このように，波の伝わり方すなわち**伝播**（でんぱ）（propagation）の様子を観察するときは，波の量が特徴的な値になる位置の動きに注目するとわかりやすい．式 16.1 の波について，位相が 0（$\theta=0$）の位置に注目しその動きを調べよう．この位置を時間 $t$ の関数として表し $z_{\mathrm{P}}(t)$ とすると，式 16.2 から

$$\theta = 0 \quad\Rightarrow\quad \frac{t}{T} - \frac{z_{\mathrm{P}}(t)}{\lambda} = 0 \quad\Rightarrow\quad z_{\mathrm{P}}(t) = vt\,,\ v = \frac{\lambda}{T} \tag{16.3}$$

---

*1　式 16.1 の波は，時間または空間座標の原点を移動して $f(z,t)=A\sin(2\pi\, t/T-2\pi\, z/\lambda)$ とも表せるが，コサイン関数で記したほうが複素数表示（§ 15.1.3）との連携が円滑になる．すなわち，$f(z,t)=A\exp(\mathrm{i}(2\pi\, t/T-2\pi\, z/\lambda))$ の実部を抽出して $\mathrm{Re}[f(z,t)]=A\cos(2\pi\, t/T-2\pi\, z/\lambda)$ となるように設定できる．

*2　$2A$ を全振幅というが，分野により $2A$ を振幅ということもあり，その場合は $A$ を片振幅あるいは片側振幅という．

となり，$\theta=0$ の位置は右向き（$z$ 軸正方向）に移動し，その速度は $v=\lambda/T>0$ である．一方，左向きに進む波は

$$g(z,t) = A\cos\left(2\pi\frac{t}{T}+2\pi\frac{z}{\lambda}\right), \qquad v = -\frac{\lambda}{T} \tag{16.4}$$

となる．式 16.1 の波は，注目する $\theta$ の値によらず，すなわちどの位相の位置でも移動する速度は $v$ であり（式 16.4 の波も同様），これを**位相速度**（phase velocity）という[*1]．

波の周期が $T$ のとき，ある位置で単位時間に位相が変化する速さ

$$\omega = \left|\frac{\partial\theta}{\partial t}\right| = \frac{2\pi}{T} \tag{16.5}$$

を**角振動数**（angular frequency，**角周波数**）といい，rad $\mathrm{s}^{-1}$ で表す．また，波長が $\lambda$ のとき，ある時刻の波形について

$$k = \left|\frac{\partial\theta}{\partial z}\right| = \frac{2\pi}{\lambda} \tag{16.6}$$

は，単位長さが何 rad の位相変化に相当するかを示す量であり，**波数**（wave number）というが，**角波数**（angular wave number）ともいう．$k$ は rad $\mathrm{m}^{-1}$ で表す．$1/\lambda$ を波数と定義する場合もあるが[*2]，本書では $2\pi/\lambda$ を波数とする．通常は $\omega$ と $k$ の値を正として扱うので式 16.5 と式 16.6 に絶対値記号を付けた．

右向きの波の位相速度 $v=\lambda/T$，角振動数 $\omega$，波数 $k$ の間には，式 16.5 と式 16.6 から

$$v = \frac{\omega}{k} \qquad \text{あるいは} \qquad \omega = kv = 2\pi\frac{v}{\lambda} \tag{16.7}$$

という関係がある．式 16.1 と式 16.4 は $k$ と $\omega$ あるいは $v$ を用いて

$$f(z,t) = A\cos(\omega t - kz) = A\cos(k(vt-z)) \tag{16.8}$$
$$f(z,t) = A\cos(\omega t + kz) = A\cos(k(vt+z)) \tag{16.9}$$

と簡潔に表される．

### 16.1.2 波動方程式

図 16.2a は式 16.8 で表される単振動の波であるが，図 b のような局在した波や，

---

*1　位相速度に対して**群速度**（group velocity）という概念がある．これは波束（空間全体に広がらず局在する波）の移動速度である（p.223 の脚注 *1 を参照）．

*2　波の 1 波長を“1 個の波”と考えると，$1/\lambda$ は単位長さに何個の波があるかを表す．

山が 1 個しかない波もあるだろう[*1]．ここで，波形の具体的な形によらず，一方向に伝播する波に共通の基本的な性質を

- 波形がその形を変えずに等速度で移動する

ことだと考えてみよう．ある時刻の波形を紙に描き，その紙を $z$ 軸方向に等速度で動かしたときに見えるものを，波の基本的な姿とするのである．ただし，後に示すように，このような波を重ね合わせると，この性質を満たさないように見える波を表すこともできる[*2]．

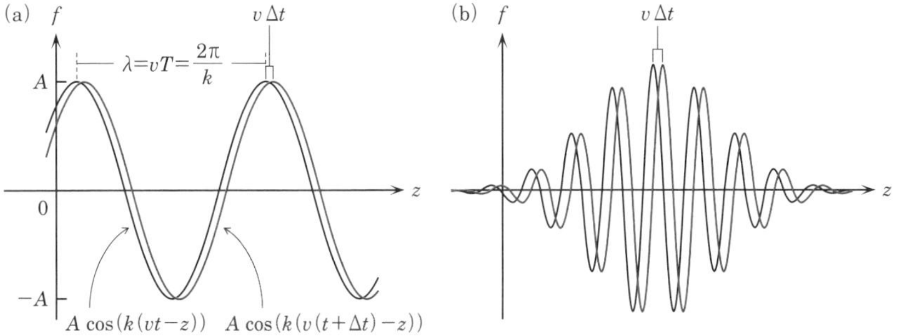


**図 16.2　位相速度 $v$ で伝播する波．— と — はそれぞれ時刻 $t$ および $t+\Delta t$ における波形．(a) 単振動の波，(b) 複雑な波形．縦軸は波の量を表す．**

“一定の波形が等速度で移動する” ことを数式で表現しよう．時刻 $t=0$ における波形が関数 $h(z)=f(z,0)$ のグラフであるとする．そのグラフが形を保ったまま右向きに一定の速度 $v$ で進むのだから，時刻 $t$ における波形は $h(z)$ のグラフを $z$ 軸正方向に $vt$ だけ平行移動したものになる．すなわち $h(z-vt)$ のグラフになる．そうすると，波の量を表す関数 $f(z,t)$ に含まれる $z$ と $t$ は，結合して $s=z-vt$ の形で現れる．こうして $f(z,t)$ は

$$f(z,t) = h(s(z,t)), \qquad s(z,t) = z - vt \tag{16.10}$$

となることがわかる．

式 16.10 の $f(z,t)$ には

---

*1　図 16.2b のように局在した波形の波を波束という．同じ位相速度をもつ単振動の波を重ね合わせて得られる波束の移動速度（群速度）は位相速度と等しい．

*2　互いに逆向きに進む波を重ね合わせると，移動しない波 “定在波”（例題 16.2 を参照）をつくることができる．一方，位相速度が異なる波を重ね合わせると，時間的に変化する波形が生じる．

- $\partial^2 f/\partial z^2$ と $\partial^2 f/\partial t^2$ が比例し，比例係数が $v^2$

という特徴があることを示そう．まず，$f$ の空間的な変化の割合 $\partial f/\partial z$ と，時間的な変化の割合 $\partial f/\partial t$ を比較する．合成関数 $f(z,t)=h(s(z,t))$ の偏微分を行うと，右向きの波（$s=z-vt$）では $\partial s/\partial t=-v$ および $\partial s/\partial z=1$ であるから

$$\frac{\partial f}{\partial t} = \frac{\partial s}{\partial t}\frac{\mathrm{d}h}{\mathrm{d}s} = -v\frac{\mathrm{d}h}{\mathrm{d}s}, \qquad \frac{\partial f}{\partial z} = \frac{\partial s}{\partial z}\frac{\mathrm{d}h}{\mathrm{d}s} = \frac{\mathrm{d}h}{\mathrm{d}s}$$

$$\Rightarrow \quad \frac{\partial f}{\partial z} = -\frac{1}{v}\frac{\partial f}{\partial t} \tag{16.11}$$

となる．左向きに進む波（$s=z+vt$）では $\partial s/\partial t=v$ となるから，上式の $v$ を $-v$ に置き換えて

$$\frac{\partial f}{\partial z} = \frac{1}{v}\frac{\partial f}{\partial t} \tag{16.12}$$

である．

波の進行方向により異なる式を用いることも可能だが，もう 1 回微分すると進行方向によらず成り立つ関係式が得られる．式 16.11 と式 16.12 を，複号を用いてまとめて書き，$\mathrm{d}h/\mathrm{d}s$ が再び $s(z,t)$ の関数となることに注意して偏微分を行うと

$$\begin{aligned}\frac{\partial^2 f}{\partial t^2} &= \frac{\partial}{\partial t}\left(\frac{\partial f}{\partial t}\right) = \frac{\partial}{\partial t}\left(\mp v\frac{\mathrm{d}h}{\mathrm{d}s}\right) = \mp v\frac{\partial s}{\partial t}\frac{\mathrm{d}}{\mathrm{d}s}\left(\frac{\mathrm{d}h}{\mathrm{d}s}\right)\\ &= (\pm v)^2\frac{\mathrm{d}^2 h}{\mathrm{d}s^2} = v^2\frac{\mathrm{d}^2 h}{\mathrm{d}s^2},\\ \frac{\partial^2 f}{\partial z^2} &= \frac{\partial}{\partial z}\left(\frac{\partial f}{\partial z}\right) = \frac{\partial s}{\partial z}\frac{\mathrm{d}}{\mathrm{d}s}\left(\frac{\mathrm{d}h}{\mathrm{d}s}\right) = \frac{\mathrm{d}^2 h}{\mathrm{d}s^2}\end{aligned} \tag{16.13}$$

となる．こうして，**波動方程式**（wave equation）

$$\frac{\partial^2 f}{\partial z^2} - \frac{1}{v^2}\frac{\partial^2 f}{\partial t^2} = 0 \tag{16.14}$$

を得る．形を変えずに位相速度 $v$ で伝わる波であれば，その波形と進行方向によらず，波の量は必ず式 16.14 を満たす．

$f_1(z,t)$ と $f_2(z,t)$ が式 16.14 を満たすとき，$f_1(z,t)$ と $f_2(z,t)$ の重ね合わせである

$$f(z,t) = a_1 f_1(z,t) + a_2 f_2(z,t) \tag{16.15}$$

も式 16.14 を満たす．すなわち，式 16.14 は線形である．波動方程式の線形性は，単

振動の波を重ね合わせてさまざまな波形の波をつくるときや，逆に与えられた波形の波をさまざまな単振動の波に分解するときに，きわめて重要な性質である．

いくつかの波が同じ位相速度で同じ方向に進むとき，それらを重ね合わせて生じた波も同じ位相速度で伝播し，新たに生じた波形は時間が経過しても変化しない．だが，逆向きに進む波の重ね合わせで生じた波は，合成する前の成分波と同じ波動方程式を満たすが，その波形の変化は異なった様相を示す．たとえば，山が 1 個しかない波が両側から来て重なり，打ち消し合ったり強め合った後に，もとの波が現れて去っていく場合もあるし（章末問題 16.1），移動せず振動しているように見える場合もある（例題 16.2）．

**例題 16.1**　式 16.8 と式 16.9 の $f(z,t)$ が波動方程式を満たすことを確かめよ．

**解**　題意の式を，複号 $\mp$ を用いてまとめて表すと，時間による 2 階偏微分は

$$\frac{\partial^2 f}{\partial t^2} = \frac{\partial^2}{\partial t^2} A\cos(\omega t \mp kz) = -\omega^2 A\cos(\omega t \mp kz) = -\omega^2 f$$

また，空間座標による 2 階偏微分は，式 16.7 の $v=\omega/k$ を用いて

$$\frac{\partial^2 f}{\partial z^2} = -k^2 A\cos(\omega t \mp kz) = -\left(\frac{\omega}{v}\right)^2 A\cos(\omega t \mp kz) = -\left(\frac{\omega}{v}\right)^2 f$$

となるから

$$\frac{\partial^2 f}{\partial z^2} - \frac{1}{v^2}\frac{\partial^2 f}{\partial t^2} = 0$$

が成り立つ．■

**例題 16.2**　式 16.8 と式 16.9 の波を重ね合わせたとき，どのような波となるか調べよ．

**解**　三角関数の和積の公式

$$\cos\alpha + \cos\beta = 2\cos\left(\frac{\alpha+\beta}{2}\right)\cos\left(\frac{\alpha-\beta}{2}\right)$$

を用いると，重ね合わせの結果として生じる波は

$$f(z,t) = A\cos(\omega t + kz) + A\cos(\omega t - kz) = 2A\cos\omega t\cos kz$$

となり，移動しないように見える（図 16.3）．

**参考**　このような波を**定在波**（standing wave）または**定常波**（stationary wave）という．定在波の振幅が 0 となる位置を**節**（ふし）（node）といい，振幅が極大になる位置を**腹**（はら）（antinode）

という．隣り合う節の間隔は波長の 1/2 である．一方，式 16.8 や式 16.9 のように空間を移動する波を**進行波**（traveling wave）という．■

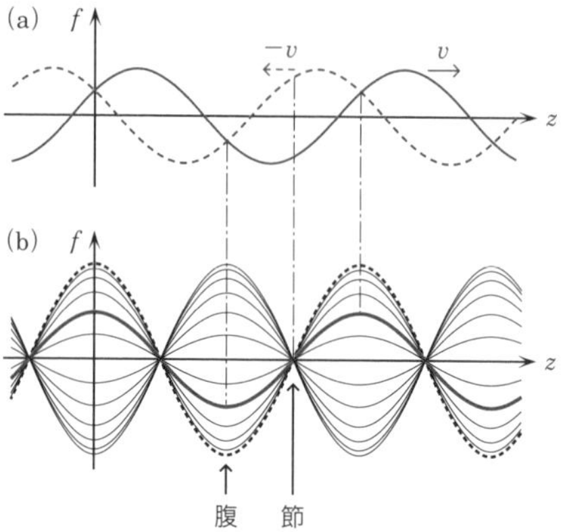


図 16.3　定 在 波．（a）反対向きに進む進行波．（b）━ は(a)の波形を重ね合わせた定在波．時間が経過しても節と腹の位置は変わらず振幅だけが振動する．

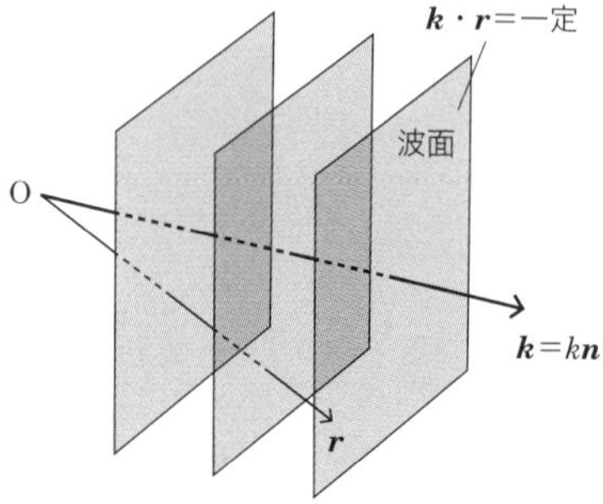


図 16.4　波数ベクトル $\boldsymbol{k}$ と波面．

### 16.1.3　平　面　波

本項では 3 次元空間を伝わる波 $f(x, y, z, t)$ について考察する．最も基本的な波として，式 16.8 を引き継いで

$$f(x, y, z, t) = A\cos(\omega t - kz) \tag{16.16}$$

を考える．この波の状態は $x$ と $y$ によらず $z$ と $t$ だけで決まる．言い換えると，ある時刻における波の状態は $z$ 軸に垂直な平面内はどこでも同じである．特に，波の位相はこの平面内で等しい．位相が同じ点をつなげてできる面を**波面**（wave front）といい，波面が平面となる波を**平面波**（plane wave）という．式 16.16 は，$z$ 軸方向に進み，$z$ 軸と垂直な波面をもつ平面波の式である．

式 16.16 の右辺に含まれる $kz$ を位置ベクトル $\boldsymbol{r}=(x, y, z)=x\,\boldsymbol{e}_x+y\,\boldsymbol{e}_y+z\,\boldsymbol{e}_z$ を用いて表すには，波数 $k$ もベクトルに直して $\boldsymbol{k}=k\,\boldsymbol{e}_z$ という量を導入し，$\boldsymbol{k}$ と $\boldsymbol{r}$ のスカラー積をつくり

$$kz = \boldsymbol{k}\cdot\boldsymbol{r} \tag{16.17}$$

とすればよい．$\boldsymbol{k}$ を**波数ベクトル**（wave number vector）といい，向きは波の進行方向，大きさは波数である．

図 16.4 は，振幅 $A$，波数ベクトル $\boldsymbol{k}$，角振動数 $\omega$ をもつ単振動の平面波の波面を示す．この波は，時刻 $t$，位置 $\boldsymbol{r}$ において

$$f(x, y, z, t) = f(\boldsymbol{r}, t) = A\cos(\omega t - \boldsymbol{k}\cdot\boldsymbol{r}) \tag{16.18}$$

と表される．実際，式 16.18 から

$$\boldsymbol{k}\cdot\boldsymbol{r} = 一定 \tag{16.19}$$

を満たす位置 $\boldsymbol{r}$ は，位相が一定となる面すなわち波面上にあることがわかる．一方，式 16.19 を満たす $\boldsymbol{r}$ はベクトル $\boldsymbol{k}$ と垂直な平面であるから（式 M1.9 を参照），$\boldsymbol{k}$ の方向は波面と垂直であり波の進行方向と一致する．

$xyz$ 座標系を用い，波数ベクトルと同じ向きの単位ベクトルを $\boldsymbol{n}=n_x\,\boldsymbol{e}_x+n_y\,\boldsymbol{e}_y+n_z\,\boldsymbol{e}_z$ とすると，波数ベクトルの成分と波数 $k$ の関係は

$$\begin{aligned} \boldsymbol{k} &= k\boldsymbol{n} = kn_x\,\boldsymbol{e}_x + kn_y\,\boldsymbol{e}_y + kn_z\,\boldsymbol{e}_z = k_x\,\boldsymbol{e}_x + k_y\,\boldsymbol{e}_y + k_z\,\boldsymbol{e}_z\,, \\ k &= |\boldsymbol{k}| = \sqrt{k_x^2 + k_y^2 + k_z^2} \end{aligned} \tag{16.20}$$

である．

### 16.1.4　3 次元の波動方程式

1 次元の波動方程式すなわち式 16.14 を 3 次元に拡張すると

$$\left(\frac{\partial^2 f}{\partial x^2} + \frac{\partial^2 f}{\partial y^2} + \frac{\partial^2 f}{\partial z^2}\right) - \frac{1}{v^2}\frac{\partial^2 f}{\partial t^2} = \nabla^2 f - \frac{1}{v^2}\frac{\partial^2 f}{\partial t^2} = 0 \tag{16.21}$$

となる．この式を満たす波は平面波とは限らないが，波面が滑らかに変化する曲面のときは，小さな部分を見ると平面で近似できる．次の例題では，式 16.18 の平面波が 3 次元の波動方程式を満たすことを確認する．

**例題 16.3**　式 16.18 の平面波が式 16.21 を満たすことを確かめよ．

**解**　式 16.18 を波数ベクトルの成分を用いて書くと

$$f(x, y, z, t) = A\cos(\omega t - (k_x x + k_y y + k_z z))$$

となる．例題 16.1 と同様に計算し，式 16.20 より $(k_x^2+k_y^2+k_z^2)=k^2$，また $kv=\omega$ の関係があるので，式 16.21 に現れる偏微分は

$$\frac{\partial^2 f}{\partial x^2} = -k_x^2 f, \qquad \frac{\partial^2 f}{\partial y^2} = -k_y^2 f, \qquad \frac{\partial^2 f}{\partial z^2} = -k_z^2 f$$

$$\nabla^2 f = \left(\frac{\partial^2 f}{\partial x^2} + \frac{\partial^2 f}{\partial y^2} + \frac{\partial^2 f}{\partial z^2}\right) = -(k_x^2 + k_y^2 + k_z^2) f = -k^2 f,$$
$$\frac{\partial^2 f}{\partial t^2} = -\omega^2 f = -k^2 v^2 f$$

となる．$\nabla^2 f$ と $\partial^2 f/\partial t^2$ を比較すると

$$\nabla^2 f - \frac{1}{v^2}\frac{\partial^2 f}{\partial t^2} = 0$$

が成り立つ．■

### 16.1.5 横波と縦波

電場や磁場のようなベクトル量が波として伝わるとき，これをベクトル波という．ベクトル波の場合は，振動には 3 次元空間内の向きがある．ベクトル波には，波の進行方向とベクトルの振動方向が同じ**縦波**（longitudinal wave）と，両者が直交する**横波**（transverse wave）がある．次節で調べるように，真空中を伝わる電磁波は横波である．

## 16.2 真空中の電磁波

### 16.2.1 光　速

例題 14.2 では，真空中の電場が

$$\nabla^2 \boldsymbol{E} - \varepsilon_0 \mu_0 \frac{\partial^2 \boldsymbol{E}}{\partial t^2} = \boldsymbol{0} \tag{16.22}$$

を満たすことを示した．すなわち，電場の各成分が式 16.21 の波動方程式を満たす．ここで，電磁波の真空中の位相速度（すなわち光速）を $c$ とすると

$$\frac{1}{c^2} = \varepsilon_0 \mu_0 \quad \Rightarrow \quad c = \frac{1}{\sqrt{\varepsilon_0 \mu_0}} \tag{16.23}$$

の関係がある（例題 14.1 参照）．なお 2018 年に電気素量の値が固定されアンペア（A）の定義が改定された（§ 1.4.1）ことに伴い，真空の透磁率 $\mu_0$ は定義値から不確かさをもつ測定値となった（§ 10.1）．真空の誘電率 $\varepsilon_0$ は，$\mu_0$ と真空中の光速 $c$（これは定義値）から

$$\varepsilon_0 = \frac{1}{\mu_0 c^2} \tag{16.24}$$

## Box 25 運動する観測者から見た光の速さ

電磁波の位相速度はマクスウェル方程式から決まるが，これは誰から見た速さだろうか．ニュートン力学では，“静止した観測者 1 から見た物体の速度と，運動する観測者 2 から見た速度は，両観測者の速度だけ異なる”と学んだ（ガリレイ変換，“物理学入門 I. 力学”，§4.1.2）．私たちは，静止した観測者から見た電磁気現象をもとにマクスウェル方程式を導いたが，運動する観測者が見るとマクスウェル方程式は別の形になるのだろうか．すなわち，電磁波が伝わる速さを測定すれば観測者が運動していることを検出できるだろうか．マイケルソン（Albert Abraham Michelson，1852～1931）とモーリー（Edward Williams Morley，1838～1923）は，地球の公転速度の向きと平行および直角の 2 方向を実験室内で選び，それらの間で光の速度の差を求める実験を行った（1887）．その結論は，測定精度内で両者が等しいというものだった．この問題に対して，アインシュタインは，どのような慣性系（力を受けない物体が等速度で運動するように見える座標系）から見ても，真空中のマクスウェル方程式は同じであり，電磁波の速度は観測者によらないとして特殊相対性理論をつくり上げた．

により与えられる．

**例題 16.4** $\varepsilon_0 \approx 8.85\times10^{-12}$ N$^{-1}$ m$^{-2}$ C$^2$（式 3.6 を参照）および $\mu_0 \approx 1.26\times10^{-6}$ N A$^{-2}$（式 10.5 を参照）を用い，光速 $c$ の値（定義値，2.997 924 58$\times10^8$ m s$^{-1}$）を有効数字 2 桁で計算せよ．

解
$$c = \frac{1}{\sqrt{\varepsilon_0\mu_0}} \approx \frac{1}{\sqrt{(8.85\times10^{-12})(1.26\times10^{-6})}} = 2.99\times10^8 \approx 3.0\times10^8 \text{ m s}^{-1}$$
となる．■

**例題 16.5** 真空中の磁場 $\boldsymbol{B}$ が波動方程式を満たすことを示せ．

解 $\nabla\times\nabla\times$ の計算（例題 14.2 を参照）を $\boldsymbol{B}$ に適用し，さらに式 14.6 すなわち $\nabla\cdot\boldsymbol{B}=0$ を用いると
$$\nabla\times\nabla\times\boldsymbol{B} = \nabla(\nabla\cdot\boldsymbol{B}) - \nabla^2\boldsymbol{B} = -\nabla^2\boldsymbol{B}$$
となる．一方，式 14.7 と式 14.8 から
$$\nabla\times\nabla\times\boldsymbol{B} = \varepsilon_0\mu_0\nabla\times\frac{\partial\boldsymbol{E}}{\partial t} = \varepsilon_0\mu_0\frac{\partial}{\partial t}\nabla\times\boldsymbol{E} = \varepsilon_0\mu_0\frac{\partial}{\partial t}\left(-\frac{\partial\boldsymbol{B}}{\partial t}\right)$$
$$= -\varepsilon_0\mu_0\frac{\partial^2\boldsymbol{B}}{\partial t^2}$$
となる．両式より

$$\nabla^2 \boldsymbol{B} - \varepsilon_0 \mu_0 \frac{\partial^2 \boldsymbol{B}}{\partial t^2} = \mathbf{0}$$

が成り立つ. ■

### 16.2.2 横　波

真空中の電場は式 14.5 すなわち

$$\nabla \cdot \boldsymbol{E} = \frac{\partial E_x}{\partial x} + \frac{\partial E_y}{\partial y} + \frac{\partial E_z}{\partial z} = 0 \tag{16.25}$$

を満たす. この電場が $z$ 軸方向に伝わる平面波のとき, 波面は $z$ 軸に垂直な平面であり, $x$ と $y$ を変えても電場は変わらない. すなわち $\partial E_x/\partial x = \partial E_y/\partial y = 0$ となるから, 式 16.25 は $E_z$ だけの式

$$\frac{\partial E_z}{\partial z} = 0 \tag{16.26}$$

になる. この式は, 波が伝わる $z$ 軸方向の電場の成分 $E_z$ は, 波の伝播に際して変化しないこと, したがって図 16.5 のような横波だけが許されることを示している*.

真空中の磁場も横波として伝わることは, 式 14.6 すなわち $\nabla \cdot \boldsymbol{B} = 0$ からわかる. また, 式 14.6 は真空中でなくても一般に成り立つから, $\boldsymbol{B}$ は決して縦波になることはない.

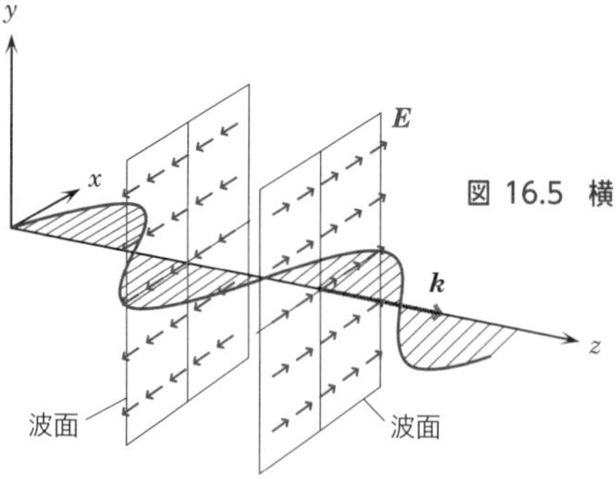


図 16.5 横 波.

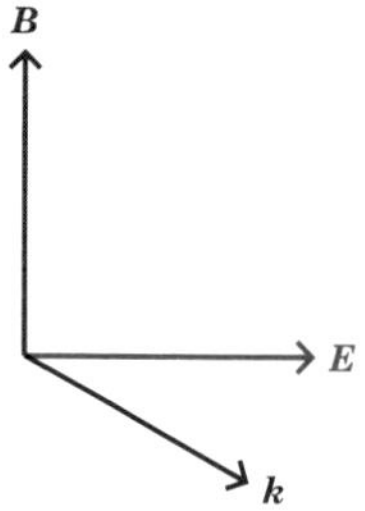


図 16.6 $\boldsymbol{B} = (1/\omega)\boldsymbol{k} \times \boldsymbol{E}$.

* 図 16.5 では, 空間のすべての点の電場を図示できないので, ある時刻において電場の大きさが最大になる波面を選び, その面内の電場を矢印 (↗) で示した. 電場の空間的な変化についての情報を与えるために, サイン関数のグラフ (電場の方向に電場の大きさをプロット) を添えた. グラフから, その時刻において, 注目する点の電場の向きと大きさを読みとれば, その点を含む波面上の電場を描くことができる.

### 16.2.3 電場と磁場の関係

前項では，電場と磁場がそれぞれ波動方程式を満たすことを述べた．だが，マクスウェル方程式は電場と磁場の連立方程式なので，互いに独立ではない．本項では両者の関係を調べる．

図 16.5 のような真空中を $z$ 軸方向に伝わる平面波の電場を考える．その電場が $x$ 軸方向に振動するとき

$$\boldsymbol{E} = E_x \boldsymbol{e}_x , \qquad E_x = E_x(x, y, z, t) = E_0 \cos(\omega t - kz) \tag{16.27}$$

であり，ファラデーの電磁誘導の法則（式 14.8）から

$$\frac{\partial \boldsymbol{B}}{\partial t} = -\nabla \times \boldsymbol{E} = -\frac{\partial E_x}{\partial z} \boldsymbol{e}_y \tag{16.28}$$

だから，この電場と対(つい)をなす磁場は $\boldsymbol{B}=B_y \boldsymbol{e}_y$ となり

$$\begin{aligned} \frac{\partial B_y}{\partial t} &= -\frac{\partial E_x}{\partial z} = -kE_0 \sin(\omega t - kz) \\ &\Rightarrow \quad B_y(x, y, z, t) = B_0 \cos(\omega t - kz), \qquad B_0 = \frac{k}{\omega} E_0 \end{aligned} \tag{16.29}$$

すなわち $\boldsymbol{B}$ も $z$ 軸方向に進む平面波であり $y$ 軸方向に振動することがわかる．

この $\boldsymbol{E}=E_x \boldsymbol{e}_x$ と $\boldsymbol{B}=B_y \boldsymbol{e}_y$ の関係を，波数ベクトル $\boldsymbol{k}=k\,\boldsymbol{e}_z$ を用いてベクトル積により表すと

$$\boldsymbol{B} = \frac{1}{\omega} \boldsymbol{k} \times \boldsymbol{E} \tag{16.30}$$

となる．ベクトルで表したこの式は，座標軸の取り方に依存せず成り立つ．電磁波の進行方向 $\boldsymbol{k}$ と電場 $\boldsymbol{E}$ および磁場 $\boldsymbol{B}$ は互いに直交し，図 16.6 の関係になる．また，磁場と電場の振幅の関係は位相速度を $c=\omega/k$ として

$$|\boldsymbol{B}| = \frac{1}{\omega} |\boldsymbol{k}||\boldsymbol{E}| = \frac{1}{c} |\boldsymbol{E}| \qquad \Rightarrow \qquad B_0 = \frac{1}{c} E_0 \tag{16.31}$$

となる．

## 16.3 電磁波のエネルギー

### 16.3.1 電磁波のエネルギー密度

電磁波がエネルギーを運ぶことは経験に照らせば理解しやすいだろう．太陽光の赤

外線が当たると暖かいし，電子レンジのマイクロ波で食品を温めることができる．また，太陽光の可視光が運んできたエネルギーを，太陽光パネルにより電気的なエネルギーに変換することもできる．

真空中の電場 $\boldsymbol{E}$ のエネルギー密度が $(\varepsilon_0/2)E^2$ となり（§7.3.3），磁場 $\boldsymbol{B}$ のエネルギー密度が $B^2/(2\mu_0)$ となること（§13.5.2）をすでに学んだ．ある瞬間，その位置に電場と磁場があるとき

$$u = \frac{1}{2}\varepsilon_0 E^2 + \frac{1}{2\mu_0}B^2 \tag{16.32}$$

## Box 26　直線偏波と円偏波

式 16.27 と式 16.29 のように，電場（あるいは磁場）が常に一定の方向に振動する状態を**直線偏波**（linear polarization）という．たとえば直線状のアンテナから放出される電磁波はその直線の向きに電場が振動し，直線偏波である．地表近くを伝播する直線偏波では，電場が地表と平行に振動するとき水平偏波，地表と垂直なとき垂直偏波という．短波長の電磁波（ミリ波～可視光～γ 線，図 16･10 を参照）の場合は**直線偏光**という．鏡やレンズなどの表面に直線偏光が入射し，電場が表面に沿って振動するとき s 偏光，表面と垂直な面内で振動するとき p 偏光という．

互いに直交する振幅の等しい振動電場を位相差 π/2 で重ね合わせると

$$\begin{aligned}\boldsymbol{E} &= E_0\cos(\omega t - kz)\,\boldsymbol{e}_x + E_0\cos\left(\omega t - kz \mp \frac{\pi}{2}\right)\boldsymbol{e}_y \\ &= E_0[\cos(\omega t - kz)\,\boldsymbol{e}_x \pm \sin(\omega t - kz)\,\boldsymbol{e}_y]\end{aligned} \quad ①$$

となり，ある位置で観測すると，ベクトル $\boldsymbol{E}$ が大きさを一定に保ったまま，角速度 $\omega$ で回転する．これを**円偏波**（**円偏光**，circular polarization）という．式①の 2 行目の複号が + のとき，図のように $\boldsymbol{k}$ ベクトルの方向で決まる右ねじの方向に電場ベクトルが回転し，これを右旋円偏波（右円偏光）という．逆に回転するとき左旋円偏波（左円偏光）という．

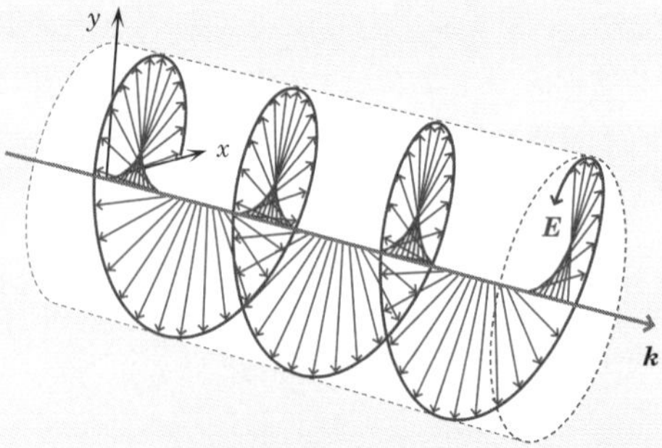


右旋円偏波（右円偏光）．

が，その電磁場のエネルギー密度である．時間的に変動しながら波として空間を伝わる電磁波についてもこの式が成立することが知られている．

式 16.27 と式 16.29 の電磁波について，エネルギー密度を計算すると

$$\begin{aligned} u &= \frac{1}{2}\,\varepsilon_0 E_0^2 \cos^2(\omega t - kz) + \frac{1}{2\,\mu_0}\,B_0^2 \cos^2(\omega t - kz) \\ &= \left(\frac{1}{2}\,\varepsilon_0 E_0^2 + \frac{1}{2\,\mu_0}\,B_0^2\right)\cos^2(\omega t - kz) \end{aligned} \tag{16.33}$$

となる．$\cos^2(\omega t - kz)$ の $T = 2\pi/\omega$ にわたる平均（以下，時間平均という）は 1/2 になる（p.212 脚注と例題 16.6 を参照）．したがって，エネルギー密度の時間平均は

$$\langle u \rangle = \frac{1}{2}\left(\frac{1}{2}\,\varepsilon_0 E_0^2 + \frac{1}{2\,\mu_0}\,B_0^2\right) \tag{16.34}$$

である．$\langle u \rangle$ の単位は $\mathrm{J\,m^{-3}}$ である．

**例題 16.6**　$\cos^2(\omega t - kz)$ の時間平均が 1/2 となることを確かめよ．

**解**　題意の関数は，加法定理により

$$\begin{aligned} \cos^2(\omega t - kz) &= (\cos\omega t\cos kz + \sin\omega t\sin kz)^2 \\ &= (\cos^2 kz)(\cos^2\omega t) + (\sin^2 kz)(\sin^2\omega t) \\ &\qquad + 2(\cos kz)(\sin kz)(\cos\omega t)(\sin\omega t) \end{aligned}$$

と変形される．この関数の周期は $\pi/\omega$ であるが，その 2 倍の $T = 2\pi/\omega$ にわたる時間平均を求めても同じ結果になる．変数 $t$ を含む各関数の時間平均は倍角公式より

$$\begin{aligned} \langle\cos^2\omega t\rangle &= \left\langle\frac{1}{2} + \frac{1}{2}\cos 2\omega t\right\rangle = \frac{1}{T}\int_0^T \left(\frac{1}{2} + \frac{1}{2}\cos 2\omega t\right)\mathrm{d}t \\ &= \frac{1}{2T}\left(T + \frac{1}{2\omega}\Big[\sin 2\omega t\Big]_0^{T=2\pi/\omega}\right) = \frac{1}{2} \end{aligned}$$

同様に

$$\begin{aligned} &\langle\sin^2\omega t\rangle = \left\langle\frac{1}{2} - \frac{1}{2}\cos 2\omega t\right\rangle = \frac{1}{2} - \frac{1}{2}\langle\cos 2\omega t\rangle = \frac{1}{2}, \\ &\langle 2\cos\omega t\sin\omega t\rangle = \langle\sin 2\omega t\rangle = 0 \end{aligned}$$

となり

$$\langle\cos^2(\omega t - kz)\rangle = \frac{1}{2}\,(\cos^2 kz + \sin^2 kz) = \frac{1}{2}$$

が成り立つ．

同様に，$\cos^2(\omega t-kz)$ を $z$ の区間 $[0, 2\pi/k]$ で平均すると 1/2 になる（p.212 の脚注を参照し，各自で確認せよ）. ■

式 16.31 の $B_0=E_0/c$，および式 16.24 の $\varepsilon_0=1/(\mu_0 c^2)$ を用いると

$$\frac{1}{2\mu_0}|\boldsymbol{B}|^2 = \frac{1}{2\mu_0 c^2}|\boldsymbol{E}|^2 = \frac{1}{2}\varepsilon_0|\boldsymbol{E}|^2 \quad\Rightarrow\quad \frac{1}{2}\varepsilon_0 E_0^2 = \frac{1}{2\mu_0}B_0^2 \qquad (16.35)$$

となる．式 16.35 から，真空中の電磁波のエネルギー密度（式 16.34）は，磁場と電場に等しく分配される．そうすると，このエネルギー密度を電場だけ，あるいは磁場だけ，さらには電場と磁場の積で表すことができ

$$\langle u\rangle = \frac{1}{2}\varepsilon_0 E_0^2 = \frac{1}{2\mu_0}B_0^2 = \frac{1}{2}\frac{E_0 B_0}{c\mu_0} \qquad (16.36)$$

となる．

### 16.3.2 電磁波のパワー密度とポインティングベクトル

電磁波は光速 $c$ で真空中を伝わる．このことから，たとえば図 16.2b のような波束（空間的に局所化された波）が伝わるときを想像すれば，電磁波のエネルギーも真空中を光速 $c$ で伝わることが推察できるだろう．図 16.2a のような振幅が一定の電磁波の場合は，エネルギーが途切れることなく光速 $c$ で運ばれる．この電磁波の進行方向に垂直な断面（断面積 $A$）を，電場の振動の 1 周期 $T=\lambda/c$ の間に通過する電磁波のエネルギーは，体積 $AcT=A\lambda$ に含まれるエネルギー $U$ に等しい．例題 16.6 で学んだように，$z$ の区間 $[0,\lambda]$ にわたる $\cos^2(\omega t-kz)$ の平均が 1/2 となることを用いると

$$\begin{aligned} U &= A\int_0^\lambda u\,\mathrm{d}z = \left(\frac{1}{2}\varepsilon_0 E_0^2 + \frac{1}{2\mu_0}B_0^2\right)A\int_0^\lambda \cos^2(\omega t-kz)\,\mathrm{d}z \\ &= \left(\frac{1}{2}\varepsilon_0 E_0^2 + \frac{1}{2\mu_0}B_0^2\right)\cdot\frac{1}{2}A\lambda = \frac{1}{2}\varepsilon_0 E_0^2\cdot A\lambda = \langle u\rangle\cdot AcT \end{aligned} \qquad (16.37)$$

となる．したがって，**パワー密度**（power density，進行方向に垂直な単位面積に，単位時間あたりに入射するエネルギー）の時間平均を $\langle S\rangle$ とすると

$$\langle S\rangle = \frac{U}{AT} = c\langle u\rangle = \frac{1}{2}\frac{E_0 B_0}{\mu_0} \qquad (16.38)$$

となる．$\langle S\rangle$ の単位は $\mathrm{W\,m^{-2}}$ である．

パワー密度は“エネルギー密度の流れ”の大きさを示す量だが，これに流れの方向も含めて次のベクトル

$$\boldsymbol{S} = \frac{1}{\mu_0}\boldsymbol{E}\times\boldsymbol{B} \tag{16.39}$$

を導入し，$\boldsymbol{S}$ を**ポインティングベクトル**（Poynting vector）という．この名称は考案者ポインティング（John Henry Poynting，1852～1914）の名前による．$\boldsymbol{S}$ の時間平均が式 16.38 の $\langle S\rangle$ となることは明らかである（例題 16.7 参照）．

**例題 16.7** 式 16.27 と式 16.29 の電磁場，すなわち $z$ 軸正方向に伝わる平面波の電磁波について，ポインティングベクトルを求めよ．このベクトルの各成分の時間平均を計算し，波の伝播方向の成分がパワー密度 $c\langle u\rangle$ と等しいことを確かめよ．

解　$\boldsymbol{E}=E_x\,\boldsymbol{e}_x$，$\boldsymbol{B}=B_y\,\boldsymbol{e}_y$ であるから，ポインティングベクトルは

$$\boldsymbol{S} = \frac{1}{\mu_0}\boldsymbol{E}\times\boldsymbol{B} = \frac{1}{\mu_0}E_xB_y\,\boldsymbol{e}_z$$

となる．

このベクトルは．電磁波の波数ベクトル $\boldsymbol{k}=k\,\boldsymbol{e}_z$ と同じ向きをもち，$\boldsymbol{S}$ の $x$ および $y$ 成分は 0，したがってそれらの時間平均も 0 となる．一方，$z$ 成分については式 16.31 より

$$E_x = E_0\cos(\omega t - kz), \qquad B_y = \frac{1}{c}E_0\cos(\omega t - kz)$$

だから，式 16.24 を用いると

$$S_z = \frac{1}{\mu_0}E_xB_y = \frac{E_0^2}{c\mu_0}\cos^2(\omega t - kz) = c\varepsilon_0E_0^2\cos^2(\omega t - kz)$$

となる．$\langle\cos^2(kz-\omega t)\rangle=1/2$ および式 16.36 より，$S_z$ の時間平均は

$$\langle S_z\rangle = \frac{1}{2}c\varepsilon_0E_0^2 = c\langle u\rangle$$

したがって，ポインティングベクトルの時間平均は

$$\langle\boldsymbol{S}\rangle = c\langle u\rangle\,\boldsymbol{e}_z$$

となる．■

**例題 16.8** パワー密度の時間平均が 100 W m$^{-2}$ の平面波の電磁波について，電場の振幅を計算せよ．

解　$\langle S\rangle=c\langle u\rangle=c(\varepsilon_0/2)E_0^2$ より，電場の振幅は

$$E_0 = \sqrt{\frac{2\langle S\rangle}{c\varepsilon_0}}$$

$\langle S\rangle = 1.00\times10^2\ \mathrm{W\ m^{-2}}$, $c\approx3.00\times10^8\ \mathrm{m\ s^{-1}}$, $\varepsilon_0\approx8.85\times10^{-12}\ \mathrm{N^{-1}\ m^{-2}\ C^2}$ を代入すると

$$E_0 \approx \sqrt{\frac{2\times1.00\times10^2}{(3.00\times10^8)(8.85\times10^{-12})}} \approx 2.7\times10^2\ \mathrm{J\ C^{-1}\ m^{-1}} = 2.7\times10^2\ \mathrm{V\ m^{-1}}$$

となる. ■

## 16.4 電磁波の反射と透過

本節では，真空と物質の境界，あるいは異なる物質の境界で，電磁波がどのような振舞いを示すかを調べる．可視光（図 16.10 を参照）では反射，透過，屈折などの現象が観察され，電磁気学の発達以前から**光学**（optics）という分野が発達していた．光は電磁波なので，これらの現象はマクスウェル方程式を用いて説明することができる．

真電荷 $\rho_e$ と真電流 $\boldsymbol{j}_e$ がないとき，物質中（誘電率 $\varepsilon$，透磁率 $\mu$）のマクスウェル方程式は

$$\nabla\cdot\boldsymbol{E} = 0, \quad \nabla\cdot\boldsymbol{B} = 0, \quad \nabla\times\boldsymbol{B} = \varepsilon\mu\frac{\partial\boldsymbol{E}}{\partial t}, \quad \nabla\times\boldsymbol{E} = -\frac{\partial\boldsymbol{B}}{\partial t} \tag{16.40}$$

となる．ここで，最初の式と 3 番目の式は式 14.12 と式 14.13 を，$\boldsymbol{D}=\varepsilon\boldsymbol{E}$ と $\boldsymbol{H}=\boldsymbol{B}/\mu$ を用い，$\boldsymbol{E}$ と $\boldsymbol{B}$ で表したものである．それ以外は式 14.2 と式 14.4 をそのまま転記した．こうして，真空中のマクスウェル方程式（式 14.5～14.8）において，$\varepsilon_0\to\varepsilon$ と $\mu_0\to\mu$ という置き換えをすると式 16.40 になる．したがって，真空中の電磁波について得た結果は，この置き換えをするだけで物質中の電磁波について成り立つ．

物質を構成する原子・分子に電磁波が入射すると，その振動数で振動する電気双極子が誘起される．これは強制振動であり，摩擦抵抗のパワー（ここでは物質が吸収するパワー）が大きいほど振動の位相は遅れる（“I. 力学”, § 16.1.3 と § 16.2)．電気双極子が振動すると，同じ振動数だが位相の遅れた電磁波を放出し，これがもとの電磁波に重ね合わされる．このことから

- 異なる物質の境界を通過しても，電磁波の振動数は変わらない

ことが推察される．一方，原子・分子が放出する電磁波と，もとの電磁波を重ね合わせると位相が遅れた波になり，

・ 物質の内部では，真空中に比べて電磁波の位相速度が小さくなる*1

ことも推察される．物質中の位相速度が真空中に比べて小さくなる程度は“屈折率”という量を用いて表現する．屈折率が異なる物質の境界を通過する電磁波の反射については §16.4.3 で調べる．

### Box 27 電磁波の運動量と角運動量

一方向に伝わる電磁波を反射・吸収した粒子の運動量が変化することから，電磁波が運動量をもつことがわかり，その運動量密度はポインティングベクトルを用いて $\boldsymbol{S}/c^2$ となることが知られている．また，円偏波（円偏光）の電磁波を吸収・放出するとき原子・分子の角運動量が変わることから，電磁波が角運動量をもつことがわかる．電磁波を量子化した光子は，質量をもたないが，エネルギー，運動量，角運動量をもつ粒子として扱われる．

ポインティングベクトルは，静電場・静磁場についても計算できる．たとえば，電池と負荷抵抗をつなぐ平行な 2 本の導線には，互いに逆向きの定常電流が流れ，導線間に静的な電場と磁場が生じる．このとき，ポインティングベクトルが運ぶエネルギーを計算すると，電池から抵抗に運ばれるエネルギーと同じ値になる．実際，電磁気的なエネルギーは空間を通して運ばれ，導線はその通り道を決めるガイドの役割を果たしていると考えることができる．導線も電池も静止しているが，エネルギーは電池から負荷抵抗へと移動しているから．ポインティングベクトルから決まる電磁場の運動量も存在する．

## 16.4.1 屈 折 率

ここでは，真空中の諸量には添え字 0，物質中の諸量には添え字 1 を付けて表す．式 16.23 より，物質中の電磁波の位相速度は

$$c_1 = \frac{1}{\sqrt{\varepsilon_1 \mu_1}} = \frac{\sqrt{\varepsilon_0 \mu_0}}{\sqrt{\varepsilon_1 \mu_1}} \frac{1}{\sqrt{\varepsilon_0 \mu_0}} = \frac{1}{n_1} c_0, \qquad n_1 = \frac{c_0}{c_1} \tag{16.41}$$

と表せる．$n_1$ は物質 1 の**屈折率**（refractive index）という（真空に対する屈折率なので絶対屈折率ともいう*2）．強磁性体以外は透磁率が $\mu_1 \approx \mu_0$ となるので，電磁波が透過する誘電体では

*1 $z$ 軸正方向に進む単振動の波の位相は $\theta = 2\pi(t/T - z/\lambda)$ である（式 16.2 参照）．波長 $\lambda_A$ の波を基準とした波長 $\lambda_B$ の波の同時刻の位相（位相差）は $\theta_{BA} = -2\pi(1/\lambda_B - 1/\lambda_A)z$ となるから，その大きさは $z$ と共に増大する．この式から $\theta_{BA} < 0$（波 B の位相速度が小さく，進むにつれ位相が遅れる）のとき $\lambda_B < \lambda_A$，すなわち波 B の波長が短いことがわかる．振動数が同じで波長が短い波は位相速度が小さい（§16.4.2）．

*2 物質 1 から物質 2 へ電磁波が進むとき $n_{12}$ と書いて，物質 1 に対する物質 2 の相対屈折率とよぶ．

$$n_1 = \frac{c_0}{c_1} = \frac{\sqrt{\varepsilon_1 \mu_1}}{\sqrt{\varepsilon_0 \mu_0}} \approx \sqrt{\frac{\varepsilon_1}{\varepsilon_0}} \tag{16.42}$$

として差し支えない．たとえば，可視光では水の屈折率は 1.3 程度，ガラスは 1.5 程度である．

電磁波の振動数が異なると，同じ物質であっても屈折率が異なる*．このとき，電磁波の位相速度が振動数により変化するので，単振動の波でない限り，伝播と共に，重ね合わせる波の位相差が変わり，波形が変化する．また，屈折角（境界面の法線と透過波の進行方向のなす角）が振動数により変化する（太陽光が空気中から雨粒の境界面に斜めに入射すると光が分散して虹が生じるのはこのためである）．

物質中の磁場と電場の大きさの関係は，式 16.31 に対応して

$$B_1 = \frac{E_1}{c_1} \tag{16.43}$$

となる．

### 16.4.2　物質中の電磁波の波長

異なる物質との境界面を通過しても電磁波の振動数が変わらないから，位相速度が変わると波長が変わる．物質中の位相速度を $c_1$, 波長を $\lambda_1$ とすると, 式 16.7 を用いて

$$\frac{\omega}{2\pi} = \frac{c_1}{\lambda_1} = \frac{c_0}{\lambda_0} \quad \Rightarrow \quad \lambda_1 = \frac{c_1}{c_0}\lambda_0 = \frac{1}{n_1}\lambda_0 \tag{16.44}$$

となる．すなわち，物質中（屈折率 $n_1$）の電磁波の波長は真空中の $1/n_1$ 倍になる．

### 16.4.3　誘電体表面での反射と透過

電磁波は，屈折率が異なる物質の境界を通過（透過）するとき，一部が反射される．電磁波は境界面に斜めに入射したとき進路が曲がる現象があり，**屈折**(refraction)という(章末問題 16.6 と 16.7 を参照)．だが，ここでは垂直入射の場合に限って詳細に論じよう．

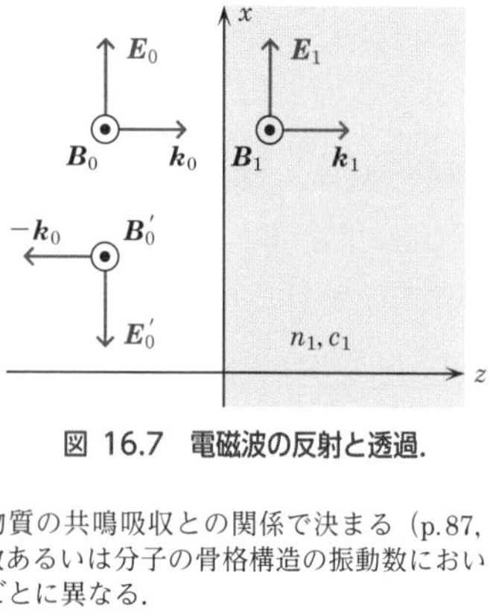

図 16.7　電磁波の反射と透過．

図 16.7 のように，$z \geq 0$ に屈折率 $n_1$ の物質があり，$z$ 軸正方向に進む平面波が真空側

* ある振動数における屈折率は，その振動数における物質の共鳴吸収との関係で決まる（p.87, Box 13）．その物質を構成する原子・分子の電子の振動数あるいは分子の骨格構造の振動数において共鳴吸収が起きるので，屈折率の振動数依存性は物質ごとに異なる．

$(z<0)$ からこの境界面に入射するとしよう．このとき $z<0$ の領域の入射波については式 16.31 より $E_0=c_0B_0$ が成り立ち

$$\boldsymbol{E}_0 = E_0\cos(\omega t - k_0 z)\,\boldsymbol{e}_x, \qquad \boldsymbol{B}_0 = B_0\cos(\omega t - k_0 z)\,\boldsymbol{e}_y \quad (16.45)$$

となる．同じく $z<0$ の領域の反射波は，逆向きに進むので，$E_0'=-c_0B_0'$ として

$$\boldsymbol{E}_0' = E_0'\cos(\omega t + k_0 z)\,\boldsymbol{e}_x, \qquad \boldsymbol{B}_0' = B_0'\cos(\omega t + k_0 z)\,\boldsymbol{e}_y \quad (16.46)$$

である．$z\geq 0$ の領域の透過波は，$k_1=n_1k_0$ および $E_1=c_1B_1$ として

$$\boldsymbol{E}_1 = E_1\cos(\omega t - k_1 z)\,\boldsymbol{e}_x, \qquad \boldsymbol{B}_1 = B_1\cos(\omega t - k_1 z)\,\boldsymbol{e}_y \quad (16.47)$$

である．以下で，これらの振幅の符号および大きさの関係を調べる．

境界面に真電荷と真電流がないとする．境界面の両側の電場と磁場は，§14.2 で調べた境界条件により関係付けられるが，ここでは電場も磁場も境界面と平行な成分があるだけである．そうすると，$\boldsymbol{D}$ および $\boldsymbol{B}$ の境界面に垂直な成分が連続という条件は考慮の必要がなく，$\boldsymbol{E}$ と $\boldsymbol{H}$ の境界面に平行な成分が連続であることに注目する．また，電場と磁場は $z<0$ では入射波と反射波の重ね合わせとなる．

まず，電場の境界条件は

$$E_0 + E_0' = E_1 \quad (16.48)$$

となる．次に磁場の境界条件は，境界面に電流がないとし，さらに磁性体でない限り透磁率が真空の透磁率と非常に高い精度で等しくなるから $\mu_1=\mu_0$ とおいて

$$H_0 = H_1 \quad \Rightarrow \quad \frac{1}{\mu_0}(B_0 + B_0') = \frac{1}{\mu_1}B_1 \quad \Rightarrow \quad B_0 + B_0' = B_1 \quad (16.49)$$

である．

式 16.49 の最後の式の両辺に $c_0$ を乗じ，$E_0=c_0B_0$ と $E_0'=-c_0B_0'$ を用いて，これを電場の関係として表すと

$$\begin{aligned} c_0B_0 + c_0B_0' = c_0B_1 \quad &\Rightarrow \quad E_0 - E_0' = \left(\frac{c_0}{c_1}\right)c_1B_1 = n_1E_1 \\ &\Rightarrow \quad E_0 - E_0' = n_1E_1 \end{aligned} \quad (16.50)$$

となる．式 16.48 と式 16.50 を連立して解くと，透過波および反射波の電場の振幅の相対値は

$$\frac{E_1}{E_0} = \frac{2}{1+n_1}, \qquad \frac{E_0'}{E_0} = \frac{1-n_1}{1+n_1} \quad (16.51)$$

となる．それぞれ（垂直入射の）振幅透過率，振幅反射率という．

真空中から入射して物質（$n_1>1$）の境界で反射する電場の波は，式 16.51 の 2 番

## Box 28　導体の表皮効果と反射

真空あるいは誘電体から導体（誘電率 $\varepsilon$，透磁率 $\mu$，電気伝導率 $\sigma$）に電磁波が入射するとき，境界面で反射が起きる．この反射は表面に（オームの法則により電磁波の電場がひき起こす）真電流 $\boldsymbol{j}_\mathrm{e}=\sigma\boldsymbol{E}$ が流れるためである．このとき，境界面の真電荷の分布は電荷保存則 $\partial\rho_\mathrm{e}/\partial t=-\nabla\cdot\boldsymbol{j}_\mathrm{e}$ に従うが，ガウスの法則 $\nabla\cdot\boldsymbol{E}=\rho_\mathrm{e}/\varepsilon$ を用いると

$$\frac{\partial\rho_\mathrm{e}}{\partial t} = -\nabla\cdot\boldsymbol{j}_\mathrm{e} = -\sigma\nabla\cdot\boldsymbol{E} = -\frac{\sigma}{\varepsilon}\rho_\mathrm{e} \quad\Rightarrow\quad \rho_\mathrm{e}(t) = \rho_\mathrm{e}(0)\exp\left(-\frac{\sigma}{\varepsilon}t\right) \quad ①$$

となる．$\sigma\to\infty$ すなわち理想的な導体では $\rho_\mathrm{e}(t)$ は瞬時に 0 となる（境界面の真電荷が瞬時に遠方に広がる）．さらにオームの法則とアンペール・マクスウェルの法則から $\nabla\times\boldsymbol{B}=\mu\sigma\boldsymbol{E}+\varepsilon\mu(\partial\boldsymbol{E}/\partial t)$となり，両辺を時間で微分して電磁誘導の法則を適用すると

$$\mu\sigma\frac{\partial\boldsymbol{E}}{\partial t}+\mu\varepsilon\frac{\partial^2\boldsymbol{E}}{\partial t^2} = \frac{\partial}{\partial t}\nabla\times\boldsymbol{B} = \nabla\times\frac{\partial\boldsymbol{B}}{\partial t} = -\nabla\times\nabla\times\boldsymbol{E} = \nabla^2\boldsymbol{E} \quad ②$$

となる（$\nabla\cdot\boldsymbol{E}=0$ として例題 14.2 を参照）．導体に侵入した電磁波の振幅が指数関数的に減衰すると仮定し，その複素電場を $\dot{E}_x(z,t)=E_0\exp(\mathrm{i}(\omega t-kz))\exp(-\gamma z)$ として（伝播するに従い減衰するので $k>0$ かつ $\gamma>0$），式 ② に代入すると

$$\mathrm{i}\mu\sigma\omega-\mu\varepsilon\omega^2 = (\mathrm{i}k+\gamma)^2 = (\gamma^2-k^2)+2\mathrm{i}k\gamma$$

となる．左右両辺の実数部と虚数部がそれぞれ等しいとして連立方程式をつくり，$k>0$ かつ $\gamma>0$ の解を求め，$\sigma$ が非常に大きいとすると

$$\gamma \approx \sqrt{\frac{\mu\sigma\omega}{2}}$$

を得る．したがって，距離 $\gamma^{-1}(=\sqrt{2}/\sqrt{\mu\sigma\omega})$ だけ侵入すると振幅が $\mathrm{e}^{-1}\approx0.37$ 倍に減衰し，電気伝導率 $\sigma$ が大きいほど，また電磁波の角振動数 $\omega$ が大きいほど侵入する距離が小さい．この現象を**表皮効果**（skin effect）といい，$\gamma^{-1}$ は**表皮深さ**（skin depth）である．

理想的な導体では $\sigma\to\infty$ だから表皮深さは 0 であり，表面の電場も 0 となる（$E=0$ は電流密度 $\boldsymbol{j}_\mathrm{e}=\sigma E$ が発散しないための条件）．この条件から，導体の表面において入射電場と反射電場の重ね合わせが 0 となり，これらの電場は大きさが等しく位相差が $\pi$ となることがわかる．反射された電磁波のパワーは入射したパワーと等しいので，これを完全反射といい，このような導体を完全導体という．

目の式から $E_0'/E_0<0$ となり，反射波の位相が π だけ変わる．一般に屈折率の小さな物質から大きな物質に入射するとき，反射波には同様の変化が起きる．逆に，屈折率の大きな物質から小さな物質に入射するときは反射波の位相は変化しない．

入射波と反射波のパワー（ポインティングベクトルの大きさ）の比は

$$\frac{S_0'}{S_0} = \frac{c_0\,\varepsilon_0 E_0'^2/2}{c_0\,\varepsilon_0 E_0^2/2} = \frac{E_0'^2}{E_0^2} = \left(\frac{1-n_1}{1+n_1}\right)^2 \tag{16.52}$$

となる．この量は (垂直入射の) パワー反射率という (章末問題 16.5).

## 16.5 電磁波の発生

§11.3.1 で述べたように，電磁波の存在を実験で示したのはヘルツであった (1887)．図 16.8 はその実験装置の模式図である．2 枚の金属板を直線の導線でつな

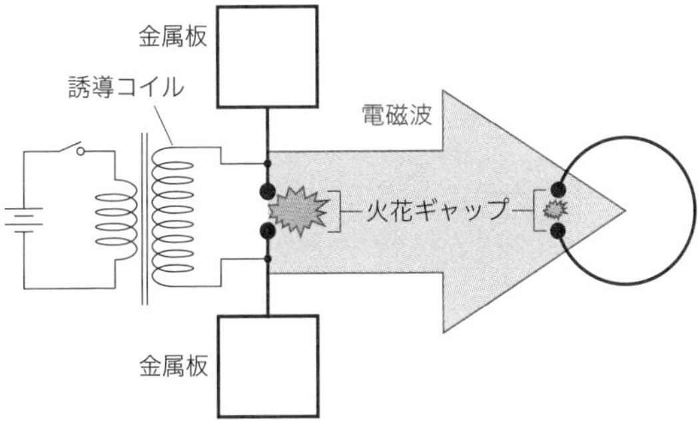


図 16.8 ヘルツの実験装置（模式図）.

いだもの（途中に火花ギャップが入る）が電磁波の発生装置である．変圧器の 2 次側の誘導コイルから供給される電圧が高くなると，火花放電が起き短時間だが導通状態になる．導通状態のとき，金属板をコンデンサーの電極，直線の導線をコイルとして LC 共振回路が構成され（§15.2.3)，その共鳴振動数（ヘルツの実験では 100 MHz 程度）の交流電流が流れ，この回路が外部の空間に向かって開いた構造であるため，効率よく電磁波（波長 3 m 程度）が放出される．電磁波の検出装置は火花ギャップをもつコイルであり，発生器で火花放電が起きると検出器でも火花放電が起き，電磁波の存在を検出できる．検出用のコイルのループ長が 1/2 波長に等しいとき火花放電が強くなり，共鳴が観測される．

ヘルツは，発生した電磁波が金属板で反射されること，反射波が共存すると定在波ができること，何本もの導線を平行に張った網で通過・阻止させて横波であることを

調べるなど，理論的な予測と実験が合致することを示した．また定在波の波長を測定し，波の速度がマクスウェル方程式で予測された光速度になることを実証した*．

ヘルツが実験で用いた電磁波の発生装置は，現代の**アンテナ**（antenna）の原型となった．ラジオやテレビの送信所や携帯電話の基地局では，アンテナの導線に変動する電流を流して電磁波を発生している．

図 16.9 はヘルツの実験で生じる電磁場の様子である．中央に 1 個の電気双極子モーメント（⬆）があり，これが単振動して流れる電流により電磁波が生じる．電気双極子モーメントの向きが反転するたびに電場（⇧と⇩）が反転し外向きの波として伝わる（電気力線は赤色の曲線）．磁場も外側に向けて波として伝わる（特定の位相の断面を⊙と⊗で示した）．なお，アンテナの近くの電場は，電気双極子モーメントの正負の電荷がつくる“波として伝わらない電場 $\boldsymbol{E}_{\mathrm{e}}$（式 14.27 を参照）”が加わり複雑になる．

電磁波はアンテナを流れる電流の時間的な変動により生じ，その振動数は電流の

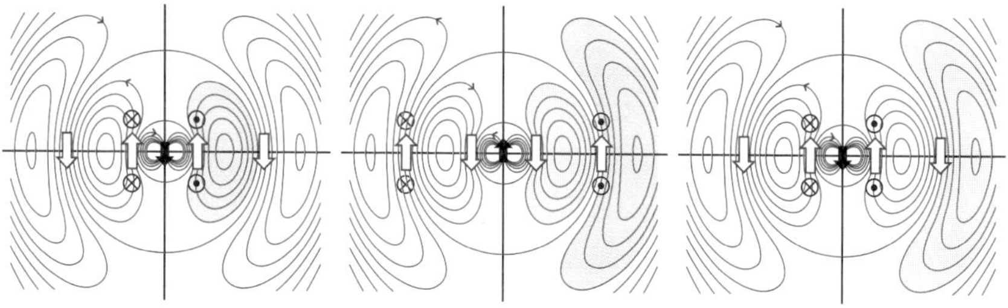

**図 16.9　電磁波の発生．** 振動する電気双極子（中央の⬆）がつくる電磁波の様子を，左→中→右の順に 1 周期にわたり描いた．電気力線がループとなり交互に向きを変え外側に広がる（⇧と⇩は電場の方向）．磁力線は電気双極子を含む軸を中心とするループになる（断面を⊙と⊗で示した）．

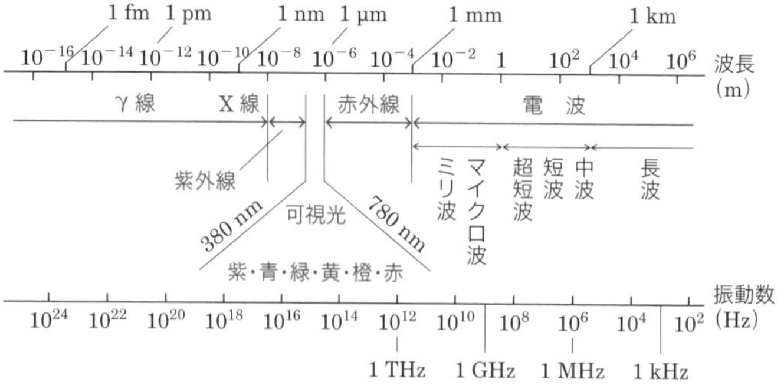


**図 16.10　電磁波の名称．**

---

*　参考文献：霜田光一著，“歴史をかえた物理実験”．丸善出版(2017)．

振動数に一致する．電流は荷電粒子の速度に比例するので，電磁波は荷電粒子の加速度運動から生じるともいえる．原子・分子を構成する電子や原子核の振動運動でも，その種類に特有の振動数の電磁波が放出される．振動数が高い電磁波ほど波長が短くなる．電磁波は振動数（あるいは波長）の領域により異なる名前がある（図 16.10）．

電磁波の発生を理解するには Box 29 で紹介するベクトルポテンシャルを用いると見通しが良い〔ベクトルポテンシャルは Box 24（p.189）でも用いた〕．また，特殊相対性理論の枠組みで電磁気現象を記述するときや，電磁波を量子力学的に扱うにも，ベクトルポテンシャルを利用するのが一般的である*．

## Box 29 ベクトルポテンシャルと電磁波の発生

まず，スカラーポテンシャル $\phi$（静電場のとき $\phi$ は電位）とベクトルポテンシャル $\boldsymbol{A}$ を用い，電場と磁場を

$$\boldsymbol{E} = -\nabla\phi - \frac{\partial \boldsymbol{A}}{\partial t}, \qquad \boldsymbol{B} = \nabla \times \boldsymbol{A} \qquad ①$$

と表すと，マクスウェル方程式はさらに見通しの良い形に変形されて，$\boldsymbol{A}$ と $\phi$ が波動方程式（電流密度と電荷密度を波源とする）を満たすことを示そう．マクスウェル方程式のうち $\nabla\cdot\boldsymbol{B}=0$（式 14.2）と $\nabla\times\boldsymbol{E}=-\partial\boldsymbol{B}/\partial t$（式 14.4）は自動的に満たされる（式 M3.12 と式 M3.13 を参照）．式 14.3 すなわち $\nabla\times\boldsymbol{B}=\mu_0(\boldsymbol{j}+\varepsilon_0\partial\boldsymbol{E}/\partial t)$ に式①を代入すると

$$\text{左辺：}\quad \nabla\times\boldsymbol{B} = \nabla\times(\nabla\times\boldsymbol{A}) = \nabla(\nabla\cdot\boldsymbol{A}) - \nabla^2\boldsymbol{A} \quad \text{（式 M3.18 を参照）}$$

$$\text{右辺：}\quad \mu_0\left(\boldsymbol{j}+\varepsilon_0\frac{\partial\boldsymbol{E}}{\partial t}\right) = \mu_0\left[\boldsymbol{j}+\varepsilon_0\frac{\partial}{\partial t}\left(-\nabla\phi-\frac{\partial\boldsymbol{A}}{\partial t}\right)\right]$$

となるから，この法則は $\varepsilon_0\mu_0=1/c^2$ を用いて

$$\nabla^2\boldsymbol{A} - \frac{1}{c^2}\frac{\partial^2\boldsymbol{A}}{\partial t^2} = -\mu_0\boldsymbol{j} + \nabla\left(\nabla\cdot\boldsymbol{A} + \frac{1}{c^2}\frac{\partial\phi}{\partial t}\right) \qquad ②$$

と書き直される．

ここで $\boldsymbol{E}$ と $\boldsymbol{B}$ は測定により決まってしまうが，その $\boldsymbol{E}$ と $\boldsymbol{B}$ を与える $\boldsymbol{A}$ と $\phi$ はある程度自由に決められることに注目する．実際，任意のスカラー関数 $\chi$ を用いて $\widetilde{\boldsymbol{A}}=\boldsymbol{A}+\nabla\chi$ および $\widetilde{\phi}=\phi-\partial\chi/\partial t$ をつくり，式①の $\boldsymbol{A}$ と $\phi$ を $\widetilde{\boldsymbol{A}}$ と $\widetilde{\phi}$ に置き換えても，得られ

* ベクトルポテンシャルの重要性を強く意識して初学者のために書かれた良書として，岡部洋一著，“電磁気学の意味と考え方”，講談社サイエンティフィク（2008）がある〔この本についての情報は，“https://ja.wikipedia.org/wiki/岡部洋一” の外部リンク “岡部洋一のページ” を開き，“出版物” から知ることができる（2024 年 2 月現在）〕．本格的な電磁気学の教科書には名著が多く，著者の考え方や想定する読者層，前提とする数学の準備などがそれぞれに異なる．講義を担当する先生に推薦していただき，実物を見て自分に合った教科書を選ぶ必要がある．

る $\boldsymbol{E}$ と $\boldsymbol{B}$ の値は変わらない（各自で確かめよ）．そこで $\chi$ を適切に選び式 ② を簡単にすることを考える．ここでは式 ② の右辺の 2 項目の項〔(　)内〕を 0 にして $\phi$ を含まない式をつくる．すなわち

$$\nabla \cdot \boldsymbol{A} + \frac{1}{c^2}\frac{\partial \phi}{\partial t} = 0 \qquad ③$$

とすると，式 ② は

$$\nabla^2 \boldsymbol{A} - \frac{1}{c^2}\frac{\partial^2 \boldsymbol{A}}{\partial t^2} = -\mu_0 \boldsymbol{j} \qquad ④$$

となる．次に $\phi$ だけの式をつくるため，式 ③ を $t$ で偏微分して得られる $\partial \boldsymbol{A}/\partial t$ を式 ① に代入し，ガウスの法則すなわち $\nabla \cdot \boldsymbol{E} = \rho/\varepsilon_0$ を用いると

$$\nabla^2 \phi - \frac{1}{c^2}\frac{\partial^2 \phi}{\partial t^2} = -\frac{1}{\varepsilon_0}\rho \qquad ⑤$$

を得る．

式 ④ と式 ⑤ の右辺が 0（真空）のとき，これらは波動方程式（式 16.14，例題 14.2 参照）なので，$\boldsymbol{A}$ と $\phi$ は位相速度 $c$ で伝わる波であることがわかる．右辺の $\boldsymbol{j}$ と $\rho$ の変動がこの波をつくるのだが，厳密な解を数学的に導き出すには準備が必要なので，ここでは結果だけ紹介すると

$$\boldsymbol{A}(\boldsymbol{r}, t) = \frac{\mu_0}{4\pi}\int_{\mathrm{V}} \frac{\boldsymbol{j}(\boldsymbol{r}', t - |\boldsymbol{r} - \boldsymbol{r}'|/c)}{|\boldsymbol{r} - \boldsymbol{r}'|}\, \mathrm{d}V',$$

$$\phi(\boldsymbol{r}, t) = \frac{1}{4\pi\varepsilon_0}\int_{\mathrm{V}} \frac{\rho(\boldsymbol{r}', t - |\boldsymbol{r} - \boldsymbol{r}'|/c)}{|\boldsymbol{r} - \boldsymbol{r}'|}\, \mathrm{d}V'$$

となる．被積分関数の時間の引数が $t' = t - |\boldsymbol{r} - \boldsymbol{r}'|/c$ となることに注目しよう．これは位置 $\boldsymbol{r}'$，時刻 $t'$ における $\boldsymbol{j}$ と $\boldsymbol{\rho}$ の影響が，距離 $|\boldsymbol{r} - \boldsymbol{r}'|$ を光速 $c$ で伝わり，位置 $\boldsymbol{r}$，時刻 $t$ の $\boldsymbol{A}$ と $\phi$ に寄与することを表している．

与えられた $\boldsymbol{j}$ と $\rho$ から $\boldsymbol{A}$ と $\phi$ を求めれば，式 ① から $\boldsymbol{E}$ と $\boldsymbol{B}$ が得られる．たとえば，原点に大きさが $p(t)$，向きが $z$ 方向の電気双極子モーメントがあり，これが振動して距離 $r$ の位置につくる電磁場をこの方法で求めると，$p/r^3$，$p'/r^2$，$p''/r$ を含む項が現れる（$'$ は時間微分）．電磁場のエネルギーが減衰せずに伝わる $1/r$ の項だけに注目すると，$\boldsymbol{E}$ は原点を中心とする球面に接する向きであり，$z$ 軸を含む面内で振動し，$\boldsymbol{B}$ は $z$ 軸に直交する面内で $\boldsymbol{E}$ と直交して同位相で振動する．振幅は

$$E(\boldsymbol{r}, t) = \frac{1}{4\pi\varepsilon_0}\frac{1}{c^2}\frac{p''(\tau)}{r}\sin\theta, \qquad B(\boldsymbol{r}, t) = \frac{\mu_0}{4\pi}\frac{1}{c}\frac{p''(\tau)}{r}\sin\theta$$

となる（$\theta$ は位置ベクトル $\boldsymbol{r}$ と $z$ 軸のなす角，また $\tau = t - r/c$ である）．

## 章末問題

16.1 (a) 関数 $f(z,t)=A\exp(-k^2(vt-z)^2)$ が式 16.14 を満たすことを確かめよ.

(b) $g(z,t)=A\exp(-k^2(vt-z)^2)-A\exp(-k^2(vt+z)^2)$ も式 16.14 を満たすことを確かめ, $t=0$ と $t>0$ (波形の変化を示すため等間隔の時間刻み) の波形を記せ.

16.2 $\nu=50$ Hz の平面波の電磁波が位相速度 $c_0\approx3.0\times10^8$ m s$^{-1}$ で $z$ 軸方向に伝播する. $\Delta z=100$ km 離れた 2 地点間の位相差 $\Delta\theta$ を有効数字 1 桁で求めよ.

16.3 パワーが 10 mW の単一振動数の光を面積 $A=1\ \mu\text{m}\times1\ \mu\text{m}=1.0\times10^{-12}\ \text{m}^2$ に絞り込む. 集光した位置の光は一様な強度分布をもつ平面波であるとして, ポインティングベクトルの時間平均 $\langle S\rangle$ と, 電場の振幅 $E_0$ を有効数字 1 桁で求めよ.

16.4 真空中に平面波 (波面が $z$ 軸と垂直) の電磁波があり, その電場は次式で表される.

$$\boldsymbol{E}(z,t) = E_0(\cos(\omega t-kz)+\cos(\omega t+kz))\,\boldsymbol{e}_x$$

(a) この電磁波の磁場 $\boldsymbol{B}$ を求めよ.

(b) 電場のエネルギー密度の時間平均 $\langle u_{\mathrm{E}}\rangle$ を求めよ.

(c) ポインティングベクトル $\boldsymbol{S}$ を求めよ.

16.5 (a) 式 16.52 で垂直入射のパワー反射率を求めたのと同様に, 垂直入射のパワー透過率 $S_1/S_0$ を求めよ.

(b) 反射した電磁波と透過した電磁波のパワーの和が入射した電磁波のパワーと等しいこと, すなわち $S_0'+S_1=S_0$ を示せ.

16.6 右図のように, 平面波の電磁波が真空側から屈折率 $n$ の誘電体の境界面に斜めに入射する. 入射波, 反射波, 透過波は, それぞれ添え字 i,r,t により区別する. 入射波の電場 $\boldsymbol{E}(\boldsymbol{r},t)=E_{\mathrm{i}}\cos(\omega t-\boldsymbol{k}_{\mathrm{i}}\cdot\boldsymbol{r})$ は $xz$ 平面内にあり $\boldsymbol{E}_{\mathrm{i}}=E_{\mathrm{i}}(\cos\theta_{\mathrm{i}}\,\boldsymbol{e}_x-\sin\theta_{\mathrm{i}}\,\boldsymbol{e}_z)$, 波数ベクトル $\boldsymbol{k}_{\mathrm{i}}=k_{\mathrm{i}}(\sin\theta_{\mathrm{i}}\,\boldsymbol{e}_x+\cos\theta_{\mathrm{i}}\,\boldsymbol{e}_z)$ である.

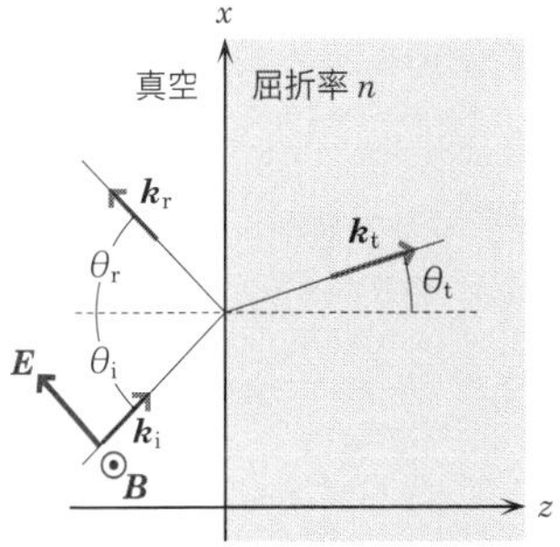


(a) 入射波の磁場 $\boldsymbol{B}(\boldsymbol{r},t)$ を記せ.

(b) § 14.2 を参照し, $t=0$ として境界面 ($z=0$) での境界条件 [E-1] を記し, この境界条件が満たされるには $\theta_{\mathrm{i}}=\theta_{\mathrm{r}}$ かつ $\sin\theta_{\mathrm{i}}/\sin\theta_{\mathrm{t}}=n$ (スネルの法則) が必要であることを確認せよ.

16.7 右図を参照し, 章末問題 16.6 で反射波が消える入射角 $\theta_{\mathrm{B}}$ を求めよ〔ヒント：この入射角では, 電場が入射波と透過波だけになり, 電気力線 (電場の方向) の屈折に関する法則すなわち式 6.20 がそのまま適用され, 同時にスネルの法則も成り立つ. $\theta_{\mathrm{B}}$ をブリュースター角という〕.

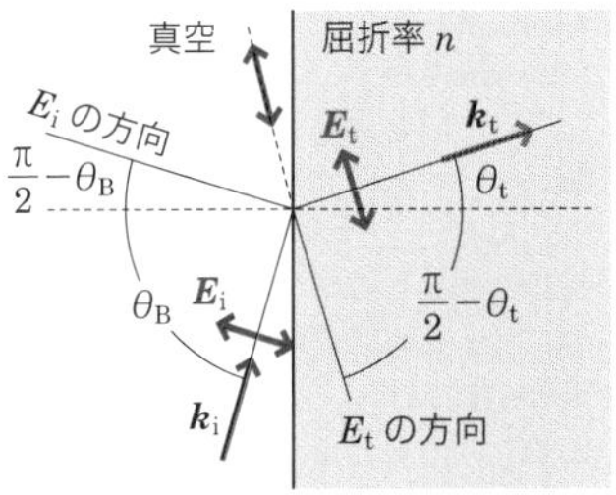


16.8 図 16.7 の状況を変更し, 真空側 ($z<0$) を屈折率 $n_2$ の誘電体で満たす. $z$ 軸正方向に進む電磁波のパワー反射率を求めよ.

# M　数学ノート

数学ノートでは数式の応用に必要な物理的イメージの説明を心掛けた．不慣れな式に遭遇したとき，下記より該当する項目を探し，本文の理解に役立ててほしい．

電磁気現象の記述には 3 次元空間のベクトルとその時間・空間的な変化の取扱いが必須であり，大学の理工系学部の基礎科目である線形代数と微積分学の学習がその基礎となる．しかし電磁気学を学習する時点で，変数が 2 個以上の関数の微積分に習熟していない可能性があり，本章ではそれらの基本も解説する．数学的な証明よりも“数学を応用する”ことを重視して説明を加えた．

## M1 ベクトル

本書に現れるのは，すべて 3 次元（あるいは 2 次元）空間のベクトルであり，力学で学んだ“位置”，“速度”，“力”などのほかに“電流密度”，“電場”，“磁場”などのベクトルが登場する．これらのベクトルは“大きさ”と“向き”をもつ量として，素朴な幾何学的イメージで語れる相手である．また少し変わったベクトルとして“面の大きさと向きを表すベクトル”も用いる．

### M1.1 座標系，基底ベクトル，成分表示

ベクトルを数字で記述するには，基準となるベクトルの組すなわち基底系が必要になる．3 次元空間では，方向が座標軸の向きで，大きさが 1 の 3 個のベクトル $\boldsymbol{e}_x$，$\boldsymbol{e}_y$，$\boldsymbol{e}_z$ を**基底**ベクトルとする．ベクトル $\boldsymbol{A}$ は

$$\boldsymbol{A} = A_x\boldsymbol{e}_x + A_y\boldsymbol{e}_y + A_z\boldsymbol{e}_z \qquad \text{(M1.1)}$$

と表され，$A_x$，$A_y$，$A_z$ が $\boldsymbol{A}$ の**成分**である．3 個の数の組 $(A_x, A_y, A_z)$ は，基底を変えない限りベクトル $\boldsymbol{A}$ と 1 対 1 に対応する．

本文では，点の位置を $(x, y, z)$ と表すことに関係して，位置ベクトル（原点を始点とするベクトル）を $(x, y, z)$ のように表すことが多いが，特定の位置を表すとき，たとえば $z$ 軸上の点を表す位置ベクトルは $\boldsymbol{r}=z\,\boldsymbol{e}_z$ と書くこともある．他のベクトル量については，できる限り式 M1.1 の書き方を用いた．

### M1.2 座標の回転と成分の変換

ベクトルの成分は，座標系を回転すると異なる値に変わるが，その変わり方には一定の規則がある．座標軸を回転したときの成分の変化が，位置ベクトルと同じ規則に従って変化するものがベクトルである．3 個の成分をもつ量ならば常にベクトルであるとは限らない．

成分表示を用いずに，ベクトルそのもので表現した関係式は，座標軸の取り方によらず成り立つ．これはベクトルによる表現の利点である．

## M1.3　単位ベクトル

基底ベクトルのように，大きさが 1（物理次元が無次元）のベクトルを**単位ベクトル**という．ベクトル $A$ の大きさを

$$A = |\boldsymbol{A}| = \sqrt{A_x^2 + A_y^2 + A_z^2} \tag{M1.2}$$

と表すと，$\boldsymbol{A}/|\boldsymbol{A}|$ は向きが $\boldsymbol{A}$ と同じ単位ベクトルである．特に，原点から点 $(x, y, z)$ に向かう位置ベクトル $\boldsymbol{r}=x\,\boldsymbol{e}_x+y\,\boldsymbol{e}_y+z\,\boldsymbol{e}_z$ からつくられる次のベクトル

$$\frac{\boldsymbol{r}}{|\boldsymbol{r}|} = \frac{\boldsymbol{r}}{r}, \qquad r = \sqrt{x^2 + y^2 + z^2} \tag{M1.3}$$

は，しばしば用いられる．

## M1.4　スカラー積（内積）

### M1.4.1　定　義

座標軸を回転するとき，ベクトルの成分は変化するが，変化しない量もある．最も基本となる例は，ベクトルの大きさと，2 個のベクトルのなす角である．このような量をスカラーという．ベクトル $\boldsymbol{A}$ と $\boldsymbol{B}$ のなす角が $\theta$ のとき，**スカラー積（内積）** $\boldsymbol{A} \cdot \boldsymbol{B}$ は

$$\boldsymbol{A} \cdot \boldsymbol{B} = |\boldsymbol{A}||\boldsymbol{B}| \cos\theta \tag{M1.4}$$

と定義される．この量は，スカラーだけで構成されるのでスカラーである．

### M1.4.2　ベクトルのなす角

スカラー積の値とベクトルの大きさを知っていれば，逆に 2 個のベクトルのなす角についての情報が得られる．特に，どちらのベクトルも $\boldsymbol{0}$ でないとして

$$\boldsymbol{A} \cdot \boldsymbol{B} = |\boldsymbol{A}||\boldsymbol{B}| \tag{M1.5}$$

のとき $\theta=0$ であり

$$\boldsymbol{A} \cdot \boldsymbol{B} = 0 \tag{M1.6}$$

のとき $\theta=\pi/2$ である．

### M1.4.3　成分表示

基底ベクトルの長さが 1 であり（$\boldsymbol{e}_x \cdot \boldsymbol{e}_x=\boldsymbol{e}_y \cdot \boldsymbol{e}_y=\boldsymbol{e}_z \cdot \boldsymbol{e}_z=1$），互いに直交すること（$\boldsymbol{e}_x \cdot \boldsymbol{e}_y=\boldsymbol{e}_y \cdot \boldsymbol{e}_z=\boldsymbol{e}_z \cdot \boldsymbol{e}_x=0$）を用いると，スカラー積を成分によって表すことが

でき

$$\begin{aligned} \boldsymbol{A}\cdot\boldsymbol{B} &= (A_x\boldsymbol{e}_x + A_y\boldsymbol{e}_y + A_z\boldsymbol{e}_z)\cdot(B_x\boldsymbol{e}_x + B_y\boldsymbol{e}_y + B_z\boldsymbol{e}_z) \\ &= A_xB_x + A_yB_y + A_zB_z \end{aligned} \tag{M1.7}$$

である.

### M1.4.4 ベクトルの大きさ

自分自身とのスカラー積にはいろいろな書き方があるが，よく用いられるのは

$$\boldsymbol{A}\cdot\boldsymbol{A} = |\boldsymbol{A}|^2 = A^2 = \boldsymbol{A}^2 \tag{M1.8}$$

である.

### M1.4.5 例

#### a. 平 面

ベクトル $\boldsymbol{k}$ と垂直な平面が位置ベクトル $\boldsymbol{a}$ の先端を含むとき，この平面上の点の位置ベクトルを $\boldsymbol{r}$ とすると，$\boldsymbol{r}-\boldsymbol{a}$ が $\boldsymbol{k}$ と直交するから

$$\boldsymbol{k}\cdot(\boldsymbol{r}-\boldsymbol{a}) = 0 \quad\Rightarrow\quad \boldsymbol{k}\cdot\boldsymbol{r} = \boldsymbol{k}\cdot\boldsymbol{a} = \text{一定} \tag{M1.9}$$

である.

#### b. 球 面

点 $\boldsymbol{a}$ を中心とする半径 $R$ の球面上の点の位置ベクトルを $\boldsymbol{r}$ とすると

$$|\boldsymbol{r}-\boldsymbol{a}|^2 = (\boldsymbol{r}-\boldsymbol{a})\cdot(\boldsymbol{r}-\boldsymbol{a}) = \boldsymbol{r}^2 - 2\boldsymbol{a}\cdot\boldsymbol{r} + \boldsymbol{a}^2 = R^2 \tag{M1.10}$$

が成り立つ.

#### c. 位置ベクトル $\boldsymbol{r}$ と直交する単位ベクトル

図 M1.1 のように，$xy$ 平面上の位置ベクトル

$$\boldsymbol{r} = x\,\boldsymbol{e}_x + y\,\boldsymbol{e}_y \tag{M1.11}$$

に対してベクトル

$$\boldsymbol{t} = \frac{1}{r}(-y\,\boldsymbol{e}_x + x\,\boldsymbol{e}_y) = -\frac{y}{\sqrt{x^2+y^2}}\,\boldsymbol{e}_x + \frac{x}{\sqrt{x^2+y^2}}\,\boldsymbol{e}_y \tag{M1.12}$$

を考える．$\boldsymbol{t}$ は $\boldsymbol{r}$ と直交する単位ベクトルである（各自で確かめよ）．さらに，$x$ 軸から $\boldsymbol{r}$ まで反時計回りに測った角を $\theta$ とすると

$$\boldsymbol{r} = r\cos\theta\,\boldsymbol{e}_x + r\sin\theta\,\boldsymbol{e}_y \tag{M1.13}$$

また

$$\boldsymbol{t} = -\sin\theta\,\boldsymbol{e}_x + \cos\theta\,\boldsymbol{e}_y = \cos\left(\theta + \frac{\pi}{2}\right)\boldsymbol{e}_x + \sin\left(\theta + \frac{\pi}{2}\right)\boldsymbol{e}_y \tag{M1.14}$$

である．すなわち $\boldsymbol{r}$ から反時計回りに $\pi/2$ だけ回転すると $\boldsymbol{t}$ の方向となる．

### M1.4.6　メ　　モ

スカラー積をつくる演算は，異なる種類の物理量（たとえば力 $\boldsymbol{F}$ と位置ベクトル $\boldsymbol{r}$）に対しても実行される．たとえば，力 $\boldsymbol{F}$ のもとで物体が微小なベクトル $\mathrm{d}\boldsymbol{r}$ だけ変位したとき，この力が物体にする仕事 $\mathrm{d}W$ は

$$\mathrm{d}W = \boldsymbol{F}\cdot\mathrm{d}\boldsymbol{r} \tag{M1.15}$$

である．

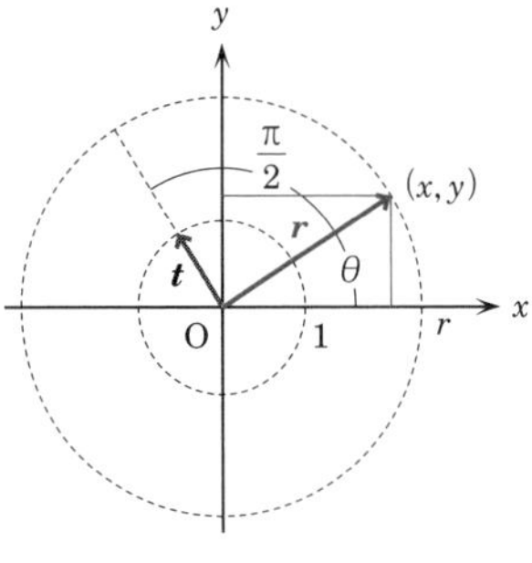

図 M1.1　$\boldsymbol{r}$ と直交する単位ベクトル $\boldsymbol{t}$．

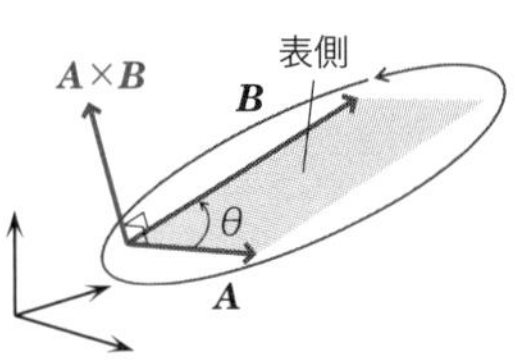

図 M1.2　$\boldsymbol{A}$ と $\boldsymbol{B}$ のベクトル積．

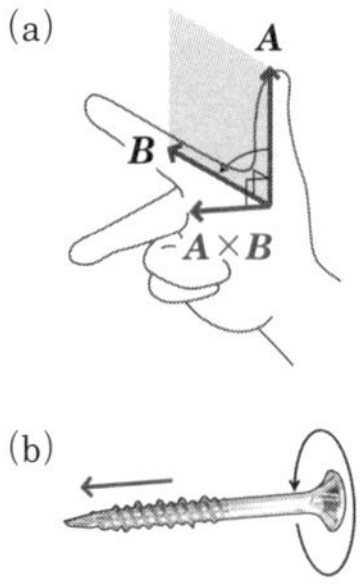

図 M1.3　右ねじ．

## M1.5　ベクトル積（外積）と右ねじの規則

### M1.5.1　2 個のベクトルがつくる平行四辺形

図 M1.2 のように，ベクトル $\boldsymbol{A}$ と $\boldsymbol{B}$ のなす角が $\theta$（$0<\theta<\pi$）のとき，$\boldsymbol{A}$ と $\boldsymbol{B}$ を 2 辺とする平行四辺形の面の大きさは

$$S = |\boldsymbol{A}||\boldsymbol{B}| \sin\theta \tag{M1.16}$$

となる．$|\boldsymbol{A}|$, $|\boldsymbol{B}|$, $\theta$ の値は座標の回転によって変化しないから $S$ はスカラーである．

この面は 3 次元空間内にあるので，大きさだけでなく向きも明確にする必要がある．$\boldsymbol{A}$ と $\boldsymbol{B}$ の両方に垂直な方向（平行四辺形の法線方向）を指定すると面の向きが決まるが，面には表側と裏側があり，いずれかを指定する必要がある．そこで

- この平行四辺形の周囲を $\boldsymbol{A}$ から $\theta$（$<\pi$）を経て $\boldsymbol{B}$ まで回転する方向に 1 周するとき（↺ の回転），回転方向が反時計回りに見える面を表側，その逆を裏側

と決める．この約束により，面の裏表と周囲を回る方向が対応したことに注意せよ．平行四辺形に限らず周囲が閉じた経路となるときは，面の裏表と周囲を回る向きの関係を同じように約束する．閉曲面の場合は“周囲”はないが，閉曲面が囲む立体の外側を表側と決めるのが自然である．

図 M1.2 の赤の直線矢印は，大きさが平行四辺形の面積 $S$，向きが表側から出る法線方向のベクトルであり，$\boldsymbol{A}$ と $\boldsymbol{B}$ の**ベクトル積**（**外積**）といい $\boldsymbol{A}\times\boldsymbol{B}$ と書く．$\boldsymbol{A}$ と $\boldsymbol{B}$ を交換すると，面の裏側から出る法線方向のベクトルとなり

$$\boldsymbol{A}\times\boldsymbol{B} = -\boldsymbol{B}\times\boldsymbol{A} \tag{M1.17}$$

である．$\boldsymbol{A}$ と $\boldsymbol{B}$ のなす角が $\theta=0$ あるいは $\theta=\pi$ のとき，$\sin\theta=0$ であるから $\boldsymbol{A}\times\boldsymbol{B}$ も $\boldsymbol{0}$ となる．たとえば，自分自身とのベクトル積は $\theta=0$ だから

$$\boldsymbol{A}\times\boldsymbol{A} = \boldsymbol{0} \tag{M1.18}$$

である．

### M1.5.2 “右 ね じ”

図 M1.3 a のように，右手の親指，人差し指，中指を広げて

- $\boldsymbol{A}$ を親指，$\boldsymbol{B}$ を人差し指

としよう．中指を自分の方に向けると，$\boldsymbol{A}$ から $\boldsymbol{B}$ への回転が反時計回りなので，手のひらの面が表側となる．中指は手のひらから飛び出す向きだから

- $\boldsymbol{A}\times\boldsymbol{B}$ は中指の方向

となる．

同図 b は“右ねじ”の回転と進行方向を示す．“右ねじ（普通のねじ)”は，ねじ

回しを右回りに回すと前進して締まる．$\boldsymbol{A}\times\boldsymbol{B}$ の向きは，$\boldsymbol{A}$ から $\boldsymbol{B}$ に回転する“右ねじ”が進む方向である． 同じことを図 M1.2 で確かめると，平行四辺形の周囲を回る向きに回転する“右ねじ”が進む方向が $\boldsymbol{A}\times\boldsymbol{B}$ の向きである．

### M1.5.3　基底ベクトルのベクトル積，ベクトル積の成分表示，右手系

$xyz$ 座標系は，右手の親指，人差し指，中指の順に $x$，$y$，$z$ 軸を設定するとき**右手系**という．たとえば，基底ベクトル $\boldsymbol{e}_x$ から $\boldsymbol{e}_y$ へ“右ねじ”を回すと $\boldsymbol{e}_z$ の向きに進む．こうして，右手系の基底ベクトルのベクトル積は

$$\boldsymbol{e}_x\times\boldsymbol{e}_y = \boldsymbol{e}_z\,,\qquad \boldsymbol{e}_y\times\boldsymbol{e}_z = \boldsymbol{e}_x\,,\qquad \boldsymbol{e}_z\times\boldsymbol{e}_x = \boldsymbol{e}_y \tag{M1.19}$$

$$\boldsymbol{e}_x\times\boldsymbol{e}_x = \boldsymbol{0}\,,\qquad \boldsymbol{e}_y\times\boldsymbol{e}_y = \boldsymbol{0}\,,\qquad \boldsymbol{e}_z\times\boldsymbol{e}_z = \boldsymbol{0} \tag{M1.20}$$

である．この性質と

$$\boldsymbol{e}_y\times\boldsymbol{e}_x = -\boldsymbol{e}_z\,,\qquad \boldsymbol{e}_z\times\boldsymbol{e}_y = -\boldsymbol{e}_x\,,\qquad \boldsymbol{e}_x\times\boldsymbol{e}_z = -\boldsymbol{e}_y \tag{M1.21}$$

を用いると，成分で表したベクトル積は

$$\begin{aligned}\boldsymbol{A}\times\boldsymbol{B} &= (A_x\,\boldsymbol{e}_x + A_y\,\boldsymbol{e}_y + A_z\,\boldsymbol{e}_z)\times(B_x\,\boldsymbol{e}_x + B_y\,\boldsymbol{e}_y + B_z\,\boldsymbol{e}_z)\\ &= A_xB_y(\boldsymbol{e}_x\times\boldsymbol{e}_y) + A_yB_x(\boldsymbol{e}_y\times\boldsymbol{e}_x) + \cdots\\ &= (A_yB_z - A_zB_y)\,\boldsymbol{e}_x + (A_zB_x - A_xB_z)\,\boldsymbol{e}_y + (A_xB_y - A_yB_x)\,\boldsymbol{e}_z\end{aligned} \tag{M1.22}$$

となる．

　これらの成分は，行列式の定義を念頭に

$$\begin{aligned}\boldsymbol{A}\times\boldsymbol{B} &= \begin{Vmatrix} A_y & A_z \\ B_y & B_z \end{Vmatrix}\boldsymbol{e}_x + \begin{Vmatrix} A_z & A_x \\ B_z & B_x \end{Vmatrix}\boldsymbol{e}_y + \begin{Vmatrix} A_x & A_y \\ B_x & B_y \end{Vmatrix}\boldsymbol{e}_z\\ &= \begin{Vmatrix} \boldsymbol{e}_x & \boldsymbol{e}_y & \boldsymbol{e}_z \\ A_x & A_y & A_z \\ B_x & B_y & B_z \end{Vmatrix}\end{aligned} \tag{M1.23}$$

と書いて，2 行目の式のように 3×3 の行列式の計算法を適用した表現で記憶する方法がある．だが，3×3 の 1 行目 $\boldsymbol{e}_x$，$\boldsymbol{e}_y$，$\boldsymbol{e}_z$ だけがベクトルで，他の要素はスカラーだから，これは行列式ではない．

### M1.5.4　例

　式 M1.13 と式 M1.14 の $\boldsymbol{r}$ と $\boldsymbol{t}$ のベクトル積は，$\boldsymbol{e}_x\times\boldsymbol{e}_y=-\boldsymbol{e}_y\times\boldsymbol{e}_x=\boldsymbol{e}_z$ だから

$$\begin{aligned}\boldsymbol{r}\times\boldsymbol{t} &= (r\cos\theta\,\boldsymbol{e}_x + r\sin\theta\,\boldsymbol{e}_y)\times(-\sin\theta\,\boldsymbol{e}_x + \cos\theta\,\boldsymbol{e}_y)\\ &= r\cos^2\theta(\boldsymbol{e}_x\times\boldsymbol{e}_y) - r\sin^2\theta(\boldsymbol{e}_y\times\boldsymbol{e}_x) = r\,\boldsymbol{e}_z\end{aligned}\qquad\text{(M1.24)}$$

となり，$z$ 軸方向を向き，大きさが $r=|\boldsymbol{r}|$ のベクトルである（各自で計算により確認せよ）．これを幾何学的に説明しよう．まず，$\boldsymbol{r}$ と $\boldsymbol{t}$ が直交するので，平行四辺形は長方形となり，その面積は

$$|\boldsymbol{r}||\boldsymbol{t}| = r\cdot 1 = r \qquad\text{(M1.25)}$$

である．$\boldsymbol{r}$ と $\boldsymbol{t}$ が共に $xy$ 平面上にあり，$\boldsymbol{r}$ を反時計回りに 90° 回転すると $\boldsymbol{t}$ の方向になるから，この回転により“右ねじ”は $z$ 軸正方向に進む．

### M1.5.5 メ　モ

ベクトル積も，スカラー積と同様に，物理的に異なる種類のベクトルに対して実行される．たとえば，回転中心を原点として，$\boldsymbol{r}$ の位置に力 $\boldsymbol{F}$ が加わったときのトルク（力のモーメント）$\boldsymbol{N}$ は

$$\boldsymbol{N} = \boldsymbol{r}\times\boldsymbol{F} \qquad\text{(M1.26)}$$

である（“物理学入門 I. 力学”, § 9.3.3）．

# M2 微分と近似, ∇

## M2.1 関数 $f(x)$ の近似

### M2.1.1 1次近似, 2次近似

複雑な式で表された状況について概略を知りたいことがある．そのとき，もとの式 $f(x)$ を

$$f(x) \approx a_0 + a_1 x \qquad \text{あるいは} \qquad f(x) \approx a_0 + a_1 x + a_2 x^2 \qquad\text{(M2.1)}$$

のように，次数の低い多項式で近似することができれば，状況の推定が容易になる．変数 $x$ の全域にわたる近似は無理だとしても，関数が滑らかに変化するなら $|x|$ の小さな範囲ではこの近似が有効である．

式 M2.1 の各係数は，その両辺を微分して比較すると

$$f(0) = a_0, \qquad \left.\frac{\mathrm{d}f}{\mathrm{d}x}\right|_0 = f'(0) = a_1, \qquad \left.\frac{\mathrm{d}^2 f}{\mathrm{d}x^2}\right|_0 = f''(0) = 2a_2 \qquad\text{(M2.2)}$$

となる．この事情は，マクローリン展開として学んだ（“I. 力学”，§15.1）．

もとの関数のグラフが曲線のとき，関数の変化を接線で近似するのが式 M2.1 の 1 次近似であり，さらに放物線すなわち 2 次曲線を加えて曲がり方まで含めて近似するのが 2 次近似である．

### M2.1.2　例

$s$ を任意の実数として，次の近似式

$$(1+x)^s \approx 1+sx+\frac{1}{2}s(s-1)x^2 \approx 1+sx \tag{M2.3}$$

が多用される．本書では

$$\frac{1}{1+x} = (1+x)^{-1} \approx 1-x+x^2 \approx 1-x \tag{M2.4}$$

$$\sqrt{1+x} = (1+x)^{1/2} \approx 1+\frac{1}{2}x-\frac{x^2}{8} \approx 1+\frac{1}{2}x \tag{M2.5}$$

$$\sqrt{1+x^2} = (1+x^2)^{1/2} \approx 1+\frac{1}{2}x^2 \tag{M2.6}$$

など（その多くは 1 次近似）を用いる．

これらを組合わせて利用するときは，必要とする次数の項を漏れなく拾い上げるように注意する．以下の例を参照せよ．

$$(1+x+x^2)^{1/2} \approx 1+\frac{1}{2}(x+x^2)-\frac{1}{8}(x+x^2)^2 \approx 1+\frac{1}{2}x+\frac{3}{8}x^2 \tag{M2.7}$$

$$\frac{(1+x)^{3/2}}{(1+x+x^2)^{1/2}} \approx \left(1+\frac{3}{2}x+\frac{3}{8}x^2\right)\left(1-\frac{1}{2}x-\frac{1}{8}x^2\right) \approx 1+x-\frac{x^2}{2} \tag{M2.8}$$

## M2.2　$f(x,y,z)$ の偏微分と $\nabla$

### M2.2.1　偏　微　分

滑らかな 3 変数関数 $f(x,y,z)$ を考える．$f(x,y,z)$ を $x$ について（他の変数は定数として）微分する操作

$$\frac{\partial f}{\partial x} = \lim_{\Delta x\to 0}\frac{f(x+\Delta x,y,z)-f(x,y,z)}{\Delta x} \tag{M2.9}$$

を，$x$ についての偏微分という．$\partial f/\partial x$ は，3 次元空間内を $x$ 軸方向に移動したときに，関数値が変化する速さを与える．$\partial f/\partial x$ は，正確には偏微分係数といい，その値

が $x$，$y$，$z$ により変化することに注目するとき偏導関数ともいう．本書では簡略化して，$\partial f/\partial x$ などを偏微分ということにする．$\partial f/\partial x$ を $f_x$ と書くこともあるが本書ではこの記法を用いない（下付きの記号は，p.258 以降で $\partial f/\partial x$ の点 $(a, b, c)$ における値を $\partial f/\partial x|_{(a,b,c)}$ と書くときに用いる）．

2 変数関数の様子を可視化するには

- $z$ 軸に関数値をとり $z=f(x,y)$ のグラフ（曲面）の鳥観図を描く方法
- $xy$ 平面上に $f(x,y)=c$ で決まる曲線すなわち“等高線”を描き，さらに $c$ の値を変えて等高線群を描く方法

がある．等高線は，$z=f(x,y)$ のグラフの曲面と，高さ $c$ の平面 $z=c$ の交線を $xy$ 平面に投影したものである．

3 変数関数の場合，$f(x,y,z)=c$ で決まるのは“等高面”だが，その様子を紙面に表現するのは難しい．

以下で“等高線群”あるいは“等高面群”というとき，関数値を等間隔に変えたものとする．

### M2.2.2 接平面とその傾斜

1 変数関数のグラフの曲線を接線で近似するのと同様に，滑らかな 2 変数関数のグラフの曲面を“接平面”で近似する．

グラフが平面のとき等高線は直線であり，その等高線群は平行で等間隔の直線群になる．曲面の等高線は曲線だが，狭い範囲に注目すれば曲面をその接平面で近似することができるので，その等高線群は平行な直線群に近づく．

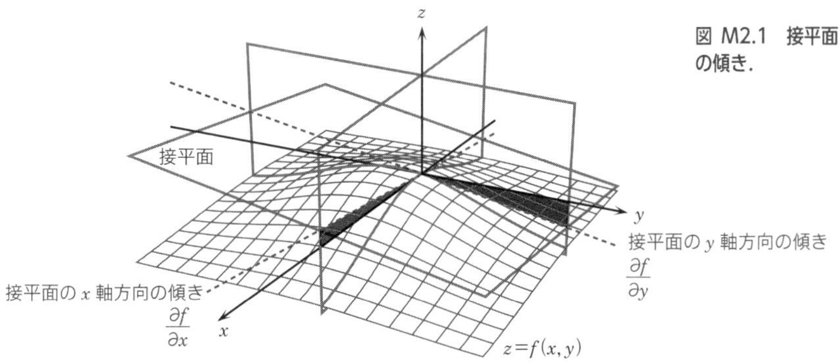


図 M2.1　接平面の傾き．

図 M2.1 のように，接平面の $x$ 軸方向と $y$ 軸方向の傾きが $\partial f/\partial x$ と $\partial f/\partial y$ になる．これは 1 変数関数の微分が接線の傾きを与えるのと同様である．

### M2.2.3 等高線群と最大傾斜の方向

等高線群が平行な直線ならば，等高線と垂直な方向に移動するとき隣りの等高線までの距離が最短になる．どの向きに移動しても隣の等高線とは関数値の差が一定だから，垂直に移動するときに最も傾斜（関数値の変化の速さ）が大きい．したがって，等高線と垂直な方向は，最大の傾斜の方向である．

次項からは，3 変数関数の場合について微分法により最大傾斜の大きさと方向を求める手順を示す．

### M2.2.4 3 次元の微分演算子 ∇

3 変数の 1 次関数は

$$f(x,y,z) = Ax + By + Cz + D \qquad \text{(M2.10)}$$

と表される．この関数の各座標軸方向の傾斜（変化の速さ）は

$$\frac{\partial f}{\partial x} = A\,, \qquad \frac{\partial f}{\partial y} = B\,, \qquad \frac{\partial f}{\partial z} = C \qquad \text{(M2.11)}$$

となり，どの方向についても傾斜が一定である．したがって，$\boldsymbol{r}=(x,y,z)$ と $\boldsymbol{r}+\Delta\boldsymbol{r}=(x+\Delta x, y+\Delta y, z+\Delta z)$ における関数値の差は

$$\begin{aligned}\Delta f &= f(\boldsymbol{r}+\Delta\boldsymbol{r}) - f(\boldsymbol{r}) = A\,\Delta x + B\,\Delta y + C\,\Delta z \\ &= \frac{\partial f}{\partial x}\Delta x + \frac{\partial f}{\partial y}\Delta y + \frac{\partial f}{\partial z}\Delta z \qquad \text{(M2.12)}\end{aligned}$$

となる．

滑らかな関数については，微小な領域で 1 次関数とみなせるから，式 M2.12 と同様に，関数値の微小な変化が

$$\begin{aligned}\mathrm{d}f &= \frac{\partial f}{\partial x}\mathrm{d}x + \frac{\partial f}{\partial y}\mathrm{d}y + \frac{\partial f}{\partial z}\mathrm{d}z \\ &= \left(\frac{\partial f}{\partial x}\boldsymbol{e}_x + \frac{\partial f}{\partial y}\boldsymbol{e}_y + \frac{\partial f}{\partial z}\boldsymbol{e}_z\right)\cdot(\mathrm{d}x\,\boldsymbol{e}_x + \mathrm{d}y\,\boldsymbol{e}_y + \mathrm{d}z\,\boldsymbol{e}_z) \qquad \text{(M2.13)}\end{aligned}$$

と表される．2 行目の式は，ベクトルのスカラー積を用いた表現である．ここで

$$\boldsymbol{\nabla} f = \frac{\partial f}{\partial x}\boldsymbol{e}_x + \frac{\partial f}{\partial y}\boldsymbol{e}_y + \frac{\partial f}{\partial z}\boldsymbol{e}_z\,, \qquad \mathrm{d}\boldsymbol{r} = \mathrm{d}x\,\boldsymbol{e}_x + \mathrm{d}y\,\boldsymbol{e}_y + \mathrm{d}z\,\boldsymbol{e}_z \qquad \text{(M2.14)}$$

と書くと，式 M2.13 は

$$df = \nabla f \cdot d\boldsymbol{r} \tag{M2.15}$$

と表され，1 変数の微分の関係 $df = (df/dx)dx$ と似た表現になる．

∇ はナブラと読み，3 次元の微分演算子である．$\nabla f$ は $\mathbf{grad}\, f$ とも書き，$f$ の**勾配**という．2 変数のときは $\nabla f = (\partial f/\partial x)\, \boldsymbol{e}_x + (\partial f/\partial y)\, \boldsymbol{e}_y$ とする．

微分演算子としての ∇ の使いかたは 1 変数の $d/dx$ と同様である．たとえば，$a$ と $b$ を定数，$f$ と $g$ を 2 変数あるいは 3 変数の関数として

$$\frac{\partial}{\partial x}(af + bg) = a\frac{\partial f}{\partial x} + b\frac{\partial g}{\partial x} \quad \Rightarrow \quad \nabla(af + bg) = a\,\nabla f + b\,\nabla g \tag{M2.16}$$

また

$$\frac{\partial}{\partial x}(fg) = g\frac{\partial f}{\partial x} + f\frac{\partial g}{\partial x} \quad \Rightarrow \quad \nabla(fg) = g\,\nabla f + f\,\nabla g \tag{M2.17}$$

などが成り立つ（各自で確認せよ）．

### M2.2.5 ∇$f$ の向きと大きさ

$\nabla f$ は，向きが関数値の最大傾斜の向きとなり，大きさが最大傾斜の値に等しいことは §3.5.2 で調べた．

### M2.2.6 例：$f(r)$ の ∇$f$

原点からの距離 $r$ だけの関数 $f(r)$ を考える．$f(r)$ の等高面は原点を中心とする球面となる．したがって $\nabla f$ の向きは球の半径方向となり，$\nabla f$ の大きさは半径方向の微分 $(df/dr)$ で与えられる．これを計算で確認しよう．$f(r)$ が $r(x, y, z) = \sqrt{x^2 + y^2 + z^2}$ を介して 3 変数関数となるから

$$\frac{\partial f}{\partial x} = \lim_{\Delta x \to 0} \frac{f(r + \Delta r) - f(r)}{\Delta x} = \lim_{\Delta x \to 0}\left[\frac{f(r + \Delta r) - f(r)}{\Delta r}\,\frac{\Delta r}{\Delta x}\right] \tag{M2.18}$$

であり

$$\lim_{\Delta x \to 0}\frac{\Delta r}{\Delta x} = \frac{\partial r}{\partial x} = \frac{\partial}{\partial x}\sqrt{x^2 + y^2 + z^2} = \frac{2x}{2\sqrt{x^2 + y^2 + z^2}} = \frac{x}{r} \tag{M2.19}$$

したがって

$$\frac{\partial f}{\partial x} = \frac{df}{dr}\,\frac{x}{r} \tag{M2.20}$$

となる．他の成分も同様に計算できるので

$$\nabla f = \frac{\mathrm{d}f}{\mathrm{d}r}\left(\frac{x}{r}\boldsymbol{e}_x + \frac{y}{r}\boldsymbol{e}_y + \frac{z}{r}\boldsymbol{e}_z\right) = \frac{\mathrm{d}f}{\mathrm{d}r}\left(\frac{x\,\boldsymbol{e}_x + y\,\boldsymbol{e}_y + z\,\boldsymbol{e}_z}{r}\right) = \frac{\mathrm{d}f}{\mathrm{d}r}\left(\frac{\boldsymbol{r}}{r}\right) \tag{M2.21}$$

を得る．

応用として，関数が $f(r)\,g(x,y,z)$ のとき，式 M2.17 から

$$\nabla(fg) = f\,\nabla g + g\,\nabla f = f\,\nabla g + g\,\frac{\mathrm{d}f}{\mathrm{d}r}\left(\frac{\boldsymbol{r}}{r}\right) \tag{M2.22}$$

である．

### M2.2.7 平均値の定理

3 変数の関数でも，1 変数関数の場合と同様に，微分形の平均値の定理が成り立つ．たとえば，$x$ 方向の偏微分について

$$f(x+\Delta x, y, z) - f(x, y, z) \approx \left.\frac{\partial f}{\partial x}\right|_{(x_\mathrm{c}, y, z)} \Delta x \tag{M2.23}$$

となる $x_\mathrm{c}$ が区間 $[x, x+\Delta x]$ 内に存在する．ここで，$\partial f/\partial x|_{(x_\mathrm{c},y,z)}$ は，$(x_\mathrm{c}, y, z)$ における $\partial f/\partial x$ の値を表す．$x_\mathrm{c}$ は，存在することが保証されているが，その値は具体的な関数の形と区間を決めない限り決まらない．しかし，$\Delta x$ が小さければ，$x_\mathrm{c}$ の代わりに区間の左端の $x$ を用いた近似式

$$f(x+\Delta x, y, z) - f(x, y, z) \approx \left.\frac{\partial f}{\partial x}\right|_{(x, y, z)} \Delta x \tag{M2.24}$$

が成り立ち，$\Delta x \to 0$ の極限で厳密な式（偏微分の定義式）となる．

### M2.2.8 2 階偏微分

2 階偏微分 $\partial^2 f/\partial x^2$ は，1 変数の 2 階微分と同様に，関数の $x$ 方向の曲がり方を与える．一方

$$\frac{\partial^2 f}{\partial x\,\partial y} = \frac{\partial}{\partial x}\frac{\partial f}{\partial y} \tag{M2.25}$$

は，“$y$ 方向の傾き $\partial f/\partial y$ が，$x$ 方向への移動により変化する速さ”，すなわち関数の

グラフの曲面の“ねじれ”を与える．綱渡りのロープ（$x$ 方向）をバランス棒（$y$ 方向）をもって移動する様子を想定するとイメージが湧くだろう．

関数 $f$ が滑らかなとき

$$\frac{\partial^2 f}{\partial x\,\partial y} = \frac{\partial^2 f}{\partial y\,\partial x} \tag{M2.26}$$

という関係が成り立ち*，頻繁に利用される．

## M2.3 $f(x, y, z)$ の極値とラプラス方程式

### M2.3.1 $f(x)$ の極値と 2 次多項式による近似

1 変数関数 $f(x)$ が原点で極値をもつとする．極値の性質に注目しているとき，関数値は有限ならばどのような値でもよいのだから，$f(0)=0$ としよう．さらに，極値の両側では傾斜の符号が異なるので原点で $f'(0)=\mathrm{d}f/\mathrm{d}x|_0=0$ となる．そうすると，$f(x)$ のマクローリン展開は定数項と 1 次項が 0 となり

$$f(x) = f(0) + \left.\frac{\mathrm{d}f}{\mathrm{d}x}\right|_0 x + \frac{1}{2}\left.\frac{\mathrm{d}^2 f}{\mathrm{d}x^2}\right|_0 x^2 + \cdots \approx \frac{1}{2}\left.\frac{\mathrm{d}^2 f}{\mathrm{d}x^2}\right|_0 x^2 \tag{M.2.27}$$

すなわち，極値をもつ $f(x)$ の最も粗い多項式近似は 2 次式となる．$\mathrm{d}^2 f/\mathrm{d}x^2|_0<0$ のとき極大，$\mathrm{d}^2 f/\mathrm{d}x^2|_0>0$ のとき極小である．$\mathrm{d}^2 f/\mathrm{d}x^2|_0=0$ のときは，より高次の項まで調べる必要がある．

### M2.3.2 $f(x, y, z)$ の 2 次多項式による近似

3 変数関数 $f(x, y, z)$ が原点で極値をもつとする．1 変数の場合と同様に，原点で $f(0, 0, 0)=0$ としても支障がない．極大（小）は“そこからどの方向に移動しても関数値が小さくなる（大きくなる）位置”である．特に，どの座標軸の方向についても，原点の両側で傾斜の符号が反転するから，極値をとる原点では $\partial f/\partial x|_{(0,0,0)}=$

---

* $$\begin{aligned}\frac{\partial}{\partial x}\frac{\partial f}{\partial y} &\approx \frac{1}{\Delta x}\left(\left.\frac{\partial f}{\partial y}\right|_{(x+\Delta x,y)} - \left.\frac{\partial f}{\partial y}\right|_{(x,y)}\right)\\
&\approx \frac{1}{\Delta x}\left[\frac{1}{\Delta y}\Big(f(x+\Delta x, y+\Delta y) - f(x+\Delta x, y)\Big) - \frac{1}{\Delta y}\Big(f(x, y+\Delta y) - f(x, y)\Big)\right]\\
&= \frac{1}{\Delta x\,\Delta y}\Big[f(x+\Delta x, y+\Delta y) - f(x+\Delta x, y) - f(x, y+\Delta y) + f(x, y)\Big]\\
&= \frac{1}{\Delta y}\left[\frac{1}{\Delta x}\Big(f(x+\Delta x, y+\Delta y) - f(x, y+\Delta y)\Big) - \frac{1}{\Delta x}\Big(f(x+\Delta x, y) - f(x, y)\Big)\right]\\
&\approx \frac{\partial}{\partial y}\frac{\partial f}{\partial x}\end{aligned}$$

$\partial f/\partial y|_{(0,0,0)} = \partial f/\partial z|_{(0,0,0)} = 0$ となる必要があり，$f(x, y, z)$ を多項式の形に展開したとき，定数項と 1 次の項（式 M2.10）がすべて 0 となる．したがって，原点付近では，$f(x, y, z)$ は最も粗い近似で

$$f(x, y, z) \approx (a_{xx}x^2 + a_{yy}y^2 + a_{zz}z^2) + 2(a_{xy}xy + a_{yz}yz + a_{zx}zx) \qquad \text{(M2.28)}$$

となる（右辺の 2 番目の項すなわち交差項の因子 2 は，後出の式を簡単にするために付した）．

次項以降で，まず式 M2.28 の交差項の取扱いを論じ，その後に係数を偏微分で表すことにする．

### M2.3.3　$f(x, y, z)$ の極値：式 M2.28 の交差項が 0 の場合

このとき

$$f(x, y, z) = a_{xx}x^2 + a_{yy}y^2 + a_{zz}z^2 \qquad \text{(M2.29)}$$

である．原点が $f(0, 0, 0) = 0$ の極値のときは，原点からどの方向に進んでも $f(x, y, z)$ が正（極小）あるいは負（極大）となるので，係数 $a_{xx}$，$a_{yy}$，$a_{zz}$ はすべて同符号でなければならない．一方

$$a_{xx} + a_{yy} + a_{zz} = 0 \qquad \text{(M2.30)}$$

のときは，異符号の係数が混在することになり，進む方向により正負が異なるので極値にはならない．

### M2.3.4　$f(x, y, z)$ の極値：式 M2.28 の交差項が 0 でない場合

線形代数学で学ぶ**主軸変換**（2 次形式の標準形を求める座標変換）により，座標軸を回転して交差項を 0 にすることができる（線形代数学の教科書を参照せよ）．以下にその手順の概略を示す．ここでは

$$\boldsymbol{r} = \begin{pmatrix} x \\ y \\ z \end{pmatrix}, \qquad \boldsymbol{r}^{\mathsf{T}} = (x, y, z), \qquad \boldsymbol{A} = \begin{pmatrix} a_{xx} & a_{xy} & a_{xz} \\ a_{yx} & a_{yy} & a_{yz} \\ a_{zx} & a_{zy} & a_{zz} \end{pmatrix} \qquad \text{(M2.31)}$$

として（T は転置を表す），式 M2.28 を行列で表示すると

$$f(x, y, z) = (x, y, z)\begin{pmatrix} a_{xx} & a_{xy} & a_{xz} \\ a_{yx} & a_{yy} & a_{yz} \\ a_{zx} & a_{zy} & a_{zz} \end{pmatrix}\begin{pmatrix} x \\ y \\ z \end{pmatrix} = \boldsymbol{r}^{\mathsf{T}}\boldsymbol{A}\boldsymbol{r} \qquad \text{(M2.32)}$$

である．$\boldsymbol{A}$ は係数行列とよばれる．

$\boldsymbol{A}$ はすべての要素が実数の対称行列であり（$a_{yx} = a_{xy}$，$a_{yz} = a_{zy}$，$a_{zx} = a_{xz}$），$\boldsymbol{A}$ の固

有ベクトルは互いに直交する．$xyz$ 座標系を回転し，固有ベクトルを新しい座標軸と一致させて $x'y'z'$ 座標系とする．この座標変換（直交変換）を表す行列を $\boldsymbol{R}$ とすると，$\boldsymbol{A}$ が対角行列 $\widetilde{\boldsymbol{A}}$

$$\widetilde{\boldsymbol{A}} = \boldsymbol{R}\boldsymbol{A}\boldsymbol{R}^{-1} = \begin{pmatrix} \widetilde{a}_{xx} & 0 & 0 \\ 0 & \widetilde{a}_{yy} & 0 \\ 0 & 0 & \widetilde{a}_{zz} \end{pmatrix} \qquad \text{(M2.33)}$$

に変わる．直交変換の行列 $\boldsymbol{R}$ は転置行列 $\boldsymbol{R}^{\mathsf{T}}$ と逆行列 $\boldsymbol{R}^{-1}$ が等しいから

$$\boldsymbol{r}' = \begin{pmatrix} x' \\ y' \\ z' \end{pmatrix} = \boldsymbol{R}\boldsymbol{r}, \qquad \boldsymbol{r}'^{\mathsf{T}} = \boldsymbol{r}^{\mathsf{T}}\boldsymbol{R}^{\mathsf{T}} = \boldsymbol{r}^{\mathsf{T}}\boldsymbol{R}^{-1} = (x', y', z')$$

として，式 M2.32 は

$$f(x,y,z) = \boldsymbol{r}^{\mathsf{T}}\boldsymbol{A}\boldsymbol{r} = \boldsymbol{r}'^{\mathsf{T}}\widetilde{\boldsymbol{A}}\boldsymbol{r}' = \widetilde{a}_{xx}x'^2 + \widetilde{a}_{yy}y'^2 + \widetilde{a}_{zz}z'^2 \qquad \text{(M2.34)}$$

となり“交差項が 0”の場合に帰着する．

次に，行列の積について対角和（トレース）をとるとき，積の順序を変えても値が変わらないから

$$\mathrm{tr}(\widetilde{\boldsymbol{A}}) = \mathrm{tr}(\boldsymbol{R}\boldsymbol{A}\boldsymbol{R}^{-1}) = \mathrm{tr}(\boldsymbol{A}\boldsymbol{R}\boldsymbol{R}^{-1}) = \mathrm{tr}(\boldsymbol{A}) \qquad \text{(M2.35)}$$

したがって

$$\widetilde{a}_{xx} + \widetilde{a}_{yy} + \widetilde{a}_{zz} = a_{xx} + a_{yy} + a_{zz} \qquad \text{(M2.36)}$$

である．こうして，一般に係数行列 $\boldsymbol{A}$ の対角和が 0 のとき極値にはならない．すなわち

$$\begin{aligned} f(x,y,z) \approx\ & a_{xx}(x-x_0)^2 + a_{yy}(y-y_0)^2 + a_{zz}(z-z_0)^2 \\ & + 2[a_{xy}(x-x_0)(y-y_0) + \cdots] \end{aligned} \qquad \text{(M2.37)}$$

と近似したとき，式 M2.30 が成り立てば，点 $(x_0, y_0, z_0)$ において極値にならない．

### M2.3.5 ラプラス方程式と極値

式 M2.29 の両辺の 2 階偏微分を求めると

$$a_{xx} = \frac{1}{2}\left(\frac{\partial^2 f}{\partial x^2}\right), \qquad a_{yy} = \frac{1}{2}\left(\frac{\partial^2 f}{\partial y^2}\right), \qquad a_{zz} = \frac{1}{2}\left(\frac{\partial^2 f}{\partial z^2}\right) \qquad \text{(M2.38)}$$

となるから，式 M2.30 の代わりに

$$\frac{\partial^2 f}{\partial x^2}+\frac{\partial^2 f}{\partial y^2}+\frac{\partial^2 f}{\partial z^2} = 0 \tag{M2.39}$$

となるとき極値ではないことがわかる．すなわち，式 M2.39（ラプラス方程式，§5.5）が成り立つ領域の内部には極値が存在しない．

## M3 ベクトルの微分

本節では 3 次元の微分演算を表す $\nabla$ の使いかた，特に $\nabla\times$ という演算について紹介する．より詳しくは“ベクトル解析”という分野の学習が必要になる．

### M3.1 ナブラ，∇

式 M2.14 の

$$\nabla f = \frac{\partial f}{\partial x}\boldsymbol{e}_x+\frac{\partial f}{\partial y}\boldsymbol{e}_y+\frac{\partial f}{\partial z}\boldsymbol{e}_z \tag{M3.1}$$

において

$$\nabla = \boldsymbol{e}_x\frac{\partial}{\partial x}+\boldsymbol{e}_y\frac{\partial}{\partial y}+\boldsymbol{e}_z\frac{\partial}{\partial z} \tag{M3.2}$$

は 3 次元の微分演算を表し，スカラー関数 $f$ からベクトル $\nabla f$ がつくられた．

ベクトル関数 $\boldsymbol{F}=F_x\boldsymbol{e}_x+F_y\boldsymbol{e}_y+F_z\boldsymbol{e}_z$ の微分として，本文で $\nabla\cdot\boldsymbol{F}$ と $\nabla\times\boldsymbol{F}$ を導入した．これらの記号は $\nabla$ をベクトルのように扱い，形式的に $\boldsymbol{F}$ とのスカラー積をつくる演算

$$\begin{aligned}\nabla\cdot\boldsymbol{F} &= \left(\boldsymbol{e}_x\frac{\partial}{\partial x}+\boldsymbol{e}_y\frac{\partial}{\partial y}+\boldsymbol{e}_z\frac{\partial}{\partial z}\right)\cdot(F_x\boldsymbol{e}_x+F_y\boldsymbol{e}_y+F_z\boldsymbol{e}_z)\\ &= \frac{\partial F_x}{\partial x}+\frac{\partial F_y}{\partial y}+\frac{\partial F_z}{\partial z}\end{aligned} \tag{M3.3}$$

また，ベクトル積をつくる形の演算

$$\begin{aligned}\nabla\times\boldsymbol{F} &= \begin{Vmatrix}\boldsymbol{e}_x & \boldsymbol{e}_y & \boldsymbol{e}_z\\ \dfrac{\partial}{\partial x} & \dfrac{\partial}{\partial y} & \dfrac{\partial}{\partial z}\\ F_x & F_y & F_z\end{Vmatrix}\\ &= \left(\frac{\partial F_z}{\partial y}-\frac{\partial F_y}{\partial z}\right)\boldsymbol{e}_x+\left(\frac{\partial F_x}{\partial z}-\frac{\partial F_z}{\partial x}\right)\boldsymbol{e}_y+\left(\frac{\partial F_y}{\partial x}-\frac{\partial F_x}{\partial y}\right)\boldsymbol{e}_z\end{aligned} \tag{M3.4}$$

を表すものであった.

$\nabla\cdot\boldsymbol{F}$ と $\nabla\times\boldsymbol{F}$ は，共にベクトル場の性質を抽出する微分演算である．本文では，電場 $\boldsymbol{E}$ に対し $\nabla\cdot\boldsymbol{E}$ はその湧き出し・吸い込みを与えるというように，可視化して理解した．$\nabla\times$ も，ベクトル場の性質を抽出する操作として，次節で紹介するような直観的・可視的な把握が可能である.

## M3.2 $\nabla\times\boldsymbol{F}$

### M3.2.1 “ずれ” をもつ流れ

$\boldsymbol{F}$ を “流れの速度” としてイメージしよう．図 M3.1 a の↓と↑は $xy$ 平面内の流速

$$\boldsymbol{F} = \boldsymbol{F}_1 = x\,\boldsymbol{e}_y \qquad \text{(M3.5)}$$

を表す．図から明らかなように，“観測点が $x$ 軸正方向に移動すると移動方向に垂直な $y$ 軸正方向の流速が増加” し，“$x$ 軸負方向に移動すれば $y$ 軸負方向の流速が増加する” 流れである．$x=0$ の位置で観察すると，左右で流れの向きが逆である．$x\neq0$ の位置でも，流れに乗って観察すれば，やはり左右が逆向きの流れになる．このように，流れが相対的に逆向きになるとき，流速に “ずれがある” ということにしよう．“ずれ” の大きさは $\partial F_y/\partial x$ により評価することができる．式 M3.5 の $\boldsymbol{F}=\boldsymbol{F}_1$ は全域で

$$\frac{\partial F_y}{\partial x} = 1 \qquad \text{(M3.6)}$$

となり，一定の “ずれ” がどこにでも存在する.

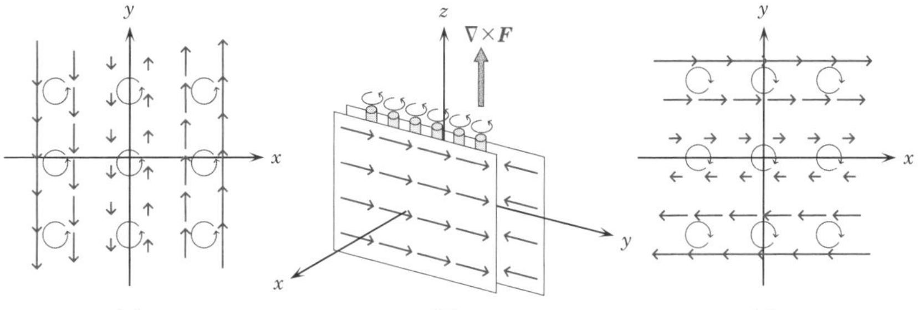


図 M3.1 “ずれ” と “回転”.

### M3.2.2 “ずれ” がひき起こす回転と $\nabla\times\boldsymbol{F}$

図 b には，$\boldsymbol{F}=\boldsymbol{F}_1$ の流れを表すシートを 2 枚描いた．透明なシートを広げてたく

さんの点を描き，シートを移動すると点が流れるように見える．このときシートの移動速度が流れの速度となる．図の手前のシート（$x>0$）は右向きに動き，奥側のシート（$x<0$）は左向きに動く．2 枚のシートの相対運動を見るために，シートの間にストローのような円筒をたくさん挟むと，2 枚のシートが逆向きに移動するので，円筒は ↺ のように回転するだろう．図 a の ↻ は，この回転を $z$ 軸の正方向（上）から見たものである．$\boldsymbol{F}_1$ は $z$ 軸周り反時計方向の回転をひき起こす流れを表す．

一方，図 c の流れ

$$\boldsymbol{F} = \boldsymbol{F}_2 = y\,\boldsymbol{e}_x \tag{M3.7}$$

の“ずれ”

$$\frac{\partial F_x}{\partial y} = 1 \tag{M3.8}$$

がひき起こす回転は，$\boldsymbol{F}_1$ による回転とは（同じ速さだが）逆向きとなる．

ベクトル場

$$\boldsymbol{F}_+ = \boldsymbol{F}_1 + \boldsymbol{F}_2 = y\,\boldsymbol{e}_x + x\,\boldsymbol{e}_y \tag{M3.9}$$

は，同じ速さで逆向きの回転を合わせるから両者が相殺し，正味の回転が 0 となる．これに対して

$$\boldsymbol{F}_- = \boldsymbol{F}_1 - \boldsymbol{F}_2 = -y\,\boldsymbol{e}_x + x\,\boldsymbol{e}_y \tag{M3.10}$$

は同じ向きの回転が加算され，2 倍の速さの回転をひき起こす．

ベクトル場の“回転”を抽出する演算が $\nabla\times\boldsymbol{F}$ である．実際，式 M3.4 を用いると

$$\nabla\times\boldsymbol{F}_+ = \boldsymbol{0} \qquad \text{および} \qquad \nabla\times\boldsymbol{F}_- = 2\boldsymbol{e}_z \tag{M3.11}$$

である（各自で確認せよ）．このようなイメージにより，$\nabla\times\boldsymbol{F}$ をベクトル場 $\boldsymbol{F}$ の回転 **rot** $\boldsymbol{F}$ あるいはベクトル場 $\boldsymbol{F}$ の渦 **curl** $\boldsymbol{F}$ とも記す理由が納得できるだろう．

### M3.2.3　恒　等　式

$\nabla\times$ を含んだ演算の恒等式

$$\nabla\times(\nabla\phi) = \boldsymbol{0} \tag{M3.12}$$

および

$$\nabla\cdot(\nabla\times\boldsymbol{F}) = 0 \tag{M3.13}$$

を考察しよう.

## a. 証　明

式 M3.12 は，微分を計算すれば簡単に示せる．たとえば，左辺の $z$ 成分は

$$\frac{\partial}{\partial x}\left(\frac{\partial \phi}{\partial y}\right)-\frac{\partial}{\partial y}\left(\frac{\partial \phi}{\partial x}\right)=\frac{\partial^2 \phi}{\partial x\,\partial y}-\frac{\partial^2 \phi}{\partial y\,\partial x}=0 \qquad \text{(M3.14)}$$

となり（式 M2.26 を参照），他の成分についても同様に計算できる．

式 M3.13 についても

$$\frac{\partial}{\partial x}\left(\frac{\partial F_z}{\partial y}-\frac{\partial F_y}{\partial z}\right)+\frac{\partial}{\partial y}\left(\frac{\partial F_x}{\partial z}-\frac{\partial F_z}{\partial x}\right)+\frac{\partial}{\partial z}\left(\frac{\partial F_y}{\partial x}-\frac{\partial F_x}{\partial y}\right)$$
$$=\left(\frac{\partial^2 F_x}{\partial y\,\partial z}-\frac{\partial^2 F_x}{\partial z\,\partial y}\right)+\left(-\frac{\partial^2 F_y}{\partial x\,\partial z}+\frac{\partial^2 F_y}{\partial z\,\partial x}\right)+\left(\frac{\partial^2 F_z}{\partial x\,\partial y}-\frac{\partial^2 F_z}{\partial y\,\partial x}\right)=0 \qquad \text{(M3.15)}$$

となり，常に成り立つ式であることが証明される．

## b. イ メ ー ジ

式 M3.12 の幾何学的なイメージを得ようとするとき，$\nabla\phi$ が“$\phi$ の最大傾斜の方向と大きさを表すベクトル”であることが鍵となる．すなわち，ベクトル $\nabla\phi$ の向きは等高面と垂直であり，このベクトルの大きさと，隣り合う等高面の間隔（$\phi$ を等間隔で変えたときの隣り合う等高面の間隔）とが反比例する．微小な領域では勾配を一定とみなせるので，等高面は互いに平行かつ隣り合う等高面が等間隔になり，$\nabla\phi$ は微小領域内で一定のベクトルになる．したがって，$\nabla\phi$ が（相対的に）逆向きになることはない．そうすると“ずれ”がなく“回転”もないので，$\nabla\times(\nabla\phi)=\mathbf{0}$ となる．

式 M3.13 については，例として図 M3.2 の状況を考える．すなわち，静止したブロック A の上にブロック B と C を置き，B と C は同じ速さで逆向きに動く（⇦ と ⇨）とする．↙ と ⇓ および ↗ は，図 M3.1b と同様に，各ブロックの境界面で生じる“回転”を表すベクトルである．たとえば A と B の境界面で発生する回転を $\boldsymbol{G}_{\mathrm{AB}}$ と書いた．

この例でも“回転”の大きさと相対運動の“ずれ”の大きさが比例するから，$\boldsymbol{G}_{\mathrm{AB}}$ と $\boldsymbol{G}_{\mathrm{AC}}$ は同じ大きさで逆向きになる．また $\boldsymbol{G}_{\mathrm{BC}}$ の大きさは $\boldsymbol{G}_{\mathrm{AB}}$ および $\boldsymbol{G}_{\mathrm{AC}}$ の 2 倍となる．一方，図の小さな立方体（A，B，C のすべてにまたがる ）の領域における $\nabla\cdot\boldsymbol{G}$ の体積分は，発散定理により $\boldsymbol{G}_{\mathrm{AB}}$ と $\boldsymbol{G}_{\mathrm{AC}}$ および $\boldsymbol{G}_{\mathrm{BC}}$ の領域表面での面積分

に等しい．ここでは，各面積分が相殺し和が 0 となり

$$\nabla \cdot \boldsymbol{G} = \nabla \cdot (\nabla \times \boldsymbol{F}) = 0 \tag{M3.16}$$

である．

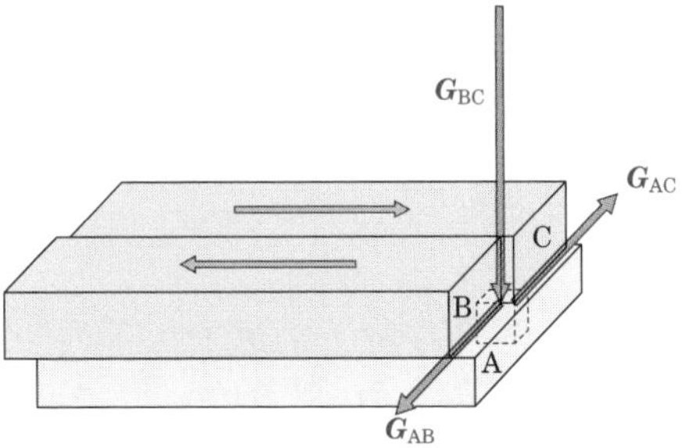


図 M3.2　$\nabla \cdot (\nabla \times \boldsymbol{F}) = 0$.

### M3.2.4　$\nabla \times (\nabla \times \boldsymbol{F})$

$\nabla \times (\nabla \times \boldsymbol{F})$ の $x$ 成分を計算すると

$$\begin{aligned}
\frac{\partial}{\partial y}\left(\frac{\partial F_y}{\partial x} - \frac{\partial F_x}{\partial y}\right) - \frac{\partial}{\partial z}\left(\frac{\partial F_x}{\partial z} - \frac{\partial F_z}{\partial x}\right) &= \left(\frac{\partial^2 F_y}{\partial y\,\partial x} + \frac{\partial^2 F_z}{\partial z\,\partial x}\right) - \left(\frac{\partial^2 F_x}{\partial y^2} + \frac{\partial^2 F_x}{\partial z^2}\right) \\
&= \left(\frac{\partial^2 F_x}{\partial x^2} + \frac{\partial^2 F_y}{\partial x\,\partial y} + \frac{\partial^2 F_z}{\partial x\,\partial z}\right) - \left(\frac{\partial^2 F_x}{\partial x^2} + \frac{\partial^2 F_x}{\partial y^2} + \frac{\partial^2 F_x}{\partial z^2}\right) \\
&= \frac{\partial}{\partial x}(\nabla \cdot \boldsymbol{F}) - \nabla^2 F_x
\end{aligned} \tag{M3.17}$$

となる（2 行目は $\partial^2 F_x/\partial x^2$ を加えて同じものを引き，2 階偏微分の順序を交換した）．他の成分も同様に計算し

$$\begin{aligned}
\nabla \times (\nabla \times \boldsymbol{F}) &= \left(\frac{\partial}{\partial x}(\nabla \cdot \boldsymbol{F}) - \nabla^2 F_x,\ \frac{\partial}{\partial y}(\nabla \cdot \boldsymbol{F}) - \nabla^2 F_y,\ \frac{\partial}{\partial z}(\nabla \cdot \boldsymbol{F}) - \nabla^2 F_z\right) \\
&= \nabla(\nabla \cdot \boldsymbol{F}) - \nabla^2 \boldsymbol{F}
\end{aligned} \tag{M3.18}$$

を得る．

# M4　重積分，線積分，面積分

## M4.1　重積分と累次積分

### M4.1.1　定　積　分

定積分は，微小な量を寄せ集める操作である．1 変数関数 $f(x)$ の場合，積分区間

$[a, b]$ を小区間 $\Delta x$ に分割し，$f(x)\,\Delta x$ を寄せ集め，$\Delta x \to 0$ とした極限を

$$\int_a^b f(x)\,\mathrm{d}x \tag{M4.1}$$

と表す．$f(x)$ の具体的な関数形が与えられたとき，この定積分を解析的に行うには，“微分すると $f(x)$ になる関数” すなわち原始関数を見つければよい．

### M4.1.2　重積分と累次積分

変数の数が増えても，定積分が “微小な量を寄せ集める操作” であることに変わりない．たとえば，体積 $\Delta V$ に含まれる電荷 $\Delta q$ を，電荷密度 $\rho(\boldsymbol{r})$ を用いて表すと $\Delta q = \rho(\boldsymbol{r})\,\Delta V$ であり，これを領域 $V$ にわたって寄せ集め，$\Delta V \to 0$ の極限をとると，$V$ に含まれる全電荷 $q$ が求まる．式で表すと

$$q \;=\; \lim_{\Delta V \to 0} \sum_i \rho(\boldsymbol{r}_i)\,\mathrm{d}V \;=\; \int_V \rho(\boldsymbol{r})\,\mathrm{d}V \;=\; \iiint_V \rho(x, y, z)\,\mathrm{d}x\,\mathrm{d}y\,\mathrm{d}z \tag{M4.2}$$

となる．最後の定積分は，$xyz$ 座標系を用いており，各変数について積分を 3 重に行う．このように多重に行われる積分を**重積分**（**多重積分**）という．

重積分は，コンピューターで数値的に計算する以外には値を求められないこともあるが，1 変数の定積分を繰返して解析的に答えが得られることもある．後者を**累次積分**（**反復積分**）という．

### M4.1.3　面積素片（面積要素）と体積素片（体積要素）

式 M4.2 の最終辺のように，$xyz$ 座標系を用いて積分をするとき微小な直方体 $\mathrm{d}V$（$=\mathrm{d}x\,\mathrm{d}y\,\mathrm{d}z$）を体積素片という．本文中にも例があるが，被積分関数や積分領域の形に対称性があるときは，状況に適した座標系（たとえば極座標系）を用いると積分変数の数が減り計算が簡単になる場合がある．

**面積素片**（面積要素）あるいは**体積素片**（体積要素）は，用いる座標の微小な変化により生じる微小な面積あるいは体積である．図 M4.1 a のように 2 次元極座標を導入し，動径が $r \to r + \mathrm{d}r$，偏角が $\theta \to \theta + \mathrm{d}\theta$ と変化したときの面積素片は，辺の長さが $\mathrm{d}r$ と $r\,\mathrm{d}\theta$ の長方形の面積

$$\mathrm{d}S \;=\; r\,\mathrm{d}r\,\mathrm{d}\theta \tag{M4.3}$$

となる．

また，図 b の 3 次元極座標を導入すると，変数は原点からの距離 $r$，天頂角 $\theta$（$z$ 軸

から降りて来る角度)，方位角 $\varphi$ ($xy$ 面内の角度) であるが，各変数の微小な変化に伴い生じる体積素片は，辺の長さが $\mathrm{d}r$，$r\,\mathrm{d}\theta$，$r\sin\theta\,\mathrm{d}\varphi$ の直方体の体積

$$\mathrm{d}V = r^2 \sin\theta\,\mathrm{d}r\,\mathrm{d}\theta\,\mathrm{d}\varphi \tag{M4.4}$$

となる．積分する対象が球対称の場合は変数が $r$ だけになるので，体積素片は $\theta$ と $\varphi$ による積分を独立に実行し

$$\mathrm{d}V = r^2\,\mathrm{d}r\int_0^{\pi}\sin\theta\,\mathrm{d}\theta\int_0^{2\pi}\mathrm{d}\varphi \quad\Rightarrow\quad \mathrm{d}V = 4\pi r^2\,\mathrm{d}r \tag{M4.5}$$

である．

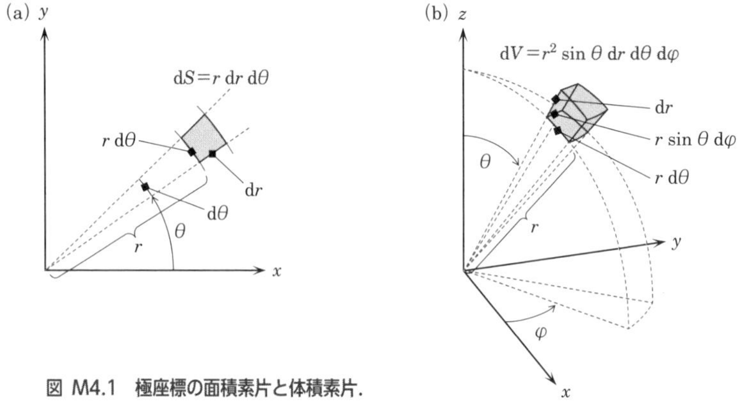


**図 M4.1　極座標の面積素片と体積素片．**

## M4.2　ベクトルの線積分

3 次元（あるいは 2 次元）空間内の曲線上を移動しながら，その曲線の線素片（線素，曲線上の微小な部分の長さ）に，積分の対象となる量を乗じて寄せ集める操作がある．この定積分を**線積分**という．

### M4.2.1　ベクトルの線積分

本文中の線積分は，電場あるいは磁場のようなベクトルの線積分である．また，力学で仕事の定義を学んだときに用いられた積分もそれである（“I. 力学”，§8.3）．ベクトルの線積分は，経路 C 上の点 $\boldsymbol{r}$ から $\boldsymbol{r}+\mathrm{d}\boldsymbol{r}$ までの微小な変位 $\mathrm{d}\boldsymbol{r}$ と，その位置のベクトル $\boldsymbol{F}(\boldsymbol{r})$ とのスカラー積 $\boldsymbol{F}\cdot\mathrm{d}\boldsymbol{r}$（線素片 $\mathrm{d}\boldsymbol{r}$ と $\boldsymbol{F}$ の $\mathrm{d}\boldsymbol{r}$ 方向成分の積）をつくり寄せ集める．具体的に書くと

$$\boldsymbol{F}(\boldsymbol{r}) = F_x(x,y,z)\,\boldsymbol{e}_x + F_y(x,y,z)\,\boldsymbol{e}_y + F_z(x,y,z)\,\boldsymbol{e}_z \tag{M4.6}$$

および

$$\mathrm{d}\boldsymbol{r} = \mathrm{d}x\,\boldsymbol{e}_x + \mathrm{d}y\,\boldsymbol{e}_y + \mathrm{d}z\,\boldsymbol{e}_z \tag{M4.7}$$

とし，経路 C に沿って点 A から B までの積分

$$\begin{aligned}&\int_{\mathrm{C:\,A\to B}} \boldsymbol{F}\cdot\mathrm{d}\boldsymbol{r}\\&\quad= \int_{\mathrm{C:\,A\to B}} F_x(x,y,z)\,\mathrm{d}x + \int_{\mathrm{C:\,A\to B}} F_y(x,y,z)\,\mathrm{d}y + \int_{\mathrm{C:\,A\to B}} F_z(x,y,z)\,\mathrm{d}z\end{aligned} \tag{M4.8}$$

を実行する．$(x, y, z)$ は曲線 C 上の点だから，変数のどれか 1 個が決まると，残りの 2 個の変数が決まり，右辺の各項は通常の 1 変数の定積分である．

## M4.2.2 特別な場合

経路上の点 P から Q まで，どの位置でも $\boldsymbol{F}$ が経路と直交するとき（$\boldsymbol{F}\cdot\mathrm{d}\boldsymbol{r}=0$）

$$\int_{\mathrm{C:\,P\to Q}} \boldsymbol{F}\cdot\mathrm{d}\boldsymbol{r} = 0 \tag{M4.9}$$

となり，その区間は線積分に寄与しない．

また，P′ から Q′ まで，$\boldsymbol{F}$ と微小な変位が平行ならば $\boldsymbol{F}\cdot\mathrm{d}\boldsymbol{r}=|\boldsymbol{F}|\,\mathrm{d}r$ となる．P′ から出発して経路上を進んだ距離 $l$ を変数として $|\boldsymbol{F}|=F(l)$ と書くと，$\mathrm{d}r=\mathrm{d}l$ だから，この部分の積分は

$$\int_{\mathrm{C:\,P'\to Q'}} \boldsymbol{F}\cdot\mathrm{d}\boldsymbol{r} = \int_{\mathrm{C:\,P'\to Q'}} F(l)\,\mathrm{d}l \tag{M4.10}$$

となる．ただし $F(l)$ の関数形は経路 C により異なる．

## M4.2.3 逆進と分割

同一の積分路を逆向きに進むとき，図 M4.2a と b に示すように，どの位置でも $\mathrm{d}\boldsymbol{r}\to-\mathrm{d}\boldsymbol{r}$ となるから

$$\int_{\mathrm{C:\,A\to B}} \boldsymbol{F}\cdot\mathrm{d}\boldsymbol{r} = -\int_{\mathrm{C:\,B\to A}} \boldsymbol{F}\cdot\mathrm{d}\boldsymbol{r} \tag{M4.11}$$

である．また，経路を 2 分割して $\mathrm{C_1}$：A→D，$\mathrm{C_2}$：D→B とすると

$$\int_{\mathrm{C_1+C_2:\,A\to B}} \boldsymbol{F}\cdot\mathrm{d}\boldsymbol{r} = \int_{\mathrm{C_1:\,A\to D}} \boldsymbol{F}\cdot\mathrm{d}\boldsymbol{r} + \int_{\mathrm{C_2:\,D\to B}} \boldsymbol{F}\cdot\mathrm{d}\boldsymbol{r} \tag{M4.12}$$

である．

### M4.2.4 周回積分

閉じた経路 C を 1 周する線積分は

$$\oint_{\mathrm{C}} \boldsymbol{F} \cdot \mathrm{d}\boldsymbol{r} \tag{M4.13}$$

という記号で表し，**周回積分**という．

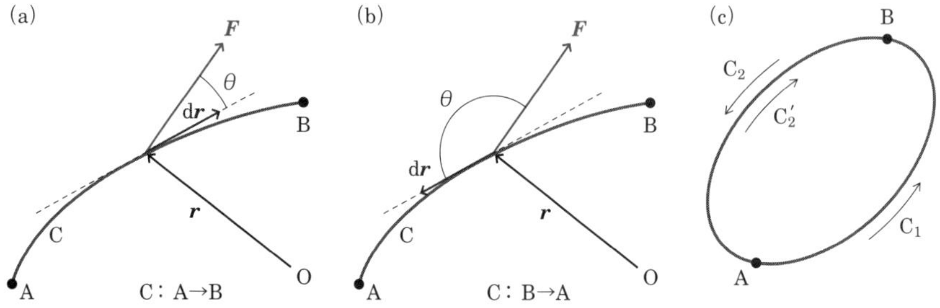


図 M4.2 線積分と周回積分.

図 M4.2c の経路について，周回積分が 0 になるとき

$$\oint \boldsymbol{F} \cdot \mathrm{d}\boldsymbol{r} = \int_{\mathrm{C}_1:\,\mathrm{A}\to\mathrm{B}} \boldsymbol{F}(\boldsymbol{r}) \cdot \mathrm{d}\boldsymbol{r} + \int_{\mathrm{C}_2:\,\mathrm{B}\to\mathrm{A}} \boldsymbol{F}(\boldsymbol{r}) \cdot \mathrm{d}\boldsymbol{r} = 0 \tag{M4.14}$$

である．さらに，式 M4.11 から，同じ経路を逆向きに進むときの積分は

$$\int_{\mathrm{C}_2:\,\mathrm{B}\to\mathrm{A}} \boldsymbol{F}(\boldsymbol{r}) \cdot \mathrm{d}\boldsymbol{r} = -\int_{\mathrm{C}_2':\,\mathrm{A}\to\mathrm{B}} \boldsymbol{F}(\boldsymbol{r}) \cdot \mathrm{d}\boldsymbol{r} \tag{M4.15}$$

となる．したがって

$$\int_{\mathrm{C}_1:\,\mathrm{A}\to\mathrm{B}} \boldsymbol{F}(\boldsymbol{r}) \cdot \mathrm{d}\boldsymbol{r} = \int_{\mathrm{C}_2':\,\mathrm{A}\to\mathrm{B}} \boldsymbol{F}(\boldsymbol{r}) \cdot \mathrm{d}\boldsymbol{r} \tag{M4.16}$$

すなわち，終点と始点が同じだが異なる経路を用いた線積分の値が同じになる．この式変形を逆にたどると，2 点を結ぶどの経路でも線積分の値が同じならば周回積分が 0 となることがわかる．こうして

- 任意経路の周回積分の値が 0 ⇔ 2 点間の線積分の値は経路によらない

となる．

## M4.3 ベクトルの面積分

3 次元空間の曲面上で行う積分を面積分という．この定積分は，曲面 S を面積素片

$\mathrm{d}S$ に分割し, S 上の点 $\boldsymbol{r}$ における関数 $f(\boldsymbol{r})$ の値と, その位置の $\mathrm{d}S$ との積を寄せ集める.

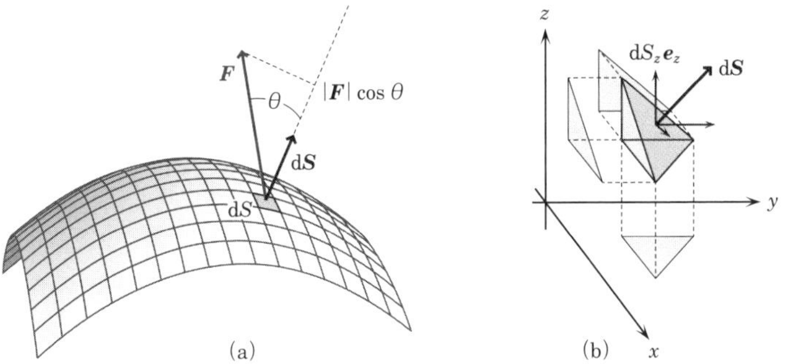


図 M4.3 面 積 素 片.

本書では, ベクトル $\boldsymbol{F}(\boldsymbol{r})$ の面積分だけを扱う. このときは, 図 M4.3a のように, $\boldsymbol{F}(\boldsymbol{r})$ の方向と面積素片ベクトル $\mathrm{d}\boldsymbol{S}$ のなす角を $\theta$ として

$$|\boldsymbol{F}(\boldsymbol{r})|\cos\theta\,\mathrm{d}S = \boldsymbol{F}(\boldsymbol{r})\cdot\mathrm{d}\boldsymbol{S} \tag{M4.17}$$

を寄せ集める. 具体的に書くと

$$\mathrm{d}\boldsymbol{S} = \mathrm{d}S_x\boldsymbol{e}_x + \mathrm{d}S_y\boldsymbol{e}_y + \mathrm{d}S_z\boldsymbol{e}_z \tag{M4.18}$$

であり (図 M4.3b を参照), 面積分は

$$\int_{\mathrm{S}}\boldsymbol{F}\cdot\mathrm{d}\boldsymbol{S} = \int_{\mathrm{S}}F_x(x,y,z)\,\mathrm{d}S_x + \int_{\mathrm{S}}F_y(x,y,z)\,\mathrm{d}S_y + \int_{\mathrm{S}}F_z(x,y,z)\,\mathrm{d}S_z \tag{M4.19}$$

である. 面 S が与えられると, S の上の位置 $(x,y,z)$ は変数のうち 2 個を決めれば残りが決まる. すなわち 2 個の変数を与えると $\boldsymbol{F}(\boldsymbol{r})$ の成分がすべて決まり, $\mathrm{d}\boldsymbol{S}$ も決まる. こうして, 式 M4.19 の積分は 2 重積分となる. $\boldsymbol{F}\cdot\mathrm{d}\boldsymbol{S}$ の計算の具体例は, § 1.6.2 の本文と例題 1.4 および例題 1.5 の説明を参照せよ.

体積分の場合と同様に, 面積素片の形は, 領域の形や被積分関数の形を考慮して計算しやすいものを選ぶ. たとえば, 領域が $xy$ 座標平面上の長方形で, かつ各辺が座標軸と平行であるなら

$$\mathrm{d}S = \mathrm{d}x\,\mathrm{d}y \tag{M4.20}$$

とする. また, 原点を中心とする半径 $R$ の球面上の面積分なら, 天頂角 $\theta$ と方位角

$\varphi$ を用いて，面積素片を

$$dS = R^2 \sin\theta \, d\theta \, d\varphi \tag{M4.21}$$

とする.

## M5 ディラックのデルタ関数

1次元のデルタ関数 $\delta(x)$ は

$$\int_{-\infty}^{\infty} \delta(x)\, dx = 1, \quad \delta(x) = 0 \ (x \neq 0 \text{ のとき}) \tag{M5.1}$$

を満たす．すなわち $x=0$ 以外のいたるところで関数値が 0 であるにもかかわらず，グラフの面積が 1 となり，通常の関数ではない.

“原点に単一のピークをもち面積が 1 の偶関数” を考え “その幅を 0 とする極限” としてデルタ関数を定義することができる．たとえば

$$D_\Delta(x) = \begin{cases} \dfrac{1}{\Delta} & \left(-\dfrac{\Delta}{2} < x < \dfrac{\Delta}{2}\right) \\ 0 & (\text{その他}) \end{cases} \tag{M5.2}$$

という関数の，$\Delta \to 0$ の極限を $\delta(x)$ とする．このとき

$$\int_{-\infty}^{\infty} f(x)\, D_\Delta(x)\, dx = \frac{1}{\Delta}\int_{-\Delta/2}^{\Delta/2} f(x)\, dx \approx \frac{1}{\Delta} f(0)\, \Delta = f(0) \tag{M5.3}$$

である（$\approx$ は，積分区間内の $f(x)$ のグラフの面積を，高さ $f(0)$，幅 $\Delta$ の長方形の面積で近似した)．その極限としてのデルタ関数についても

$$\int_{-\infty}^{\infty} f(x)\, \delta(x)\, dx = f(0) \tag{M5.4}$$

が成り立つ．原点を $a$ だけ移動すると，デルタ関数は $\delta(x-a)$ となり

$$\int_{-\infty}^{\infty} f(x)\, \delta(x-a)\, dx = f(a) \tag{M5.5}$$

である．また

$$\int_{-\infty}^{\infty} f(x) \sum_{i=1}^{N} \delta(x-a_i)\, dx = \sum_{i=1}^{N} \int_{-\infty}^{\infty} f(x)\, \delta(x-a_i)\, dx = \sum_{i=1}^{N} f(a_i) \tag{M5.6}$$

となる．

原点にピークをもつ 3 次元のデルタ関数は，$xyz$ 直交座標系において

$$\delta(\boldsymbol{r}) = \delta(x, y, z) = \delta(x)\,\delta(y)\,\delta(z) \tag{M5.7}$$

となる*．また

$$\begin{aligned}
&\int_{\mathrm{V}} f(\boldsymbol{r})\,\delta(\boldsymbol{r}-\boldsymbol{a})\,\mathrm{d}V \\
&= \int_{-\infty}^{\infty}\int_{-\infty}^{\infty}\int_{-\infty}^{\infty} f(x, y, z)\,\delta(x-a_x)\,\delta(y-a_y)\,\delta(z-a_z)\,\mathrm{d}x\,\mathrm{d}y\,\mathrm{d}z \\
&= \int_{-\infty}^{\infty}\int_{-\infty}^{\infty}\left[\int_{-\infty}^{\infty} f(x, y, z)\,\delta(x-a_x)\,\mathrm{d}x\right]\delta(y-a_y)\,\delta(z-a_z)\,\mathrm{d}y\,\mathrm{d}z \\
&= \int_{-\infty}^{\infty}\int_{-\infty}^{\infty} f(a_x, y, z)\,\delta(y-a_y)\,\delta(z-a_z)\,\mathrm{d}y\,\mathrm{d}z = \cdots \\
&= f(a_x, a_y, a_z) = f(\boldsymbol{a})
\end{aligned} \tag{M5.8}$$

である．

§1.5.3 では，点電荷の“電荷密度”を表すためにデルタ関数を導入した．位置 $\boldsymbol{r}_1$ と $\boldsymbol{r}_2$ に点電荷 $q_1$ と $q_2$ があるとき，電荷密度は

$$\rho(\boldsymbol{r}) = q_1\,\delta(\boldsymbol{r}-\boldsymbol{r}_1) + q_2\,\delta(\boldsymbol{r}-\boldsymbol{r}_2) \tag{M5.9}$$

と表せる．たとえば，式 M5.9 の電荷密度による電位を求めるには，式 M5.8 から〔計算の手順を示すだけなので係数の $1/(4\pi\varepsilon_0)$ を省略して〕

$$\begin{aligned}
\phi(\boldsymbol{r}) &= \int_{\mathrm{V}} \frac{\rho(\boldsymbol{r}')}{|\boldsymbol{r}-\boldsymbol{r}'|}\,\mathrm{d}V' = \int_{\mathrm{V}} \frac{q_1\,\delta(\boldsymbol{r}'-\boldsymbol{r}_1)}{|\boldsymbol{r}-\boldsymbol{r}'|}\,\mathrm{d}V' + \int_{\mathrm{V}} \frac{q_2\,\delta(\boldsymbol{r}'-\boldsymbol{r}_2)}{|\boldsymbol{r}-\boldsymbol{r}'|}\,\mathrm{d}V' \\
&= \frac{q_1}{|\boldsymbol{r}-\boldsymbol{r}_1|} + \frac{q_2}{|\boldsymbol{r}-\boldsymbol{r}_2|}
\end{aligned} \tag{M5.10}$$

となる．このように，デルタ関数を用いると，連続分布について書いた式を点電荷の式に書き直すことも容易である．

## M6 微分方程式とラプラス変換

§15.4 では，電流・電圧の時間的な変化を表す 2 階の**定係数線形微分方程式**

* 極座標を用いるときは，体積素片（式 M4.4）が $\mathrm{d}V = \mathrm{d}x\,\mathrm{d}y\,\mathrm{d}z \longrightarrow r^2 \sin\theta\,\mathrm{d}r\,\mathrm{d}\theta\,\mathrm{d}\varphi$ となるので，$\delta(\boldsymbol{r}) = 1/(r^2 \sin\theta)\,\delta(r)\,\delta(\theta)\,\delta(\varphi)$ である．

$$\frac{\mathrm{d}^2 f}{\mathrm{d}t^2} + a\frac{\mathrm{d}f}{\mathrm{d}t} + bf = g(t) \tag{M6.1}$$

の解を，非常に簡単な例について示した．本節は，初期値 $f(0)$ と $\left.\frac{\mathrm{d}f}{\mathrm{d}t}\right|_{t=0} = f'(0)$ が与えられたときに，この微分方程式の解を求める方法として幅広く利用できるラプラス変換を紹介する．なお，この節では導関数の記号として $f'(t)$，$f''(t)$ を用いる．

関数 $f(t)$ に対して

$$F(s) = \int_0^\infty f(t)\exp(-st)\,\mathrm{d}t \tag{M6.2}$$

により定義される $F(s)$ を，$f(t)$ の**ラプラス変換**といい，変換される前の関数を明示して $\mathcal{L}[f]$ とも表す（$\mathcal{L}$ はラプラスの頭文字）．$f'(t)$ のラプラス変換は，部分積分を行うと

$$\begin{aligned}\int_0^\infty f'(t)\exp(-st)\,\mathrm{d}t &= \Big[f(t)\exp(-st)\Big]_{t=0}^\infty - (-s)\int_0^\infty f(t)\exp(-st)\,\mathrm{d}t \\ &= sF(s) - f(0)\end{aligned} \tag{M6.3}$$

となる．ただし，$\lim_{t\to\infty} f(t)\exp(-st) = 0$ を要請した．これは，$f(t)$ が $t\to\infty$ で指数関数より穏やかに振舞うという条件なので，自然現象を対象とするときは，それほど厳しい制限ではない．同様に，$f''(t)$ のラプラス変換は

$$\int_0^\infty f''(t)\exp(-st)\,\mathrm{d}t = s^2F(s) - sf(0) - f'(0) \tag{M6.4}$$

となる．このように，関数の微分を含む式 M6.1 のような関係式（線形常微分方程式）が，ラプラス変換によって初期条件を取込んだ多項式に置き換わる．

ラプラス変換は線形の演算であり $k_1$ と $k_2$ を任意の定数として

$$\mathcal{L}[k_1 f_1 + k_2 f_2] = k_1\mathcal{L}[f_1] + k_2\mathcal{L}[f_2] \tag{M6.5}$$

となるから，式 M6.1 の両辺のラプラス変換は

$$[s^2F(s) - sf(0) - f'(0)] + a[sF(s) - f(0)] + bF(s) = G(s) \tag{M6.6}$$

と書ける〔$g(t)$ のラプラス変換を $G(s)$ とした〕．この式を $F(s)$ について解くと

$$F(s) = \frac{G(s) + (s+a)f(0) + f'(0)}{s^2 + as + b} \tag{M6.7}$$

となる．式 M6.7 の右辺は $G(s)$ と初期条件 $f(0)$ および $f'(0)$ から計算できる．微分

方程式 M6.1 を解くには，どんな関数をラプラス変換すると右辺になるか，すなわち“もとの関数”を探す必要がある（逆変換）．そのためには，右辺を部分分数で表してから，表 M6.1 のような“ラプラス変換表”を適用する．

表 M6.1　ラプラス変換表の例

| $f(t)$ | $F(s)$ | $f(t)$ | $F(s)$ |
|---|---|---|---|
| $1$ | $\dfrac{1}{s}$ | $\sin \omega t$ | $\dfrac{\omega}{s^2+\omega^2}$ |
| $t^n$ | $\dfrac{n!}{s^{n+1}}$ | $\cos \omega t$ | $\dfrac{s}{s^2+\omega^2}$ |
| $\delta(t)$ | $1$ | $\exp(-kt)\sin \omega t$ | $\dfrac{\omega}{(s+k)^2+\omega^2}$ |
| $t^n \exp(-kt)$ | $\dfrac{n!}{(s+k)^{n+1}}$ | $\exp(-kt)\cos \omega t$ | $\dfrac{s+k}{(s+k)^2+\omega^2}$ |

たとえば，式 M6.1 で $g(t)=0$ のとき $G(s)=0$ だから，$k=a/2$，$\omega=\sqrt{b-a^2/4}$ として，式 M6.7 は

$$\frac{G(s)+(s+a)f(0)+f'(0)}{s^2+as+b} = f(0)\,\frac{s+a+f'(0)/f(0)}{(s+k)^2+\omega^2}$$
$$= f(0)\left[\frac{s+k}{(s+k)^2+\omega^2}+\left(\frac{f'(0)}{f(0)}+k\right)\frac{1}{(s+k)^2+\omega^2}\right] \tag{M6.8}$$

と変形される．表 M6.1 右半分の最後の 2 行を見ると，式 M6.8 となる“もとの関数”は

$$f(t) = f(0)\exp(-kt)\left[\cos \omega t+\frac{1}{\omega}\left(\frac{f'(0)}{f(0)}+k\right)\sin \omega t\right] \tag{M6.9}$$

であることがわかる．この関数は力学で学んだ減衰振動である．

式 M6.9 の結果を RLC 直列の場合に適用してみよう．コンデンサー（電気容量 $C$）を充電後に両端の電圧を 0 とするとき，式 15.49 は

$$\frac{\mathrm{d}^2 I}{\mathrm{d}t^2}+\frac{R}{L}\frac{\mathrm{d}I}{\mathrm{d}t}+\frac{1}{LC}I = 0 \tag{M6.10}$$

となるので，電流が減衰振動する．減衰振動の速さと角振動数は

$$k = \frac{1}{2}\frac{R}{L}, \qquad \omega = \sqrt{\frac{1}{LC}-\frac{1}{4}\frac{R^2}{L^2}} = \frac{1}{\sqrt{LC}}\sqrt{1-\frac{1}{4}\frac{R}{L}\cdot RC} \tag{M6.11}$$

である．

# M7 複素指数関数

## M7.1 複素指数関数の定義とオイラーの公式

複素数 $z$ の関数 $\exp(z)$ は，べき級数

$$\exp(z) = 1 + z + \frac{z^2}{2!} + \frac{z^3}{3!} + \cdots = \lim_{n\to\infty}\sum_{k=0}^{n}\frac{z^k}{k!} \qquad \text{(M7.1)}$$

により定義され，これを**複素指数関数**という．特に，純虚数 $z=\mathrm{i}\theta$ の複素指数関数は

$$\exp(\mathrm{i}\theta) = \cos\theta + \mathrm{i}\sin\theta \qquad \text{(M7.2)}$$

となる．これは**オイラーの公式**といい，$\cos\theta$ と $\sin\theta$ のマクローリン展開（“I. 力学”，§15.1）

$$\cos\theta = 1 - \frac{1}{2!}\theta^2 + \frac{1}{4!}\theta^4 - \cdots \qquad \text{(M7.3)}$$

$$\sin\theta = \theta - \frac{1}{3!}\theta^3 + \frac{1}{5!}\theta^5 - \cdots \qquad \text{(M7.4)}$$

を式 M7.2 の右辺に代入して式 M7.1 と比較して確かめることができる．

## M7.2 複素数とベクトル，極座標表示

複素数 $z=x+\mathrm{i}y$ を実数の組 $(x, y)$ に対応させよう．そうすると，$a_1$ と $a_2$ を実数として，複素数

$$z_1 = x_1 + \mathrm{i}y_1\,, \qquad z_2 = x_2 + \mathrm{i}y_2$$

の和

$$a_1z_1 + a_2z_2 = (a_1x_1 + a_2x_2) + \mathrm{i}(a_1y_1 + a_2y_2)$$

には，$a_1(x_1, y_1) + a_2(x_2, y_2)$ が対応し，$(x, y)$ は 2 次元のベクトルとみなせる．複素数は，和と差に関して，2 次元ベクトルと同一視できる．

原点を極とし $x$ 軸を始線とする極座標 $(r, \theta)$ を導入すると，動径 $r$ と偏角 $\theta$ を用いて $x=r\cos\theta$，$y=r\sin\theta$ という関係があるから，式 M7.2 により

$$z = x + \mathrm{i}y = r\cos\theta + \mathrm{i}r\sin\theta = r\exp(\mathrm{i}\theta) \qquad \text{(M7.5)}$$

と書くことができる．この表示は，次項で示すように，複素数の積の計算に利用すると便利である．

複素数 $z=x+\mathrm{i}y$ の絶対値は

$$|z| = \sqrt{x^2+y^2} \qquad \text{(M7.6)}$$

と定義され，ベクトル（$x$, $y$）の大きさに等しい．特に $\exp(\mathrm{i}\theta)$ は

$$|\exp(\mathrm{i}\theta)| = \sqrt{\cos^2\theta + \sin^2\theta} = 1 \qquad \text{(M7.7)}$$

であり，単位ベクトルに対応する．式 M7.5 より

$$|z|^2 = |r\exp(\mathrm{i}\theta)|^2 = r^2 \qquad \text{(M7.8)}$$

となる．

## M7.3　複素数の積とベクトルの回転

複素数の積は

$$z_1 = r_1\exp(\mathrm{i}\theta_1), \qquad z_2 = r_2\exp(\mathrm{i}\theta_2) \qquad \text{(M7.9)}$$

として

$$z_1z_2 = r_1\exp(\mathrm{i}\theta_1)\,r_2\exp(\mathrm{i}\theta_2) = r_1r_2\exp(\mathrm{i}(\theta_1+\theta_2)) \qquad \text{(M7.10)}$$

である．特に，$z_1=\exp(\mathrm{i}\theta_1)$ のとき，$z_1z_2$ は $z_2$ の大きさを変えずに反時計回りに $\theta_1$ だけ回転したものとなる．たとえば，$z_1=\exp(\mathrm{i}\pi/2)=\mathrm{i}$ を乗じると $z_2$ が反時計回りに $\pi/2$（$=90°$）回転し，$z_1=\exp(-\mathrm{i}\pi/2)=-\mathrm{i}=1/\mathrm{i}$ を乗じると時計回りに $\pi/2$ 回転する．また，$z_1=\exp(\pm\mathrm{i}\pi)=-1$ を乗じると，$z_2$ は $\pi$ 回転して符号が反転する．

## M7.4　共 役 複 素 数

複素数 $z=x+\mathrm{i}y=r\exp(\mathrm{i}\theta)$ の**共役複素数** $z^*$ は

$$z^* = x - \mathrm{i}y = r\exp(-\mathrm{i}\theta) \qquad \text{(M7.11)}$$

と定義される．$z^*$ と $z$ は，実部（実数部分）が同じで，虚部（虚数部分）だけ符号が反対である．複素数平面上の $z^*$ と $z$ の位置は，$x$ 軸について鏡映対称である．

$z$ と $z^*$ の積は

$$zz^* = z^*z = r\exp(-\mathrm{i}\theta)\,r\exp(\mathrm{i}\theta) = r^2\exp(0) = r^2 = |z|^2 \qquad \text{(M7.12)}$$

である．また，偏角が共通の $z_1=r_1\exp(\mathrm{i}\theta)$ と $z_2=r_2\exp(\mathrm{i}\theta)$ については

$$z_1 {z_2}^* = {z_1}^* z_2 = r_1 r_2 \tag{M7.13}$$

となる．さらに，偏角も異なる $z_1=r_1\exp(\mathrm{i}\theta_1)$ と $z_2=r_2\exp(\mathrm{i}\theta_2)$ については

$$z_1 {z_2}^* = ({z_1}^* z_2)^* = r_1 r_2 \exp(\mathrm{i}(\theta_1-\theta_2)) \tag{M7.14}$$

である．

複素数の積 ${z_1}^* z_2$ を

$${z_1}^* z_2 = (x_1-\mathrm{i}y_1)(x_2+\mathrm{i}y_2) = (x_1x_2+y_1y_2)+\mathrm{i}(x_1y_2-x_2y_1) \tag{M7.15}$$

と表すとわかるように，右辺の実部は，$z_1$ と $z_2$ に対応するベクトル $x_1\boldsymbol{e}_x+y_1\boldsymbol{e}_y$ と $x_2\boldsymbol{e}_x+y_2\boldsymbol{e}_y$ のスカラー積，虚部はそれらのベクトル積の $\boldsymbol{e}_z$ 成分となる．

## M7.5 複素電流，複素電圧

15 章の交流回路では，コンデンサーやコイルがあるために，位相が π/2 だけ変化した波形をもとの波と加え合わせた．その結果として

$$A\cos\omega t + B\sin\omega t = \sqrt{A^2+B^2}\cos(\omega t+\theta), \qquad \tan\theta = -\frac{B}{A} \tag{M7.16}$$

のように，$\theta$ だけ位相が変化した波が生じる．一方，式 M7.2 において $\theta=\omega t$ とし，その複素指数関数の実部が交流回路の波（実数）を表すものとすると，式 M7.16 は，$A\exp(\mathrm{i}\omega t)$ の実部と $(B/\mathrm{i})\exp(\mathrm{i}\omega t)$ の実部の和である．このとき，$\exp(\mathrm{i}\omega t)$ が共通なので，$t$ に依存しない係数 $A$ と $B/\mathrm{i}$ の和を計算してから $\exp(\mathrm{i}\omega t)$ を乗じ，最後に実部を求めれば見通しよく計算することができる．実際

$$A+\frac{B}{\mathrm{i}} = A-\mathrm{i}B = \sqrt{A^2+B^2}\exp(\mathrm{i}\theta), \qquad \tan\theta = -\frac{B}{A} \tag{M7.17}$$

となるから

$$\left(A+\frac{B}{\mathrm{i}}\right)\exp(\mathrm{i}\omega t) = \sqrt{A^2+B^2}\exp(\mathrm{i}(\omega t+\theta)) \qquad \Rightarrow$$
$$\mathrm{Re}\left[\left(A+\frac{B}{\mathrm{i}}\right)\exp(\mathrm{i}\omega t)\right] = \sqrt{A^2+B^2}\cos(\omega t+\theta) \tag{M7.18}$$

である．

交流回路に限らず，単振動する物理量（たとえば波動）の位相が重要になるとき，その量を複素表示にすることは日常的に行われる．

# 章末問題の解答

詳解と解説は東京化学同人のウェブサイトの本書のページを参照.

## 1 章

**1.1** 1 mAh≈4 C，$2\times10^{19}$ 個

**1.2** 金属中を一様に流れる定常電流，電解質溶液内を一様に流れる定常電流など.

**1.3** (a) $\rho=qN/V$

(b) $\boldsymbol{j}=qn\boldsymbol{v}$

**1.4** $S=1\ \mathrm{m}^2$ として，

(a) $\boldsymbol{S}_{x,0}=-S\,\boldsymbol{e}_x$，$\boldsymbol{S}_{x,1}=S\,\boldsymbol{e}_x$

(b) $|\boldsymbol{j}|=j_0$

(c) $\boldsymbol{j}\cdot\boldsymbol{S}_{x,0}=-j_0S/\sqrt{2}$，$\boldsymbol{j}\cdot\boldsymbol{S}_{x,1}=j_0S/\sqrt{2}$

**1.5** $I_0=2\pi j_0RL$

**1.6** (a) 無次元

(b) $Q=0.1\ \mu\mathrm{C}$

## 2 章

**2.1** 変化しない.

**2.2** 変化しない.

**2.3** $\lambda(x,t)=\dfrac{\lambda_0}{a}(x-vt)$，

$I(x,t)=\dfrac{\lambda_0}{a}(x-vt)v$，

$\dfrac{\partial I}{\partial x}=-\dfrac{\partial\lambda}{\partial t}\left(=\dfrac{\lambda_0}{a}v\right)$

**2.4** (a)(b) 共に $\dfrac{\mathrm{d}Q}{\mathrm{d}t}=-\dfrac{\lambda_0}{a}Lv$

**2.5** (a)(b) $\nabla\cdot\boldsymbol{j}$ の値は

① 0　② $j_0/a>0$　③ $3j_0/a>0$

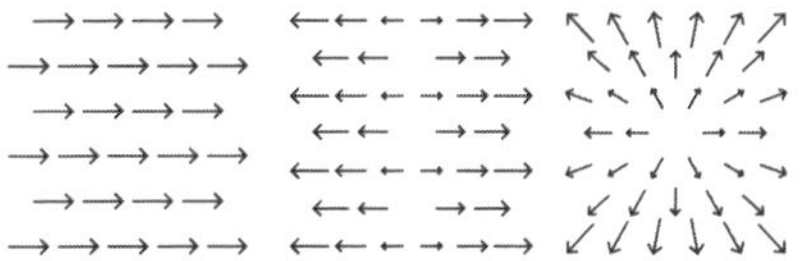

① $x$ 軸正方向の定ベクトル，② $x$ 軸に平行で $x$ 成分が各点の $x$ 座標に比例，③ 半径方向外向きで原点からの距離に比例.

(c) $\partial\rho/\partial t=-\nabla\cdot\boldsymbol{j}=-3j_0/a$

**2.6** (a) $\omega\lambda_0+kI_0=0$

(b) 増加中，両側の電流は原点に向かう.

## 3 章

**3.1** $4\times10$ N.

**3.2** (a) $U(x,y,z)=-F_0x$

(b) $U(x,y,z)=-F_0x+F_0a$

**3.3** (a) $x=(3+2\sqrt{2})a$

(b) $x=a/3$，$x=3a$

**3.4** (a) $\partial F_x/\partial y=-\partial F_y/\partial x$ より，式 3.21 が不成立.

(b) 反時計回りに進むとき仕事は常に正.

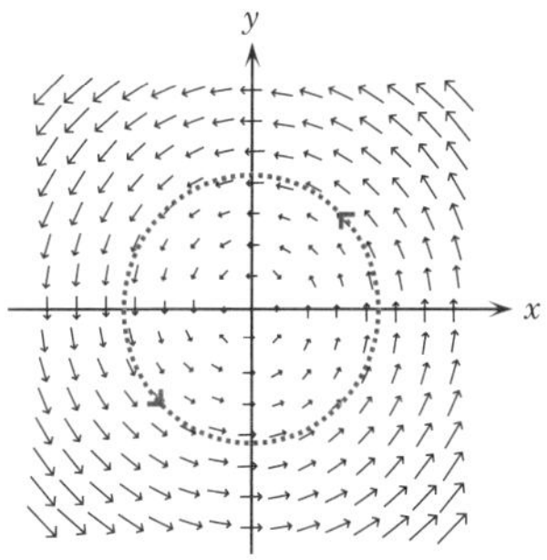


**3.5** (a) $F_x=0$，$F_y=2\dfrac{k_0q\lambda_0}{r}\dfrac{1}{\sqrt{1+(r/a)^2}}$

(b) $F_x=-\dfrac{k_0q\lambda_0}{r}\left(1-\dfrac{1}{\sqrt{1+(a/r)^2}}\right)$，

$F_y=\dfrac{k_0q\lambda_0}{r}\dfrac{1}{\sqrt{1+(r/a)^2}}$

**3.6** $U(z)=2\pi k_0q\lambda_0\dfrac{a}{\sqrt{a^2+z^2}}$

**3.7** 詳解を参照.

## 4 章

**4.1** (a) $y$ 軸正方向，大きさ $2\times10^6\,\mathrm{V\,m^{-1}}$
(b) $x$ 軸正方向，大きさ $1\times10^6\,\mathrm{V\,m^{-1}}$

**4.2** 円筒内では $E=0$．円筒外では，半径 $r$ の同軸円筒の表面において，電場の向きは表面と垂直(電荷密度が正ならば外向き)，大きさは $E=(\sigma_0/\varepsilon_0)(a/r)$．

**4.3** 2 平面の内側では，向きが平面と垂直で大きさが $E=\sigma/\varepsilon_0$，外側では 0．

**4.4** $Q\approx0.1\,\mathrm{C}$

**4.5** $\rho=0\cdots|z|>a$，$\rho=\varepsilon_0E_0/a\cdots|z|\leq a$

**4.6** $E(r)=\dfrac{Q_0}{4\pi\varepsilon_0}\dfrac{1}{r^2}\cdots r\geq a$ ,

$E(r)=\dfrac{Q_0}{4\pi\varepsilon_0}\dfrac{r}{a^3}\cdots r\leq a$

**4.7** $Q\approx7\times10^{-11}\,\mathrm{C}$

## 5 章

**5.1** 電場の大きさが有限だから．

**5.2**

$$\phi(\boldsymbol{r})=\frac{1}{4\pi\varepsilon_0}\left(\int_{\mathrm{V}}\frac{\rho(\boldsymbol{r}')}{|\boldsymbol{r}-\boldsymbol{r}'|}\mathrm{d}V'-\int_{\mathrm{V}}\frac{\rho(\boldsymbol{r}')}{|\boldsymbol{r}'|}\mathrm{d}V'\right)$$

**5.3** $x=3.0\times10^{-1}\,\mathrm{m}$， $-7.5\times10^{-1}\,\mathrm{m}$

**5.4** $\phi(r)=\dfrac{Q_0}{4\pi\varepsilon_0}\dfrac{1}{r}\cdots r\geq a$ ,

$\phi(r)=\dfrac{Q_0}{8\pi\varepsilon_0}\left(\dfrac{3}{a}-\dfrac{r^2}{a^3}\right)\cdots r\leq a$

**5.5** (a) $\phi(z)=\dfrac{Q_0}{4\pi\varepsilon_0}\left(\dfrac{1}{\sqrt{a^2+z^2}}-\dfrac{1}{a}\right)$

(b) $E_x=E_y=0$， $E_z=\dfrac{Q_0}{4\pi\varepsilon_0}\dfrac{z}{(a^2+z^2)^{3/2}}$

**5.6**

(a) $U=-k_0\dfrac{3(\boldsymbol{p}_0\cdot\boldsymbol{r})(\boldsymbol{p}\cdot\boldsymbol{r})-r^2(\boldsymbol{p}\cdot\boldsymbol{p}_0)}{r^5}$

(b) $U=k_0\dfrac{p_0^2}{r^3}\cos\theta$

## 6 章

**6.1** 外表面：$q_1=q_2=(Q_1+Q_2)/2$
内表面：$\bar{q}_1=-\bar{q}_2=(Q_1-Q_2)/2$

**6.2** $E_a/E_b=b/a$

**6.3** (a) 金属表面に垂直な向きの引力，大きさは $\dfrac{q^2}{4\pi\varepsilon_0}\dfrac{1}{(2a)^2}$

(b) ①② 共に $\dfrac{q}{4\pi\varepsilon_0a}(1-1/\sqrt{5})$

(c) 詳解を参照．

**6.4** $\varepsilon_{\mathrm{r}}{}^{-1}$ 倍

**6.5** $\Delta\phi=\dfrac{\sigma_{\mathrm{e}}}{\varepsilon}d$

**6.6** (a) 2 V
(b) $0.08\,\mathrm{\mu C\,m^{-2}}$

**6.7** (a) $\theta\approx60^\circ$

(b) $\sigma_{\mathrm{P}}\approx\varepsilon_0\dfrac{1}{\sqrt{2}}\left(1-\dfrac{1}{\sqrt{3}}\right)E_0$

## 7 章

**7.1** $C'/C=d/(d_1+d_2)$

**7.2** $\Delta\phi=(q_2-q_1)/(2C)$

**7.3** $\Delta\phi=\dfrac{\Delta d}{d}\phi$ (増加)

**7.4** $E(r)=\dfrac{\sigma_a}{\varepsilon_0}\dfrac{a}{r}$ ,

$\Delta\phi=-\dfrac{q}{2\pi\varepsilon_0L}\log_{\mathrm{e}}\dfrac{b}{a}$ ,

$C=\left|\dfrac{q}{\Delta\phi}\right|=\dfrac{2\pi\varepsilon_0L}{\log_{\mathrm{e}}(b/a)}$

**7.5** (a)(b) 共に $U=k_0q^2\dfrac{5}{2a}$

**7.6** $u\approx4\times10^{-12}\,\mathrm{J\,m^{-3}}$

## 8 章

**8.1** (a) $V=\sqrt{\dfrac{r}{P_r}}(P_R+P_r)$

(b) $\dfrac{\mathrm{d}V}{\mathrm{d}P_r}=\sqrt{r}\left(\dfrac{P_r-P_R}{2P_r{}^{3/2}}\right)<0$

(c) 詳解を参照．

**8.2** 約5分.

**8.3** $I_1-I_2=E(r_1r_5-r_2r_4)/\|R\|$,
$\|R\|=r_1r_2r_4+r_1r_3r_4+r_2r_3r_4+r_1r_2r_5+r_1r_3r_5+r_2r_3r_5+r_1r_4r_5+r_2r_4r_5$

**8.4** すべての節点間で電圧を同時に $k$ 倍にすると，そこを流れる電流も $k$ 倍になる.

**8.5** $I=4\pi\sigma\left(\dfrac{1}{R_1}-\dfrac{1}{R_2}\right)^{-1}\Delta\phi$

**8.6** $I=\dfrac{2\pi\sigma L}{\log_e(R_2/R_1)}\Delta\phi$

## 9 章

**9.1** $1\times10^{-1}\,\mathrm{T}$

**9.2** $|\boldsymbol{F}'|=IBb\cos\theta$

**9.3** (a) $N_{\max}=1\,\mathrm{N\,m}$
(b) $M\approx0.1\,\mathrm{kg}$

**9.4** (a) $\boldsymbol{m}$ と $\boldsymbol{B}$ が同じ向き.
(b) $ISB-(-ISB)=2\,\mathrm{J}$

**9.5** (a) 原点への引力，
$|\boldsymbol{F}|=(6a^3/z^4)mB_0$
(b) 原点からの反発力，
$|\boldsymbol{F}|=(3a^3/x^4)mB_0$

**9.6** (a) $\ell=q\Phi/\pi$
(b) $m=qvr/2=q\ell/(2M)$

## 10 章

**10.1** 破裂.

**10.2** 200 A

**10.3** (a) $x$ 軸正方向，大きさは
$B_\mathrm{P}=\dfrac{\mu_0I}{\pi}\dfrac{a}{r^2}\dfrac{1}{1+(a/r)^2}\approx\dfrac{\mu_0I}{\pi}\dfrac{a}{r^2}$
(b) $x$ 軸負方向，大きさは
$B_\mathrm{Q}=\dfrac{\mu_0I}{\pi}\dfrac{a}{r^2}\dfrac{1}{1-(a/r)^2}\approx\dfrac{\mu_0I}{\pi}\dfrac{a}{r^2}$

**10.4**
(a) $\mathrm{d}\boldsymbol{B}_0=\dfrac{\mu_0I}{4\pi}\dfrac{(-Y\boldsymbol{e}_x+X\boldsymbol{e}_y)}{(X^2+Y^2+Z^2)^{3/2}}\mathrm{d}z$
(b) $Z=0$ で最大，
$\mathrm{d}B_{0,\max}=\dfrac{\mu_0I}{4\pi}\dfrac{1}{X^2+Y^2}\mathrm{d}z$

**10.5** $B=2\sqrt{2}\,\mu_0I/(\pi L)$

**10.6** $1\times10^{-1}\,\mathrm{T}$

**10.7** 詳解を参照.

## 11 章

**11.1** (a) $\boldsymbol{j}=\dfrac{1}{\mu_0}\nabla\times\boldsymbol{B}=-\dfrac{1}{\mu_0}\nabla\times(\nabla\psi)=\boldsymbol{0}$
(b) $\nabla\cdot\boldsymbol{B}=\nabla\cdot(-\nabla\psi)=-\nabla^2\psi=0$

**11.2** 円筒内部は $\boldsymbol{B}=\boldsymbol{0}$. 円筒外部は $z$ 軸上を直線電流 $I$ が流れるときと同じ磁場.

**11.3** $B=1.3\times10^{-4}\,\mathrm{T}$

**11.4** $B=2\times10^{-3}\,\mathrm{T}$

**11.5** 磁場の $z$ 成分は，① $\mu_0(n_b-n_a)I$，② $\mu_0n_bI$，③ 0. 他の方向の成分はすべて 0.

**11.6** (a) 平面と平行で電流と直交する向き，大きさ $\mu_0\tilde{j}$.
(b) 0

**11.7** (a) $\sigma_\mathrm{e}(t)=\varepsilon_0E_0t/\tau$
(b) $I=\varepsilon_0E_0A/\tau$
(c) $\partial D/\partial t=I/A$

## 12 章

**12.1** $I=M/n$

**12.2** (a) $\boldsymbol{M}=\boldsymbol{B}/\mu_0$
(b) $\boldsymbol{H}=\boldsymbol{0}$

**12.3** $\chi_\mathrm{m}$ 倍.

**12.4** $\boldsymbol{M}$ と $\boldsymbol{B}$ の向きは，両方とも電流の向きに進む右ねじの回転方向. 大きさは $M=(\chi_\mathrm{m}/2)j_\mathrm{e}r$, $B=(\mu_0/2)(1+\chi_\mathrm{m})j_\mathrm{e}r$.

**12.5** (a) $H=\tilde{j}/2$
(b) $M=\chi_\mathrm{m}\tilde{j}/2$
$\boldsymbol{H}$ と $\boldsymbol{M}$ の向きは例題 11.5 の $\boldsymbol{B}$ と同じ.
(c) $\tilde{j}_\mathrm{m}=\chi_\mathrm{m}\tilde{j}$，真電流と同じ向き.

**12.6** (a) $B_\mathrm{in}=B_\mathrm{G}$
(b) $\boldsymbol{H}_\mathrm{in}=-\dfrac{\delta}{2\pi R}\boldsymbol{M}$

## 13 章

**13.1** $V_\mathrm{emf}=5\times10^{-2}\,\mathrm{V}$

**13.2**

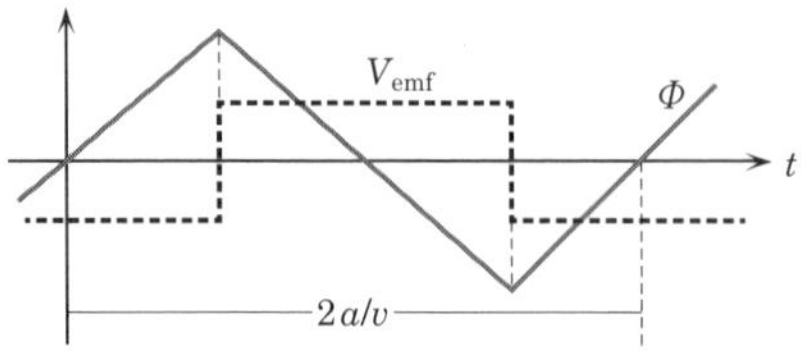


**13.3**　1.6 V

**13.4**　(a) $E_0=\dfrac{1}{2}a^2\omega B_0$

(b) 詳解を参照.

**13.5**　$\boldsymbol{B}(t)=-(k/\omega)E_0\cos kx\sin\omega t\,\boldsymbol{e}_z$

**13.6**　(a) ①③ $B=0$,

② 軸上に電流 $I$ があるときの磁場と同じように，軸から距離 $r$ の位置で

$$B(r)=\frac{\mu_0}{2\pi}\frac{I}{r}$$

(b) $u(r)=\dfrac{\mu_0}{8\pi^2}\left(\dfrac{I}{r}\right)^2$

(c) $U_l=\dfrac{\mu_0}{4\pi}lI^2\log_{\rm e}\dfrac{b}{a}$

(d) $L=\dfrac{\mu_0}{2\pi}l\log_{\rm e}\dfrac{b}{a}$

## 14 章

**14.1**　ヒント：§11.3.2 および詳解を参照.

**14.2**　0=0 となり式に矛盾はないが，物理的に特筆する内容はない.

**14.3**　詳解を参照. ヒント：式 14.10 から電場と磁場の物理次元の関係を調べよ.

**14.4**　詳解を参照.

**14.5**　線形性.

**14.6**　詳解を参照.

**14.7**　(a) 詳解を参照.

(b) $-\dfrac{1}{\varepsilon_0\mu_0}\dfrac{k}{\omega}B_0\,\boldsymbol{e}_y$

(c) $-\dfrac{\omega}{k}B_0\,\boldsymbol{e}_y$

(d) $\varepsilon_0\mu_0=(k/\omega)^2$

**14.8**　(a) $\dfrac{\tan\theta_2}{\tan\theta_1}=\dfrac{\mu_2}{\mu_1}$

(b) $\dfrac{B_2}{B_1}=\sqrt{1+\left[\left(\dfrac{\mu_2}{\mu_1}\right)^2-1\right]\sin^2\theta_1}$

## 15 章

**15.1**　(a)

$$\dot{I}=\frac{V_0}{\sqrt{R^2+1/(\omega C)^2}}\exp(\mathrm{i}(\omega t+\varphi)),$$

$$\tan\varphi=\frac{1}{\omega RC}$$

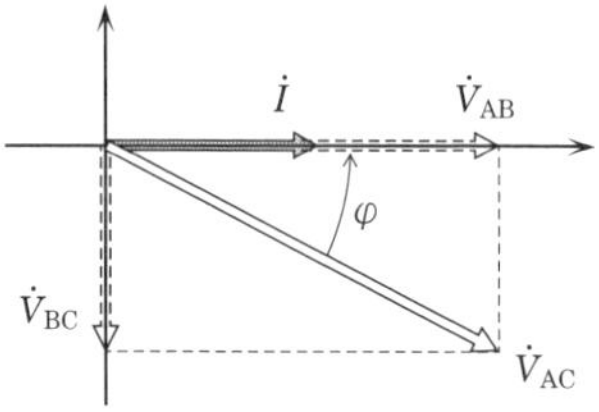


(b) $\dot{V}_{\rm AB}=\dfrac{V_0}{\sqrt{1+1/(\omega RC)^2}}\exp(\mathrm{i}(\omega t+\varphi))$,

$\dot{V}_{\rm BC}=\dfrac{V_0}{\sqrt{1+(\omega RC)^2}}\exp\left(\mathrm{i}\left(\omega t+\varphi-\dfrac{\pi}{2}\right)\right)$

(c) ① $1/\sqrt{2}$，② 1，③ 0

**15.2**　(a) $\cos\varphi=\omega RC/\sqrt{1+(\omega RC)^2}$

(b) $\dfrac{V_0I_0}{2}\cos\varphi=$

$$\frac{I_0^2}{2}\sqrt{R^2+\frac{1}{(\omega C)^2}}\frac{\omega RC}{\sqrt{1+(\omega RC)^2}}=\frac{RI_0^2}{2}$$

(c) 詳解を参照.

**15.3**　$\omega_0\approx3\times10^6\ \mathrm{rad\ s^{-1}}$ ($\nu_0\approx0.5$ MHz)

**15.4**　$I(t)=\dfrac{V_{\rm E}}{R}\left[1-\exp\left(-\dfrac{R}{L}t\right)\right]$

**15.5**　$Y=\sqrt{\dfrac{1}{R^2}+\left(\omega C-\dfrac{1}{\omega L}\right)^2}$,

$\tan\varphi=R[\omega C-1/(\omega L)]$

**15.6**　(a) 詳解を参照.

(b) $Y=\dfrac{1}{\sqrt{R^2+[\omega L-1/(\omega C)]^2}}$,

$\tan\varphi=\dfrac{1-\omega^2LC}{\omega RC}$

## 16 章

**16.1**　(a) 詳解を参照.

(b) p.283 の図参照. 時間の単位は $1/(kv)$.

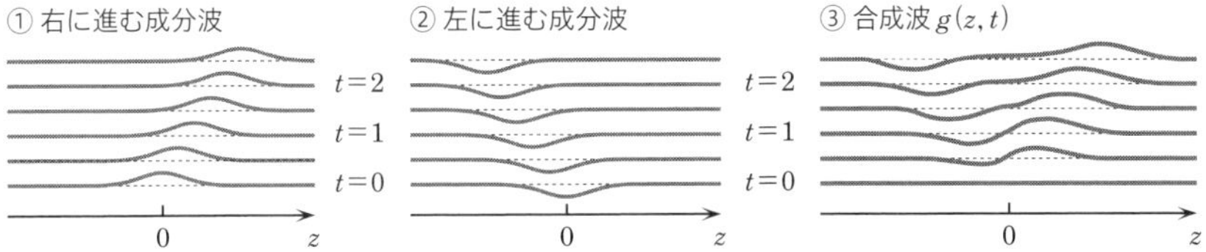


**16.2** 0.1 rad

**16.3** $\langle S\rangle \approx 1\times 10^{10}\ \mathrm{W\,m^{-2}}$, $E_0 \approx 3\times 10^{6}\ \mathrm{V\,m^{-1}}$

**16.4** (a) $\boldsymbol{B}(z,t)=\dfrac{k}{\omega}E_0(\cos(\omega t-kz)-\cos(\omega t+kz))\ \boldsymbol{e}_y$

(b) $\langle u_{\mathrm{E}}\rangle=\dfrac{1}{2}\varepsilon_0|\boldsymbol{E}_0|^2(1+\cos(2kz))$

(c) $\boldsymbol{S}=\dfrac{E_0^2}{c\mu_0}\sin 2\omega t\ \sin 2kz\ \boldsymbol{e}_z$

**16.5** (a) $\dfrac{S_1}{S_0}=n_1\left(\dfrac{2}{1+n_1}\right)^2$

(b) 詳解を参照.

**16.6**

(a) $\boldsymbol{B}(r,t)=\dfrac{E_{\mathrm{i}}}{c_0}\cos(\omega t-\boldsymbol{k}_{\mathrm{i}}\cdot\boldsymbol{r})\ \boldsymbol{e}_y$

(b) 詳解を参照.

**16.7** $\tan\theta_{\mathrm{B}}=n$ となる方向.

**16.8** $\dfrac{S_0'}{S_0}=\left(\dfrac{1-n}{1+n}\right)^2$ ただし $n=\dfrac{n_1}{n_2}$

# 索　引

## 記　号



## あ　行



## か　行

## さ 行



## た 行

## な 行



## は 行



## ま～ろ

狩野　覚（かの さとる）
1948 年 東京都に生まれる
1972 年 東京大学理学部 卒
法政大学名誉教授
専門　物理学（化学物理・計算科学）
理 学 博 士

秋野喜彦（あきの のぶひこ）
1967 年 神奈川県に生まれる
1990 年 早稲田大学理工学部 卒
1998 年 米国ブラウン大学大学院物理学科博士課程 修了
現 法政大学情報科学部 教授
専門 物理学（統計物理・計算科学）
Ph.D.

小川真人（おがわ まつと）
1956 年 岩手県に生まれる
1980 年 東京大学工学部 卒
神戸大学名誉教授
専門 半導体ナノエレクトロニクス
工 学 博 士

第 1 版 第 1 刷 2005 年 4 月 1 日 発行
第 2 版 第 1 刷 2024 年 3 月 4 日 発行

大学生のための基礎シリーズ 5
**物理学入門 II. 電磁気学（第 2 版）**



著　者　狩野　覚
　　　　秋野喜彦
　　　　小川真人
発行者　石田勝彦
発　行　株式会社 東京化学同人
東京都文京区千石 3-36-7（〒112-0011）
電話 03-3946-5311・FAX 03-3946-5317
URL: https://www.tkd-pbl.com/

印　刷　中央印刷株式会社
製　本　株式会社 松 岳 社

ISBN978-4-8079-2053-2
Printed in Japan